微波过程强化技术

许　磊　郭胜惠　著

科学出版社

北　京

内 容 简 介

微波加热是将高频电磁能转化为热能的过程，具有内部选择性加热、升温速度快、高效节能及过程催化等特点，是一种绿色高效的能源利用方式。微波作为一种高频电磁波，可有效促进物质内部极性分子转动及电荷极化，强化物质迁移，现已发展为冶金材料处理及化学反应过程外场强化的重要手段。本书作者结合十多年来在微波能应用基础理论、新技术开发及应用等方面的工作，概述了微波技术的发展与应用现状，阐述了微波在冶金反应过程强化、微波熔炼与粉末冶金烧结、工业固废处理、新材料制备与合成、物料电磁特性等领域的研究进展和研究成果。

本书可供冶金、材料及化工等专业教学、科研及工程技术人员阅读参考，也可作为高等院校相关专业研究生和本科生的教学参考书。

图书在版编目(CIP)数据

微波过程强化技术 / 许磊，郭胜惠著. —北京：科学出版社，2024.11

ISBN 978-7-03-078632-6

Ⅰ.①微… Ⅱ.①许… ②郭… Ⅲ.①微波加热 Ⅳ.①TM924.76

中国国家版本馆 CIP 数据核字(2024)第 109585 号

责任编辑：郑述方 / 责任校对：彭　映
责任印制：罗　科 / 封面设计：墨创文化

科学出版社出版
北京东黄城根北街16号
邮政编码：100717
http://www.sciencep.com

成都锦瑞印刷有限责任公司 印刷
科学出版社发行　各地新华书店经销

*

2024年11月第　一　版　　开本：787×1092 1/16
2024年11月第一次印刷　　印张：16
字数：379 000

定价：240.00 元

（如有印装质量问题，我社负责调换）

前　　言

微波过程强化技术是利用微波的快速均匀加热、选择性加热、非接触内部加热等特点，进行冶金、材料、化工等加工过程强化，实现降低反应温度、缩短反应时间、加快反应速率、提高产品质量，以及降低能耗和减少碳排放等目的，为冶金、材料、化工等过程的高效安全、环境友好和可持续发展提供技术支撑。

作者及其团队成员一直从事微波能应用基础理论、新技术开发和工程推广等相关工作。开展了冶金物料及保温材料的电磁特性研究，对物料的微波加热过程进行定量描述；探究金属粉体微波加热机制及有色金属强化熔炼工艺，设计微波熔炼核心装置及高通量处理系统，实现有色金属合金的高效制备；开展微波烧结铁矿石及微波加热直接还原铁工艺，服务低碳冶金发展；针对石墨/铜、钨铜复合材料以及金刚石/硬质合金等组元差异性大、界面润湿性差、难混熔体系，开发微波热压烧结新技术及装备，强化烧结过程界面结合，实现晶粒细化及材料致密化，提升材料性能；开发铝电解碳质固废微波高温焙烧无害化处理工艺，利用碳质与氟化物吸波特性巨大差异，实现毒害组分有效分离；基于微波对碳质物料的快速加热特性，开展微波膨胀及热解工艺研究，实现了膨胀石墨闪速制备，以及碳纤维复合材料热解回收等过程强化；通过微波强化化学反应过程，提高新材料制备合成效率和性能。通过新工艺新技术研究，开发了系列微波过程强化装备，并在高校、科研院所和企业得到推广应用，产生了显著的效果。

全书共分 9 章。其中第 1 章主要介绍微波加热技术的基础理论、发展历程、优势特征及应用现状；第 2 章介绍微波技术在烧结、还原、氮化、熔炼等冶金过程强化中的应用；第 3 章介绍微波烧结技术在石墨/铜复合材料制备方面的应用；第 4 章介绍微波烧结技术在钨铜复合材料制备方面的应用；第 5 章介绍微波烧结技术在金刚石表面镀钛及微波烧结在金刚石/硬质合金方面的应用；第 6 章介绍微波强化高温焙烧及溶液浸出在铝电解废炭无害化处理与循环利用中的应用；第 7 章介绍微波技术在碳纤维原丝预氧化/碳化，以及微波热解回收碳纤维中的应用；第 8 章介绍微波技术在膨胀石墨闪速制备中的应用，以及膨胀石墨复合材料电磁波吸收特性研究；第 9 章介绍微波熔盐及水热合成技术在催化剂、分子筛等纳米材料合成过程强化中的应用。本书涵盖微波过程强化技术在冶金、材料、化工、环境等领域的交叉应用，主要为作者及其团队十多年来的科研工作及研究成果，所涉及的内容系统丰富，翔实可靠。

许磊教授设计、拟定了全书的提纲与框架结构，负责最后的审稿与定稿，本书第 1、4、8 章由许磊撰写，第 2 章由许磊、代林晴、韩朝辉、胡途等撰写，第 3 章由许磊、孙永芬撰写，第 5 章由许磊、郭胜惠、韩朝辉撰写，第 6 章由许磊、夏洪应撰写，第 7 章由许磊、沈志刚、郭胜惠、刘建华、任义尧等撰写，第 9 章由许磊、谢诚等撰写。

本专著得以出版，感谢国家自然科学基金(52374305、51864030、51204081)、国家重点研发计划(2023YFA1507703、2018YFC1901904)、云南省基础研究重点项目/杰出青年项目(202101AS070023、202301AV070009)、中国石油化工股份有限公司技术开发项目(222038、219037)、中国宝武低碳冶金技术创新基金等项目的大力资助，感谢导师彭金辉院士的悉心指导，感谢昆明理工大学非常规冶金团队张利波教授等对本书中介绍的研究工作给予的长期支持，感谢科学出版社对本书出版的全力支持与帮助。

本书内容涉及冶金、材料、物理、化学等多个学科，书中难免有疏漏之处，恳请广大读者不吝批评指正！在本书的撰写过程中参考了国内外专家学者公开出版或发表的图书和文献，从中吸取了丰富的知识和成果。在此对这些专家学者表示崇高的敬意和衷心的感谢！

著者

2024 年 8 月

目　录

第 1 章　微波加热技术概况 …… 1
1.1　微波的本质 …… 1
1.2　微波技术的发展历程 …… 1
1.3　微波加热原理 …… 3
1.3.1　微波与物质作用的介电损耗 …… 3
1.3.2　微波与物质作用的磁损耗 …… 5
1.3.3　微波与物质作用的传导损耗 …… 5
1.4　微波对物料的作用深度 …… 5
1.5　微波加热技术特征及优势 …… 6
1.5.1　微波加热技术特征 …… 6
1.5.2　微波加热技术优势 …… 7
1.6　微波技术应用现状 …… 8
参考文献 …… 9
第 2 章　微波冶金过程强化 …… 12
2.1　微波烧结铁矿石 …… 12
2.1.1　铁矿石原料 …… 12
2.1.2　铁矿石微波加热及电磁特性 …… 13
2.1.3　微波烧结铁矿石仿真模拟 …… 14
2.1.4　微波烧结铁矿石工艺放大 …… 15
2.2　微波加热直接还原铁 …… 17
2.2.1　含铁物料组分 …… 17
2.2.2　物料在微波场中的升温及介电特性 …… 17
2.2.3　微波加热碳还原铁工艺 …… 20
2.2.4　还原产物分析 …… 23
2.2.5　微波加热直接还原铁扩试试验 …… 24
2.3　微波氧化焙烧菱铁矿 …… 26
2.3.1　菱铁矿在微波场中的升温特性 …… 26
2.3.2　菱铁矿微波加热机理 …… 27
2.3.3　微波场中菱铁矿分解氧化行为及机理 …… 28
2.4　微波加热硅粉氮化 …… 30
2.4.1　硅粉的介电参数测试 …… 30

2.4.2 硅粉的微波加热特性 …… 31
2.4.3 微波加热硅粉氮化工艺 …… 32
2.4.4 微波加热氮化反应机制 …… 36
2.5 微波加热金属铜粉 …… 37
2.5.1 金属铜粉微波加热特性 …… 38
2.5.2 金属铜粉加热过程的致密化 …… 41
2.5.3 金属铜粉的微波烧结动力学分析 …… 43
2.6 微波加热锡合金粉 …… 46
2.6.1 锡粉的趋肤深度 …… 46
2.6.2 微波加热球形锡合金粉 …… 47
2.6.3 微波熔炼回收金属锡粉 …… 50
2.6.4 微波高通量制备锡合金 …… 51
2.7 微波辐照处理铝硅合金 …… 53
2.7.1 铝硅合金原料分析 …… 53
2.7.2 微波辐照对铝硅合金凝固过程的影响 …… 54
2.7.3 微波原位铸造铝合金 …… 56
2.8 微波冶金清洁生产 …… 58
2.8.1 微波干燥冶金碳球 …… 58
2.8.2 微波非接触加热酸洗液 …… 59
2.9 微波冶金常用保温及坩埚材料 …… 60
2.9.1 普通硅酸铝纤维板保温材料 …… 60
2.9.2 多晶莫来石纤维板保温材料 …… 61
2.9.3 氧化铝陶瓷坩埚 …… 61
2.9.4 莫来石陶瓷坩埚 …… 62
2.9.5 氮化硼陶瓷坩埚 …… 62
2.9.6 碳化硅陶瓷 …… 63
参考文献 …… 63
第 3 章 微波烧结石墨/铜复合材料 …… 66
3.1 温度对石墨/铜复合材料的影响 …… 66
3.1.1 温度对复合材料微观结构的影响 …… 67
3.1.2 温度对复合材料物相变化的影响 …… 70
3.1.3 温度对复合材料密度的影响 …… 70
3.1.4 温度对复合材料硬度的影响 …… 71
3.1.5 温度对复合材料导热系数的影响 …… 72
3.2 石墨体积分数对石墨/铜复合材料的影响 …… 72
3.2.1 石墨体积分数对复合材料微观结构的影响 …… 72
3.2.2 复合材料物相组成变化 …… 73
3.2.3 石墨体积分数对密度和相对密度的影响 …… 74

3.2.4 石墨体积分数对硬度的影响 …… 74
3.2.5 石墨体积分数对导热系数的影响 …… 75
3.2.6 石墨/铜复合材料的热循环稳定性 …… 76
3.2.7 热循环测试对石墨/铜界面的损伤分析 …… 77
3.3 钛添加量对石墨/铜复合材料的影响 …… 78
3.3.1 钛添加量对复合材料微观结构的影响 …… 79
3.3.2 钛添加量对复合材料物相组成的影响 …… 80
3.3.3 钛添加量对复合材料性能的影响 …… 81
3.3.4 微波活化烧结机制探究 …… 83
3.4 MoS_2改性石墨/铜复合材料 …… 84
3.4.1 MoS_2改性石墨/铜复合材料的制备 …… 84
3.4.2 MoS_2对复合材料摩擦磨损性能的影响 …… 85
3.4.3 MoS_2对复合材料微观形貌的影响 …… 87
3.4.4 MoS_2对复合材料性能的影响 …… 88
3.5 微波加压烧结石墨/铜复合材料及其性能 …… 90
3.5.1 加压烧结工艺对石墨/铜复合材料性能的影响 …… 90
3.5.2 石墨粒度对复合材料的影响 …… 94
参考文献 …… 97
第4章 微波烧结钨铜复合材料 …… 99
4.1 烧结温度的影响 …… 99
4.1.1 烧结温度对材料显微结构的影响 …… 99
4.1.2 烧结温度对材料密度的影响 …… 100
4.1.3 烧结温度对材料硬度的影响 …… 101
4.1.4 烧结温度对材料物相的影响 …… 102
4.2 铜含量对材料显微结构的影响 …… 102
4.3 烧结时间的影响 …… 104
4.4 钨粉粒度的影响 …… 104
4.4.1 钨粉粒度对材料显微结构的影响 …… 104
4.4.2 钨粉粒度对硬度的影响 …… 105
4.5 钨铜复合材料性能测定 …… 105
4.5.1 钨铜复合材料热导率 …… 105
4.5.2 钨铜复合材料热膨胀系数 …… 107
4.6 微波烧结钨铜复合材料新工艺 …… 108
4.6.1 钨粉镀铜对合金性能的影响 …… 108
4.6.2 微波热压烧结装备研发 …… 111
4.6.3 微波热压烧结工艺 …… 112
参考文献 …… 116

第 5 章 微波烧结金刚石/硬质合金 …… 117
5.1 金刚石表面微波辅助镀钛工艺 …… 117
5.1.1 镀钛金刚石形貌和物相分析 …… 117
5.1.2 镀钛反应的热力学分析 …… 118
5.1.3 温度对镀钛工艺的影响 …… 118
5.1.4 保温时间和 TiH_2 含量对金刚石镀钛的影响 …… 121
5.1.5 镀钛金刚石耐热性能 …… 124
5.2 微波烧结金刚石/WC-Co …… 124
5.2.1 微波无压烧结金刚石/WC-Co …… 124
5.2.2 微波加压烧结金刚石/WC-Co …… 126
5.3 微波等离子制备微米级金刚石膜 …… 131
5.3.1 衬底温度对金刚石膜品质及生长速率的影响 …… 131
5.3.2 工作压强对金刚石膜品质及生长速率的影响 …… 132
5.3.3 甲烷浓度对金刚石膜品质及生长速率的影响 …… 134
5.3.4 微波等离子体化学气相沉积装置 …… 135
参考文献 …… 136
第 6 章 微波焙烧铝电解废炭无害化 …… 137
6.1 电解铝废炭的本征特性 …… 137
6.1.1 电解铝废炭元素组成 …… 137
6.1.2 电解铝废阴极炭块形貌分析 …… 138
6.1.3 铝电解废阴极炭块热重分析 …… 138
6.2 常规焙烧废阴极炭块工艺研究 …… 139
6.2.1 响应曲面工艺设计 …… 139
6.2.2 工艺优化及验证 …… 141
6.3 微波焙烧氟化物脱除研究 …… 142
6.3.1 焙烧温度和时间对氟化物脱除的影响 …… 142
6.3.2 微波焙烧与常规焙烧除氟率对比 …… 143
6.3.3 微波高温焙烧水蒸气除氟工艺 …… 144
6.3.4 微波焙烧与常规焙烧对碳结构的影响 …… 145
6.4 电解铝废阴极炭微波浸出无害化处理 …… 148
6.4.1 废阴极炭微波碱浸除氟工艺 …… 148
6.4.2 废阴极炭微波酸浸深度除氟 …… 153
6.5 电解铝废阴极炭制备石墨烯 …… 157
6.5.1 还原氧化石墨烯制备 …… 157
6.5.2 样品形貌与结构分析 …… 158
参考文献 …… 159
第 7 章 微波处理碳纤维材料 …… 161
7.1 微波活化 PAN 纤维预氧化 …… 161

7.1.1 微波预氧化与常规预氧化工艺对比 …… 161
7.1.2 预氧丝微波低温碳化 …… 163
7.1.3 H_2O_2 改性 PAN 纤维微波热处理 …… 165
7.1.4 $KMnO_4$ 改性 PAN 纤维微波预氧化 …… 170
7.1.5 微波预氧化/碳化装置 …… 173
7.2 微波热解回收碳纤维 …… 174
7.2.1 微波热解 CFRP …… 174
7.2.2 复合材料微波加热特性及模拟仿真 …… 174
7.2.3 热解过程失重率变化 …… 177
7.2.4 微波热解工艺优化 …… 178
7.2.5 热解碳气氛脱除工艺 …… 182
7.2.6 再生碳纤维再利用 …… 189
7.2.7 微波热解回收碳纤维抽油杆 …… 191
参考文献 …… 196
第 8 章 微波制备膨胀石墨 …… 198
8.1 微波闪速制备膨胀石墨 …… 198
8.1.1 微波辅助氧化插层制备膨胀石墨 …… 198
8.1.2 氧化剂用量及微波功率对膨胀体积的影响 …… 199
8.1.3 膨胀石墨的微观结构 …… 200
8.1.4 膨胀石墨的物化性能 …… 202
8.1.5 膨胀机制分析 …… 206
8.1.6 膨胀石墨制备石墨烯 …… 207
8.1.7 微波膨胀技术应用 …… 207
8.2 微波溶剂热法制备膨胀石墨吸波材料 …… 208
8.2.1 $CuCo_2S_4$@EG 复合材料的制备 …… 208
8.2.2 $CuCo_2S_4$@EG 复合材料的微观形貌及结构 …… 209
8.2.3 $CuCo_2S_4$@EG 复合材料的吸波性能 …… 211
8.2.4 $CuCo_2S_4$@EG 复合材料的热性能 …… 214
参考文献 …… 214
第 9 章 微波合成 …… 217
9.1 微波熔盐制备卤化 Ti_3C_2 MXenes …… 217
9.1.1 卤化 Ti_3C_2 MXenes 制备及形貌分析 …… 217
9.1.2 卤化 Ti_3C_2 MXenes 光氧化脱除 Hg^0 …… 218
9.1.3 Hg^0 光氧化脱除机制 …… 220
9.1.4 Hg^0 光氧化脱除理论分析 …… 221
9.2 微波溶剂热法制备 Mxenes 基吸波材料 …… 222
9.2.1 $Bi_2S_3/Ti_3C_2T_x$ 吸波材料制备 …… 222
9.2.2 $Bi_2S_3/Ti_3C_2T_x$ 物相和微观形貌 …… 223

9.2.3 Bi_2S_3 添加量对复合材料电磁波吸收性能的影响 …… 226
9.2.4 填充含量对电磁波吸收性能的影响 …… 230
9.3 微波合成 MoS_2/ZnO 复合材料 …… 233
9.3.1 ZnO 纳米片原位沉积 MoS_2 量子点 …… 233
9.3.2 MoS_2/ZnO 复合材料 Hg^0 氧化脱除 …… 236
9.4 微波水热合成 MnO_2/TiO_2 …… 237
9.4.1 MnO_2/TiO_2 制备及形貌分析 …… 237
9.4.2 MnO_2/TiO_2 光氧化剂 Hg^0 氧化脱除 …… 239
9.5 微波合成 ZSM-5 分子筛 …… 239
9.5.1 ZSM-5 分子筛的合成 …… 239
9.5.2 硅铝比对 ZSM-5 合成的影响 …… 240
9.5.3 晶化温度与晶化时间对 ZSM-5 合成的影响 …… 241
9.5.4 ZSM-5 微观形貌及元素分布 …… 241
参考文献 …… 242

第 1 章 微波加热技术概况

1.1 微波的本质

微波是一种频率在 300M～300GHz 的电磁波，对应的波长在 0.001～1m。微波介于一般无线电波与光波之间，兼具无线电波和光波的一些性质，有反射、折射、干涉等现象，与其他电磁波相比，具有频率高、波长短、穿透能力强等特点。微波是一种能量形式，在介质中可以转化为热量。微波与物质作用的基本性质通常呈现为穿透、反射、吸收三个特性[1,2]。考虑微波器件和设备的标准化，同时为避免微波源对微波通信、雷达等造成干扰，目前民用微波中通常采用的微波频率为 915MHz 和 2450MHz[3]。

微波在整个电磁波谱中的位置如图 1-1 所示。

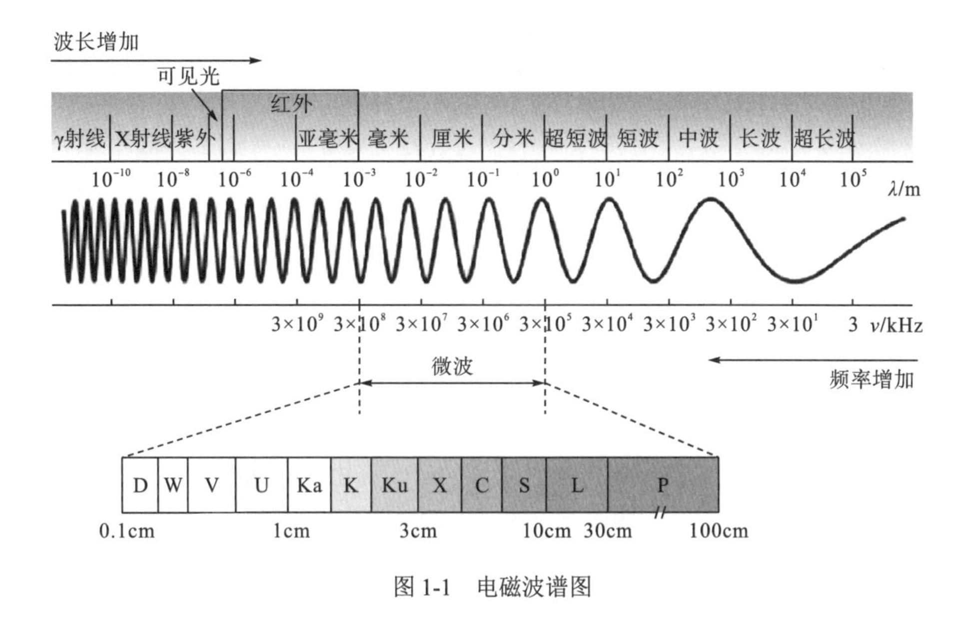

图 1-1 电磁波谱图

1.2 微波技术的发展历程

1862 年，麦克斯韦在总结前人工作的基础上，提出了一套完整的电磁理论，用于描述电场、磁场与电荷密度、电流密度之间的关系，即“麦克斯韦方程组”。它由四个方程组成：描述静态电场的高斯定律、论述静态磁场的高斯磁定律、描述电场产生磁场的麦克斯韦-安培定律以及描述磁场产生电场的法拉第感应定律。

麦克斯韦方程组有积分和微分两种表达方式[4]，积分形式是描述电磁场在某一体积或某一面积内的数学模型，是从宏观角度来描述问题；微分形式是对场中每一点而言的，是从微观角度来描述问题。

$$\begin{cases} \oint_l \boldsymbol{H} \cdot \mathrm{d}l = \int_S \left(J + \frac{\partial \boldsymbol{D}}{\partial t} \right) \cdot \mathrm{d}S & (1\text{-}1) \\ \oint_l \boldsymbol{E} \cdot \mathrm{d}l = -\int_S \frac{\partial \boldsymbol{B}}{\partial t} \cdot \mathrm{d}S & (1\text{-}2) \\ \oint_S \boldsymbol{B} \cdot \mathrm{d}S = 0 & (1\text{-}3) \\ \oint_S \boldsymbol{D} \cdot \mathrm{d}S = \int_V \rho \mathrm{d}V & (1\text{-}4) \end{cases}$$

上述方程组是麦克斯韦方程组的积分形式，其中，$\boldsymbol{H}$ 是磁场强度；l 是位移长度；J 是传导电流密度；t 是时间；$\boldsymbol{D}$ 是电位移；S 是曲面面积；$\boldsymbol{E}$ 是电场强度；$\boldsymbol{B}$ 是磁感应强度；ρ 是电量；V 是体积。

式(1-1)是由安培环路定律推导得到的全电流定律，含义是穿过曲面的电通量的变化率和曲面包含的电流等于感生磁场的环流；式(1-2)是法拉第电磁感应定律的表达式，说明穿过曲面的磁通量的变化率等于感生电场的环流；式(1-3)表示磁通连续性原理，说明闭合曲面包含的磁通量恒为0；式(1-4)是高斯定律的表达式，说明穿过闭合曲面的电通量正比于这个曲面包含的电荷量。

$$\begin{cases} \nabla \times \boldsymbol{H} = J + \frac{\partial \boldsymbol{D}}{\partial t} & (1\text{-}5) \\ \nabla \times \boldsymbol{E} = -\frac{\partial \boldsymbol{B}}{\partial t} & (1\text{-}6) \\ \nabla \cdot \boldsymbol{B} = 0 & (1\text{-}7) \\ \nabla \cdot \boldsymbol{D} = \rho & (1\text{-}8) \end{cases}$$

上述方程组是麦克斯韦方程组的微分形式，式(1-5)是全电流定律的微分形式，它说明磁场强度 $\boldsymbol{H}$ 的旋度等于该点的全电流密度；式(1-6)是法拉第电磁感应定律的微分形式，说明电场强度 $\boldsymbol{E}$ 的旋度等于该点磁感应强度 $\boldsymbol{B}$ 的时间变化率的负值；式(1-7)是磁通连续性原理的微分形式，说明磁感应强度 $\boldsymbol{B}$ 的散度恒等于零；式(1-8)是静电场高斯定律的推广，在时变条件下，电位移 $\boldsymbol{D}$ 的散度仍等于该点的自由电荷体密度。

麦克斯韦方程组从理论上预言了电磁波的存在，随后在 1888 年，德国物理学家赫兹通过实验证实了电磁波的存在。微波早期主要应用于通信工程，雷达是微波技术实现应用的典型案例之一。1900～1940 年，瑞士和德国的研究人员研发了磁控管的早期模型。1940 年 2 月，英国曼彻斯特大学的布特(Boot)和兰德尔(Randall)教授研发了一个电子真空管，即空腔磁控管，该电子真空管能够产生比以前大 1000 倍的能量。这些磁控管在第二次世界大战期间被广泛用于雷达系统中，这也带动了微波元件和器件、高功率微波管、微波电路和微波测量等技术的迅速发展。

微波加热作为一种新型绿色能源利用方式，现已发展成为一门引人注目的新兴交叉学科(表 1-1)。在 20 世纪 30 年代，美国有人提出利用微波加热物质和材料。1945 年，斯潘塞(Spencer)发现微波加热可融化巧克力，于是提出微波加热食物的设想，并在 1947 年成功研制了世界上第一台商用微波炉[5]，应用于食物加热和医学电疗上，从而推动了微波加热技术的应用。微波技术的发展历程见表 1-1。

表 1-1　微波技术的发展历程[2, 6]

时间	发展历程
1832 年	法拉第推测电磁现象与声光的波动一致
1846 年	麦克斯韦对电磁波现象进行数学描述，并预测电磁波的存在
1888 年	赫兹通过实验证实了微波的存在
1904 年	克里斯汀·赫尔兹梅尔揭示雷达原理：金属物体反射电磁波
1900～1940 年	瑞士和德国的研究人员研发了磁控管的早期模型
1940 年	雷神(Raytheon)公司的斯潘塞发现大批量生产磁控管的方法
1940 年	英国曼彻斯特大学的布特和兰德尔教授建造电子真空管，即空腔磁控管
1945 年	斯潘塞发现微波加热食物的原理，申请关于微波炉的第一个专利
1947 年	雷神公司推出第一台商用微波炉
1952 年	布罗伊达(Broida)等在微波等离子体方面的应用取得成功
1966 年	国际微波功率学会成立，创立 *Journal of Microwave Power and Electromagnetic Energy* 杂志
1970 年	台式微波炉获得了商业上的成功
至今	微波在通信、化工、矿冶、材料、生物医药及日常生活中的应用越来越广泛

1.3　微波加热原理

微波与物质作用使其温度升高，其本质是微波能在物质内部转化为热能的过程。微波是一种电磁波，在微波加热物质的过程中，有两种外场对物质的加热产生作用，即电场和磁场。换句话说就是微波与物质的作用实质是电场和磁场对物质的作用。其中电场作用下有介电损耗和传导损耗两种能量损耗方式，而物质在微波磁场作用下则存在能量的磁损耗。因此，微波能在物质中的损耗机制主要分为三种形式[7, 8]：介电损耗、磁损耗和传导损耗，如式 1-9 所示：

$$P_{\mathrm{total}} = P_{\mathrm{e}} + P_{\mathrm{m}} + P_{\mathrm{con}} \tag{1-9}$$

式中，P_{total} 为微波与物质相互作用过程中总的功率损耗；P_{e} 为介电损耗功率；P_{m} 为磁损耗功率；P_{con} 为传导损耗功率。

1.3.1　微波与物质作用的介电损耗

微波加热与传统加热方式不同，其加热能力主要取决于物料的介电特性，如图 1-2 所示。复介电常数是表征微波与材料相互作用的重要参数，反映了微波在材料中传播、损耗或反射的相关信息。绝对复介电常数 ε 的定义如下式所示[9]：

$$\varepsilon = \varepsilon_0 \varepsilon_{\mathrm{r}} = \varepsilon' - \mathrm{j}\varepsilon'' \tag{1-10}$$

式中，真空介电常数 $\varepsilon_0 = 8.85\times10^{-12}\mathrm{F/m}$； ε_{r} 为相对复介电常数。

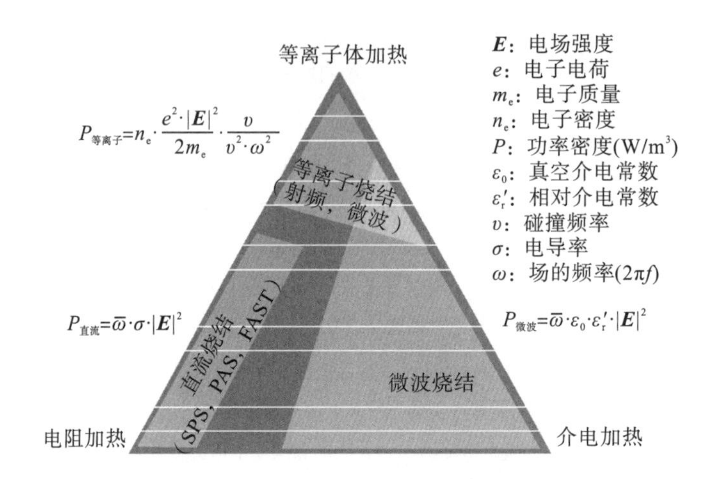

图 1-2 不同加热方式的能量转换[10]

注：放电等离子烧结(spark plasma sintering，SPS)；等离子活化烧结(plasma activated sintering，PAS)；电场活化烧结(field activated sintering technique，FAST)。

通常情况下，复介电常数的实部为 ε'，用于表示材料储存电场能量的能力，虚部 ε'' 为介电损耗因子，用于表示材料耗散电场能量的能力。

对于电介质来说，微波与物质作用的介电损耗功率如公式(1-11)所示[11]：

$$P_{\mathrm{e}} = 2\pi f \varepsilon_0 \varepsilon_{\mathrm{r}}' \tan\delta\, |\boldsymbol{E}|^2 \tag{1-11}$$

式中，P_{e} 为介电损耗功率；f 为微波频率；$\tan\delta$ 为介电损耗角正切；$\boldsymbol{E}$ 为电场强度；$\varepsilon_{\mathrm{r}}'$ 为相对介电常数。

介电损耗角正切定义为[9]：

$$\tan\delta = \frac{\varepsilon''}{\varepsilon'} \tag{1-12}$$

$\tan\delta$ 是表征材料吸波能力最关键的参数。在特定频率和温度条件下，介质将电磁能转化为热的能力取决于介电损耗角正切值。介质具有较大介电损耗角正切值才能被快速加热，介电损耗角正切值取决于微波频率和系统温度。随着微波频率的增大，加热效率提高。但是随着频率的增大，微波的波长变短，穿透介质的距离减小，被极化的体积数减小，只能加热介质表面，达不到整体加热效果[12]。目前，针对材料吸波能力大小依旧没有严格的判断标准，相关研究显示[13]：弱吸波或不吸波材料 $\tan\delta < 3\times10^{-4}$，中等吸波材料 $3\times10^{-4} \leqslant \tan\delta < 3\times10^{-2}$，强吸波材料 $\tan\delta \geqslant 3\times10^{-2}$。因此，为达到较好的微波加热效果，介质应具有适当的介电常数和较高的介电损耗因子。

1.3.2　微波与物质作用的磁损耗

微波与物质作用，除了电场作用外，还存在磁场作用，因此，在微波交变磁场作用下，物质也会产生磁损耗。对于磁介质来说，这些材料会同时被电场和磁场所影响。微波加热铁、镍、钴等磁性材料的加热机理很典型，这些材料会同时被电场和磁场所影响。电场使得材料内部的自由电子运动，而磁场则影响电子的旋转以及畴壁和磁畴的方向。磁性材料在微波加热中的热损耗机理表现为传导损耗伴随着磁损耗，磁损耗表现为磁滞损耗、涡流损耗、磁畴共振和电子自旋共振。磁损耗的表达公式如下[14]：

$$P_{\mathrm{m}} = \frac{1}{T}\int_0^T \boldsymbol{H}\mathrm{d}\boldsymbol{B} \tag{1-13}$$

对于微波而言，其磁损耗方程表示如下：

$$P_{\mathrm{m}} = 2\pi f \mu_0 \mu_{\mathrm{r}}' \tan\delta |\boldsymbol{H}|^2 \tag{1-14}$$

式中，P_{m} 为磁损耗功率；f 为微波频率；μ_0 为真空中的磁导率；μ_{r}' 为复磁导率中的实部；$\tan\delta$ 为介电损耗角正切；$\boldsymbol{H}$ 为介质内部磁场强度。磁损耗与磁场强度 $\boldsymbol{H}$ 的平方、微波频率 f 、磁导率等成正比，在微波功率、频率确定时，磁损耗功率与磁导率正相关，即磁导率越大，磁损耗越大。而对大多数物质来说磁性很弱，即相对磁导率为 1，因此，其直接磁损耗相对较小。

1.3.3　微波与物质作用的传导损耗

在微波交变电磁场作用下，导电物质表面载流子在微波电磁场的作用下将做定向漂移，并在导体中形成传导电流，传导电流的大小由物质本身决定。传导电流以热量的形式消耗掉的微波能即为传导损耗。

物质中的载流子主要有自由移动的离子和电子，因此传导损耗的计算公式如下[7, 14]：

$$P_{\mathrm{con}} = j \times \boldsymbol{E} = \left(j_{\mathrm{ion}} + j_{\mathrm{c}}\right) = \sigma |\boldsymbol{E}|^2 \tag{1-15}$$

式中，P_{con} 为传导损耗功率；j 为传导电流密度；$\boldsymbol{E}$ 为电场强度；j_{ion} 为离子电流密度；j_{c} 为电子电流密度；σ 是电导率。

由上式可以看出，微波在物质中的传导损耗与物质的电导率和微波电场强度的平方成正比，在微波输出功率相同的条件下，微波电场强度可以看作相同，此时决定微波加热电导损耗的就是材料的电导率，电导率越大，传导损耗就越多，加热效果就好。

1.4　微波对物料的作用深度

在进行微波加热时，穿透深度是一个重要的因素。当微波穿入非金属材料内部时，物料表面的功率密度是最大的，随着微波向物料内部的渗透，其功率呈指数衰减，同时微波的能量释放给了物料。穿透深度可表示物料对微波能衰减能力的大小，用 D_p 表示，定义为微波功率密度衰减至表面值的 1/e(即 36.8%)时对应的材料厚度，e 为自然常数(e=2.7182818…)，穿透深度表达式如下[9, 11]：

$$D_p = \frac{c}{2\sqrt{2}f\pi\sqrt{\varepsilon'\left[\sqrt{1+\left(\frac{\varepsilon''}{\varepsilon'}\right)^2}-1\right]}} \tag{1-16}$$

式中，c 为光在真空中的传播速度；f 为微波频率；ε' 为介电常数；ε'' 为介电损耗因子。穿透深度与微波频率和材料的介电特性相关。一般情况下，材料吸波能力越弱则穿透越深，穿透深度 D_p 和介电损耗角正切 $\tan\delta$ 从不同角度表征材料的吸波能力。

当导体中存在交流电或者交变电磁场时，电流集中在导体外表的薄层，导体内部的电流分布不均匀，使导体的电阻和损耗功率增加，这一现象称为趋肤效应(skin effect)。导电性较高的材料容易在材料表面产生趋肤效应，导致入射电磁波在材料表面发生反射，形成反射波，电磁波不能进入材料内部进行衰减损耗。Mishra 等[15]研究表明微波与金属相互作用时仅限于金属表层，其趋肤深度可用如下数学式表达：

$$\delta = \frac{1}{\sqrt{\pi f \mu \sigma}} = 0.029\sqrt{\rho \lambda_0} \tag{1-17}$$

式中，f 为微波频率；μ 为磁导率；σ 为电导率；ρ 为电阻率；λ_0 为入射波波长。Mondal 等[16]的研究中报道了微波对不同金属颗粒的趋肤深度也会随温度的升高而呈线性增加的趋势，图 1-3 为不同金属的趋肤深度随温度变化的情况。

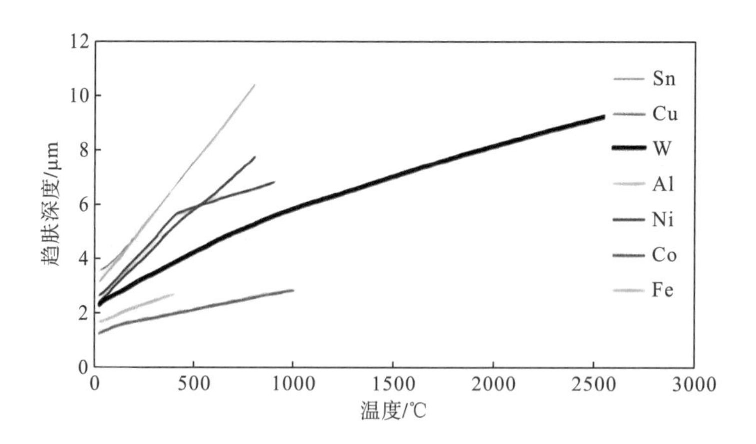

图 1-3 金属在 2.45GHz 微波场中的趋肤深度变化[16]

1.5 微波加热技术特征及优势

1.5.1 微波加热技术特征

由于微波电磁场的变化，不同物质与微波作用时表现出不同的吸波特性，且不同物质单位体积能量吸收能力和微波作用深度与物质的吸波特性密切相关。目前，根据吸波能力的强弱主要将材料分为透波材料、吸波材料和不透波材料[17-19]。如特氟龙、石英等材料属于透波材料，其介电损耗因子较低，单位体积吸收的能量可以忽略不计，具有最大的穿透深度。随着介电损耗因子的增大，单位体积内能量吸收变大，穿透深度减小。大部分吸波材料单位体积能量吸收较高，这类材料被认为最适合采用微波进行加热，如 SiC、铁磁性物质、铁钴镍类金属氧化物、部分金属硫化物及碳质材料等物质具有较强的吸波能力。而块状金属因反射微波，趋肤深度较浅，难以被加热。因此，在粉末冶金微波烧结工艺中，针对不透波或弱吸波材料、金属基复合材料等通常采用 SiC 辅助加热的方式进行快速烧结(表 1-2)。

表 1-2　不同材料吸波特性

类别	特性	常见物料
透波材料	低损耗、绝缘体材料，微波可以通过但是损耗较低	特氟龙、石英、莫来石
吸波材料	高损耗材料，微波辐射作用在材料上，可以被很好地吸收	水、SiC、碳质材料、硅粉、氧化铁、金属硫化物等
不透波材料	无损耗、导体材料，即材料会反射微波或损耗的微波能可以忽略不计	所有的块状金属

1.5.2　微波加热技术优势

传统加热主要是通过热传导、热对流以及热辐射的方式使热量从外部传至物料，热量是由表及里传递，是接触式或近距离加热方式，且不可避免地存在温度梯度，导致加热速率慢、加热不均等。而微波加热与传统加热方式不同，微波在空间以电磁波的形式传播，并依靠微波在吸波物料内部的能量损耗使物料整体升温，改善传热效果，减少加热过程中的传热损失，因此，与传统加热方式相比，微波加热具有以下技术特点[1, 20]。

(1) 快速均匀加热。传统的加热方式是使物料周围的环境温度升高，以热辐射或传导对流的方式加热物料表面，然后通过物料的热传导加热物料内部，因此效率低，升温速度慢。为提高加热速率就必须升高加热温度，如果物料导热性能较差或者升温速率较快，可能导致物料产生“外焦里嫩”的现象。而微波加热的最大特点是在被加热物料的内部原位产生热量，缩短了传热传质距离和加热时间，提高了加热效率和产品质量。

(2) 非接触内部加热。微波是穿透力较强的电磁波，它能穿透物料的内部，向被加热物料内部辐射微波电磁场。电磁波透入物料表面并向里传播时，能量不断被吸收转化成热能，促进极化分子的剧烈运动，使分子相互碰撞、摩擦而产生热量。以 915MHz(λ=33.0cm)和 2450MHz(λ=12.2cm)的常用加热频率来讲，通常被加热物料的尺寸为几厘米到几十厘米，除很大的物料外，一般都可以穿透性整体加热，因此，其加热过程在整个物料内同时进行，升温迅速，温度均匀且温度梯度小。

(3) 选择性加热。微波加热所产生的热量与被加热物的损耗有着密切关系。微波在不同物料中的损耗不同，因此，各种物料吸收微波的能力也有很大的差异。一般来说，介电常数大的物料相对容易被微波加热，而介电常数小的物料就很难用微波加热。当然，更多取决于微波在物料内部的损耗参数，这就是微波对物料具有选择性加热的特点。微波的选择性加热特点在现实生活中得到广泛应用，如家用微波炉热菜，盘子还是冷的，菜已被加热。此外，微波干燥技术也被广泛应用于工业生产中，可提高生产效率，实现节能环保。

1.6 微波技术应用现状

在微波加热技术应用方面，20 世纪 70 年代，微波技术被用于处理核污染废料[21]；1974 年 Hesek 等[22]在微波炉中进行了样品的烘干试验；1975 年生物样品微波消解研究取得了成功[23]；1986 年，Gedye 等[24]将微波引入有机合成方面，发现微波对酯化反应有明显加速作用；同年匈牙利学者 Ganzler[25]将微波引入化工分离过程，用微波萃取法从土壤、种子、食品等物料中分离出了各类化合物；20 世纪 90 年代初，加拿大环境与气候变化部(Environment and Climate Change Canada)的 Paré J.R.Jocelyn 等在微波萃取及成套系统研发方面开展了系列工作，并应用于植物提取、有机合成、环境和土壤分析等技术领域，从而促进微波在化学分析等领域的应用[26-28]。近年来，微波技术开始逐渐在无机反应中崭露头角，并被广泛应用于超细纳米粉体材料、沸石分子筛、金属有机框架材料等。随着微波研究的不断深入，国际上涌现了一大批微波设备制造企业，为微波技术的不断推广提供了强有力的支撑。目前，得益于微波反应器的商业化研发，关于微波应用技术领域的研究不断拓展，尤其是微波辅助有机/无机合成、材料制备及冶金反应过程强化等方面应用取得显著的发展与进步。

(1) 微波强化无机合成。20 世纪 60 年代，微波就开始在纳米材料、碳材料及无机功能材料制备等方面有着广泛的应用。利用微波辐射能够进行无机纳米颗粒(如纳米金属、金属氧化物及金属硫化物等)的快速均匀制备。研究表明通过微波合成法制备不同形貌的 ZnO、TiO_2、MoS_2、α-Fe_2O_3 纳米粒子、球形 $Co_3(PO_4)_2$ 纳米粒子、CdS 和 Bi_2S_3 纳米粒子以及 CeF_3 纳米颗粒等纳米材料[29-32]，具有反应快、操作简便、节能等优点，得到研究人员的青睐。通过微波加热技术还可有效地制备碳量子点、石墨烯等诸多新型碳材料[33, 34]。2016 年美国罗格斯大学的研究小组[35]在 *Science* 杂志发表了一种新型微波制备石墨烯的方法，将剥离的氧化石墨烯放入 1000W 的微波炉中，仅需几秒钟就能消除氧化石墨烯中几乎所有的氧成分，进而得到极高质量的石墨烯成品。此外，采用微波水热合成法，在分子筛及纳米无机材料合成等方面的研究也已成为目前的热点领域。

(2) 微波强化有机合成及提取。1986 年，加拿大化学家 Gedye 等[24]发现微波能够有效提高 4-氰基苯氧离子与氯苯的 S_N2 亲核取代反应，产率也得到不同程度的提高，自此微波在强化有机合成领域逐渐被广泛应用。微波应用于有机化学合成相比传统加热反应速率可提升数倍甚至上千倍，而且具有操作便捷、产品纯度高、产率高等优势，其中一个显著的例子是交叉耦合反应。但是，研究人员在使用微波辅助有机合成时，难以精确地进行温度测量，尤其是在过去实验条件下难以实现微波功率的精确控制，以及不同实验室所使用的微波设备的不同，使得研究的重现性较差。目前，微波有机合成设备实现了全自动化，在组合化学等领域发挥着积极的作用，在绿色化学领域展现出巨大的吸引力，尤其是利用微波辅助加热水热合成金属有机框架材料等研究在近 20 年得到广泛的应用，取得了显著的成效。

(3) 微波在材料制备中的应用。微波烧结概念是由 Tinga 团队[36]于 20 世纪 60 年代提出，至 20 世纪 80 年代中后期，逐渐发展成一种新型的粉末冶金快速烧结技术，其在材料制备领域比传统烧结更具有优势，能获得相结构的高度均匀性、更高的致密度和更好的显微结构。因此，微波烧结材料研究在世界范围内广泛开展，并经历了烧结容易吸收微波且烧结温度较低的陶瓷材料、发展烧结理论和向工业化发展三个阶段。虽然微波烧结技术基础理论研究广泛，甚至实现了某些材料微波烧结的工业生产，但大多局限于陶瓷产品领域。20 世纪 90 年代，微波烧结技术的应用出现了许多新的增长点，Roy 等[37]1999 年在 *Nature* 报道了微波辐射烧结金属粉末的方法，研究表明微波可以穿透到离散的金属粉末聚集体中加热金属粉体，人们才逐步开展微波烧结金属基粉末冶金制品的研究。近年来，利用微波在陶瓷烧结、特种材料制备、粉末冶金烧结等领域研究的数量急剧增加(图 1-4)。国内许多研究者也开展了粉末冶金微波烧结的理论研究，中南大学、昆明理工大学、中国科学技术大学等采用微波烧结技术在有色金属合金制备、材料合成等方面开展了系列研究，推动了微波烧结技术在粉末冶金领域的应用。此外，微波等离子体具有无极放电、放电区域集中、放电稳定等特点，可显著提高功能材料的沉积速率，在工业应用领域中尤其是金刚石薄膜制备方面有着广泛的应用。目前，微波技术在制备功能陶瓷、磁性材料、硬质合金等领域都具有良好的效果[8, 38-42]，已发展为快速制备新材料的重要技术手段。

图 1-4　微波气氛烧结炉及粉末冶金构件烧结[13]

(4) 微波强化典型冶金反应过程。昆明理工大学针对微波冶金应用基础理论及工程装备开展了系列创新性研究[10, 43, 44]。围绕还原、焙烧、煅烧、浸出、熔炼等典型冶金反应单元，开展冶金、材料、物理、化学等多学科交叉研究，促进了微波冶金应用基础理论的发展。此外，结合配套工艺开发及装备研发，以产学研相结合的方式，解决微波冶金反应器的大型化、连续化和自动化等关键技术难题，有效提升微波装备工程化及成套化水平。

参 考 文 献

[1] 彭金辉, 刘秉国. 微波煅烧技术及其应用[M]. 北京: 科学出版社, 2013.

[2] 张兆镗. 磁控管与微波加热技术[M]. 成都: 电子科技大学出版社, 2018.

[3] 金钦汉. 微波化学[M]. 北京: 科学出版社, 1999.

[4] 刘顺华, 刘军民, 董星龙, 等. 电磁波屏蔽及吸波材料[M]. 2 版. 北京: 化学工业出版社, 2014.

[5] Spencer P L. Method of treating foodstuffs: US2495429[P]. 1950-01-24.

[6] Horikoshi S, Schiffmann R F, Fukushima J, et al. Microwave Chemical and Materials Processing[M]. Singapore: Springer Singapore, 2018.

[7] 彭元东. 微波加热机制及粉末冶金材料烧结特性研究[D]. 长沙: 中南大学, 2011.

[8] 许磊. 微波加热金属铜粉及熔渗烧结钨铜复合材料特性研究[D]. 昆明: 昆明理工大学, 2016.

[9] 彭金辉, 梅毅, 巨少华, 等. 微波化工技术[M]. 北京: 化学工业出版社, 2020.

[10] Gerdes T, Willert-Porada M, Park H S. Microwave sintering of ferrous PM materials[J]. Advances in Powder Metallurgy & Particulate Materials, 2007, 9: 72-84.

[11] 彭金辉, 夏洪应, 等. 微波冶金[M]. 北京: 科学出版社, 2016.

[12] Peng Z W, Hwang J Y. Microwave-assisted metallurgy[J]. International Materials Reviews, 2015, 60(1): 30-63.

[13] Clarke R, Gregory A, Cannell D, et al. A guide to the characterisation of dielectric materials at RF and microwave frequencies[R]. Institute of Measurement and Control/National Physical Laboratory, 2003.

[14] 全峰. 微波烧结 WC-10Co 硬质合金的结构与性能研究[D]. 武汉: 武汉理工大学, 2007.

[15] Mishra R R, Sharma A K. Microwave-material interaction phenomena: Heating mechanisms, challenges and opportunities in material processing[J]. Composites Part A: Applied Science and Manufacturing, 2016, 81: 78-97.

[16] Mondal A, Upadhyaya A, Agrawal D. Effect of heating mode on sintering of tungsten[J]. International Journal of Refractory Metals and Hard Materials, 2010, 28(5): 597-600.

[17] Mailadil T S, Heli J, Rick U. Microwave materials and applications[M]. New York: John Wiley and Sons, 2017.

[18] Tang Z M, Hong T, Liao Y H, et al. Frequency-selected method to improve microwave heating performance[J]. Applied Thermal Engineering, 2018, 131: 642-648.

[19] Rattanadecho P. The simulation of microwave heating of wood using a rectangular wave guide: influence of frequency and sample size[J]. Chemical Engineering Science, 2006, 61(14): 4798-4811.

[20] Horikoshi S, Schiffmann R F, Fukushima J, et al. Microwave chemical and materials processing[M]. Singapore: Springer Singapore, 2018.

[21] Phelps F R, Booman G L. Microwave heated calcination of radioactive liquid waste[C]. International Microwave Power Symposium 1997, 1997, Minneapolis.

[22] Hesek J A, Wilson R C. Practical analysis of high-purity chemicals. X. Use of a microwave oven in in-process control[J]. Analytical Chemistry, 1974, 46(8): 1160.

[23] Abu-Samra A, Morris J S, Koirtyohann S R. Wet ashing of some biological samples in a microwave oven[J]. Analytical Chemistry, 1975, 47(8): 1475-1477.

[24] Gedye R, Smith F, Westaway K, et al. The use of microwave ovens for rapid organic synthesis[J]. Tetrahedron Letters, 1986, 27(3): 279-282.

[25] Ganzler K, Salgó A, Valkó K. Microwave extraction: a novel sample preparation method for chromatography[J]. Journal of Chromatography A, 1986, 371: 299-306.

[26] Kwon J H, Lee G D, Kim K, et al. Monitoring and optimization of microwave-assisted extraction for total solid, crude saponin, and ginsenosides from ginseng roots[J]. Food Science and Biotechnology, 2004, 13(3): 309-314.

[27] Jankowski C K, LeClair G, Bélanger J M, et al. Microwave-assisted Diels-Alder synthesis[J]. Canadian Journal of Chemistry, 2001, 79(12): 1906-1909.

[28] Bélanger J M R, Jocelyn Paré J R. Applications of microwave-assisted processes (MAP) to environmental analysis[J]. Analytical and Bioanalytical Chemistry, 2006, 386(4): 1049-1058.

[29] Jing Z H, Zhan J H. Fabrication and gas-sensing properties of porous ZnO nanoplates[J]. Advanced Materials, 2008, 20(23): 4547-4551.

[30] Liu Q H, Cao Q, Bi H. CoNi@SiO_2@TiO_2 and CoNi@Air@TiO_2 microspheres with strong wideband microwave absorption[J]. Advanced Materials, 2016, 28(3): 486-490.

[31] Gao M R, Chan M K Y, Sun Y G. Edge-terminated molybdenum disulfide with a 9. 4-Å interlayer spacing for electrochemical hydrogen production[J]. Nature Communications, 2015, 6: 7493.

[32] 吴华强, 邵名望, 顾家山, 等. 微波辐照方式对 CdS 和 Bi_2S_3 纳米粒子结晶度的影响[J]. 无机化学学报, 2003, 19(1): 107-110.

[33] 张立强, 崔琳, 王志强, 等. 微波再生对活性炭循环吸附 SO_2 的影响[J]. 燃料化学学报, 2014, 42(7): 890-896.

[34] 陈茂生, 王剑虹, 宁平, 等. 微波辐照载甲苯活性炭再生研究[J]. 环境污染治理技术与设备, 2006, 7(6): 77-79.

[35] Voiry D, Yang J, Kupferberg J, et al. High-quality graphene via microwave reduction of solution-exfoliated graphene oxide[J]. Science, 2016, 353(6306): 1413-1416.

[36] James C R, Tinga W R, Voss W A G. Microwave power engineering: generation, transmission, rectification[M]. New York: Academic Press, 1968.

[37] Roy R, Agrawal D, Cheng J P, et al. Full sintering of powdered-metal bodies in a microwave field[J]. Nature, 1999, 399: 668-670.

[38] Bansal N P, Boccaccini A R. Ceramics and composites processing methods[M]. Hoboken: John Wiley and Sons, 2012.

[39] Gawande M B, Shelke S N, Zboril R, et al. Microwave-assisted chemistry: synthetic applications for rapid assembly of nanomaterials and organics[J]. Accounts of Chemical Research, 2014, 47(4): 1338-1348.

[40] Agrawal D. Microwave sintering of ceramics, composites and metal powders[M]//Sintering of Advanced Materials. Amsterdam: Elsevier, 2010: 222-248.

[41] Zhao Z W, Zhang G G, Wang S, et al. Preparation of ultrafine cemented carbides with uniform structure and high properties by microwave sintering[J]. Materials Letters, 2020, 260: 126971.

[42] 李永存. 新型快速微波烧结微观机理的同步辐射在线实验研究[D]. 合肥: 中国科学技术大学, 2013.

[43] 彭金辉, 杨显万. 微波能技术新应用[M]. 昆明: 云南科技出版社, 1997.

[44] 张利波, 刘晨辉, 彭金辉. 微波在冶金中的新应用[M]. 北京: 冶金工业出版社, 2019.

第 2 章　微波冶金过程强化

微波作为一种电磁波，其通过在物料内部的能量转换来实现加热，因此，微波加热的热量源于物料与微波之间的相互耦合作用，加热的效果也受物料本身特性、内部组织结构、致密度等诸多因素影响。目前，微波加热技术在冶金物料还原、煅烧、氧化焙烧、烧结、熔炼、干燥、矿物解离等典型冶金反应单元得到较好的应用效果，对冶金反应过程强化效果显著，因此，微波对实现部分冶金工艺的节能降耗和低碳环保具有重要的促进作用，为冶金工业的绿色低碳发展提供新途径。

2.1　微波烧结铁矿石

铁矿石是钢铁生产企业的重要原料，烧结矿具有含铁率高、透气性好、容易被还原等优点，有利于高炉冶炼。微波作为一种绿色清洁能源，具有选择性加热、升温速率快、高效节能等特点，能够实现铁矿石快速烧结，促进该领域“以电代碳”，达到节能减排目的。

2.1.1　铁矿石原料

铁矿石原料主要化学成分如表 2-1 所示，赤铁矿、磁铁矿和褐铁矿的铁品位分别为 63.24%、63.82%和 58.56%。混合料由赤铁矿(约 60%)、磁铁矿(约 20%)、褐铁矿(约 15%)和少量烧结助剂(生石灰、白云石)组成，其铁品位为 59.48%。以上铁矿石中其他主要成分为 SiO_2、CaO、MgO、Al_2O_3 和水分，含有少量 S、P 等。此外，赤铁矿主要成分为 Fe_2O_3；磁铁矿主要成分为 Fe_3O_4；褐铁矿的主要成分为 $Fe_2O_3·H_2O$；混合料的主要成分为 Fe_2O_3、Fe_3O_4 和 $Fe_2O_3·H_2O$，其中以 Fe_2O_3 居多。

表 2-1　铁矿石主要化学成分　（质量分数：%）

铁矿石	TFe	FeO	SiO_2	CaO	MgO	Al_2O_3	S	P	烧损	水分
赤铁矿	63.24	1.58	3.52	3.03	0.04	1.35	0.05	0.016	2.45	5.08
磁铁矿	63.82	12.35	4.42	0.33	0.28	0.24	0.03	0.019	1.48	3.23
褐铁矿	58.56	0.22	4.35	0.11	0.09	1.42	0.03	0.026	9.86	6.81
混合料	59.48	2.34	2.57	0.12	0.10	1.08	0.04	0.017	3.35	3.72

2.1.2　铁矿石微波加热及电磁特性

针对不同微波功率、矿物粒径对铁矿石升温性能的影响，开展铁矿石微波加热特性研究，图 2-1(a)为相同粒径(74～150μm)的赤铁矿、磁铁矿、褐铁矿和混合料在 1500W 微波功率下加热的升温曲线，矿物的表观密度为 2.84g·cm^{-3}，高温烧结后矿物的表观密度为 3.5～3.9g·cm^{-3}，采用红外测温仪测定温度变化，温度检测最小值为 450℃。从图中可以看出，褐铁矿的平均升温速率最快，仅需要18min就升温至1200℃，平均升温速率为65.28℃/min；磁铁矿升温到 1200℃需要 20min，平均升温速率为 58.75℃/min；混合料 4min 便可加热至 1000℃，升温速率高达 243.75℃/min，但在 1000～1200℃阶段升温速率较慢；赤铁矿 5min 升温至 800℃，升温速率较快，但在 800～1200℃区间升温速率明显放缓。图 2-1(b)为不同粒径(48～74μm、74～150μm、150～180μm)的混合料在 2000W 微波功率下加热到 1200℃的升温曲线图。微波加热至 7min 时，48～74μm 混合料的升温速率最快，其他两种粒径的平均升温速率基本一致，颗粒粒径越小，微波加热效果相对越好。

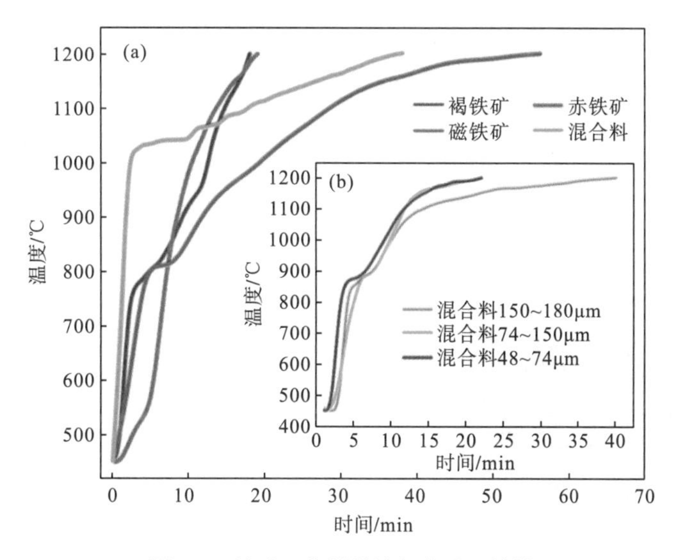

图 2-1　铁矿石物料微波加热升温特性

采用谐振腔微扰法测试了铁矿石的复介电常数[1]，图 2-2 为铁矿石在 2450MHz 微波频率下的介电参数和微波作用深度随温度的变化曲线。从图 2-2(a)可以看出，赤铁矿介电性能的变化大致可以分为三个不同的阶段：在温度低于 500℃时，介电常数(ε')和介电损耗因子(ε'')随着温度的升高变化不大；在 500～750℃时，赤铁矿的ε'快速升高，ε''快速下降；当温度升高到 750℃以上时，介电常数和介电损耗因子又维持在一定水平。从图 2-2(b)可以看出，当温度低于 800℃时，褐铁矿的介电特性曲线与赤铁矿的变化趋势相似，但曲线拐点出现的温度点比赤铁矿低 200℃左右，可能是因为结合水的存在导致的。当温度超过 800℃时，ε'快速下降，ε''呈升高趋势。赤铁矿的介电损耗角正切($\tan\delta$)随温度的变化趋势与ε''的变化趋势相似，$\tan\delta$ 在30～450℃维持在0.45 左右。穿透深度(D_p)

值的变化趋势与 ε' 的变化趋势相似，赤铁矿在低温阶段 D_p 维持在 15mm 左右，在高温阶段 D_p 维持在 42mm 左右。

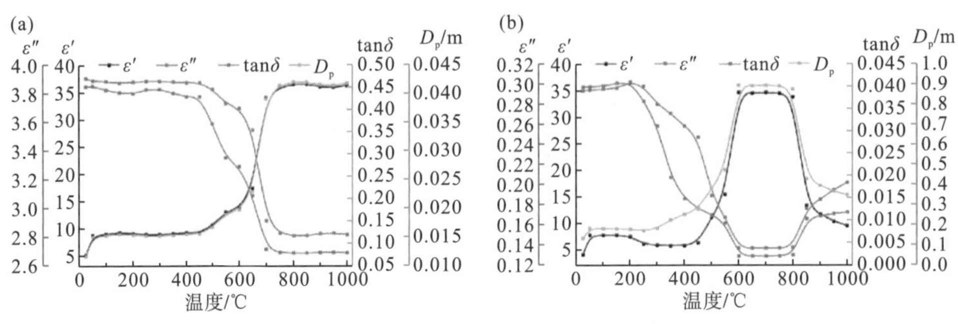

图 2-2 2450MHz 微波频率下铁矿石高温介电特性

(a) 赤铁矿，(b) 褐铁矿

2.1.3 微波烧结铁矿石仿真模拟

采用 COMSOL 软件按照实际工艺条件进行仿真模拟，铁矿石物料的介电参数、密度、导热系数等与实验条件一致，保温材料为堇青莫来石，微波输入功率为 1.5kW，计算结果如图 2-3 所示。微波加热物料 35min 升高到 1200℃，平均升温速率为 32.64℃/min，与实际物料升温到 1200℃的平均升温速率 30.92℃/min 基本一致。物料周围的电场强度较高，达到 3×10^4V/m，电场 z 分量强度波峰为 1.5×10^4V/m，波谷为 -2.5×10^4V/m（负号代表方向）。

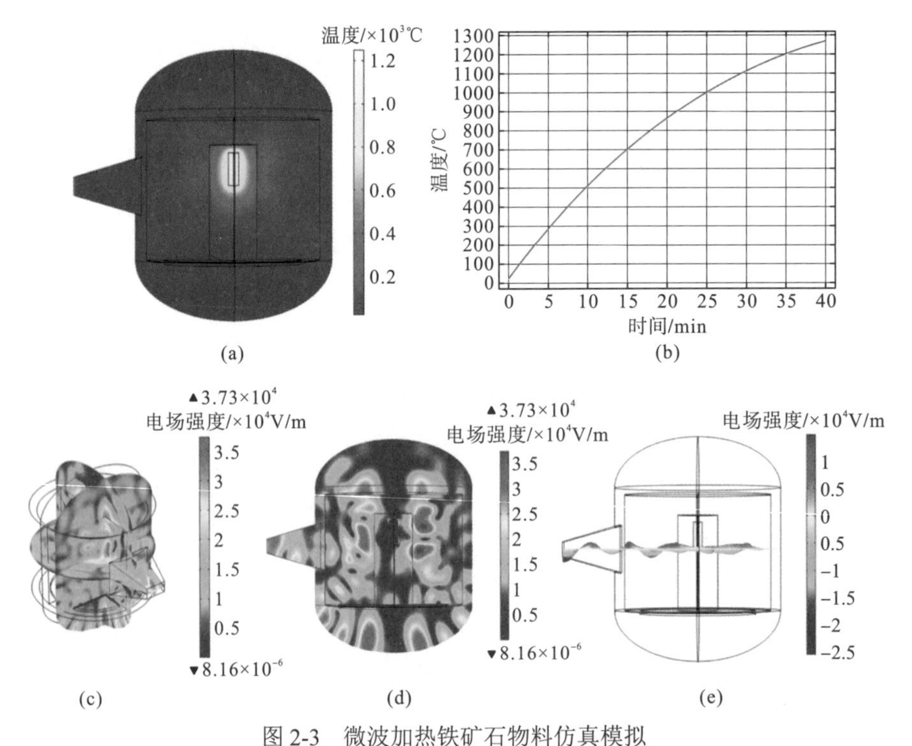

图 2-3 微波加热铁矿石物料仿真模拟

(a) 炉腔温度分布，(b) 升温曲线，(c) 多切面电场强度，(d) 切面电场强度，(e) 电场 z 分量强度

2.1.4 微波烧结铁矿石工艺放大

1. 微波高温烧结反应腔模型构建

图 2-4 为某大型钢铁企业微波烧结铁矿石转底炉模型。通过 COMSOL 多物理场仿真软件对多馈口微波装备腔体结构及微波源馈口位置进行建模，微波波导口共 153 个，总功率为 229.5kW。炉内保温材料有硅酸铝棉、堇青莫来石、Al_2O_3 空心球砖等，铁矿石物料横截面呈梯形，梯形底边长 500mm，顶边长 300mm。

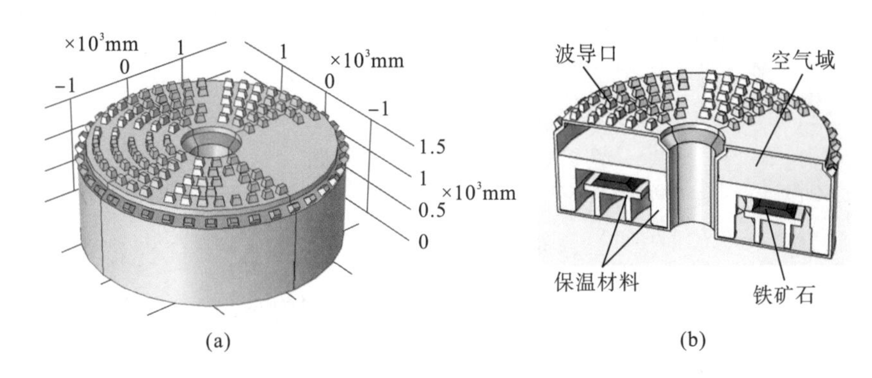

图 2-4 微波烧结铁矿石转底炉模型

(a) 整体，(b) 剖面图

2. 反应腔电磁场分布规律

微波加热铁矿石时，炉内电场分布越均匀、电场强度越高，越有利于铁矿石快速、均匀加热。首先，通过仿真模拟反应腔电场强度分布来判断此模型设计的合理性，每个波导口馈入 1.5kW 微波后反应腔的电场分布如图 2-5 所示，微波经炉壁多次反射后充满整个腔体。波导口的电场强度最高，达到 1.78×10^5V/m，反应腔内部电场强度最高达到 1.27×10^5V/m，电场强度平均维持在 4×10^4～6×10^4V/m；图 2-5 (d) 和图 2-5 (e) 为距离底部 600mm 处水平面上的电场 z 轴分量图，物料基本处于这一高度，该水平面平均电场强度为 3×10^4V/m，波峰达到 6.03×10^4V/m，波谷达到 -6.5×10^4V/m，波高为 12.53×10^4V/m。

3. 铁矿石微波烧结工艺模拟

堇青莫来石是一种优秀的保温材料，堇青莫来石的介电常数较小、对微波的损耗较小、透波性好、炉内电场分布均匀。仿真模拟中以堇青莫来石为保温耐火材料，计算铁矿石的加热效果。当微波源功率为 1.5kW 时，波导口的电场强度为 5.86×10^4V/m，铁矿石周围的电场强度为 2.5×10^4V/m，较空腔电磁场强度有所降低，铁矿石内部电场强度最低为 1.19×10^{-4}V/m。图 2-6 为堇青莫来石做保温材料时炉内温度分布，铁矿石从常温升温到 1300℃需要 222min，保温材料温度为 400℃。

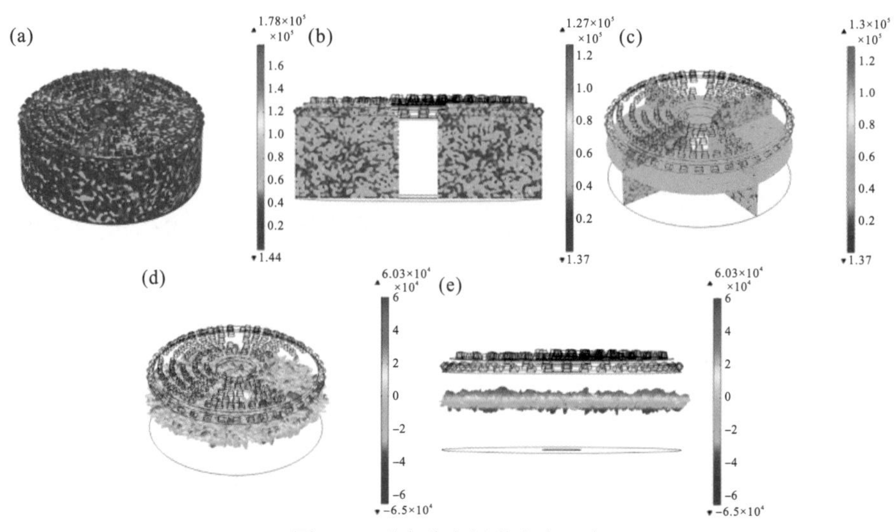

图 2-5　反应腔电场分布(V/m)

(a)腔体电场分布，(b)单切面电场分布，(c)多切面电场分布，(d)电场 z 分量，(e)电场 z 分量(侧视)

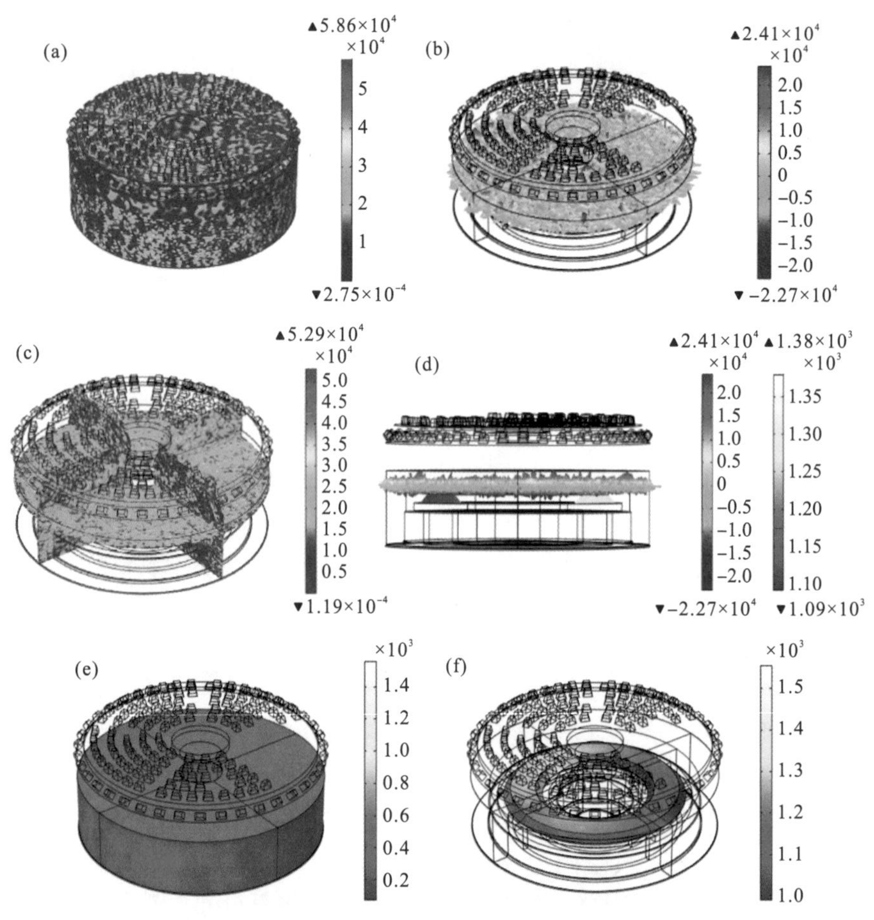

图 2-6　炉内电场(V/m)及温度场(℃)分布

(a)腔体电场分布，(b)电场 z 分量，(c)多切面电场分布，(d)电场 z 分量(侧视)，

(e)保温系统温度分布，(f)铁矿石物料温度分布

2.2　微波加热直接还原铁

2.2.1　含铁物料组分

含铁物料为铁精矿和氧化铁皮，其化学成分如表 2-2 所示。含铁物料中，铁精矿的 FeO 质量分数超过 20%，是磁铁矿类型；氧化铁皮中铁主要以亚铁的形式存在，即羟基氧化铁 FeO(OH)；铁精矿的 SiO_2 质量分数为 6.86%。一般生产直接还原铁的磁铁矿的铁品位要求在 67.5%以上，脉石成分($SiO_2+Al_2O_3$)在 3%～5%[2]，铁精矿的品位偏低，且脉石成分偏高。

表 2-2　含铁物料化学成分　（质量分数：%）

名称	TFe	FeO	SiO_2	CaO	MgO	Al_2O_3	MnO	S
铁精矿	62.98	24.86	6.86	0.43	0.81	1.36	0.04	0.024
氧化铁皮	69.18	53.60	2.84	1.44	0.62	0.64	0.63	0.020
名称	P	TiO_2	Pb	Zn	K_2O	Na_2O	烧损	水分
铁精矿	0.033	0.58	0.004	0.009	0.056	0.260	−1.54	5.80
氧化铁皮	0.070	0.15	0.006	0.016	0.020	0.085	—	1.40

未经处理的氧化铁皮，粒度较粗且大部分呈片状，不适宜直接造球，试验对其进行了球磨预处理，铁精矿和处理过的氧化铁皮的粒度分布如表 2-3 所示。

表 2-3　物料粒度分布　（质量分数：%）

矿种	＞0.075mm	0.044～0.075mm	＜0.044mm
铁精矿	2.96	9.69	87.35
氧化铁皮	56.00	11.20	32.80

无烟煤作为还原剂，固定碳质量分数为 68.359%，灰分质量分数为 21.746%，挥发质量分数为 8.974%，P 质量分数为 0.014%，全 S 质量分数为 0.907%。无烟煤的固定碳质量分数略偏低，灰分稍偏高，且 S 的质量分数偏高，但基本满足直接还原炼铁工艺所用还原剂的要求，试验前经过球磨后粒度全部为 0.075mm 以下。所用脱硫剂为轻烧白云石，主要成分是 $CaCO_3$ 和 MgO，其中 CaO 质量分数为 41.10%，MgO 质量分数为 26.39%。

2.2.2　物料在微波场中的升温及介电特性

铁精矿、氧化铁皮及混合矿($m_{铁精矿}:m_{氧化铁皮}$=40∶60)的升温曲线如图 2-7 所示。称取 30g 物料置于坩埚中，微波功率设置为 1.5kW。可以看出微波加热铁精矿 12min 后，温度迅速升至 972.5℃，升温速率为 78.8℃/min，之后升温缓慢，升温速率约为 4.4℃/min；而氧化铁皮升温至 800℃需要 24min，升温速率为 32.2℃/min，达到 800℃以后，升温速率约为 2.8℃/min；混合矿（$m_{铁精矿}$ ∶ $m_{氧化铁皮}$=40 ∶ 60）的升温速率介于铁精矿和氧化铁皮之间，加热 17min，温度迅速升至 800.4℃，升温速率为 45.5℃/min，之后升温缓慢。可见，在微波场中铁精矿和氧化铁皮具有较好的吸波特性。

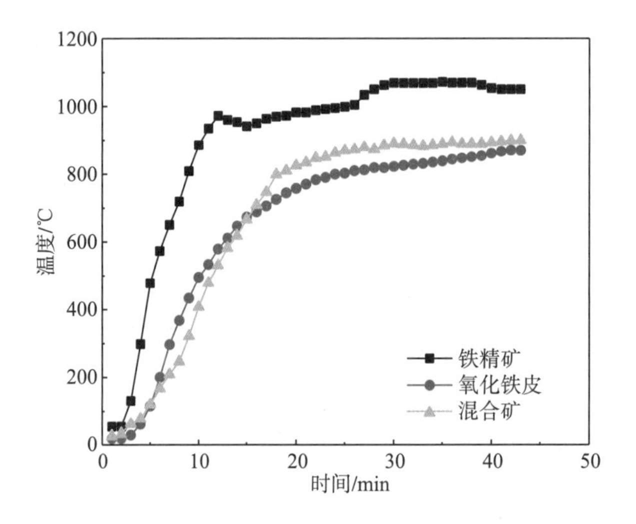

图 2-7 铁精矿、氧化铁皮和混合矿的升温曲线

采用微波电磁特性高温测试系统测试铁精矿和氧化铁皮在 25～1000℃的介电常数、介电损耗因子和介电损耗角正切，如图 2-8 所示。铁精矿和氧化铁皮的介电常数 ε' 、介电损耗因子 ε'' 和介电损耗角正切 $\tan\delta$ 随着温度的升高而变化。铁精矿和氧化铁皮的介电常数 ε' 均随着温度升高而增大。铁精矿的介电损耗因子 ε'' 和介电损耗角正切 $\tan\delta$ 随着温度的升高先减小，250℃时开始增大，450℃时增到最大值后基本保持不变，750℃时下降后基本保持不变，氧化铁皮的介电损耗角正切 $\tan\delta$ 在 500℃时稍有增大，随后保持不变。

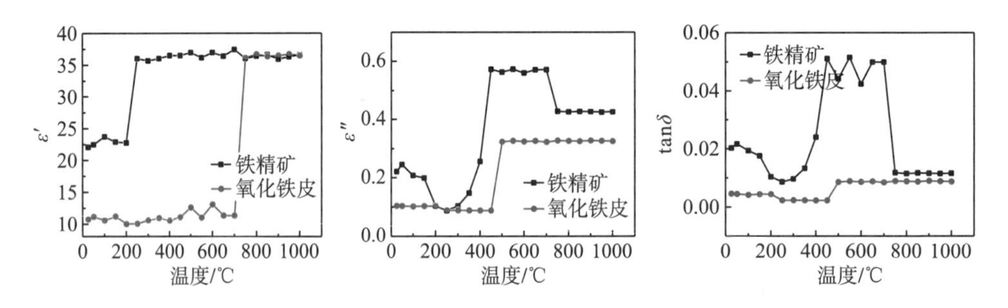

图 2-8 铁精矿和氧化铁皮的介电参数变化

介电损耗角正切反映物质吸收微波的能力，在 700℃以下时，铁精矿吸波能力强于氧化铁皮，在 800℃以上，两者的吸波能力相当，主要是由于两种原料在 800℃以上时，都发生氧化反应全部生成了 Fe_2O_3，如图 2-9 所示。由图可知，在 250℃时，铁精矿的主要

成分 Fe_3O_4 部分发生氧化反应，生成了 Fe_2O_3，随着温度升高至 800℃，最终全部生成了 Fe_2O_3。氧化铁皮的主要成分羟基氧化铁 FeO(OH) 在 450℃时发生了氧化反应，部分生成 Fe_2O_3，温度升高至 800℃时全部被氧化为 Fe_2O_3。

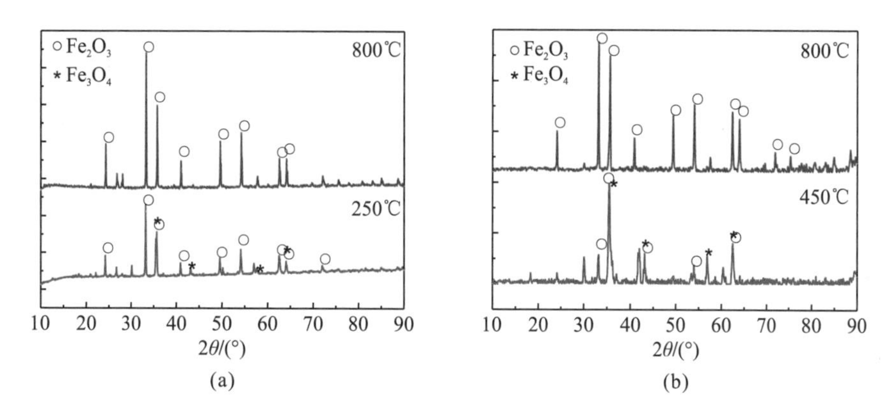

图 2-9　铁精矿(a)和氧化铁皮(b)经不同温度处理后的物相分析

在常温(25℃)条件下，对氧化铁皮质量分数为 10%、20%、30%、40%、50%、60%、70%的混合矿介电特性进行了测试(图 2-10)。从图中可以看出，随着氧化铁皮质量分数的增加，介电常数 ε' 逐渐减小；介电损耗因子 ε'' 和损耗正切角 $\tan\delta$ 逐渐增大。

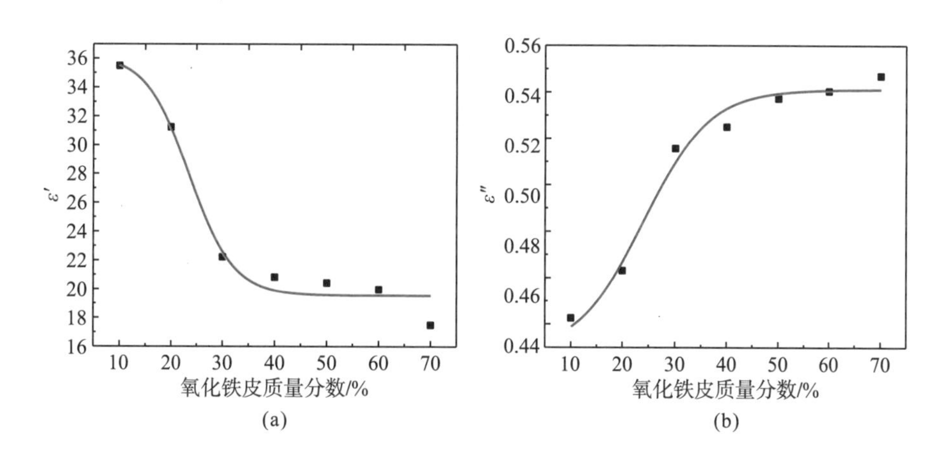

图 2-10　氧化铁皮质量分数对介电常数 ε' (a)和介电损耗因子 ε'' (b)的影响

称取 30g 无烟煤置于坩埚中，在功率为 1.5kW 的微波高温反应器中加热，升温曲线如图 2-11 所示。在微波加热条件下，无烟煤迅速升温。加热 4min 后升温至 187.5℃，升温速率为 38.0℃/min，随着温度的升高，升温速率明显加快，当加热至 13min 时温度升高至 1185.7℃。

将混合料($m_{铁精矿}$∶$m_{氧化铁皮}$=40∶60)配加质量分数分别为 5%、10%、15%、20%、25%的无烟煤，称取 30g 物料置于坩埚中，微波功率设置为 1.5kW，混合料的升温曲线如图 2-12 所示。由图可知，混合料在升温至 750℃以前，由于无烟煤的微波加热特性优于含铁原料，因此，添加无烟煤的混合料升温速率明显大于未添加无烟煤的混合料，且随着无烟煤质量分数的增加，混合料升温速率越大。混合料温度升至750℃后，随着还原反应的进行，反应吸收的热量增加，无烟煤逐渐被消耗，混合料的升温速率逐渐变小。

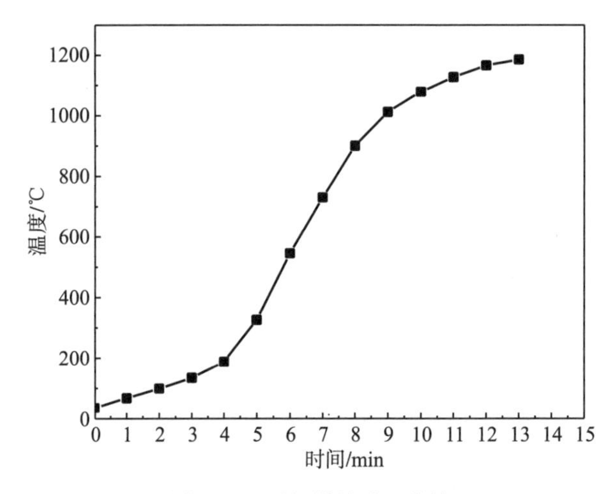

图 2-11 无烟煤的升温曲线

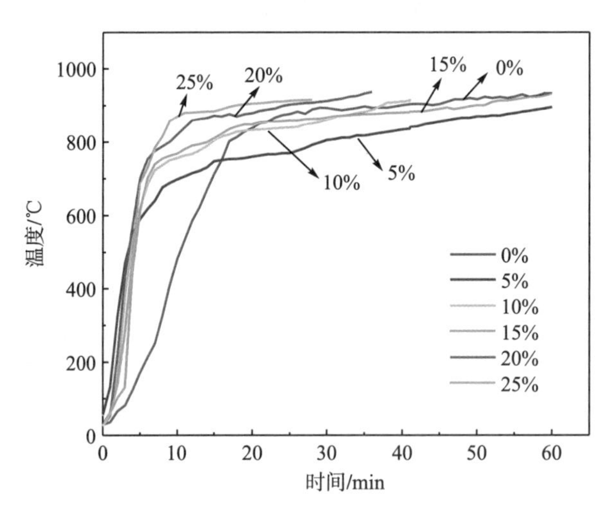

图 2-12 混合料的升温曲线

2.2.3 微波加热碳还原铁工艺

1. 氧化铁皮配比的影响

将铁精矿与氧化铁皮按照一定比例混合，添加质量分数为22%的煤粉充分混匀，干燥后称取75g混合料装入坩埚中，放置于微波高温反应器内进行还原反应。反应温度设定为1100℃，反应时间60min，氧化铁皮质量分数对还原产物铁品位及金属化率的影响如图2-13所示。当氧化铁皮质量分数提高至40%时，还原产物的金属化率提高至95.37%；当氧化铁皮质量分数为60%时，还原产物金属化率为96.65%；当含铁物料全部采用氧化铁皮时，还原产物金属化率可达 99.14%。氧化铁皮主要成分为 FeO(OH)、Fe_2O_3、少量 SiO_2，因此混合料中氧化铁皮质量分数越高，得到的还原产物杂质含量越少，铁品位和金属化率越高。由于氧化铁皮产量不高，微波加热性能较铁精矿弱，而采用氧化铁皮混合铁精矿，可提高铁品位和金属化率，同时改善物料的微波加热性能，降低能耗，因此，研究中采用 40%(质量分数，后同)铁精矿粉和 60%氧化铁皮组成的混合料作为含铁原料。

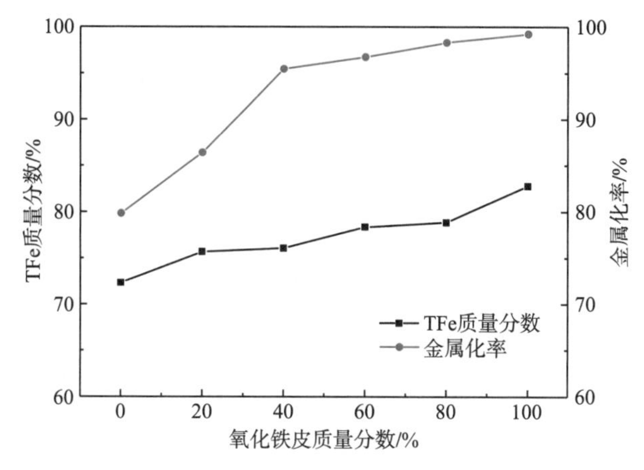

图 2-13　氧化铁皮质量分数对还原产物铁品位、金属化率的影响

2. 还原温度对铁品位、金属化率的影响

将含铁混合料($m_{铁精矿}$: $m_{氧化铁皮}$=40 : 60)与无烟煤粉按 20%质量分数充分混匀后进行干燥，称取 75g 物料装入坩埚中，将坩埚置于微波高温反应器内进行还原反应，反应 40min，研究微波加热还原温度对还原产物铁品位和金属化率的影响，如图 2-14 所示。当还原温度由 900℃提高到 1100℃，还原产物的金属化率显著提高，铁品位增速较平缓；当继续升高温度至 1150℃时，金属化率和铁品位基本无变化。当还原温度为 1100℃时，产物中有较多小颗粒铁珠；当还原温度为 1150℃时，出现了熔融现象，还原出来的铁熔融在一起，还有低熔点的硅酸铁，因此，微波碳热还原温度选择 1100℃较合适。

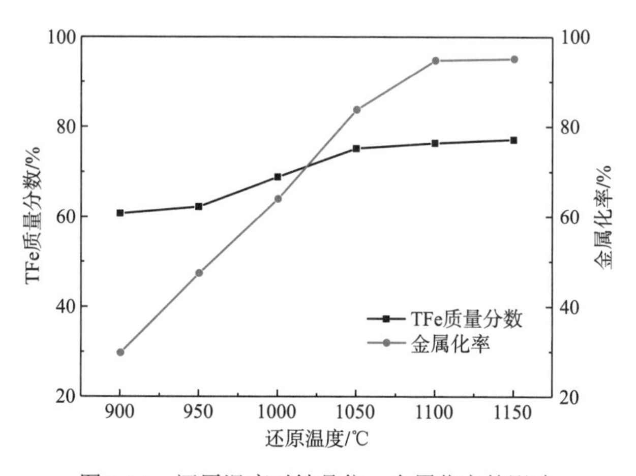

图 2-14　还原温度对铁品位、金属化率的影响

3. 还原时间对铁品位、金属化率的影响

将含铁混合料($m_{铁精矿}$: $m_{氧化铁皮}$=40 : 60)与无烟煤粉按 20%质量分数充分混匀后进行干燥，称取 75g 物料装入坩埚后进行微波碳热还原。还原温度设定为 1100℃，研究还原时间对铁品位和金属化率的影响，如图 2-15 所示。在反应开始的 40min，还原产物的铁品位和金属化率均随时间的延长而快速提高，金属化率已达 94.67%；反应 40min 后，铁品位和金属化率增幅缓慢，且产物出现局部熔化凝结成块的现象。因此，延长还原时间难以进一步有效提升金属化率，微波碳热还原时间可选择 40～60min。

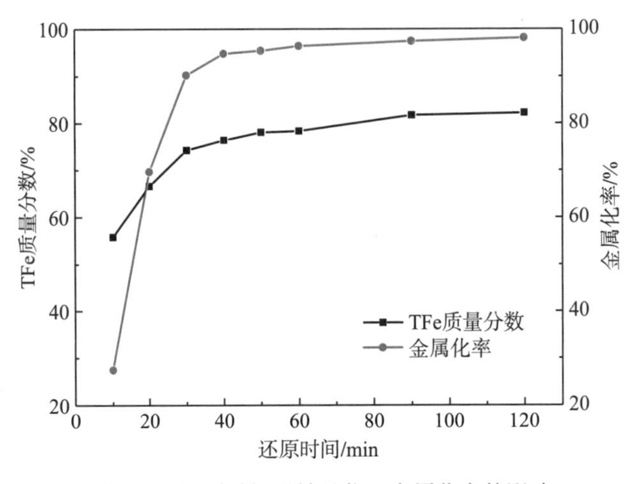

图 2-15　还原时间对铁品位、金属化率的影响

4. 无烟煤粉质量分数对铁品位、金属化率的影响

将含铁混合料($m_{铁精矿}$: $m_{氧化铁皮}$=40 : 60)与不同质量分数的无烟煤粉充分混匀后进行干燥，同样称取 75g 物料进行微波加热还原反应。在还原温度为 1100℃，还原时间为 60min 的条件下，无烟煤粉质量分数对还原产物铁品位和金属化率的影响如图 2-16 所示。当煤

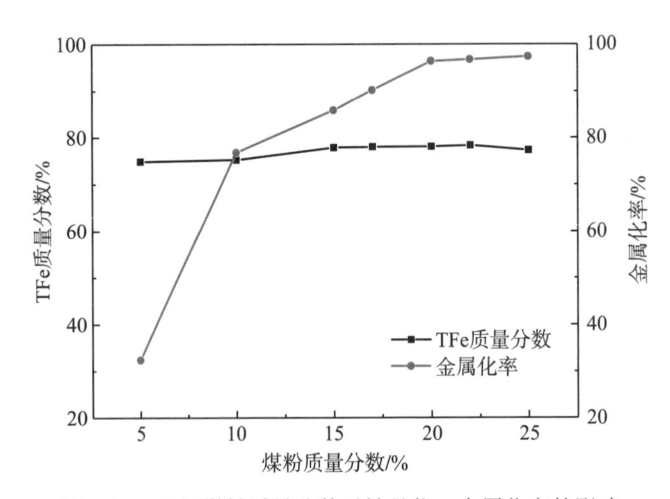

图 2-16　无烟煤粉质量分数对铁品位、金属化率的影响

粉质量分数由 5%增加到 10%时，金属化率显著提高；当煤粉质量分数为 22%时，还原产物金属化率达到 96.65%；继续增大煤粉质量分数对金属化率影响不大，且产物铁品位随煤粉质量分数增加变化不大。

2.2.4　还原产物分析

当含铁混合料氧化铁皮质量分数为 60%，煤粉质量分数为 22%，在 1100℃条件下还原 60min 时，还原产物铁品位为 78.36%，金属化率为 96.65%，X 射线衍射(X-ray diffraction，XRD)图如图 2-17 所示，微波还原产物中主要成分为金属铁，还残留有 Fe_3O_4、Fe_2O_3 及脉石成分 SiO_2。图 2-18 为微波直接还原铁的微观形貌，还原产物结构疏松呈海绵状。

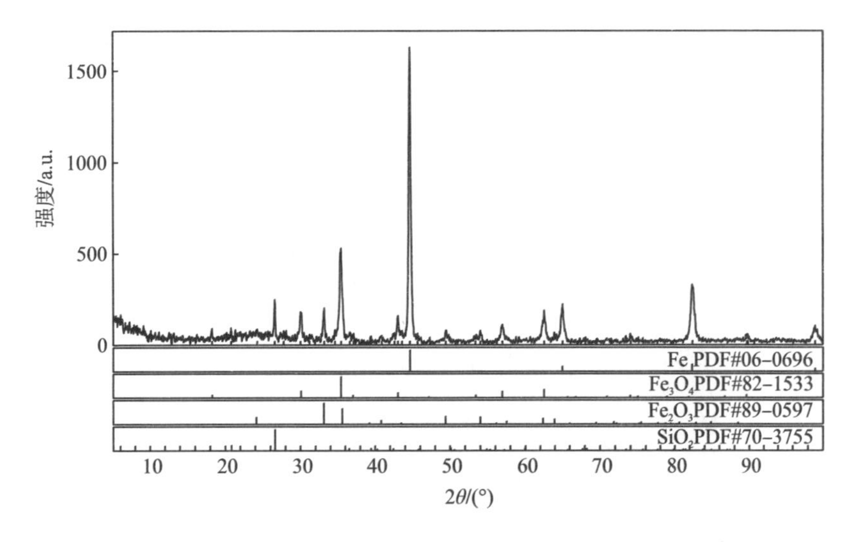

图 2-17　还原产物物相分析 XRD 图

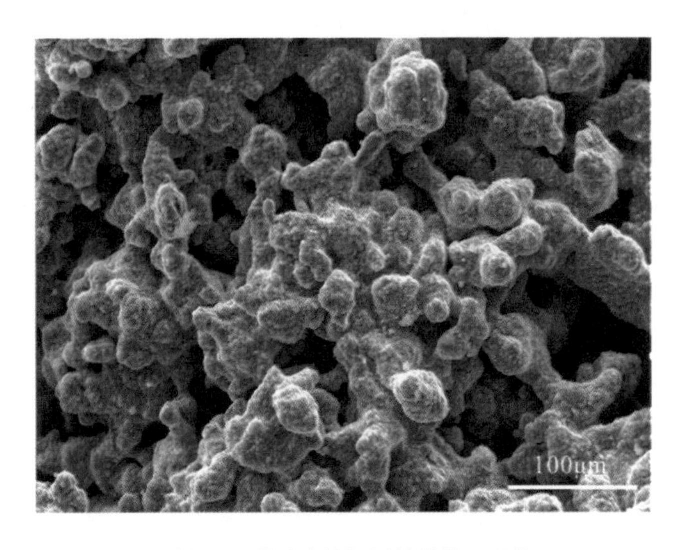

图 2-18　微波直接还原铁的微观形貌

2.2.5 微波加热直接还原铁扩试试验

1. 微波高温材料处理系统研发

根据微波加热直接还原铁的工艺要求，设计加工微波高温材料处理系统，如图 2-19 所示。主要技术参数为：微波频率(2450±50)MHz；微波输出功率 0～150kW，连续可调；微波反应腔体尺寸 10000mm(长)×840mm(宽)×1096mm(高)，具有升温预热、加热反应、保温、物料冷却等多区域工作段；处理温度可达 1200℃；微波磁控管冷却水流速 10L/min；采用莫来石料盘，外形尺寸 340mm×340mm×110mm，内形尺寸 280mm×280mm×80mm；保温材料采用堇青莫来石和多晶莫来石板。系统采用可编程逻辑控制器(programmable logic controller，PLC)控制，可气氛调控，具有过温与缺水自动保护以及故障指示等功能。

图 2-19 微波高温材料处理系统

2. 静态试验

研究混合料不同料层厚度(80mm、60mm、40mm 和 30mm)对升温性能的影响，如图 2-20 所示。在反应开始前 50min，混合料升温均较快，随着升温时间的延长，温度升高速率变得缓慢，且逐渐趋于平缓。料层厚度为 30mm 和 40mm 的混合料升温速率最快，料层厚度为 60mm 和 80mm 的混合料升温速率相对较慢，料层厚度与升温速率基本成反比。料层厚度为 30mm 和 40mm 的混合料达到设定温度 1100℃所用时间分别为 135min 和 144min，而料层厚度为 60mm 和 80mm 的混合料难以快速达到设定温度，其主要原因是料层偏厚，微波不能穿透料层，出现“烧不透”现象。

3. 动态连续性试验

动态连续试验条件为煤粉质量分数 25%，料层厚度 40mm，还原温度设定为 1100℃。模拟生产过程，间断推动混合料，从加热 3 盘混合料、加热 6 盘混合料到加热 10 盘混合料。当所测混合料温度达到设定温度时，向前推动混合料盘，每次推动一盘混合料，微波加热混合料升温曲线如图 2-21～图 2-23 所示，产品外观如图 2-24 所示。

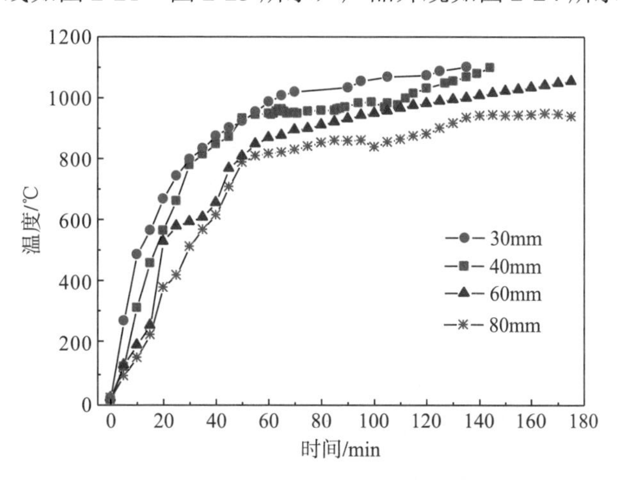

图 2-20　料层厚度对混合料升温性能的影响

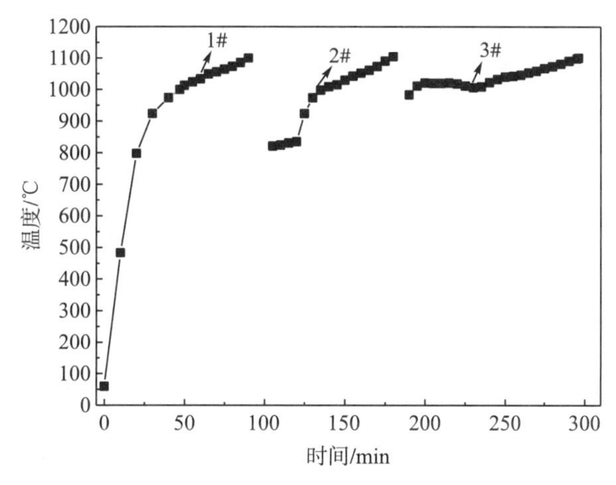

图 2-21　微波加热 3 盘混合料升温曲线

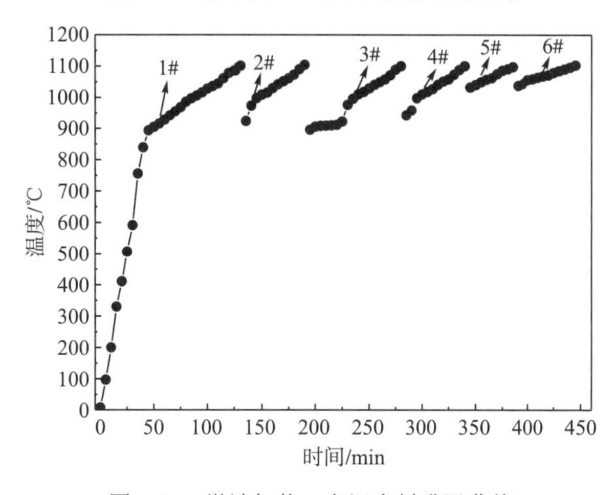

图 2-22　微波加热 6 盘混合料升温曲线

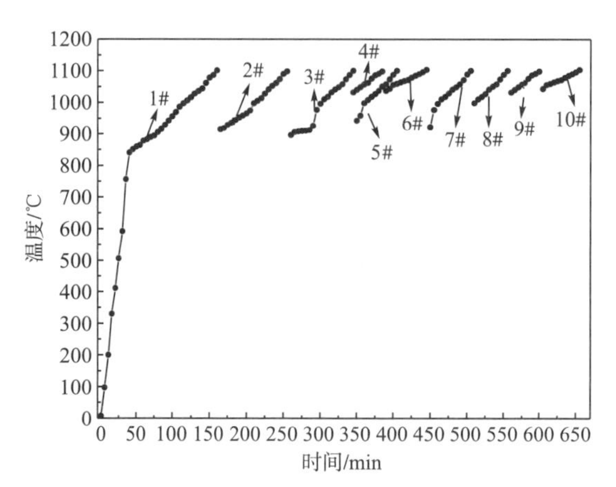

图 2-23 微波加热 10 盘混合料升温曲线

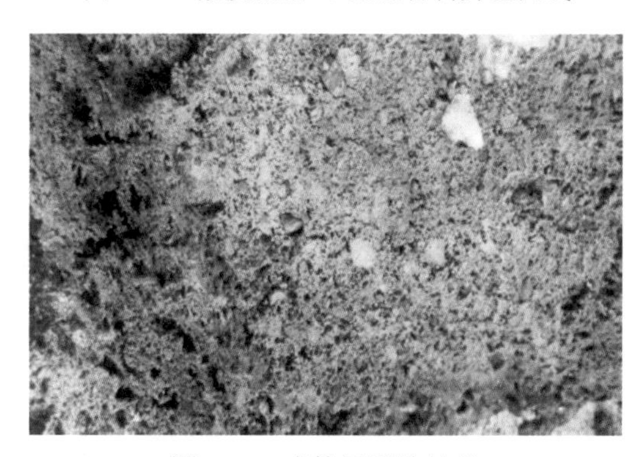

图 2-24 直接还原铁外观

由图 2-21～图 2-23 可知，加热初期第一盘混合料温度均能在 60min 内升温至 850℃以上，功率一定时，吸波物料量的增加将减缓升温速率，因此，随着混合料盘数的增加，温度升高到 1100℃需要的时间越长。处理 3 盘物料需用时 90min，处理 6 盘物料需用时 130min，而处理 10 盘物料需用时 150min。此外，随着加热时间的增加，微波高温材料处理反应器内的温度逐渐升高，对混合料起到预热作用，混合料升温越来越快，结果显示，动态连续性试验直接还原铁的 TFe 质量分数和金属化率均能达到 90%以上，其中加热还原 10 盘混合料产物中 TFe 质量分数为 91.18%，金属化率为 93.30%。还原产物疏松多孔，容易破碎或者压块，如图 2-24 所示。因此，当微波高温材料处理反应器布满物料时，有利于反应器内热量的充分利用，缩短反应时间和降低能耗。

2.3 微波氧化焙烧菱铁矿

2.3.1 菱铁矿在微波场中的升温特性

1. 物料量对升温行为的影响

菱铁矿在微波场中的升温特性与其质量密切相关，如图 2-25 所示，可以看出当物料量不同时，升温曲线的趋势基本相同。在微波功率一定时，随着菱铁矿质量的增加，单位质量的物料吸收的微波能减少，达到分解温度所需的时间也就相应增加，因此，菱铁矿的升温速率随着物料量的增加而逐渐减小。当温度达到 800℃时，菱铁矿焙烧产物已经基本是 Fe_2O_3。

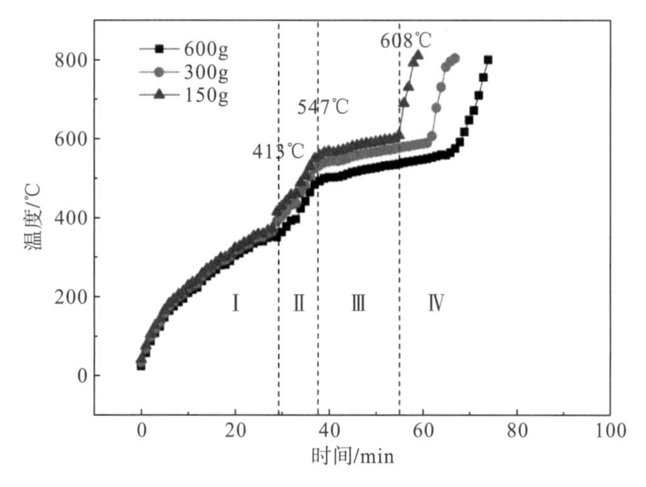

图 2-25 不同质量菱铁矿在微波场中的升温速率曲线

2. 微波功率对升温行为的影响

称取 600g 菱铁矿，在微波功率分别为 650W、750W 和 850W 下进行焙烧，如图 2-26 所示。由图 2-26 可知，菱铁矿在微波场中的平均升温速率随着微波功率的增大而逐渐增加。

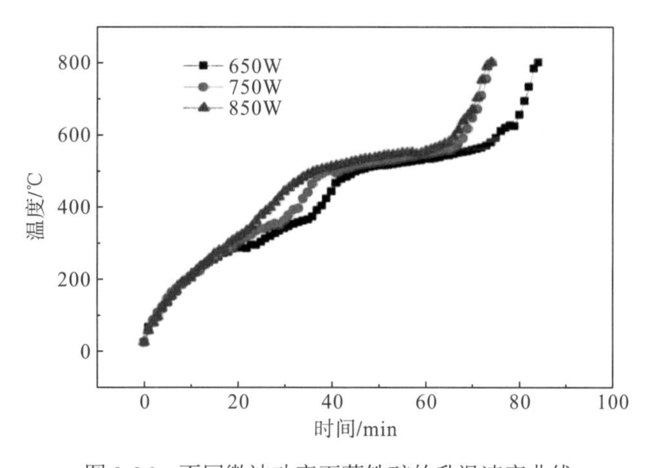

图 2-26 不同微波功率下菱铁矿的升温速率曲线

2.3.2 菱铁矿微波加热机理

为了更好地了解菱铁矿的加热机理，在质量为 150g、微波功率为 650W 条件下进行了菱铁矿、Fe_3O_4 和 Fe_2O_3 的升温实验，如图 2-27 所示。由图可以看出，Fe_3O_4 加热到 900℃需要 9min 左右，当温度达到 200℃左右时，Fe_2O_3 的温度很难再升高，即使加热到 60min，

Fe_2O_3温度也只升高到235.9℃。结合介电表征结果，可以提出菱铁矿在微波场中的加热机理，主要分为四个阶段。

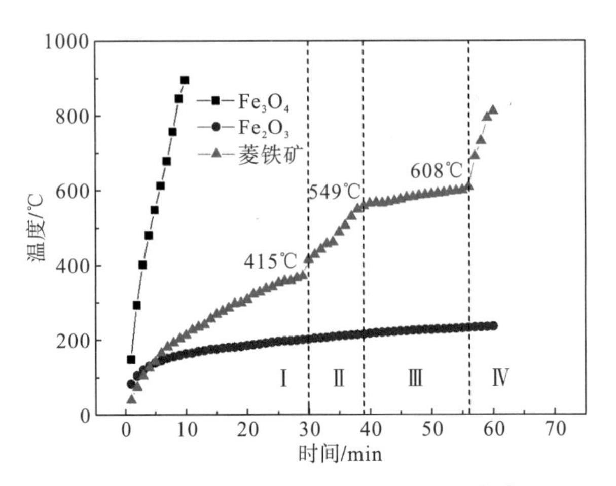

图2-27 不同物质在微波场中的升温曲线

(Ⅰ)菱铁矿以13℃/min左右的速度升温，由于$FeCO_3$的微波吸收能力差，菱铁矿吸收的微波主要用于加热菱铁矿。(Ⅱ)当温度升至415℃时，菱铁矿的升温速率略有增加，约为16℃/min，这是因为形成了强吸波材料Fe_3O_4。当温度升至450℃时菱铁矿开始分解生成FeO，FeO在温度低于600℃时热不稳定，在氧气气氛中迅速氧化成Fe_3O_4，增强了物料的微波损耗能力。(Ⅲ)菱铁矿升温速率在549℃～608℃温度范围内急剧减慢，这是因为在这个阶段菱铁矿的分解剧烈，导致大量的热量消耗。(Ⅳ)菱铁矿的升温速率在温度达到608℃后迅速升高，说明$FeCO_3$已经基本完全分解，微波产生的热量大部分用于物料加热。

2.3.3 微波场中菱铁矿分解氧化行为及机理

将菱铁矿用箱式微波炉在不同温度下加热10min，通过XRD分析菱铁矿的相转变，如图2-28所示。300℃时样品的主要物相为$FeCO_3$、SiO_2、Fe_2O_3和FeO。FeO的特征峰在400℃和500℃时逐渐减小。在600℃时样品中的$FeCO_3$消失，并观察到微量的Fe_3O_4。Fe_3O_4在700℃和800℃时氧化成Fe_2O_3。由此可以看出，$FeCO_3$首先转化为FeO，然后氧化为Fe_3O_4，最后氧化为Fe_2O_3。

菱铁矿在800℃下进行微波焙烧，不同保温时间后的物相组成如图2-29所示。由图可以看出，微波焙烧后菱铁矿中的物相主要是Fe_3O_4、SiO_2和Fe_2O_3。随着保温时间的延长，Fe_2O_3含量逐渐升高。这点从保温不同时间后菱铁矿中Fe_2O_3含量的变化得到了验证，如图2-30所示。在前30min，焙烧后菱铁矿中Fe_2O_3质量分数快速升高，当保温30min以后，其升高幅度变慢。图2-30中给出了菱铁矿焙烧后Fe_2O_3质量分数理论最大值和采用常规方法焙烧后的Fe_2O_3含量，可以看出800℃下微波焙烧保温120min后，菱铁矿中Fe_2O_3含量即可达到采用常规方法焙烧的水平。但是均未达到理论最大值，这是因为当Fe_2O_3含量达到一定水平后，样品中Fe^{2+}较低，其氧化为Fe^{3+}的速率变慢，若要使铁元素全部氧化

为 Fe_2O_3 则需要更长的时间。

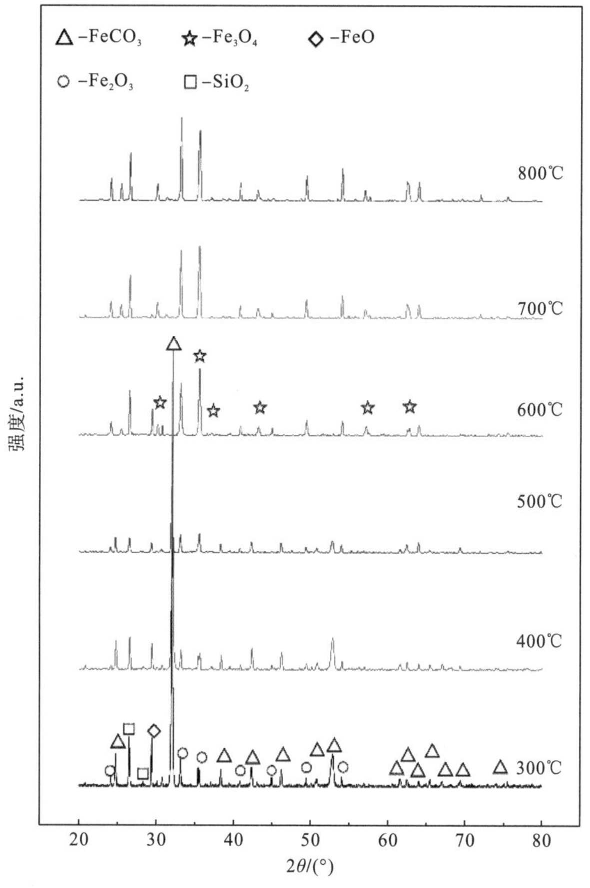

图 2-28　菱铁矿在微波场中不同温度下焙烧 10min 后 XRD 图

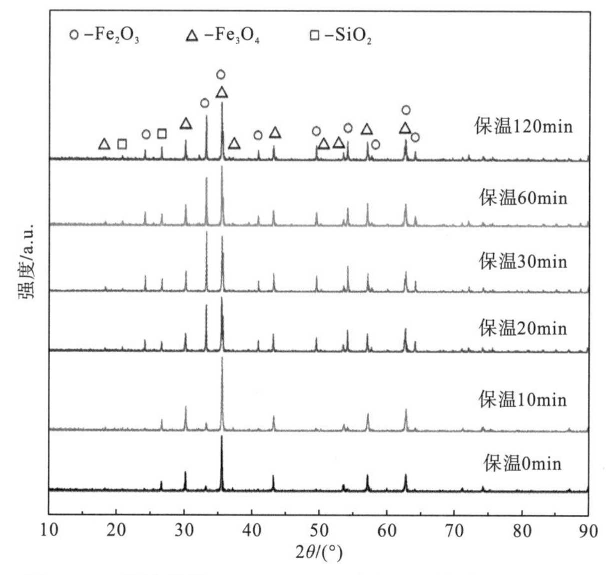

图 2-29　微波焙烧 800℃下不同时间后所得产物 XRD 图

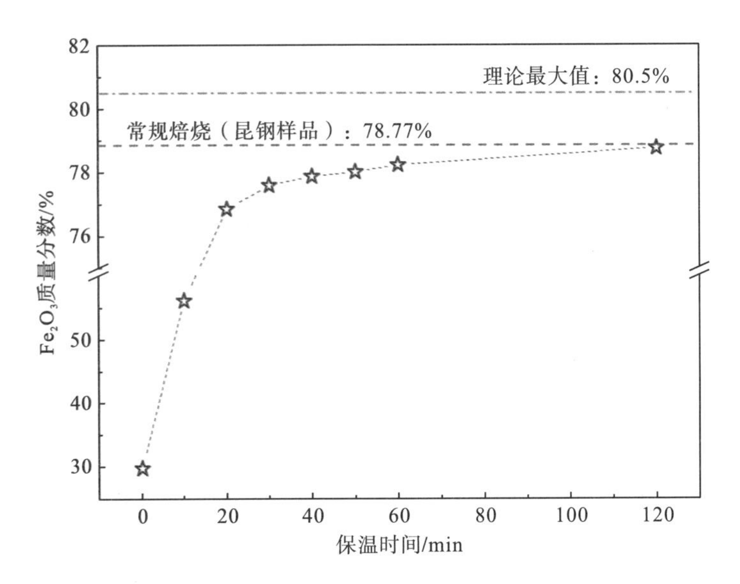

图 2-30 微波焙烧菱铁矿 800℃下 Fe_2O_3 质量分数与保温时间的关系

2.4 微波加热硅粉氮化

2.4.1 硅粉的介电参数测试

介电性能是反映物料吸波特性的参数，测量了不同密度硅粉在加热过程中的升温介电参数，结果如图 2-31 所示，测试温度为室温至 1000℃。硅粉的介电常数 ε' 为 1.0～6.0，介电损耗因子 ε'' 为 0.1～0.95，介电损耗角正切 $\tan\delta$ 为 0.1～0.2。在 600℃以下，硅粉的介电常数和介电损耗因子变化不大，介电损耗角正切则明显增大。这表明硅粉具有良好的吸收微波能力。当温度从 600℃升至 800℃时，介电常数和介电损耗因子随温度的升高而迅速增大；随着温度的连续升高，趋势保持不变或略微减小。但是，介电损耗角正切在 600℃之后迅速增大，在 750℃达到最大值，然后迅速减小。通过介电参数测试，可以看出，样品在 600～800℃物相发生了变化，这可以通过介电常数和介电损耗因子的快速变化来说明。这可能归因于部分硅粉因温度升高而被氧化，特别是当温度高于 750℃时，由

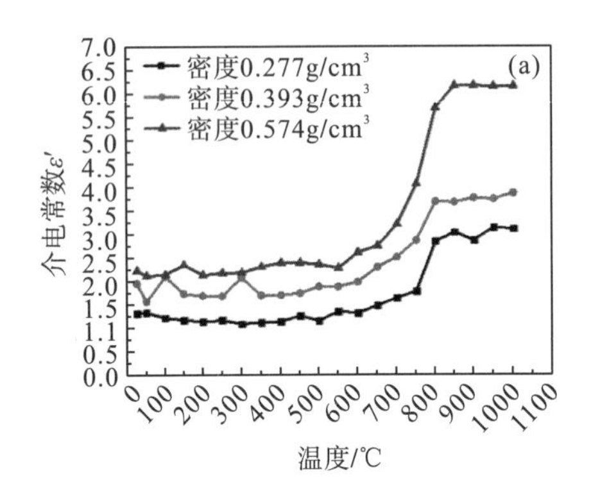

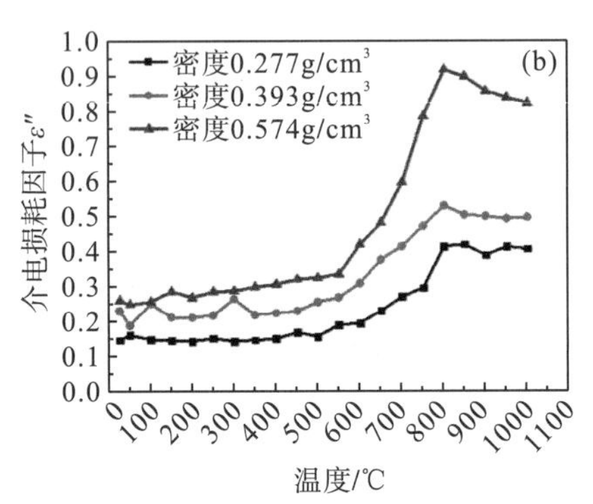

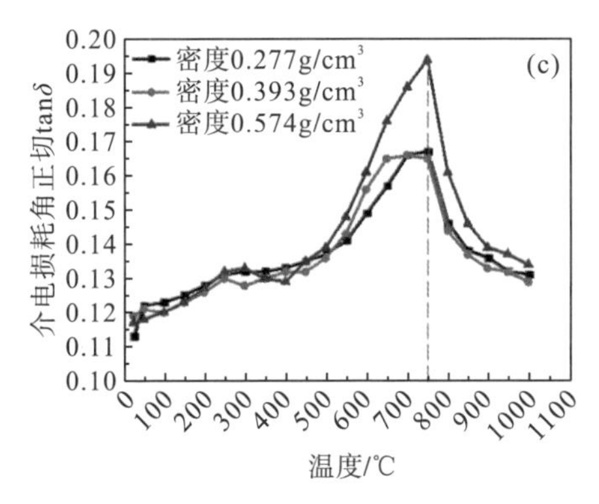

图 2-31　硅粉介电参数

(a) 介电常数，(b) 介电损耗因子，(c) 介电损耗角正切

于硅粉的快速氧化，介电损耗角正切迅速减小，因此，样品的微波吸收能力降低。此外，介电常数和介电损耗因子随硅粉密度的增大而增大，而介电损耗角正切的变化在 600℃以下并不明显。但是，高密度硅粉的介电损耗角正切在 600～750℃较大。这是因为硅粉的氧化速率在致密条件下会降低，并且在 750℃仍具有良好的微波吸收能力。

2.4.2　硅粉的微波加热特性

图 2-32 显示了在 N_2 气氛中不同微波功率下 100g 硅粉的升温特性及模拟。硅粉为太阳能级硅片切割废料分离产物，纯度为 99.97%，平均粒径为 74μm。从图中可以看出，硅粉具有较好的微波加热特性，并且升温速率随微波功率的增加明显增加。当微波功率为 1500W 时，硅粉加热至 1350℃需要 58min，平均升温速率为 23℃/min。当微波功率为 2000W 时，温度升高至 1350℃需要 30min，平均升温速率约为 45℃/min。而当微波功率为 2500W 时，硅粉的升温速率迅速增加，温度升高至 1350℃仅需 10min，平均升温速率可以达到 135℃/min。因此，微波加热硅粉的升温速率明显更快，从而缩短了处理时间。

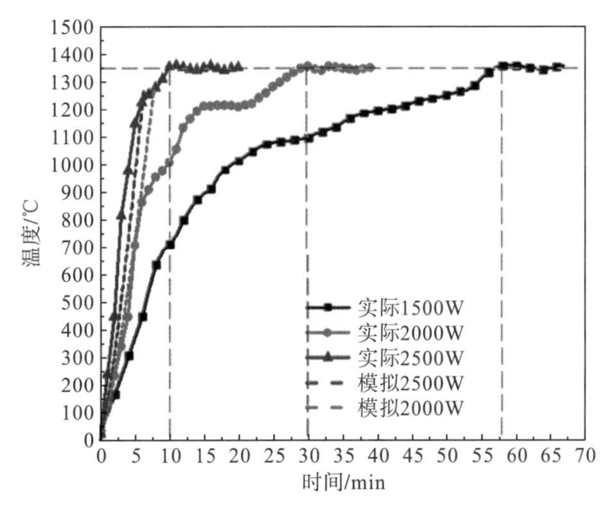

图 2-32　硅粉微波加热升温特性

2.4.3 微波加热硅粉氮化工艺

图 2-33 显示了不同加热方式下 Si_3N_4 以及硅粉原料的 XRD 图。从图中可以看出，原料 XRD 图谱对应于 Si 的标准衍射峰(PDF：75-0589)，并且没有出现其他杂质相，表明原料的纯度较高。通过常规加热将硅粉分别加热至 1250℃和 1350℃进行氮化反应，保温 20min，N_2 压力保持在 121kPa。将样品加热至 1250℃进行氮化反应时，样品的 XRD 图谱与原料相比没有明显变化，表明硅粉没有明显的氮化反应。当温度为 1350℃时，样品的 XRD 图谱具有明显的 Si_3N_4 峰，但是 Si 的峰强度最高，通过计算分析，残余 Si 约为 12.10%，因此，当常规加热升温至 1350℃时，尽管发生了氮化反应，但转化率相对较低，仅为 81.24%。此外，在常规加热升温至 1350℃的氮化反应样品 XRD 图谱中，可以看到有 Si_2N_2O 相的峰出现，这是由原料置于空气中部分硅粉被氧化以及原料吸附空气中的 O_2 所致。

对微波加热氮化硅样品的 XRD 图谱进行分析。氮化反应温度设定为 1250℃，微波功率为 2000W，N_2 压力和保温时间与传统加热相同。从图中可以看出，微波加热至 1250℃时，硅粉氮化反应较为充分。样品的 XRD 图谱中主要物相为 β-Si_3N_4，并且存在少量的 α-Si_3N_4 和残留 Si 相。通过 XRD 分析表明，β-Si_3N_4、α-Si_3N_4、Si_2N_2O 和 Si 的质量分数分别为 93.2%、4.7%、0.7%和 1.4%，氮化反应后的样品主要为 β-Si_3N_4，氮化反应转化率可达 97.96%。表明微波加热能在较低温度和较短时间内完成氮化反应，具有反应速度快、转化效率高的优点。

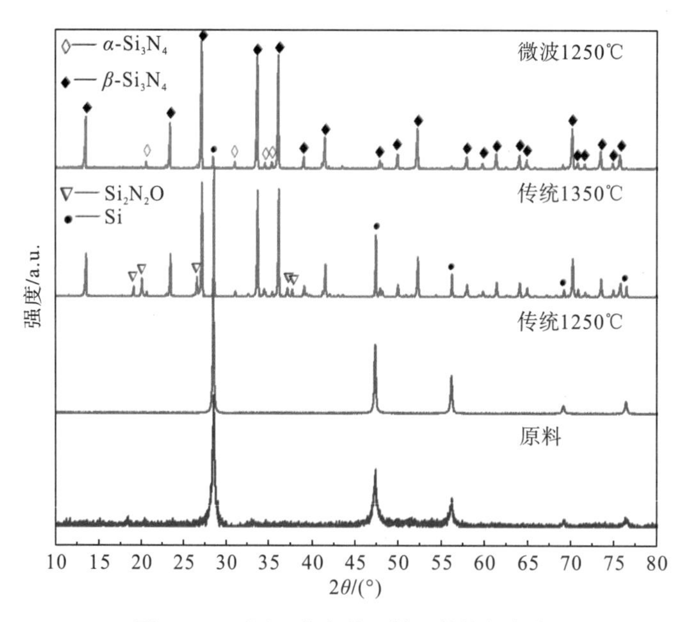

图 2-33 不同工艺条件下样品的物相变化

分析 100g 硅粉加热过程和反应过程(保温阶段)的能耗，结果如表 2-4 所示。从表中可以看出，使用 2000W 的微波(电能到微波能的转化率通常为 0.7～0.8)，将硅粉从 30℃加热至 1250℃并保温 20min 所需的能耗约为 1.8kW·h。当采用常规加热时，以 10℃/min

的升温速率从 30℃加热至 1250℃并保温 20min 所需的能耗约为 15.8kW·h，而加热至 1350℃并保温 20min 所需的能耗约为 17.7kW·h。因此，微波加热硅粉氮化过程的能耗远低于常规加热，这有利于促进该工艺节能降耗。

表 2-4　微波氮化和常规氮化的能耗

方式	条件	电流/A	电压/V	能耗/(kW·h)	总能耗/(kW·h)
微波	30min 加热到 1250℃	7.4	380	1.4	1.8
	保温 20min	3.10	380	0.4	
常规	10℃/min 加热到 1250℃	18.2	380	14.4	15.8
	保温 20min	10.8	380	1.4	
常规	10℃/min 加热到 1350℃	18.9	380	16.2	17.7
	保温 20min	11.8	380	1.5	

图 2-34 显示了硅粉原料和不同加热条件下样品的形貌。其中，图 2-34(a)显示硅粉原料形态主要为碎屑状。图 2-34(b)和图 2-34(c)分别为常规加热至 1250℃和 1350℃下氮化反应样品的形貌。图 2-34(d)则是微波加热至 1250℃氮化反应样品的形貌。从图 2-34(b)可以看出，采用常规加热硅粉至 1250℃时，样品形貌没有明显改变，表明常规加热到 1250℃时，没有发生明显的氮化反应，这与 XRD 的结果一致。当常规加热到 1350℃时，样品的形貌发生明显变化，形成了较大的氮化硅晶体。但仍存在大量未氮化的残留硅粉，表明反应的转化率较低。而从图 2-34(d)可以看出，微波加热在 1250℃下样品的形貌和尺寸均发生明显变化，形成相对均匀的柱状颗粒。表明微波加热硅粉氮化反应比传统加热更为有效，通过微波加热可以降低氮化反应温度。

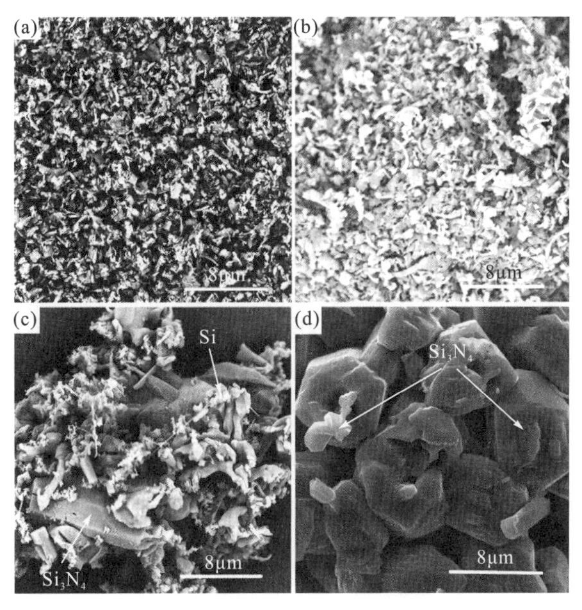

图 2-34　不同工艺条件下样品形貌

(a)原料，(b)常规加热到 1250℃，(c)常规加热到 1350℃，(d)微波加热到 1250℃

图 2-35 显示了不同反应时间样品的 XRD 图。实验过程中 N_2 压力为 121kPa，在 2000W 的微波功率下加热至 1250℃保温不同时间（5min、10min 和 20min）。从图中可以看出，当反应 5min 时，样品中有 Si 相、β-Si_3N_4 相、α-Si_3N_4 相以及 Si_2N_2O 相，表明硅粉的氮化反应不完全（转化率仅为 83.93%），有较多的 Si 残留。当反应时间为 10min 时，样品的 XRD 图较好地对应了 β-Si_3N_4 的标准衍射峰，并且残留的 Si 相和 α-Si_3N_4 相较少，氮化反应的转化率达到 97.03%，表明反应 10min 后硅粉已基本被氮化。当反应时间延长至 20min 时，Si 相和 α-Si_3N_4 相的衍射峰强度进一步降低或消失，产物主要为 β-Si_3N_4，氮化反应更完全，转化率达到 97.9%。结果表明通过微波加热硅粉直接氮化可在 10～20min 完成反应。

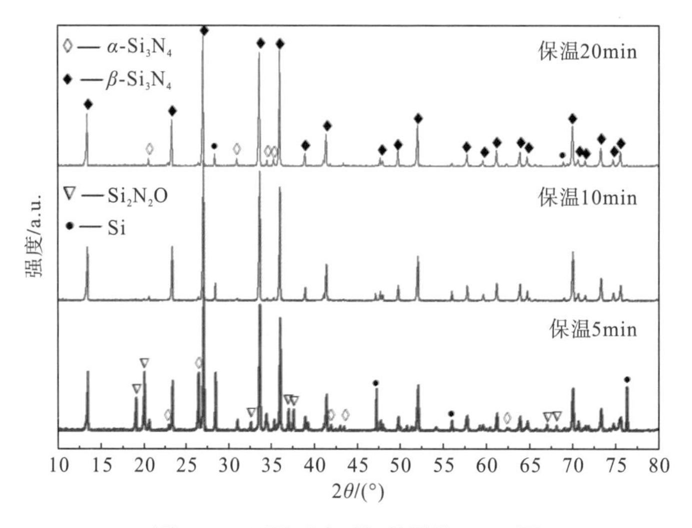

图 2-35 不同反应时间的样品 XRD 图

图 2-36 显示了不同保温时间下样品的扫描电子显微镜（scanning electron microscope，SEM）图。从图中可以看出，样品的形态较为复杂，在 1250℃的温度下反应 5min 有丝状、颗粒状和絮状晶体残余，表明氮化反应不充分。当反应 10min 时，样品的形态相对均匀且主要由柱状晶体组成，但柱状表面相对粗糙，仍然有少量的丝状残余。而当反应 20min 时，样品的形态相对均匀，主要由柱状晶体组成，硅粉完成了氮化反应，形成了相对均匀的相。

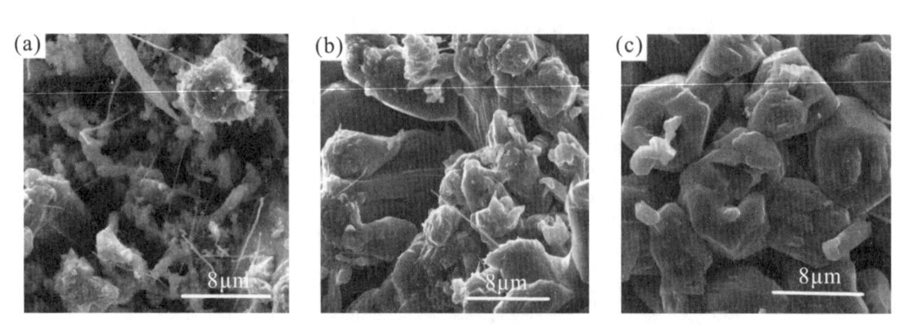

图 2-36 不同反应时间的样品形貌变化

(a) 5min，(b) 10min，(c) 20min

本书研究不同 N_2 压力对硅粉氮化反应的影响，图 2-37 显示了不同 N_2 压力下样品的 XRD 图。在实验过程中，微波功率设置为 2000W，温度升至 1250℃保温 20min，N_2 压力分别为 106kPa、111kPa 和 121kPa。当 N_2 压力为 106kPa 和 111kPa 时，Si 相和 α-Si_3N_4 相的衍射峰强度较高，存在更多的硅残留，以及 α-Si_3N_4 的形成，氮化反应不完全，转化率分别为 84.33%和 89.24%。随着 N_2 压力增加到 121kPa，样品中 Si 相、α-Si_3N_4 相和 Si_2N_2O 相的衍射峰强度明显降低。硅粉几乎完全氮化形成 β-Si_3N_4，氮化反应较彻底。因此，适当增加 N_2 压力有利于促进氮原子在硅晶体内部的扩散，提高硅粉氮化反应效率。

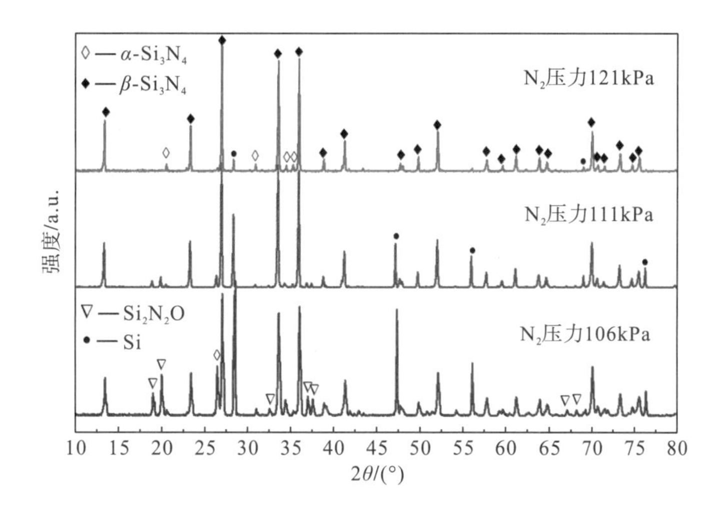

图 2-37　N_2 压力对产物物相的影响

图 2-38 显示了不同 N_2 压力条件下样品的 SEM 图。从图中可以看出，当 N_2 压力为 106kPa 时，大量的硅屑未被氮化，并且氮化硅颗粒为片状。当 N_2 压力为 111kPa 时，残留的硅屑较少，Si_3N_4 颗粒长大。当 N_2 压力为 121kPa 时，氮化反应效果较好，形成均匀的 Si_3N_4 晶体。

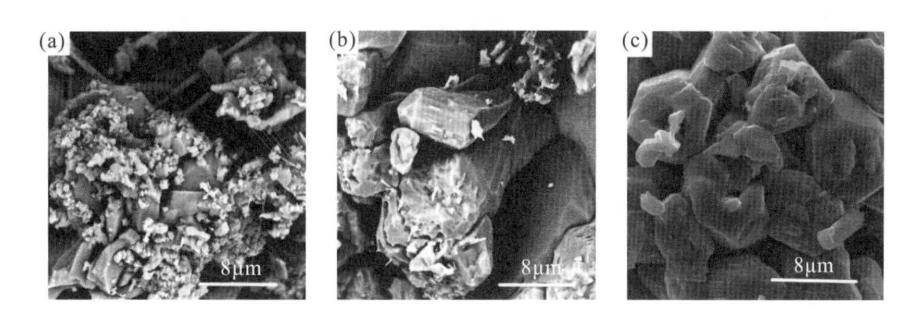

图 2-38　不同 N_2 压力下的样品形貌

(a) 106kPa，(b) 111kPa，(c) 121kPa

图 2-39 显示了不同反应温度下样品的 XRD 图。实验条件为在 N_2 压力为 121kPa，2000W 微波功率下将样品分别加热至 1150℃、1250℃和 1350℃，保温 20min。从图中可

以看出，当氮化反应温度为1150℃时，XRD图谱显示有较多的Si相和Si_2N_2O相。表明在低温条件下硅粉的氮化反应不充分，残留相较多。当氮化反应温度升至1250℃时，样品的XRD图中主要为β-Si_3N_4相，氮化反应效果较好。当氮化反应温度升至1350℃时，XRD衍射峰与1250℃时相比没有发生明显变化，氮化反应已基本完成。

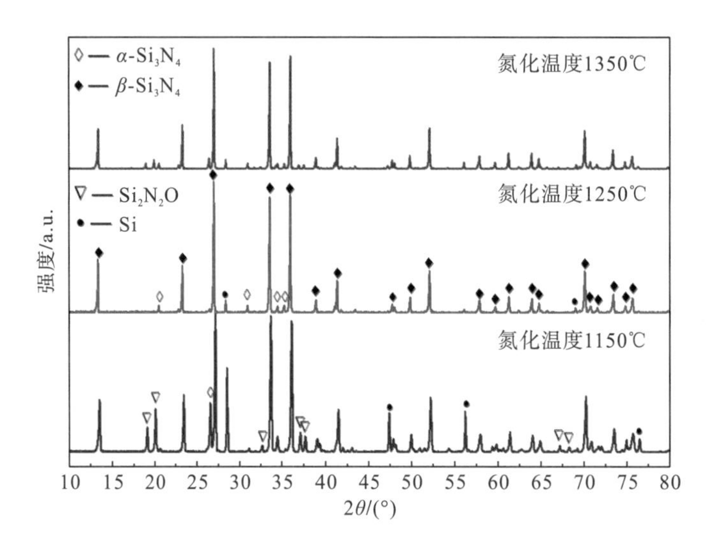

图2-39 不同反应温度下的样品物相变化

图2-40显示了不同氮化反应温度下样品的SEM图。从图中可以看出，当反应温度为1150℃时，样品形貌不均，存在较多未反应的碎末状硅。当反应温度为1250℃时，样品结晶较好，形态均匀整齐，氮化反应效果较好。当反应温度升至1350℃时，Si_3N_4颗粒形貌发生明显改变，颗粒尺寸变大且呈不规则形状。

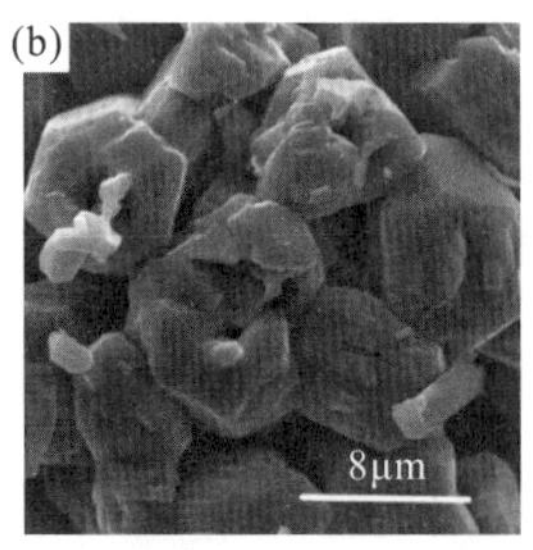

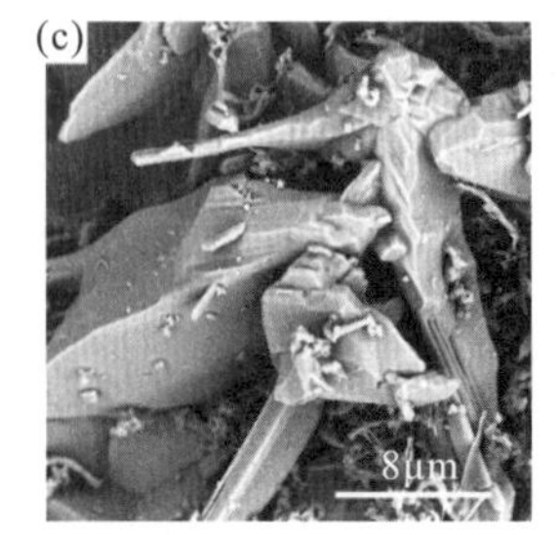

图2-40 不同反应温度下的样品形貌
(a) 1150℃，(b) 1250℃，(c) 1350℃

2.4.4 微波加热氮化反应机制

常规加热是从外部到内部的缓慢加热过程，如图2-41(a)和图2-41(c)所示。样品的表面温度相对较高，因此优先进行氮化反应，并形成均匀的Si_3N_4层，这将形成氮化反应的阻力，阻碍 N_2 的扩散。此外，Si_3N_4 具有良好的隔热性能，可降低内部温度，阻碍内部硅的进一步反应，因此传统加热氮化反应需要较高的温度和时间，且转化率较低。微波加热是通过电磁能在材料内部原位转换来实现的，根据电磁场的分布特征，微波加热将在材料内部形成热点分布。这导致部分区域被快速加热，而相邻区域通过传热实现快速升温，由此缩短了传热距离，具有更快的加热速率，如图 2-41(b)所示。同时，热点附近的温度较高，导致局部过热，优先达到氮化反应温度，但物料的整体温度相对较低，不会形成完全包裹的 Si_3N_4 层，如图 2-41(d)所示。此外，由于微波的内部加热特性，微波还可以穿透硅表面的 Si_3N_4 层并继续加热物料内部。因此，微波加热可以降低硅粉氮化反应的温度，提高氮化反应的转化效率。

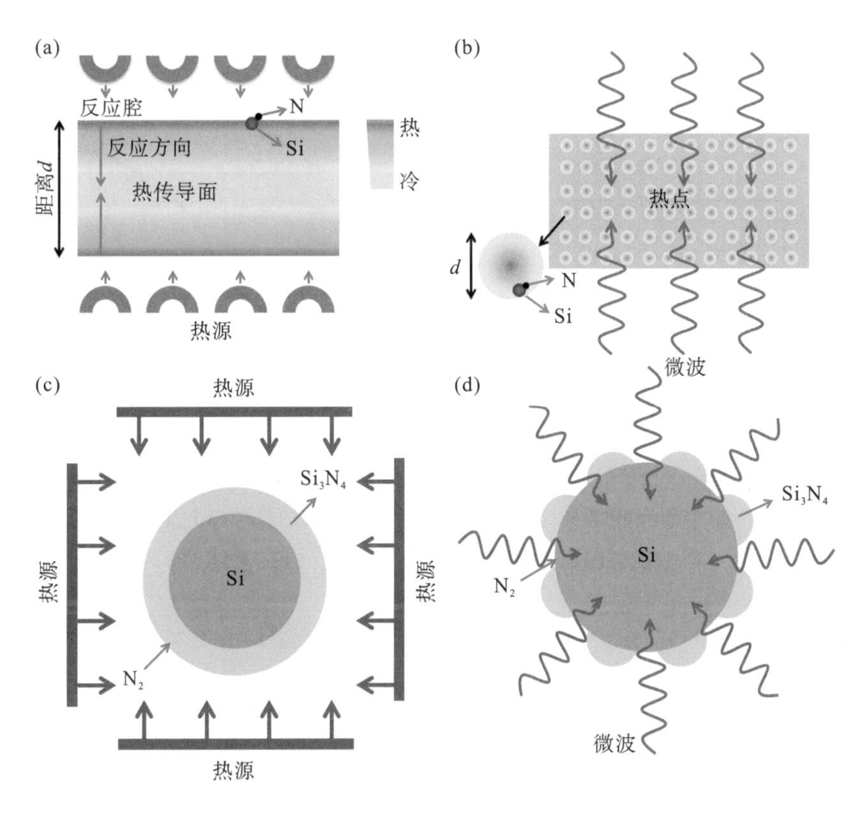

图 2-41　硅粉氮化反应机制

(a)、(c)常规加热；(b)、(d)微波加热

2.5　微波加热金属铜粉

本节将定量描述金属铜粉在微波场中的升温曲线，探讨铜粉粒度、微波输出功率等对升温速率的影响，对微波熔化金属铜粉的微观结构变化和致密化过程进行研究，采用刚玉坩埚作为承载容器，多晶莫来石纤维棉作为保温材料。

2.5.1 金属铜粉微波加热特性

测定 74μm 粒度金属铜粉的微波加热升温曲线。在 1.3kW 微波功率条件下，相同粒度范围不同质量铜粉(铜粉量分别为 50g、100g、150g)的升温曲线如图 2-42 所示。在不使用任何辅助加热的情况下，微波加热铜粉可实现完全熔化。不同条件下都呈现温度先快速上升，熔化以后升温减慢的趋势，其中 50g 与 100g 铜粉升温曲线在铜粉熔化后(图中出现拐点位置)仍有缓慢升温趋势，而 150g 的铜粉在熔化后升温趋势不明显。表明金属铜粉熔化后仍可吸收微波能而转化为内能，并继续加热铜熔体，但当熔体质量增加时，吸收的微波能与铜熔体散热基本趋于平衡状态，因此，随着微波的继续馈入，铜熔体升温趋于平缓。

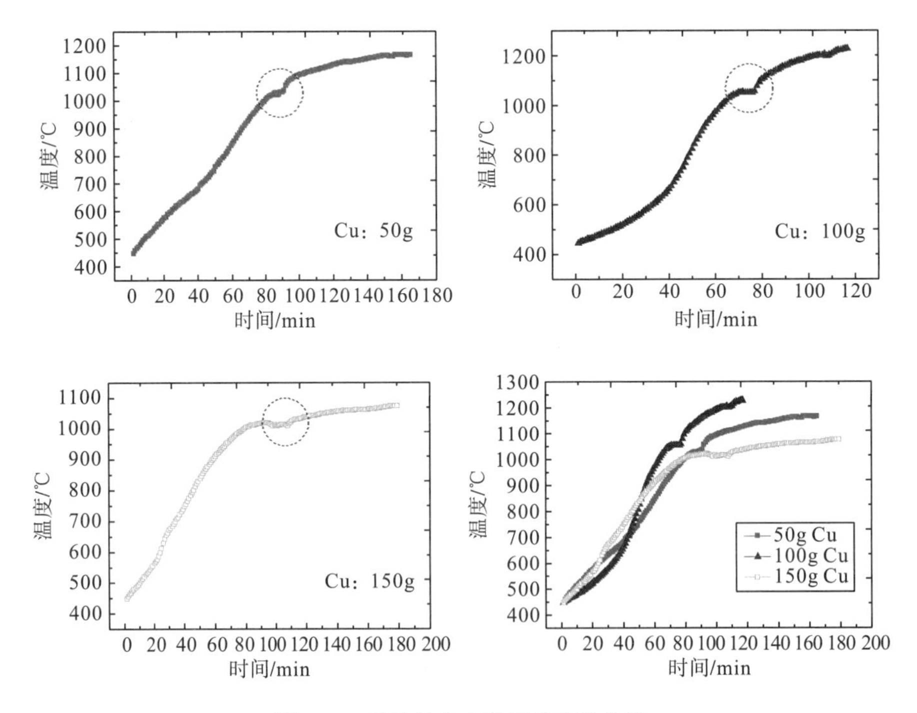

图 2-42　微波熔化金属铜粉升温曲线

针对铜粉粒度以及不同功率对金属铜粉熔化特性的影响也开展了相应的研究。Mishra[3]等从理论上分析了金属粉末在微波电磁场中的加热行为，他们认为在微波磁场的作用下金属粉末将感应出一个沿着颗粒表面的电场 **E**，该电场在颗粒表面形成涡流电流，并产生焦耳热 P，如式(2-1)所示。

$$P = \frac{R_S}{2}\int_S |H_t|^2 \mathrm{d}V = \frac{2R_S|\boldsymbol{E}_0|^2}{\eta_0^2} \tag{2-1}$$

式中，$\boldsymbol{E}_0$ 为颗粒表面的电场强度；R_S 为表面电阻$[R_S = 1/(\sigma \cdot \delta)]$；$\eta_0$ 为真空阻抗(377Ω)。假设金属颗粒是球形，其直径为 r，则电磁场能量密度 P_E 可表示如下：

$$P_E = \frac{3P}{r} = \frac{6R_S\left|\boldsymbol{E}_0\right|^2}{\eta_0^2 r} \tag{2-2}$$

由此可见，随着微波功率的增大，或者金属铜粉粒度的减小，金属颗粒在相同条件下吸收的能量越多，温度升高得越快。

图 2-43 为 74μm 粒度的金属铜粉在不同微波功率加热下的升温曲线，由图可以看出，微波功率由 1.3kW 增加到 1.8kW 时，金属铜粉的升温速率快速增大，到达熔点的时间缩短约 1/3，因此微波功率的大小对金属铜粉的加热效果影响较大。

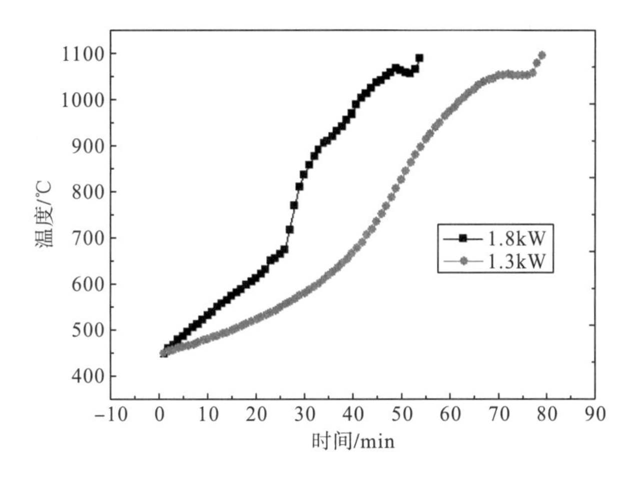

图 2-43　不同功率微波熔化金属铜粉升温曲线

相关文献[4]报道了微波对物质加热过程的定量描述，将微波加热物质升温过程分为两个阶段：初始阶段为物质快速升温过程，此过程为物质吸热升温的主要阶段；第二阶段为缓慢升温阶段。通过函数拟合量化表征两个阶段的升温速率方程，如式(2-3)所示：

$$T = \begin{cases} at + b & \text{(第一阶段)} \\ (ct + d)^{\frac{1}{2}} & \text{(第二阶段)} \end{cases} \tag{2-3}$$

式中，T 为物料温度；t 为加热时间；a、b、c 和 d 为常数。

针对 1.8kW 微波功率加热 74μm 金属铜粉的升温曲线进行拟合，如图 2-44 所示。从图中可以看出，1.8kW 的微波加热 74μm 金属铜粉的升温曲线具有上述的两个阶段特征，且初始阶段升温过程与加热时间呈明显的线性增加关系。而在接近 700℃时，铜粉升温速率突然加快，且第二阶段前期铜粉升温速率明显快于第一阶段，当加热过程进入第二阶段后期，升温速率开始降低，并趋于缓慢。对加热第一阶段进行线性拟合，第二阶段进行多项式拟合，均得到很好的拟合结果，如式(2-4)所示：

$$T = \begin{cases} 8.8t + 443.7, R^2 = 0.9993 & (0 < t \leqslant 26) \\ -294.5 + 49.9t - 0.46t^2, R^2 = 0.9793 & (26 < t \leqslant 55) \end{cases} \tag{2-4}$$

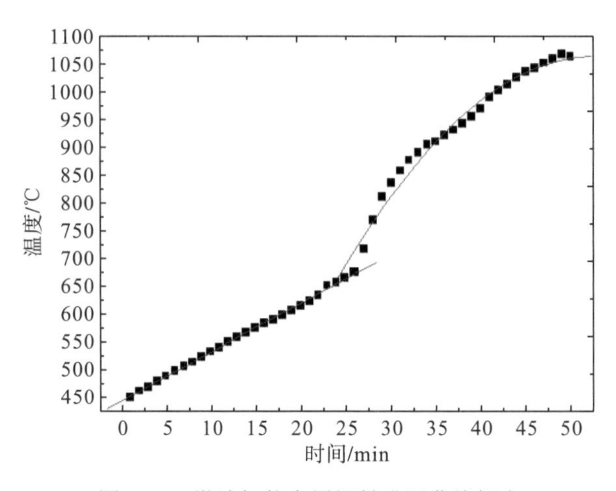

图 2-44　微波加热金属铜粉升温曲线拟合

采用 1.8kW 微波分别加热粒度为 25μm、38μm 和 74μm 的金属铜粉，研究不同金属颗粒粒度对升温特性的影响。图 2-45 为 100g 不同粒度的金属铜粉在 1.8kW 微波作用下的升温曲线，由图可以看出，随金属铜粉粒度的减小，微波加热升温速率明显提高，100g 粒度为 25μm 的金属铜粉在微波作用下达到熔点的时间，与在相同条件下粒度为 74μm 的金属铜粉相比，加热时间几乎缩短一半。这与 Mishra 等[3]的研究结果一致。此外，从图中也可以看出，粒度为 25μm 和 38μm 的金属铜粉的升温曲线几乎为线性增加，没有出现明显的两段升温特征，因此针对 25μm 和 38μm 的金属铜粉的升温曲线进行了线性拟合，如图 2-46 所示。

粒度为 25μm 和 38μm 的金属铜粉在微波场中加热的升温曲线斜率(升温速率)分别为 25.6 和 18.4，而 74μm 粒度的铜粉在线性阶段的斜率为 8.8，由此可以看出，铜粉升温速率(v)与粒度(r)成反比关系，且具有较好的线性关系(图 2-47)，因此随着金属铜粉粒度的减小，微波加热效率越高，升温越快，这与式(2-2)的结果一致。Mondal 等[5]也研究了微波加热不同颗粒尺寸和孔隙率的纯铜粉末压坯，表明粉末颗粒尺寸越小加热速率越快，粉末压坯的孔隙率也越高。

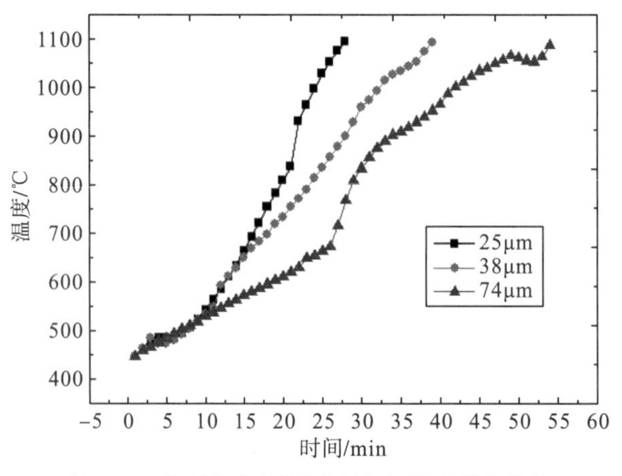

图 2-45　微波加热不同粒度金属铜粉升温曲线

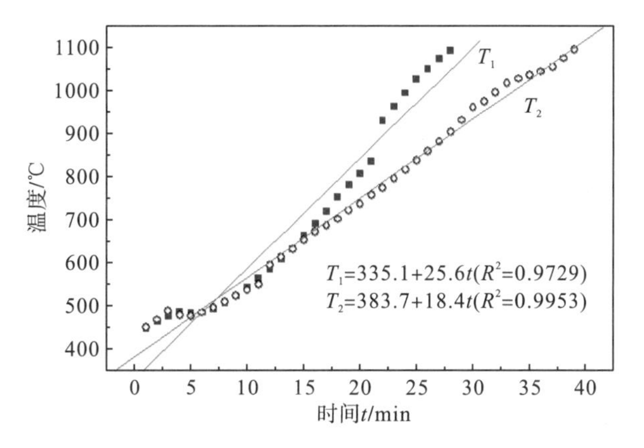

图 2-46　铜粉粒度对升温速率的影响

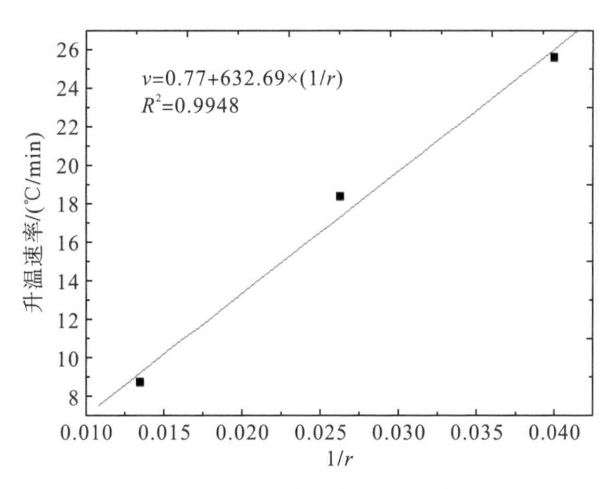

图 2-47　微波加热速率与金属粉末粒度的关系

2.5.2　金属铜粉加热过程的致密化

图 2-48 是 100g 粒度为 74μm 金属铜粉在不同温度用微波加热 5min 的宏观形态变化过程。随着温度的升高，金属铜粉发生明显的烧结收缩。当温度为 900℃时，为铜粉的固相烧结，烧结体的致密化特征不明显，经打磨抛光后的截面较为松散，体现为海绵体特征。当温度为 1060℃和 1083℃时，从抛光截面看，烧结体具有明显的金属光泽，说明在铜的熔点附近加热时，金属铜粉开始部分熔化。而当温度达到 1090℃时，金属铜粉已经完全熔化并实现液相收缩。

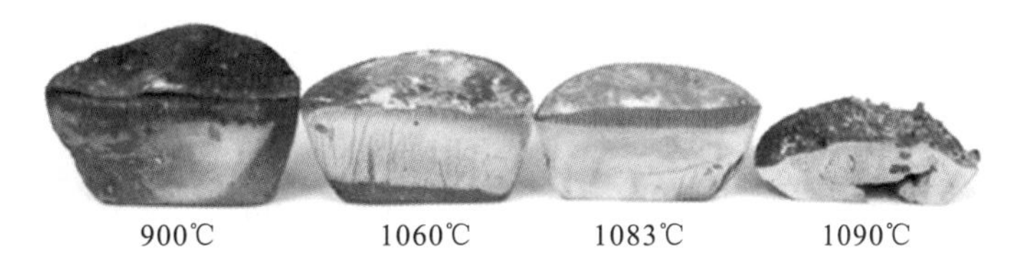

图 2-48　微波烧结金属铜粉致密化过程

图 2-49 为不同温度(900℃、1060℃、1083℃和 1090℃)下金属铜粉烧结体的显微结构。图 2-49(a)和图 2-49(a′)为 900℃时的微观结构，可以看出金属铜粉没有出现熔化现象，烧结体组织为金属铜粉的颗粒属性，相互之间以颗粒界面结合的方式连接，没有明显的冶金界面结合。图 2-49(b)和图 2-49(b′)为 1060℃时烧结体的微观结构，可以看出烧结体出现整体均匀熔化的现象，基体中铜粉颗粒因熔化而出现表面收缩，且熔融颗粒之间还保持一定的界面结合。图 2-49(c)和图 2-49(c′)为 1083℃时烧结体的微观结构，烧结体中的铜颗粒已完全熔化，熔融的铜颗粒之间相互连接，完全实现了冶金结合，且在表面张力的作用下形成缩孔，致密化程度进一步加强。图 2-49(d)和图 2-49(d′)为 1090℃时烧结体的微观结构，可以看出金属铜粉已熔化成致密化组织的金属铜块，烧结过程中快速完成液相迁移并排出气泡，在液态金属收缩的作用下，实现完全熔融态。

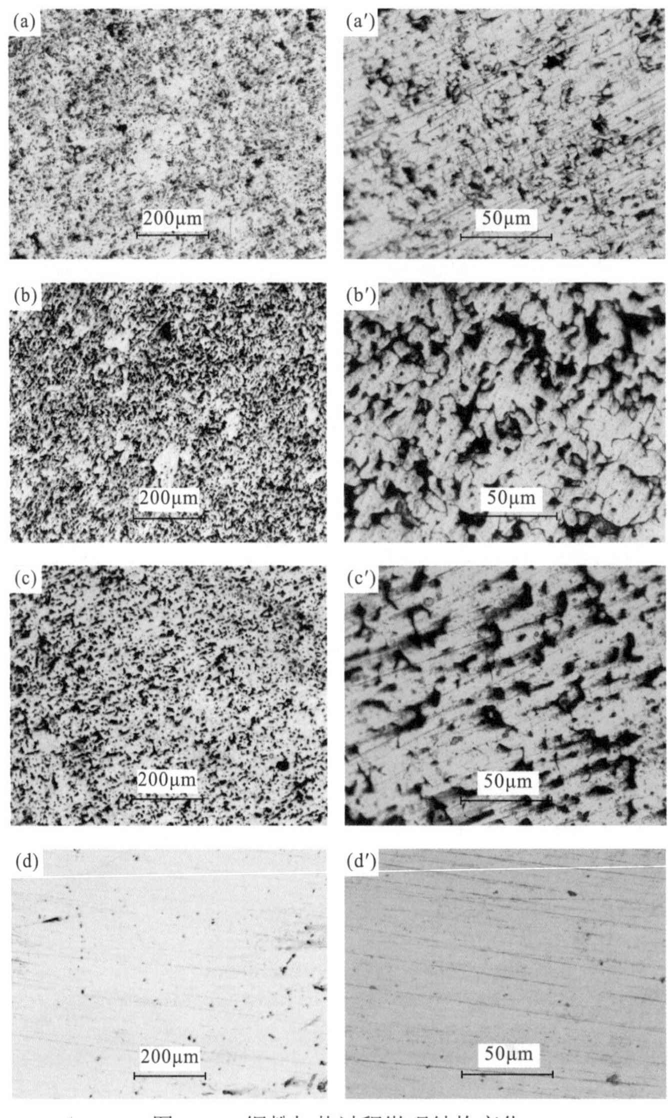

图 2-49　铜粉加热过程微观结构变化

(a)、(a′)900℃，(b)、(b′)1060℃，(c)、(c′)1083℃，(d)、(d′)1090℃

对微波加热金属铜粉致密化过程进行量化表征，测定 74μm 粒度金属铜粉的松装密度为 2.13g/cm^3，相对于金属铜的理论密度(8.9g/cm^3)，其致密化程度为 23.9%。在 900℃、1060℃、1083℃和 1090℃条件下微波加热后，烧结体的密度分别为 3.31g/cm^3、4.29g/cm^3、4.85g/cm^3 和 8.07g/cm^3，其相对致密化程度分别为 37.2%、48.2%、54.5%和 90.7%。图 2-50 为金属铜粉烧结体体积和密度随温度变化的规律。从图中可以看出：随着烧结温度的升高，致密化程度不断增加。当在 900℃以下加热时，金属铜粉烧结体的密度变化不大，而当温度高于 900℃时，烧结体的致密化过程明显加速，而当在金属铜粉熔点温度以上烧结时，随着金属铜粉的熔化，烧结体迅速完成致密化过程。

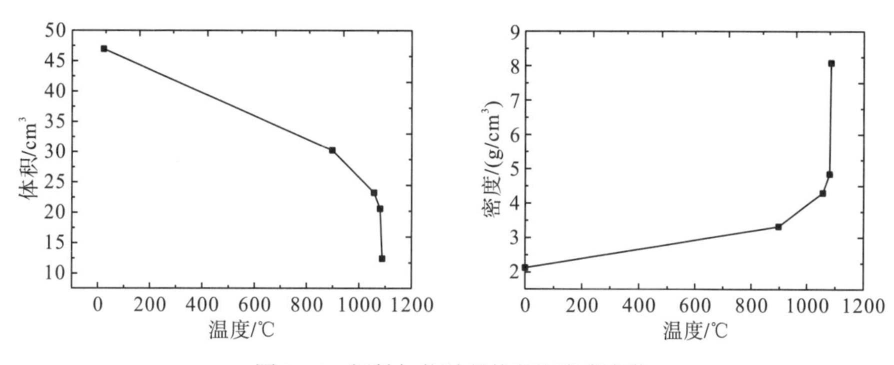

图 2-50　铜粉加热过程体积和密度变化

2.5.3　金属铜粉的微波烧结动力学分析

关于烧结动力学有黏性流动、蒸发与凝聚、体积扩散、表面扩散、晶界扩散等[6]。对于球形颗粒的烧结，其初始阶段模型可以设定为两个对等接触的球，如图 2-51 所示，它们有两种不同的烧结模式，即烧结时有两球贯穿的收缩型(致密化)[图 2-51(a)]和两球相切的无收缩型(无致密化)[图 2-51(b)]。两球模型对于致密化机制主要考虑贯穿于两球之间烧结颈的增长，颗粒(半径为 a)之间形成的颈部被假定为半径是 x 的圆形。因此，在初始阶段的烧结通常可以用如下方程表示[7, 8]：

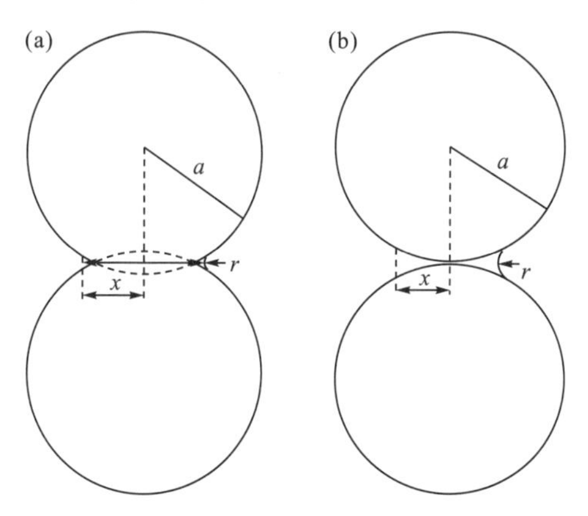

图 2-51　球对球模型

(a)致密化；(b)无致密化

$$\left(\frac{x}{a}\right)^n \sim Bt \tag{2-5}$$

式中，x 为烧结颈半径；a 为粉末颗粒半径；B 为常数；t 为烧结时间；n 是依赖于传质过程机制的烧结速率指数。

式(2-5)两边取对数后具有式(2-6)所示形式。

$$\ln\left(\frac{x}{a}\right) = \frac{1}{n}\ln B + \frac{1}{n}\ln t \tag{2-6}$$

从上式可以看出 $\ln\left(\frac{x}{a}\right)$ 与 $\ln t$ 成线性关系，且斜率为 $\frac{1}{n}$。由于 n 是依赖于传质过程机制的指数，因此 n 值的不同能反映不同的烧结机制。Kang[9]对此进行了归纳总结，如表 2-5 所示。

表 2-5　烧结过程中的物质迁移机制[9]

物质迁移机制	物质源	物质沉淀位置	烧结速率指数 n
体积扩散	晶界	烧结颈	4
晶界扩散	晶界	烧结颈	6
黏性流动	内部晶粒	烧结颈	2
表面扩散	晶粒表面	烧结颈	7
体积扩散	晶粒表面	烧结颈	5
蒸发与凝聚	晶粒表面	烧结颈	3

本书针对球形铜粉在微波作用下的烧结颈增长进行动力学研究。烧结温度为 850℃，烧结时间分别为 60s、120s、180s 和 300s，对烧结后的粉末烧结体进行取样，通过扫描电镜观察烧结颈形貌(图 2-52)。

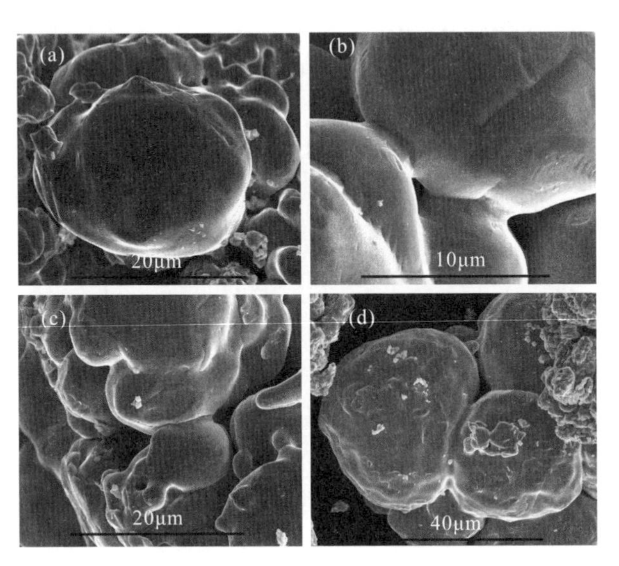

图 2-52　铜粉在 850℃加热不同时间后烧结颈形貌

(a) 60s，(b) 120s，(c) 180s，(d) 300s

通过对烧结颈的测量和计算，得到微波在 850℃条件下加热时间分别为 60s、120s、180s 和 300s 的相关参数，如表 2-6 所示。针对烧结颈数据，对 ln(*x*/*a*)和 ln*t* 进行线性回归处理，如图 2-53 所示。线性拟合后得到 *n* 的值为 1.9889，所对应的烧结速率指数为 2，因此烧结过程中的迁移机制以黏性流动为主。

表 2-6　烧结颈数据

参数	烧结时间 *t*/s			
	60	120	180	300
ln*t*	4.0943	4.7874	5.1929	5.7038
x/*a*	0.2309	0.3465	0.4423	0.5083
ln(*x*/*a*)	−1.46577	−1.05987	−0.81577	−0.67668

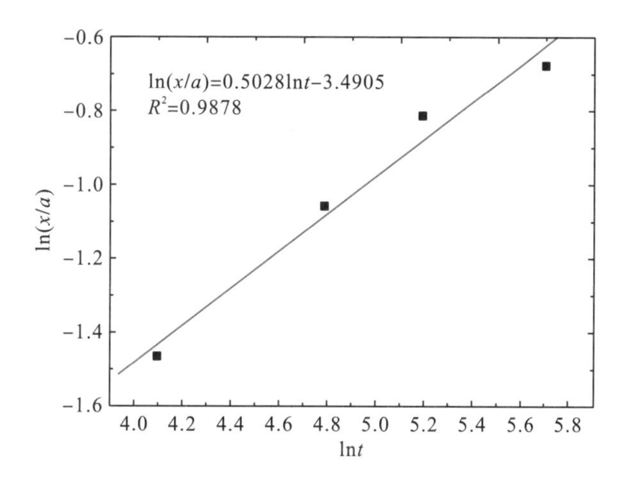

图 2-53　烧结过程 ln(*x*/*a*)对 ln*t* 的曲线图

黏性流动模型将烧结分为两个阶段：第一阶段为相邻颗粒间的接触表面增大，直到孔隙封闭；第二阶段为这些残留闭孔逐渐缩小。第一阶段类似两个液滴从开始的点接触发展到互相聚合，烧结颈的长大可看作在表面张力作用下，颗粒发生类似黏性液体的流动，从而使系统的总表面积减小。在微波作用下枝状铜粉的烧结机理符合黏性流动，即在烧结初始阶段的物质迁移主要是在颗粒内部。在微波加热条件下，枝状铜粉的表面发生了物质迁移，减小了枝状铜粉颗粒的表面积，使枝状铜粉颗粒表面的球形颗粒之间以及与颗粒内部发生物质迁移，枝状铜粉的不规则表面通过物质流动迁移逐渐变为平滑界面，且颗粒间的界面较为明显(图 2-54)，并在进一步的烧结中闭孔逐渐缩小，这符合黏性流动特征的物质迁移机制。以上现象也可能是微波在金属铜粉表面形成涡流，对颗粒表面物质扩散和迁移起到促进作用，有利于铜粉颗粒表面的平直化。

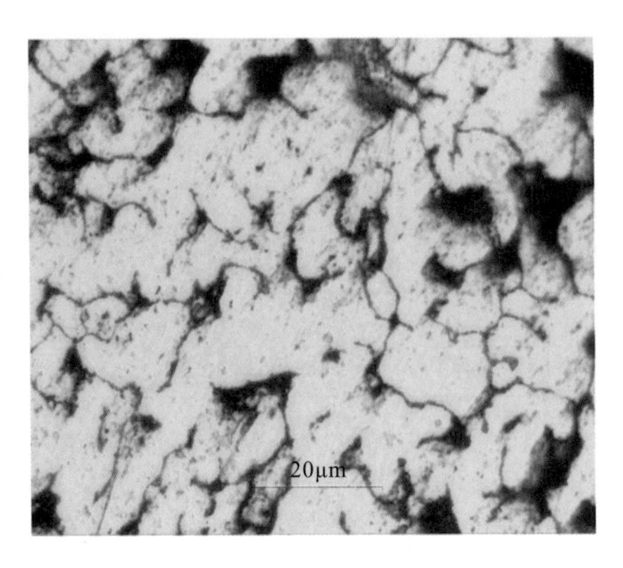

图 2-54 铜粉颗粒加热后的界面特征(1060℃，5min)

2.6 微波加热锡合金粉

锡粉主要用于生产焊锡膏、粉末冶金制品等，特别是在电子工业中，焊锡膏成为具有高技术含量和附加值的焊接材料[10]。目前，球形锡粉的工业生产方法主要有气体雾化、离心雾化和超声波雾化[11]，其中离心雾化法是生产锡粉最广泛采用的方法[12]，然而该过程有大量的废锡粉需要重熔和回收。此外，由于锡粉粒度小、表面能高、易氧化，故采用微波快速加热技术有利于锡合金粉的高效重熔和回收。

2.6.1 锡粉的趋肤深度

锡粉的主要组成为 Sn-3.0Ag-0.5Cu 合金。锡粉由离心雾化法制备，在工业生产过程中，经过筛分后生产出特定尺寸范围的球形焊粉，而在产品粒度范围外，有大量的废锡粉需要经过重新熔炼后回收再利用。图 2-55 为废锡粉的形貌和粒度分布。从图中可以看出所有锡合金粉呈球形，粒度为 38～75μm 的占比超过 90%。

微波加热金属粉末时具有不同的加热机制，例如，涡流效应、尖端放电、电阻加热等[13]。一般来说，金属的趋肤深度相对较小(在 0.1～10μm 变化)，这与大多数金属粉末具有相近的尺寸范围相关。对于粒度为 38～75μm 的锡粉来说，在室温时的电阻率 ρ 大约为 $11.3\times10^{-8}\Omega\cdot m$，趋肤深度为 3.377μm。微波与锡合金粉耦合作用的“有效趋肤”可以达到总体积的 24.66%～44.40%，有助于微波对锡粉表面区域进行加热。此外，当微波作用于金属颗粒时，电子在其表面聚集，在微波电磁场的作用下，金属表面将产生涡流效应(图 2-56)。这种感应电场产生的表面电流，在金属粉末表面产生焦耳热，并加速物质在金属颗粒表面的迁移，从而实现微波能量的吸收和转化。

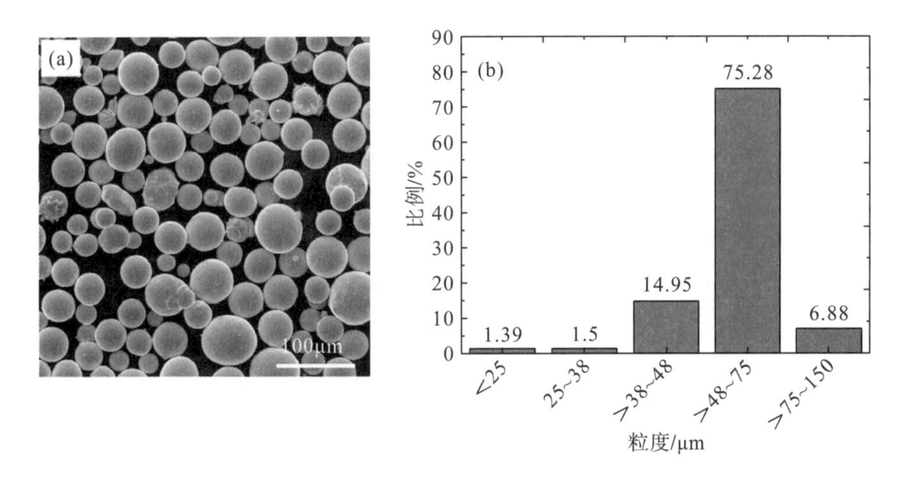

图 2-55　(a) 锡粉的形貌，(b) 粒度分布

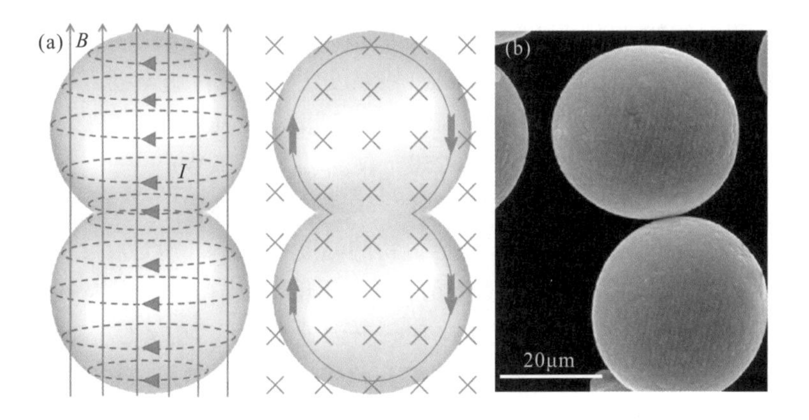

图 2-56　(a) 微波场中锡粉表面感应涡流示意图，(b) 锡粉扫描电镜图

2.6.2　微波加热球形锡合金粉

本书研究 100g 锡合金粉在微波功率分别为 0.8kW、1.0kW、1.2kW 时的温度变化，分析微波功率对锡合金粉升温性能的影响，如图 2-57 所示。

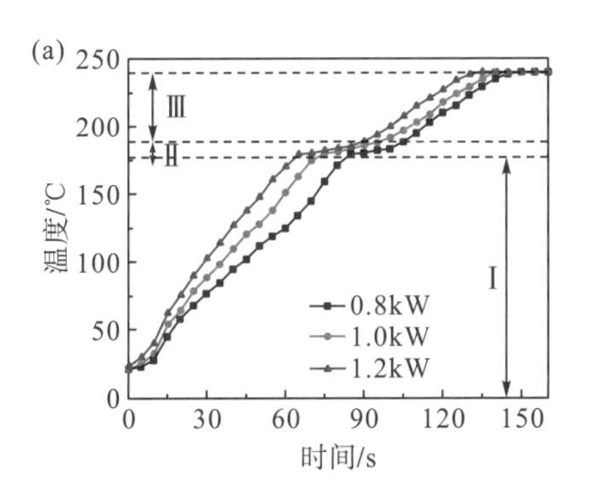

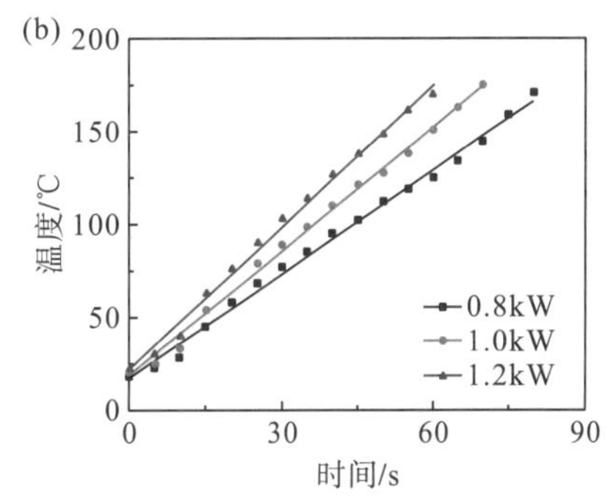

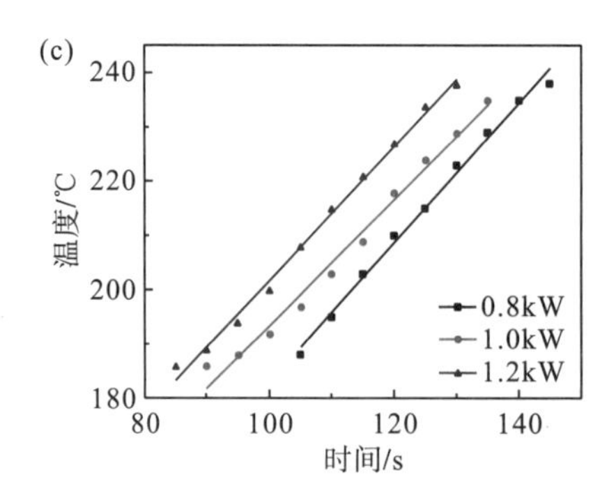

图 2-57 锡合金粉微波加热特性

(a)升温曲线，(b)升温过程第Ⅰ阶段拟合曲线，(c)升温过程第Ⅲ阶段拟合曲线

从图中可以看出，在不同微波功率条件下，温度的变化过程趋于一致，升温过程有三个阶段，分别是快速加热(Ⅰ，Ⅲ)、缓慢加热(Ⅱ)、恒温状态。对第一阶段(Ⅰ)进行拟合，如图 2-57(b)所示，在初始阶段随着微波功率的增大，加热曲线的斜率(即加热速率)不断增大，不同微波功率(0.8kW、1kW、1.2kW)的温度变化曲线可用下列方程表示：

$$T_1=1.8623t+17.7451 \quad (P_{\text{microwave}}=0.8\text{kW}) \tag{2-7}$$

$$T_2=2.2279t+18.8250 \quad (P_{\text{microwave}}=1.0\text{kW}) \tag{2-8}$$

$$T_3=2.5560t+21.9341 \quad (P_{\text{microwave}}=1.2\text{kW}) \tag{2-9}$$

式中，T_1、T_2 和 T_3 是不同微波功率下锡合金粉的温度(温度≤179℃)；t 是微波加热的时间。当微波功率为 0.8kW 时，升温速率为 111.7℃·min^{-1}；当微波功率为 1kW 时，升温速率为 133.7℃·min^{-1}；当微波功率为 1.2kW 时，升温速率可达 153.4℃·min^{-1}。当温度升至 179℃时，进入第二阶段(Ⅱ)，由于部分锡粉开始熔化并吸收热量，与第一阶段(I)相比，升温速率减慢。当温度升至 185℃时，进入第三阶段(III)，锡合金粉的升温速率加快，如图 2-57(c)所示，在不同的微波功率下呈现相同的加热趋势。不同微波功率(0.8kW、1kW、1.2kW)下的温度变化拟合曲线如下：

$$T_4=1.2833t+54.6944 \quad (P_{\text{microwave}}=0.8\text{kW}) \tag{2-10}$$

$$T_5=1.16t+77.6 \quad (P_{\text{microwave}}=1.0\text{kW}) \tag{2-11}$$

$$T_6=1.2339t+78.5515 \quad (P_{\text{microwave}}=1.2\text{kW}) \tag{2-12}$$

式中，T_4、T_5 和 T_6 是不同微波功率下锡合金粉的温度(185℃≤T≤240℃)；t 是微波加热的时间。可以看出，当微波功率为 0.8kW 时，升温速率为 76.99℃·min^{-1}；当微波功率为 1kW 时，升温速率为 69.6℃·min^{-1}；当微波功率为 1.2kW 时，升温速率为 74.034℃·min^{-1}，加热趋势基本一致，此阶段表明锡合金熔体可以吸收微波能，并将微波能量转换为熔炼过程所需的热量，使合金熔体能够加热至较高的温度。

同时，书中研究 100g 不同粒度锡合金粉的微波加热特性。分选出 45μm、75μm 和 125μm 锡合金粉，采用 1.0kW 微波功率进行加热，结果如图 2-58 所示。从图中可以看出，不同粒度锡合金粉的升温变化趋势一致，升温速率随着锡合金粉粒度的增大而降低。此外，升温过程同样有三个阶段，即快速加热(I、III)、缓慢加热(II)、恒温状态。

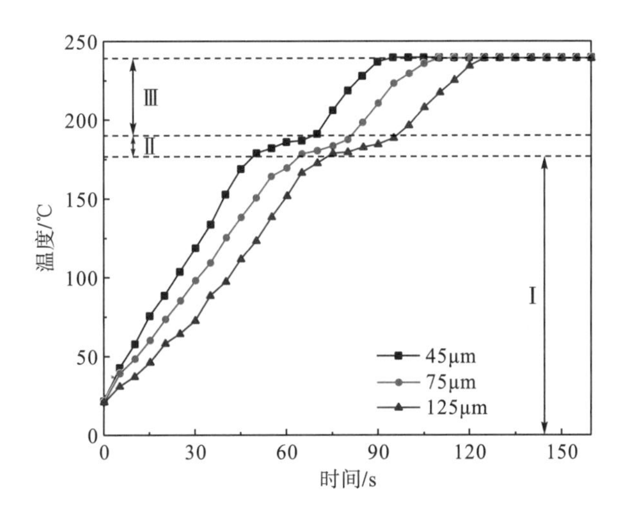

图 2-58　不同粒度锡粉的微波加热特性

在第一阶段（Ⅰ）快速加热过程中，粉末粒度为 125μm 时，升温速率为 125.6℃·min^{-1}；粉末粒度为 75μm 时，升温速率为 144.9℃·min^{-1}；粉末粒度为 45μm 时，升温速率可达 176.4℃·min^{-1}。当加热至 179℃时，进入第二阶段（Ⅱ），由于部分锡粉开始熔化并吸收热量，与第一阶段(I)相比，升温速率减缓。当温度升至 185℃时，进入第三加热阶段(III)，锡合金升温速率加快，熔体呈现相同的加热趋势。因此，锡合金粉末的加热速率与粉末粒度成反比，粉末粒度越小，微波加热效率越高，升温速率越快。

为进一步探究微波熔炼锡合金工艺影响及特性，作者进行了公斤级实验研究。如图 2-59(a)所示，采用 2.5kW 微波功率熔化 1.5kg 锡合金粉。在微波加热时间为 11min 时，温度升高至 524℃，平均升温速率为 47.64℃·min^{-1}。此外，采用微波熔炼锡合金锭及电解铜板制备了 Sn-10%Cu 合金，如图 2-59(b)所示，合金表面光洁无杂质，锡元素质量分数为 90.274%，铜元素质量分数为 9.726%，与成分设计基本一致，且组元分布均匀，熔炼效果较好。Chandrasekaran 等[14]进行了微波熔化金属的实验和理论研究，开展了铅、锡、铝和铜的微波熔化实验，研究结果表明，微波熔化速率是传统熔化速率的两倍，具有较高的能源利用效率，且在高温下微波能向热能的转化能力加强了。

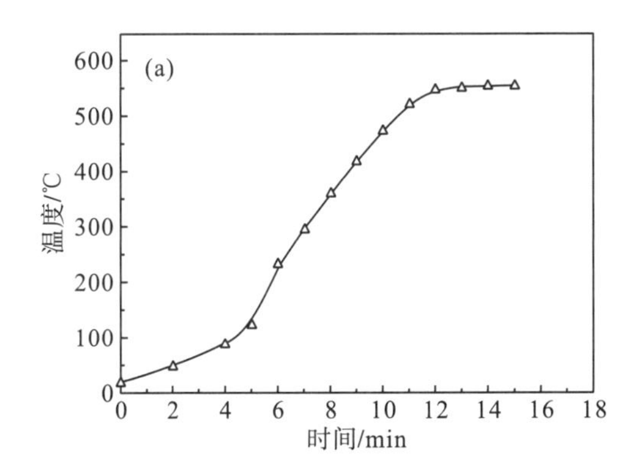

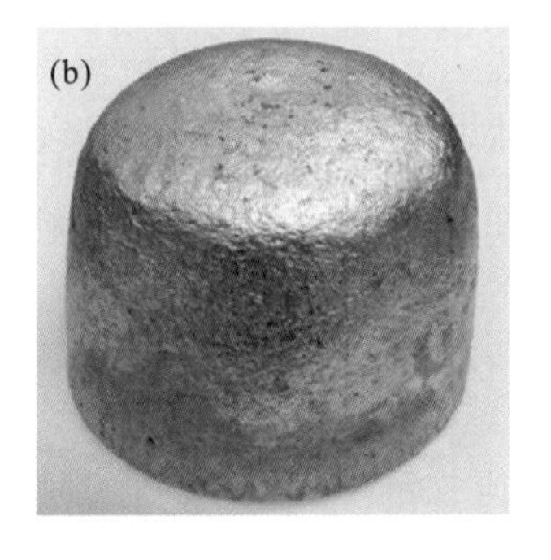

图 2-59　(a) 2.5kW 微波加热 1.5kg 锡粉升温曲线，(b) 微波熔炼 Sn-10%Cu 合金

2.6.3 微波熔炼回收金属锡粉

针对锡合金焊料废粉，采用微波熔炼进行快速重熔回收。图 2-60 为自主设计开发的用于废锡粉回收的微波装备，微波总功率为 20kW。该装备包含 20 个微波发生器，微波频率为 2450MHz，工作温度保持在 300～350℃，最高温度可达 800℃，每小时可熔炼锡粉 270kg。锡合金粉末熔炼需要在气体保护(如 N_2 或氩气)条件下进行，其最大工作压力为 $1.5×10^5$Pa，在熔炼过程中，还可以对金属熔体实施搅拌。炉内温度通过热电偶进行测量，并由设备底部的螺旋升降装置实现装料和出料。

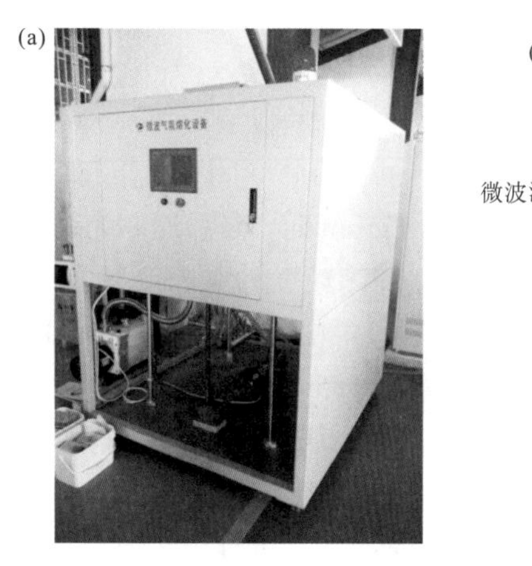

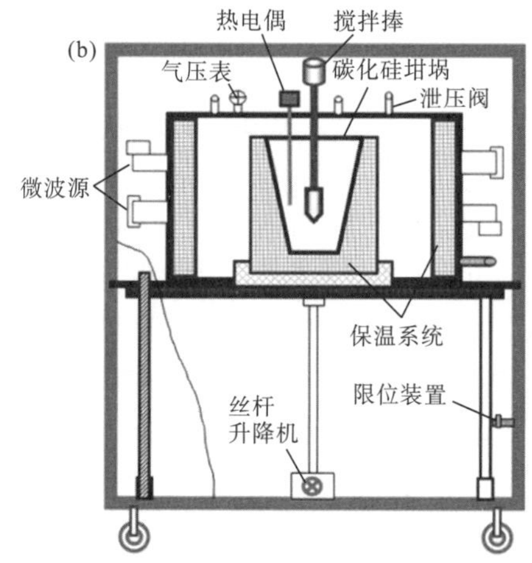

图 2-60 (a)锡粉微波熔化装置，(b)设备结构图

图 2-61 为 38～75μm 粒度的锡合金粉在微波熔炼条件下的升温曲线，处理量为 20kg 左右，平均加热速率可达 62℃·min^{-1}。此外，锡合金粉的回收率可达 97.79%，渣量仅为 1.65%，且能耗显著降低。图 2-62 为采用该微波设备重熔制备的锡合金锭，表明微波熔炼在合金快速制备、短流程加工及金属熔炼等方面具有优势。

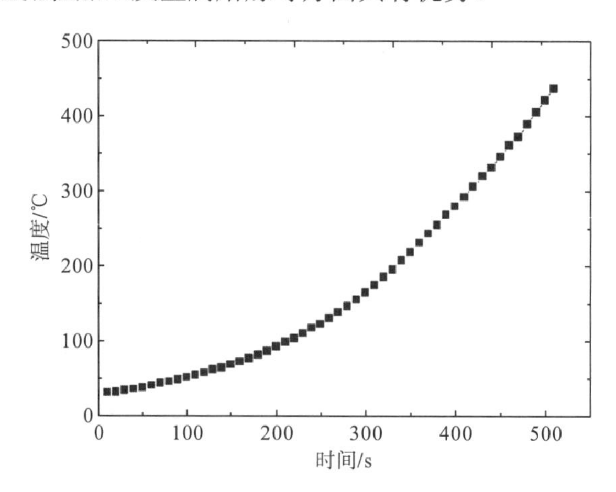

图 2-61 20kW 微波装置熔炼锡粉的升温曲线

图 2-62　微波熔炼浇铸的锡合金锭

2.6.4　微波高通量制备锡合金

根据微波电磁场在空间传播的选择性、非接触加热特征，设计微波高通量处理系统，实现合金的高通量制备，如图 2-63 所示。该系统由微波发生装置、微波谐振腔、计算机系统、温度监测系统和冷水循环降温装置等部分组成。

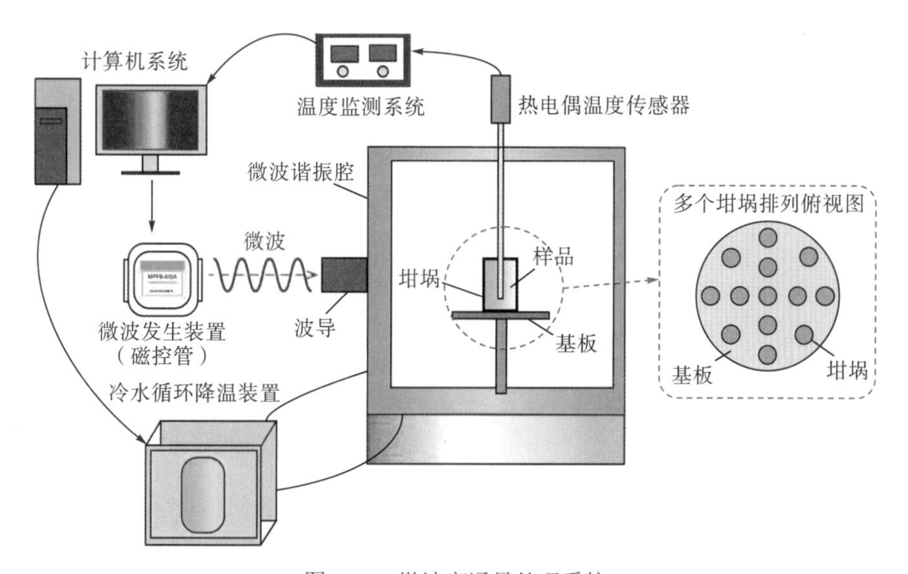

图 2-63　微波高通量处理系统

设计了底盘同心旋转式微波高通量材料处理装置，实现金属物料的同步或异步快速熔炼及温度数据采集，旋转式微波高通量材料处理装置包括微波源发生器、微波反应腔和温度采集设备，具体结构如图 2-64 所示。

采用微波加热技术实现金属及合金熔炼、材料烧结、热处理等工艺的高通量处理，SiC 坩埚作为物料承载容器和微波加热元件，通过调控坩埚的 SiC 含量进行升温控制，相同条件下可同步升温或异步升温。将坩埚置于莫来石保温桶中的基座上，各坩埚为同心圆分布，可为单层或多层，当保温桶随旋转台旋转时，可通过顶部相应的红外测温仪对各个坩埚内的物料进行测温，测温间隔通过控制转速进行调控，并通过控制系统进行数据采集。

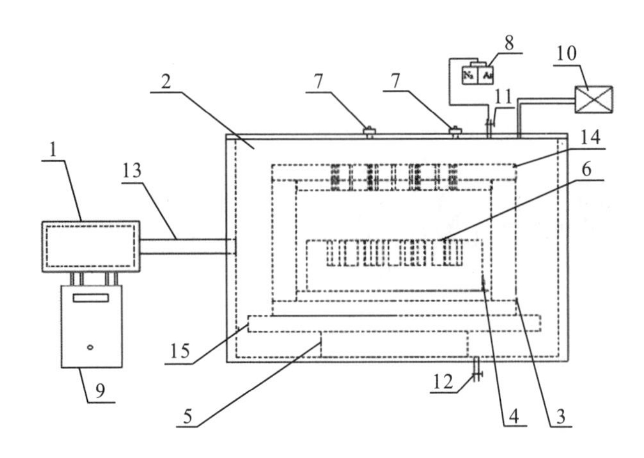

图 2-64　底盘同心旋转式微波高通量材料处理装置

1-微波源发生器；2-微波反应腔；3-保温桶；4-坩埚模具；5-旋转台；6-坩埚；7-红外测温仪；8-储气柜；9-循环水设备；10-真空泵；11-排气阀；12-进气阀；13-波导管；14-保温桶盖；15-旋转台支撑板

通过在强吸波物料 SiC 中掺杂弱吸波物料 SiO_2，调控 SiC 物料的微波吸波性能，实现在同一微波场中不同温度梯度处理样品。选取 50g 不同质量分数的 SiC 样品进行微波加热，上限温度设定为 800℃，四种 SiC 物料体系质量分数分别为 100%、75%、50%和 25%，微波加热升温曲线如图 2-65 所示。

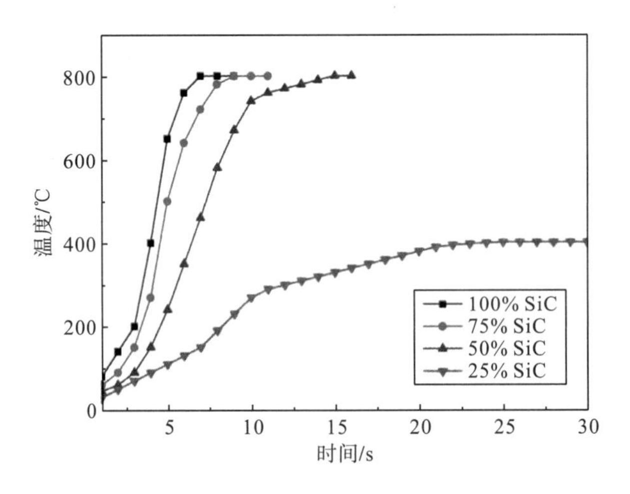

图 2-65　不同质量分数的 SiC 坩埚物料升温特性

由图中可以看出，纯 SiC 具有较强的吸波能力，升温速率最快，在 7min 内可升温至 800℃。升温速率随着 SiO_2 加入量的增加而逐渐减小，当 SiC 质量分数为 75%时，微波加热 9min 升温至 800℃，较纯 SiC 延长 2min；当 SiC 质量分数为 50%时，微波加热 15min 到达 800℃；当 SiC 质量分数为 25%时，升温速率缓慢，微波加热 25min 时，样品升温至 402℃后基本保持不变，未能达到预设温度。因此，可以通过混合不同质量分数的强吸波和弱吸波物料，实现在同一微波场下的不同温度处理过程。通过设计不同形式的坩埚，能够实现单一批次多个合金体系的同步处理，微波高通量制备锡合金如图 2-66 所示。

图 2-66　微波高通量制备锡合金

2.7　微波辐照处理铝硅合金

2.7.1　铝硅合金原料分析

采用能量色散 X 射线光谱仪(EDX-LE)分析实验用铝硅合金元素组成，主要化学成分如表 2-7 所示。在铝硅合金中添加了 Cu 和 Mg 元素，一方面可通过固溶强化提升铝硅合金的力学性能，另一方面 Cu、Mg 等元素可形成析出相实现对合金的强化。

表 2-7　铝硅合金主要化学成分

成分	Si	Cu	Mn	Mg	Fe	V	Al
质量分数/%	8.51	0.73	0.52	0.41	0.51	0.35	其余

图 2-67 所示为铝硅合金原料的 SEM 图。从图中可以看出，所使用的铝硅合金中含有较多的初生硅相和共晶硅相，硅相呈不规则形状。其中浅灰色不规则块状区域主要为初生硅相；白亮色不规则区域主要为共晶硅相；其余灰色区域为基体 α-Al 相。对铝硅合金原料的元素分布进行分析，可以看出 Si 元素分布不均匀，集中分布在以初生硅相为主的高 Si 带上，且在初生硅相的内部几乎没有 Al 元素分布。合金中 Mg 元素的分布也较为弥散，但在白亮色不规则区域分布较集中，Mg 元素在共晶硅相区域富集，表明 Mg 元素与共晶硅相结合形成多元合金相。此外，Mn 元素与 Fe 元素的分布规律基本一致，而此处 Al 元素、Si 元素和 Mg 元素相对较低，表明在 Mn 元素、Fe 元素浓度相对富集区域，形成以 Mn 元素、Fe 元素、Al 元素为主的多元合金相。

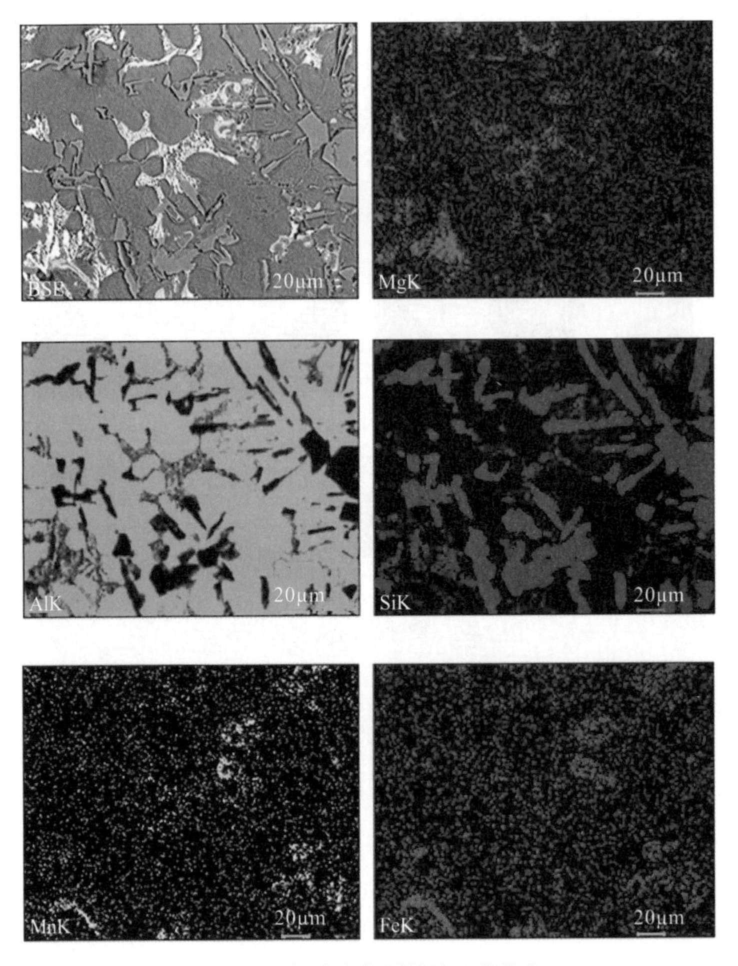

图 2-67 铝硅合金原料的元素分布

2.7.2 微波辐照对铝硅合金凝固过程的影响

研究微波加热及传统加热对铝硅合金重熔过程微观结构和性能的影响。实验中用于微观组织观察的样品取自熔炼合金中间位置，样品尺寸为 10mm×10mm×55mm，样品经打磨抛光后，腐蚀 10～15s。不同熔炼工艺所得铝硅合金的金相组织如图 2-68 所示。铝硅合金经马弗炉熔炼后，存在较多的块状初生硅相，最大尺寸可达 150μm，如图 2-68(a)和图 2-68(c)所示。共晶硅相多以长条状形式存在，边缘棱角分明，长度和宽度分别约为 100μm 和 8μm。相比马弗炉熔炼，经微波熔炼后块状初生硅相的数量及尺寸显著减小，最大尺寸约为 20μm，如图 2-68(b)和图 2-68(d)所示。共晶硅相多以长棒状或椭球状形式存在，尺寸范围与马弗炉熔炼相差不大。但在相同条件下，微波熔炼更有利于合金中共晶硅相的球化。熔融硅在微波场中会吸收微波快速升温而形成热点，硅相温度的快速升高导致其球化效果优于马弗炉熔炼过程。此外，对比图 2-68(c)和图 2-68(d)可以发现，微波熔炼的铝硅合金基体中分布着更多的析出相，呈弥散分布。因此，微波熔炼可以促进铝硅合金中弥散相的析出。

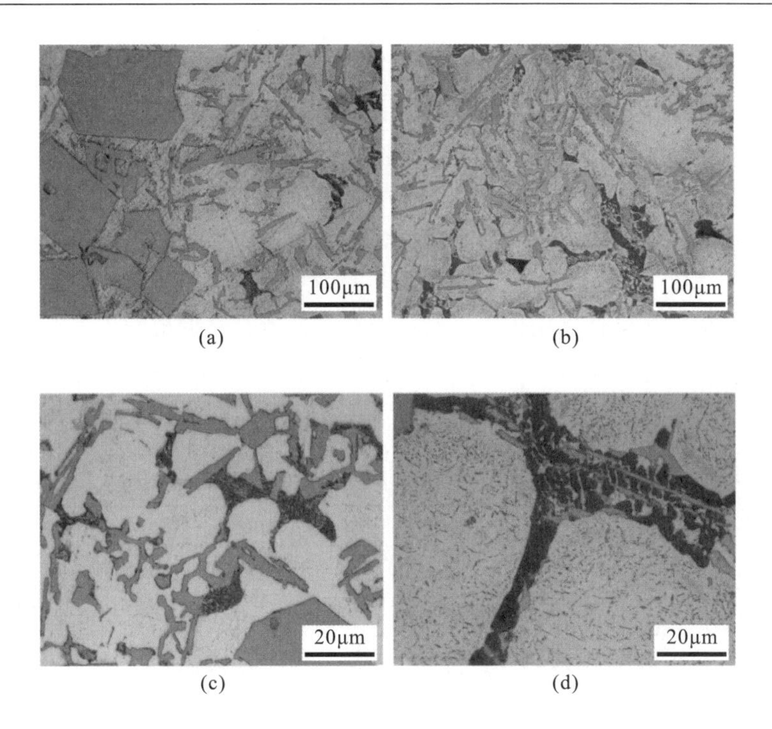

图 2-68　熔炼工艺对铝硅合金金相组织的影响

(a，c)马弗炉熔炼，(b，d)微波熔炼

不同熔炼方式下的铝硅合金的物相变化如图 2-69 所示。不同熔炼方式下铝硅合金的 Al 和 Si 的衍射峰与标准卡片(Al PDF：85-1327 和 Si PDF：75-0589)有较好的吻合度。同时显示在微波熔炼的铝硅合金中有较多的化合物相析出，表明微波辐照有利于合金中新相的生成和析出。

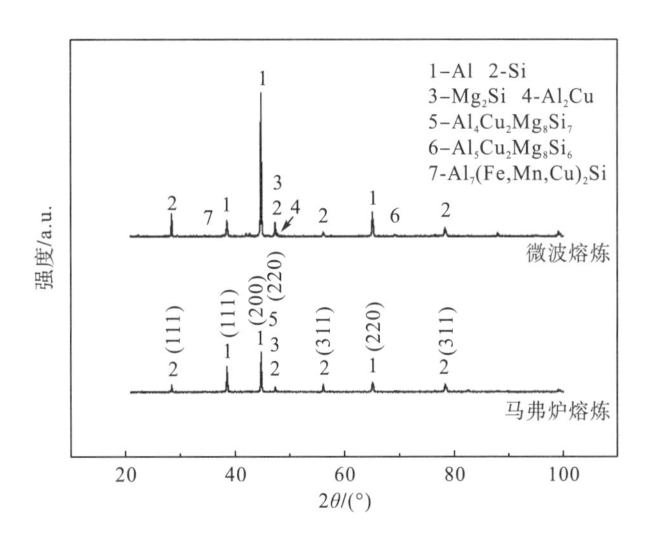

图 2-69　熔炼工艺对铝硅合金相析出的影响

分析不同熔炼方式下铝硅合金晶粒粒度的变化，如图 2-70(a)和图 2-70(b)所示。采用金相显微镜测定晶粒粒度，结果如图 2-70(c)所示。可以看出经过马弗炉重熔处理后，合金的平均晶粒粒度为 99.74μm，而微波辐照处理的样品平均晶粒粒度为 43.29μm，超过 60%的晶粒粒度分布在 25～50μm。相较于传统熔炼过程，微波辐照处理有利于晶粒细化，且能保持晶粒的均匀分布。此外，经过微波辐照处理的铝硅合金样品的密度和硬度都得到明显提升，如图 2-70(d)所示。从图中可以看出，微波辐照铝硅合金有助于晶粒细化、组织均匀化，以及金属间化合物相析出，对提升合金性能具有促进作用。

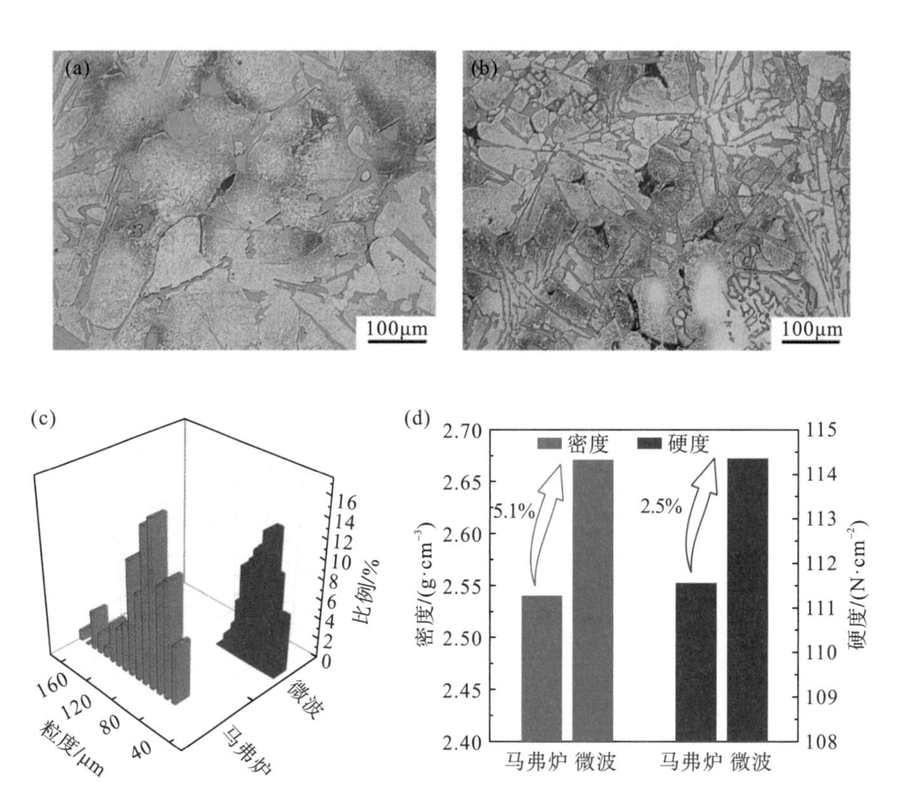

图 2-70 铝硅合金组织和晶粒尺寸分布

(a)马弗炉熔炼，(b)微波熔炼，(c)晶粒尺寸分布，(d)合金性能影响

2.7.3 微波原位铸造铝合金

印度理工学院的 Mishra 和 Sharma[15-17]采用微波原位铸造工艺制备了 Al-Zn-Mg 铝合金，将微波能应用于铝合金的熔化、浇注和凝固过程，有效缩短了铸造时间，并能细化晶粒、减小孔隙率、提高致密度和强度。

微波原位铸造铝合金的工艺如图 2-71 所示。由于浇注池(SiC)和模具(石墨)具有较高的介电损耗系数，吸收微波能转化为热能并将热量传递给物料，物料熔融后在模具内凝固，形成微波原位铸件。

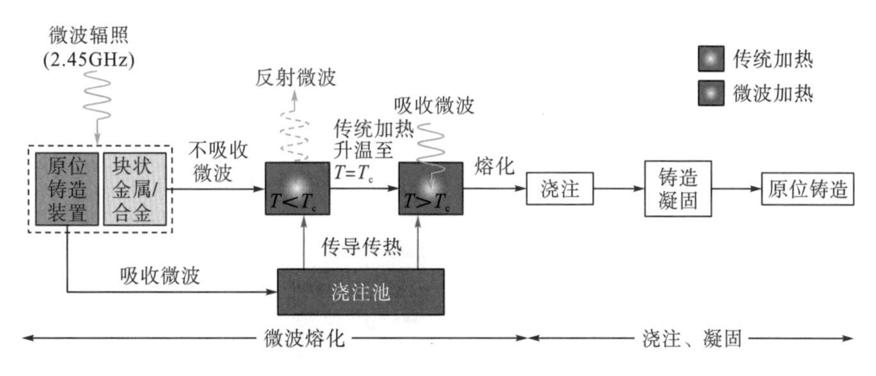

图 2-71　微波原位铸造铝合金工艺

图 2-72 为微波原位铸造装置的示意图，图 2-73 为微波原位铸造铝合金熔化过程的升温曲线图，从图中可以看到，铝合金在微波辐照下升温迅速，从 350℃升温到 750℃所需时间约为 7.5min，平均升温速率可达 53.3℃/min。

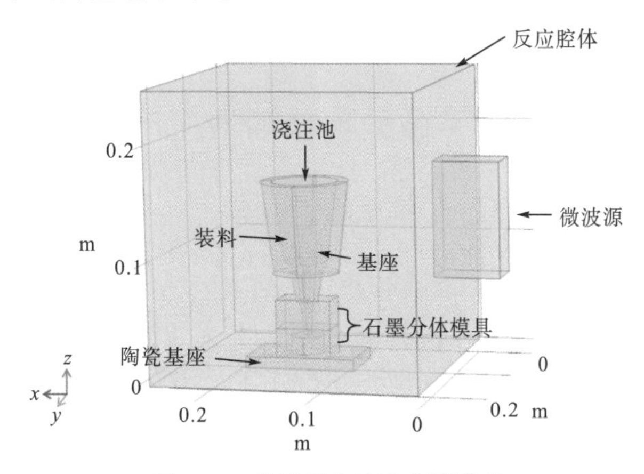

图 2-72　微波原位铸造装置模型

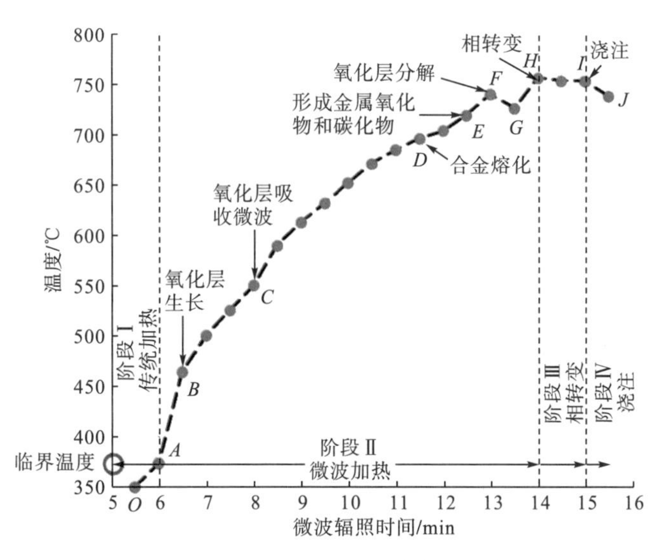

图 2-73　微波原位铸造铝合金熔化过程升温曲线

图 2-74 显示了铝合金沿着半径在剖面上的显微组织，可以清晰地观察到晶粒尺寸沿半径和共晶区形态的变化，铝合金中心区晶粒相对粗大，以等轴晶为主，如图 2-74(a)所示；而铝合金外表面附近的晶粒由于与石墨模具接触，散热更快，呈现出更细的柱状形态，晶粒内部的析出物向外部方向增加，如图 2-74(b)所示。

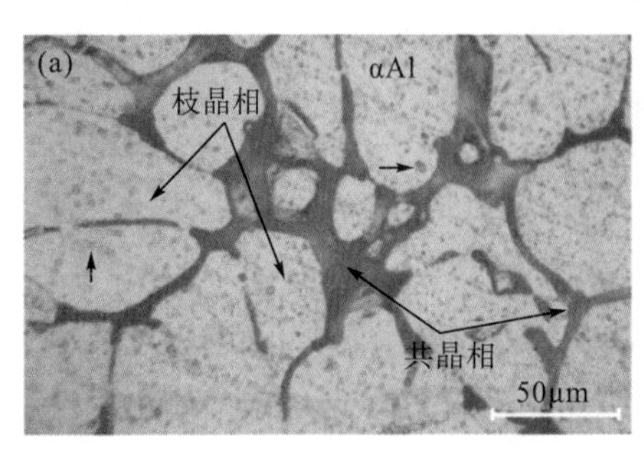

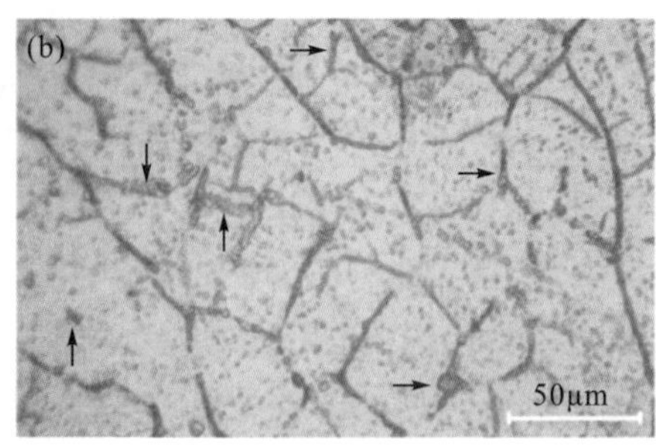

图 2-74 铝合金剖面上的金相组织

2.8 微波冶金清洁生产

2.8.1 微波干燥冶金碳球

微波干燥不同于传统干燥方式，其热传导方向与水分扩散方向相同，具有很强的穿透能力，可以穿透物料选择性均匀加热水分，避免物料无效加热的能量损耗。目前大型工业微波系统电热转换效率可达到 70%～80%甚至以上，且具有干燥速率快、生产效率高、清洁节能、易于自动化控制和提高产品质量等优点，在工业领域原料预处理过程备受关注。

针对钢铁冶金用锰铁合金碳球干燥，采用 54kW 额定功率微波连续干燥中试生产线进行工业试验研究，设备总长度约 14m，微波干燥工作段包含 6 个单元，每个单元功率为 9kW，长度 1m，传输带宽为 65cm。如图 2-75 所示。

图 2-75 全自动微波多功能干燥设备

干燥合金碳球物料 109.6kg，料层厚度为 2～3cm。首先进行静态干燥研究，取样盘中合金碳球样品初始质量为 1039.5g，原料含水率为 6%，微波干燥静态取样碳球脱水率与时间关系如图 2-76(a)所示。在静态取样工艺基础上，进行动态连续试验，微波干燥 5min，取样 293.45g 测试剩余含水率平均为 1.5%；微波干燥 6min，样品平均剩余含水率为 1.26%；微波干燥 6.5min，剩余含水率仅为 0.37%。微波连续干燥合金碳球中试试验的干燥时间与剩余含水率关系如图 2-76(b)所示。可以看出，微波连续动态干燥合金碳球只需要 6～6.5min 便可达到生产工艺要求，干燥后碳球的硬度及各项性能较优。经连续试验测试，除微波发射系统外，包含装备的传输系统、抽风系统、散热系统、控制系统等全部用电，干燥每吨该类型合金碳球用电量为 80～90kW·h。

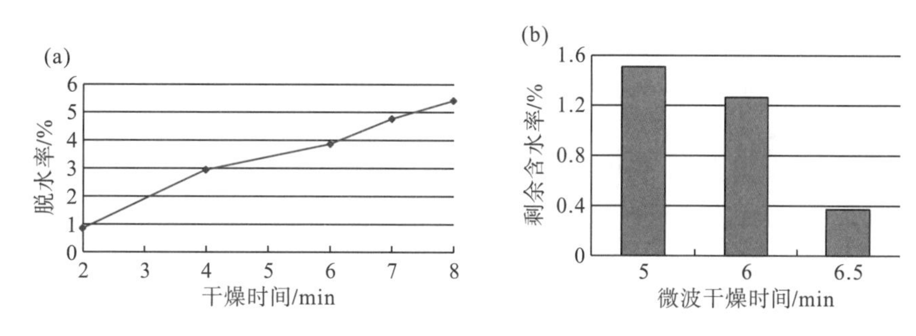

图 2-76　(a)微波静态干燥时间与脱水率关系，(b)微波连续干燥时间与剩余含水率关系

2.8.2　微波非接触加热酸洗液

酸洗工艺是冷轧板带材的重要步骤，需要加热到一定的温度。针对板材冷轧酸洗工艺，采用微波技术可对高腐蚀性酸洗液进行快速加热，开发出酸洗介质微波加热系统(图 2-77)。该系统应用于溶液的加热过程，包括各类腐蚀介质、强弱酸、矿浆等，发挥微波非接触和对溶液极性分子的高选择加热等特点，达到高效、清洁、启停快速方便等目的，可用于溶液浓缩、结晶过程、液液反应体系、酸洗体系等工艺，可显著缩短加热时间，降低能耗及碳排放。

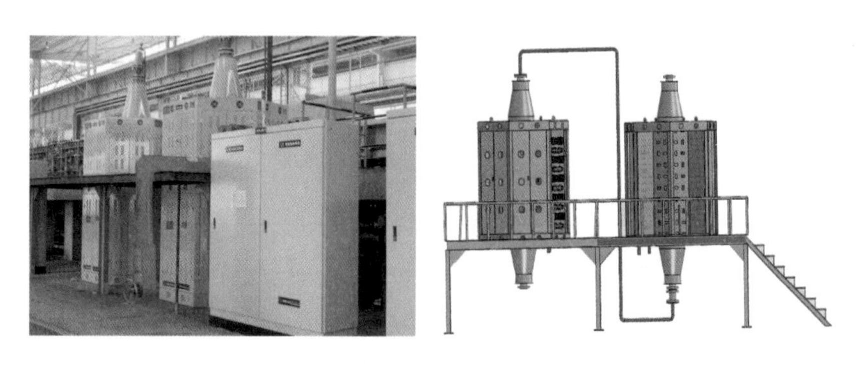

图 2-77　酸洗介质微波加热系统及示意图

2.9 微波冶金常用保温及坩埚材料

物料的介电常数及其变化特征可用于判断其在微波加热过程中吸收微波的能力，以及不同条件下物料的加热性能、微波能损耗等。本书研究两种常见的微波冶金保温材料（普通硅酸铝纤维板、多晶莫来石纤维板）的高温电磁特性，以及 Al_2O_3、莫来石等陶瓷容器的高温电磁特性。

2.9.1 普通硅酸铝纤维板保温材料

工业微波设备常用的频率为 915MHz 和 2450MHz，在 25～1000℃，普通硅酸铝纤维板材料在升温和降温条件下的介电参数如图 2-78 所示。在加热过程中，对普通硅酸铝纤维板的介电参数进行测试时，所得数据随温度的升高而波动较大，当温度升高到 1000℃以后，介电常数和介电损耗因子都有所增加，表明保温材料在高温阶段对微波的损耗增加。此外，降温测试所得数据的变化规律较为稳定，这是因为材料在首次加热过程中，水分蒸发、有机物分解、晶格转变等，对介电性能的变化造成影响，使测试数据波动较大。硅酸铝纤维板的变温介电特性如表 2-8 所示。

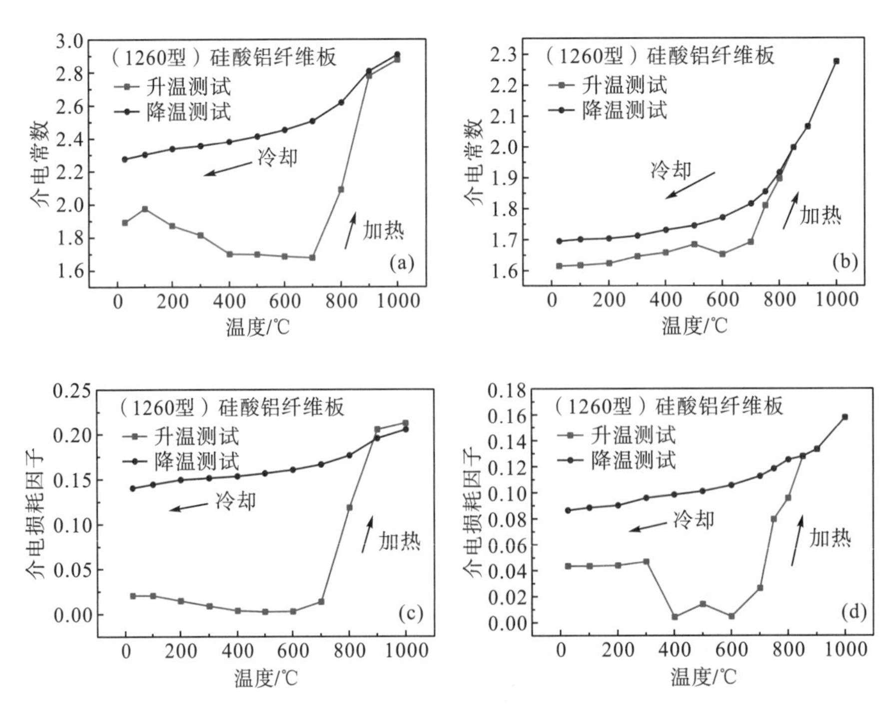

图 2-78 硅酸铝纤维板的介电参数[18]

（a、c）为 915MHz，（b、d）为 2450MHz

表 2-8　硅酸铝纤维板的变温介电特性

设备频率	ε'	ε''
915MHz[18] (25℃≤T≤1000℃)	$1.09612\times10^{-9}T^3-8.78695\times10^{-7}T^2+4.49672\times10^{-4}T+2.26757$	$1.25661\times10^{-10}T^3-1.20482\times10^{-7}T^2+6.33623\times10^{-5}T+0.13998$
2450MHz[19] (25℃≤T≤1000℃)	$2\times10^{-10}T^3-6\times10^{-8}T^2-0.0003T+1.2671$	$2\times10^{-11}T^3+8\times10^{-9}T^2-9\times10^{-6}T+0.0027$

2.9.2　多晶莫来石纤维板保温材料

多晶莫来石纤维板的介电常数随温度的变化较小，如表 2-9 所示。但介电损耗因子随着温度的升高而快速增大，这表明在以多晶莫来石纤维板作为保温材料时，随体系温度的升高，保温材料对微波能的损耗将会快速增加，这将对物料升温以及微波能转化效率造成影响。

表 2-9　莫来石纤维板(2450MHz)在不同温度下的介电参数[20]

温度	ε'	ε''
25℃	1.616	0.00314
200℃	1.590	0.00384
400℃	1.177	0.00816
600℃	1.600	0.0150
800℃	1.595	0.0226
1000℃	1.616	0.0392

2.9.3　氧化铝陶瓷坩埚

Al_2O_3 陶瓷是目前工业上使用最多、应用较成熟的微波冶金耐火材料之一，其资源丰富、价格低廉，且材料的机械强度高，具有良好的绝缘性和化学稳定性，在低温时其吸波能力较弱，属于透波陶瓷材料。但随着温度的升高其吸波能力会提高，高温条件对微波能的吸收损耗会增加[21]。表 2-10 列出了 2450MHz 频率下不同温度 Al_2O_3 陶瓷的介电参数[22]，对分析 Al_2O_3 陶瓷在多因素影响下的透波性能具有参考意义。

表 2-10　Al_2O_3 陶瓷在 2450MHz 频率下不同温度的介电参数[22]

温度	ε'	ε''
22℃	8.9	0.004
491℃	9.82	0.025
871℃	10.4	0.093
1050℃	10.81	0.158
1379℃	11.77	0.476

2.9.4 莫来石陶瓷坩埚

莫来石($3Al_2O_3 \cdot 2SiO_2$)陶瓷是一种优质的高温结构材料，具有热稳定性高、热导率低、抗热震性能好等优点，在高温和低温下均具有良好的抗蠕变性以及高的抗弯、抗压强度，这些性能使其在冶金耐火材料方面应用广泛，常作为高温加热设备的炉衬。莫来石陶瓷材料微波传输性能的研究对改善微波高温设备的加热效率具有实际意义。表 2-11 分别列出在 915MHz 和 2450MHz 频率下，莫来石陶瓷的变温介电特性[19]。

表 2-11 莫来石陶瓷的变温介电特性[19]

设备频率	ε'	ε''
915MHz (400℃≤T≤1300℃)	$3\times10^{-9}T^3-4\times10^{-6}T^2+0.0032T+4.4869$	$9\times10^{-7}T^2-0.0002T-0.0268$
2450MHz (27℃≤T≤1027℃)	$2.119\times10^{-6}T^2-0.00037T+6.1438$	$1.7052\times10^{-9}T^3-1.4616\times10^{-6}T^2+0.000559T+0.02279$

莫来石陶瓷的ε'、ε''、$\tan\delta$、D_p等电磁参数随温度的变化情况，如图 2-79 所示。在 915MHz 和 2450MHz 频率下，莫来石陶瓷的ε'、ε''和$\tan\delta$随温度的升高而逐渐增大，即莫来石陶瓷在高温下对微波的损耗能力增强，从而导致莫来石陶瓷的微波穿透深度快速降低，能量损耗增大，微波作用于物料的实际功率将受到影响，因此，在微波高温处理物料时需考虑炉腔保温材料及坩埚材料的电磁损耗性能。

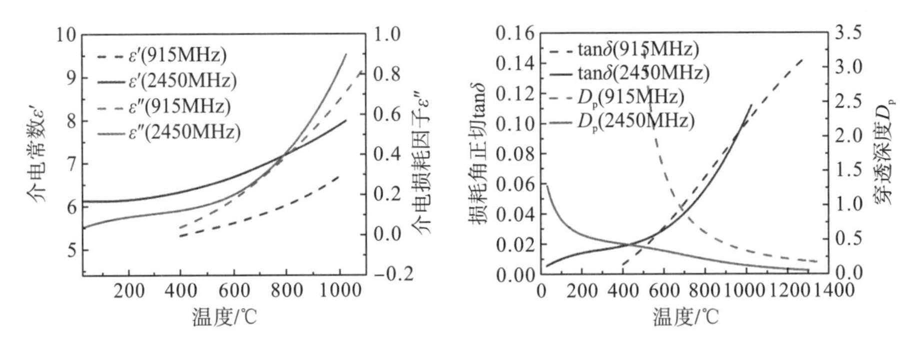

图 2-79 莫来石陶瓷介电参数

2.9.5 氮化硼陶瓷坩埚

图 2-80 为氮化硼(BN)材料在 915MHz 和 2450MHz 的介电参数随温度的变化趋势。在 30～1000℃时，氮化硼的介电常数随温度的升高而增大，在 915MHz 下，介电常数从 4.27 逐渐增大到 4.32，在 2450MHz 下，介电常数从 4.34 逐渐增大到 4.40。介电损耗因子在 25～700℃基本不变，在 800～1000℃快速增大。随着温度的升高，氮化硼对微波能的

损耗快速增加，介电损耗角正切的变化趋势与介电损耗因子的变化趋势一致，这说明氮化硼在 800℃以上使用时对微波的损耗将增加。

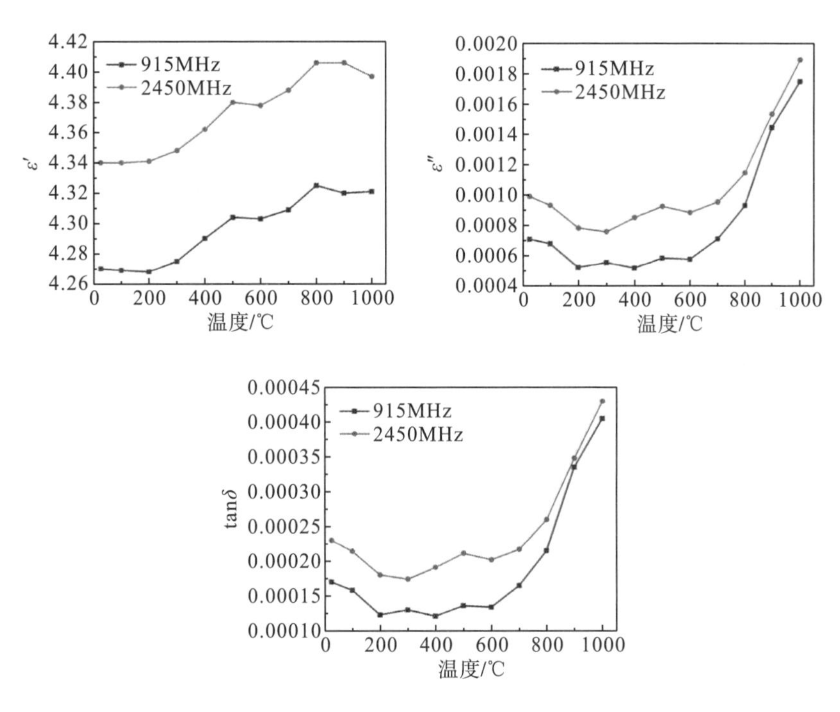

图 2-80　氮化硼的介电参数

2.9.6　碳化硅陶瓷

碳化硅具有化学性能稳定、导热系数高、热膨胀系数小、耐热震、体积小、强度高、节能效果好等特征，以及优良的微波吸收性能。针对弱吸波物料和粉末冶金烧结，通常采用碳化硅陶瓷进行微波辅助加热，可显著提升微波加热效率和材料性能。表 2-12 分别列出在 915MHz 和 2450MHz 频率下，碳化硅的变温介电特性。

表 2-12　碳化硅陶瓷的变温介电特性

设备频率	ε'	ε''
915MHz[19] (500℃≤T≤950℃)	$21.051\exp(0.0004T)$	$1.913\exp(0.0015T)$
2450MHz[23] (0℃≤T≤926.85℃)	$6.4-1.67\times10^{-3}T+1.88\times10^{-6}T^2$	$0.992-3.43\times10^{-4}T+7.72\times10^{-6}T^2-7.15\times10^{-9}T^3+2.36\times10^{-12}T^4$

参 考 文 献

[1] 徐汝军. TM0n0 模圆柱腔法介质复介电常数测试技术研究[D]. 成都: 电子科技大学, 2010.

[2] 王维兴, 宋淑琴. 直接还原铁技术现状[J]. 冶金管理, 2006(8): 47-49.

[3] Mishra P, Sethi G, Upadhyaya A. Modeling of microwave heating of particulate metals[J]. Metallurgical and Materials Transactions B, 2006, 37(5): 839-845.

[4] 彭金辉, 杨显万. 微波能技术新应用[M]. 昆明: 云南科技出版社, 1997.

[5] Mondal A, Shukla A, Upadhyaya A, et al. Effect of porosity and particle size on microwave heating of copper[J]. Science of Sintering, 2010, 42(2): 169-182.

[6] Klemens P G. Theory of the a-plane thermal conductivity of graphite[J]. Journal of Wide Bandgap Materials, 2000, 7(4): 332-339.

[7] Demirskyi D, Agrawal D, Ragulya A. Neck growth kinetics during microwave sintering of copper[J]. Scripta Materialia, 2010, 62(8): 552-555.

[8] Demirskyi D, Agrawal D, Ragulya A. Densification kinetics of powdered copper under single-mode and multimode microwave sintering[J]. Materials Letters, 2010, 64(13): 1433-1436.

[9] Kang L S J. Sintering: densification, grain growth, and microstructure[J]. International Journal of Powder Metallurgy, 2005, 7: 674-742.

[10] Chen G, Peng H, Silberschmidt V V, et al. Performance of Sn–3. 0Ag–0. 5Cu composite solder with TiC reinforcement: physical properties, solderability and microstructural evolution under isothermal ageing[J]. Journal of Alloys and Compounds, 2016, 685: 680-689.

[11] Minagawa K, Kakisawa H, Osawa Y, et al. Production of fine spherical lead-free solder powders by hybrid atomization[J]. Science and Technology of Advanced Materials, 2005, 6(3/4): 325-329.

[12] Plookphol T, Wisutmethangoon S, Gonsrang S. Influence of process parameters on SAC305 lead-free solder powder produced by centrifugal atomization[J]. Powder Technology, 2011, 214(3): 506-512.

[13] Gerdes T, Willert-Porada M, Park H S. Microwave sintering of ferrous PM materials[J]. Advances in Powder Metallurgy & Particulate Materials, 2007, 9: 72-84.

[14] Chandrasekaran S, Basak T, Ramanathan S. Experimental and theoretical investigation on microwave melting of metals[J]. Journal of Materials Processing Technology, 2011, 211(3): 482-487.

[15] Mishra R R, Sharma A K. Structure-property correlation in Al–Zn–Mg alloy cast developed through in situ microwave casting[J]. Materials Science and Engineering: A, 2017, 688: 532-544.

[16] Mishra R R, Sharma A K. On mechanism of in situ microwave casting of aluminium alloy 7039 and cast microstructure[J]. Materials & Design, 2016, 112: 97-106.

[17] Mishra R R, Sharma A K. On melting characteristics of bulk Al-7039 alloy during in situ microwave casting[J]. Applied Thermal Engineering, 2017, 111: 660-675.

[18] Shang X B, Zhai D, Liu M H, et al. Dielectric properties and electromagnetic wave transmission performance of aluminium silicate fibreboard at 915MHz and 2450MHz[J]. Ceramics International, 2021, 47(6): 7539-7557.

[19] Komarov V V. Handbook of dielectric and thermal properties of materials at microwave frequencies[M]. Boston: Artech House, 2012.

[20] Zhai D, Zhang F C, Wei C, et al. Dielectric properties and electromagnetic wave transmission performance of polycrystalline mullite fiberboard at 2. 45 GHz[J]. Ceramics International, 2020, 46(6): 7362-7373.

[21] Croquesel J, Carry C P, Chaix J M, et al. Direct microwave sintering of alumina in a single mode cavity: magnesium doping

effects[J]. Journal of the European Ceramic Society, 2018, 38(4): 1841-1845.

[22] Peng Z W, Hwang J Y, Andriese M, et al. Absorption characteristics of single-layer ceramics under oblique incident microwave irradiation[J]. Ceramics International, 2014, 40(10): 16563-16568.

[23] Ghorbel I, Ganster P, Moulin N, et al. Experimental and numerical thermal analysis for direct microwave heating of silicon carbide[J]. Journal of the American Ceramic Society, 2021, 104(1): 302-312.

第 3 章　微波烧结石墨/铜复合材料

石墨/铜复合材料集石墨良好的自润滑性、低热膨胀系数、低密度以及铜的高电导率、高热导率和良好的延展性为一体，具有较高的强度、良好的导电导热性、减磨耐磨性、耐蚀性等优点，在减磨材料、电子封装等领域发挥着重要的作用[1, 2]。目前，石墨/铜复合材料的制备方法主要有冷压烧结法、热压烧结法、热等静压法、机械合金化法等粉末冶金方法，然而石墨和铜两相不润湿，也不会形成化合物，并且石墨与铜的热膨胀系数差异大，因此，难以有效解决铜基体和石墨之间的界面结合。微波烧结具有快速高效的特点，可有效促进材料致密化及晶粒细化，从而提升材料性能[3]。微波烧结石墨/铜可以促进界面焊合，改善界面润湿性能，提升石墨/铜复合材料性能。

3.1　温度对石墨/铜复合材料的影响

在不同烧结温度(800℃、850℃、900℃、950℃)下，分别采用微波烧结和常规烧结制备石墨/铜复合材料，对所得样品的物相组成、微观结构进行表征，并对其密度、硬度、导热系数等性能进行检测与评价。由于在冷压成型过程中受到压制压力的影响，石墨在铜基体中不同剖面上的分布状态呈现出明显的差异，分别将与压制压力垂直的面——*XOY* 面记为顶面(top plane)，与压制压力平行的面——*XOZ* 面记为侧面(cross plane)，如图 3-1 所示。在顶面上，石墨组织以平面铺展的形态分布在铜基体中；而在侧面上，石墨组织呈现条状，且垂直于冷压成型时压制压力方向分布在铜基体中。石墨在铜基体中分布的各向异性将会直接影响复合材料的性能。

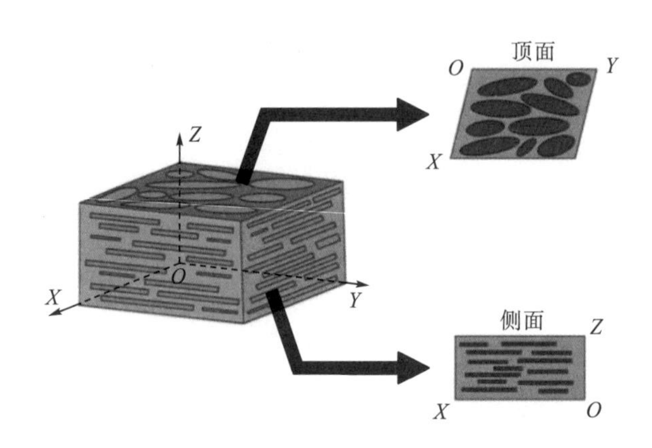

图 3-1　石墨/铜复合材料立体示意图

3.1.1　温度对复合材料微观结构的影响

图 3-2 显示了不同烧结温度下微波烧结石墨/铜复合材料的微观组织形貌，随烧结温度的升高，石墨在铜基体中的分布并没有明显的变化。此外，当烧结温度在 900℃以下时，因烧结温度较低，铜颗粒没有发生充分的重排，石墨的分布相对分散且排列方向仍保持压坯时的状态；当烧结温度高于 900℃时，由于铜颗粒的充分重排，石墨逐渐有发生偏聚的倾向；当烧结温度为 950℃时，侧面上石墨的排布仍较为分散，铜基体的连续性较好。Kumar 等[4]利用真空烧结制备石墨/铜复合材料，研究也表明当烧结温度达到 1000℃时，石墨会发生明显的团聚。

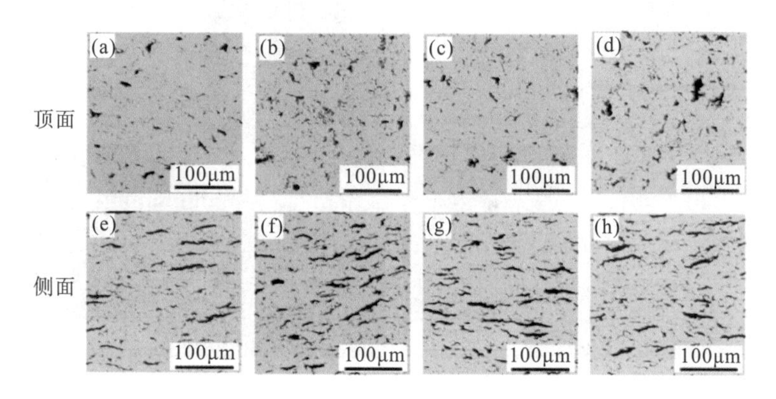

图 3-2　不同烧结温度石墨/铜复合材料顶面和侧面微观组织形貌

(a、e) 800℃，(b、f) 850℃，(c、g) 900℃，(d、h) 950℃

图 3-3 是烧结温度为 950℃时微波烧结样品和常规烧结样品的微观组织形貌，其中，图 3-3(a) 和图 3-3(c) 分别是微波烧结样品的顶面和侧面的微观组织形貌，图 3-3(b) 和图 3-3(d) 分别是常规烧结样品的顶面和侧面的微观组织形貌。从图 3-3 中可以发现，采用微波烧结制备的石墨/铜复合材料样品中石墨形态和分布较为均匀；而常规烧结制备的样品中石墨形态差异较大，较易发生偏聚且分布不均。这可能是在烧结过程中升温和冷却时间较长，铜颗粒的过度重排以及铜晶粒的长大导致的，从而使石墨更容易发生偏聚。此外，石墨在侧面方向上的排列具有明显的规律性和一致性，如图 3-3(c) 所示。

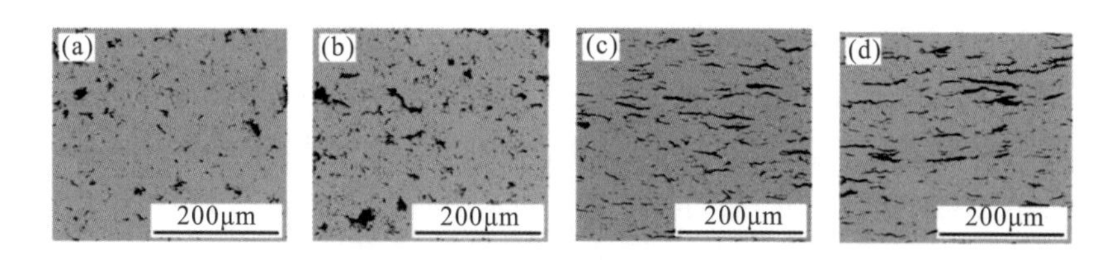

图 3-3　烧结方式对复合材料微观组织形貌的影响

(a) 微波烧结样品顶面，(b) 常规烧结样品顶面，(c) 微波烧结样品侧面，(d) 常规烧结样品侧面

通过场发射扫描电镜对石墨/铜复合材料的界面微观结构进行了观察。图 3-4 是微波烧结和常规烧结样品石墨/铜界面的场发射扫描电子显微镜(field emission scanning electron microscopy，FESEM)图像，图 3-4(a)是微波烧结样品石墨/铜界面微观形貌，图 3-4(b)是常规烧结样品石墨/铜界面的微观形貌。从图中可以看出，常规烧结样品的石墨/铜界面处存在较大的、形状不规整的孔隙，这与其能谱图中 C 信号在逐渐增强的过程中出现陡降区域，即图 3-4(b)中蓝色圆圈内所示区域相对应，且石墨/铜界面处铜相边缘形貌较为平整，两相间有明显的分隔界限。这是由于常规烧结时间较长，铜和石墨热膨胀系数相差较大，界面润湿性较差，从而引起两相界面撕裂[5, 6]。而在微波烧结制备石墨/铜复合材料的过程中，由于烧结速率较快，石墨和铜两相界面没有出现明显的孔隙，界面结合相对较好。

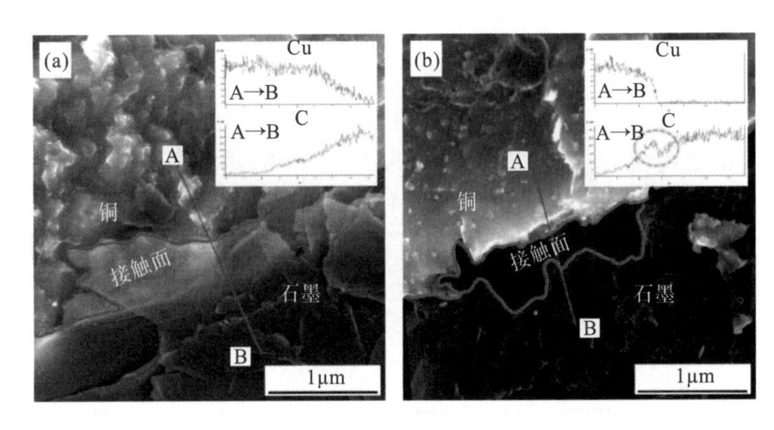

图 3-4 石墨体积分数为 10%时复合材料界面形貌

(a)微波烧结样品，(b)常规烧结样品

图 3-5 显示了石墨在烧结前后的形貌和结构。从透射电子显微镜(transmission electron microscope，TEM)图[图 3-5(a)和图 3-5(b)]中可以看出，微波烧结后石墨仍然保持片层结构，但在局部区域存在纳米尺度的裂纹，这可能是由于烧结过程中的内应力作用于石墨片发生撕裂而产生的裂纹。此外，石墨的电子衍射呈典型的六角形斑点的单晶衍射图案[图 3-5(a)插图]，而烧结后复合材料中石墨的衍射斑点出现明显的变化[图 3-5(b)插图]，表明石墨在烧结过程中其结构遭到一定的损坏。通过 X 射线光电子能谱仪(X-ray photoelectron spectroscopy，XPS)分析了石墨烧结前后的化学状态变化，图 3-5(c)中，XPS 光谱显示烧结后的 O 含量明显高于烧结前。在图 3-5(d)中，石墨的 C1s 光谱对应 C—C/C═C、C—O/C—O—C 键的结合能分别为 284.8eV 和 285.4eV。微波烧结后，在图 3-5(e)中，发现复合材料中石墨的 C1s 光谱中存在 C═O 键。氧含量的增加可能是由于石墨粉末中 O_2 的吸附或烧结过程中炉腔内 O_2 与石墨的相互作用。通过拉曼光谱研究材料成型过程中石墨的结构变化，如图 3-5(f)所示。样品的拉曼光谱显示 D(约 $1350cm^{-1}$)和 G(约 $1580cm^{-1}$)两个特征波段，分别对应于结构缺陷和石墨碳[7]。D 波段/G 波段的强度比(I_D/I_G)通常用于评估样品的缺陷水平，微波烧结后复合材料的 I_D/I_G(0.99)明显高于烧结前的 I_D/I_G(0.85)，可能是高温烧结后石墨晶体中的缺陷增加导致结晶度降低。

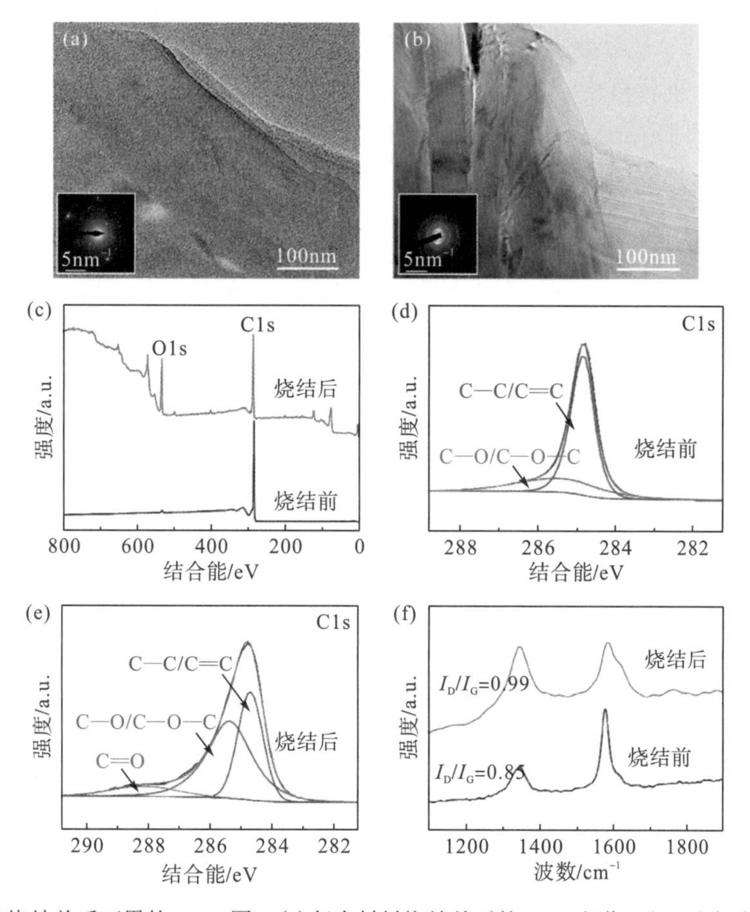

图 3-5 (a，b)烧结前后石墨的 TEM 图，(c)复合材料烧结前后的 XPS 光谱，(d，e)复合材料烧结前后的 XPS C1s 光谱，(f)复合材料烧结前后的拉曼光谱

晶粒大小和分布与复合材料的物理机械性能密切相关，对石墨/铜复合材料进行电子背散射衍射(electron back scatter diffraction，EBSD)分析。图 3-6 显示了 950℃时微波烧结样品和常规烧结样品的铜基体晶粒尺寸及分布情况。

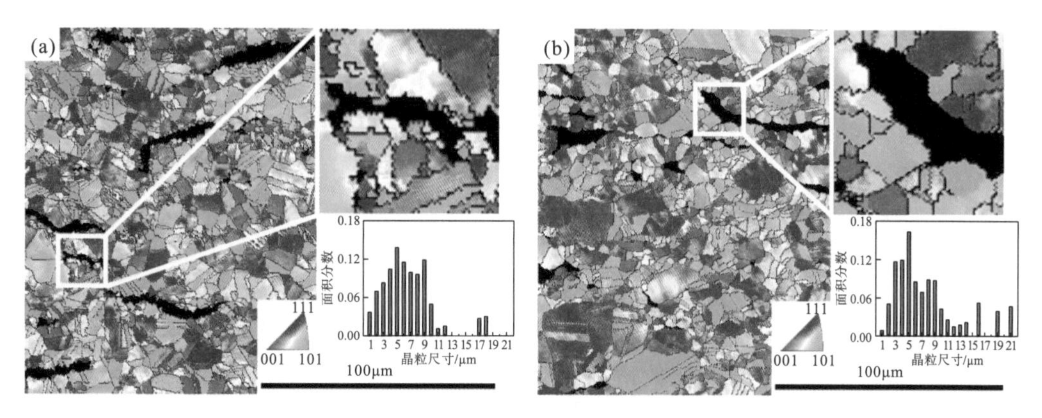

图 3-6 石墨/铜界面形态和晶粒尺寸分布

(a)微波烧结样品，(b)常规烧结样品

从图 3-6 中可以发现，微波烧结样品的晶粒尺寸较小，平均晶粒粒度为(6.57±0.17) μm，整体分布较均匀。而常规烧结样品中晶粒尺寸偏大，平均晶粒粒度为(8.04±0.24) μm，分布均匀性相对较差并存在较多大尺寸晶粒。由于微波烧结升温和冷却较为快速，避免了因加热冷却时间过长导致的铜颗粒晶粒粗大。

3.1.2 温度对复合材料物相变化的影响

图 3-7 分别是微波烧结和常规烧结制备石墨/铜复合材料样品的 X 射线衍射图谱。从图 3-7(a)可知，2θ 值在 43.3°、50.4°和 74.1°附近的强衍射峰分别对应于面心立方结构铜的(111)、(200)和(220)晶面(JCPDS No.04-0836)，而 2θ 值约为 26.6°的衍射峰对应菱形结构石墨的(002)晶面(JCPDS No.08-0415)。随烧结温度的改变并未引起复合材料物相组成的明显变化。图 3-7(b)表明采用微波烧结制备的石墨/铜复合材料样品的衍射峰强度和位置存在一定偏移。微波烧结样品中铜晶体的(111)晶面衍射峰发生了宽化，强度明显低于常规烧结中铜晶体的衍射峰强度，这说明微波烧结技术有利于石墨/铜复合材料中铜基体晶粒的细化[8]。

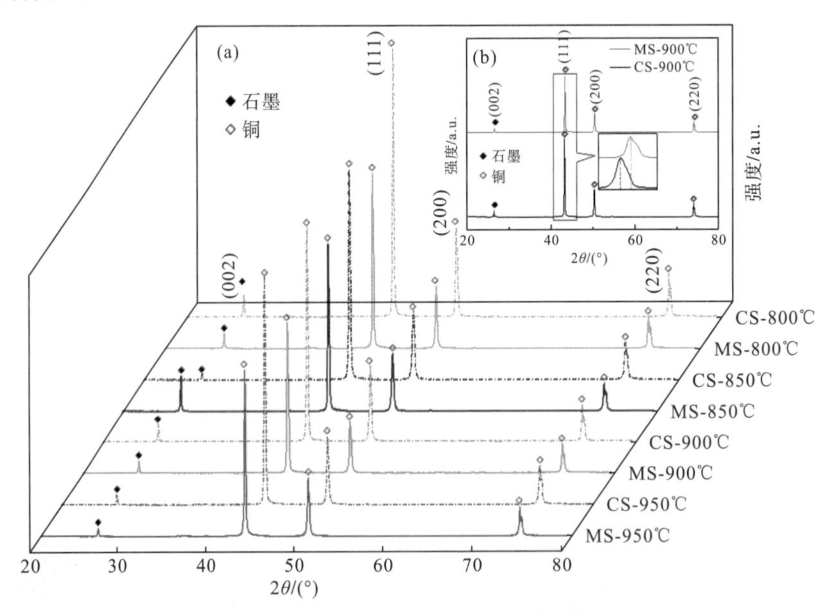

图 3-7 不同烧结温度条件下复合材料样品的 XRD 图

MS 指微波烧结，CS 指常规烧结，余下同

3.1.3 温度对复合材料密度的影响

图 3-8 显示了在不同烧结温度下石墨/铜复合材料的致密化参数和相对密度，随着烧结温度的升高，石墨/铜复合材料的密度和相对密度逐渐增大，但其增长的趋势逐渐变缓。此外，在相同的烧结温度下，微波烧结制备的石墨/铜复合材料的密度和相对密度都要明显高于常规烧结；随着烧结温度的增加，二者的差距逐渐缩小。当烧结温度为 950℃时，

微波烧结样品的相对密度为 92.2%，而常规烧结样品的相对密度为 91.9%，表明微波烧结有助于促进石墨/铜复合材料的致密化。

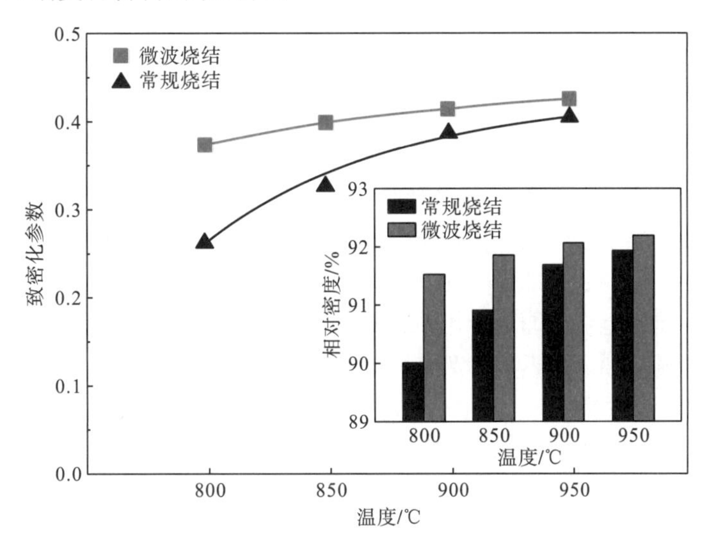

图 3-8　烧结温度对复合材料致密化参数和相对密度的影响

3.1.4　温度对复合材料硬度的影响

分别对微波烧结和常规烧结制备的石墨/铜复合材料的硬度进行测试，图 3-9 显示了不同烧结温度下样品的硬度。随着烧结温度的升高，石墨/铜复合材料的硬度总体呈现逐渐增大的趋势。当烧结温度高于 850℃后，石墨/铜复合材料的硬度增幅变缓。此外，石墨/铜复合材料样品在不同剖面上的硬度展现出明显的各向异性，其中在侧面上的硬度明显高于顶面上的硬度，且微波烧结制备的样品硬度均高于常规烧结样品，尤其是在侧面上硬度的提升较为明显。当烧结温度为 950℃时，微波烧结样品在侧面上的硬度可达 70.4HV，相比于常规烧结(50.9HV)，其硬度提升了 38.3%。微波烧结实现了铜基体晶粒细化及较高的致密化，从而使得石墨/铜复合材料具备更高的硬度。

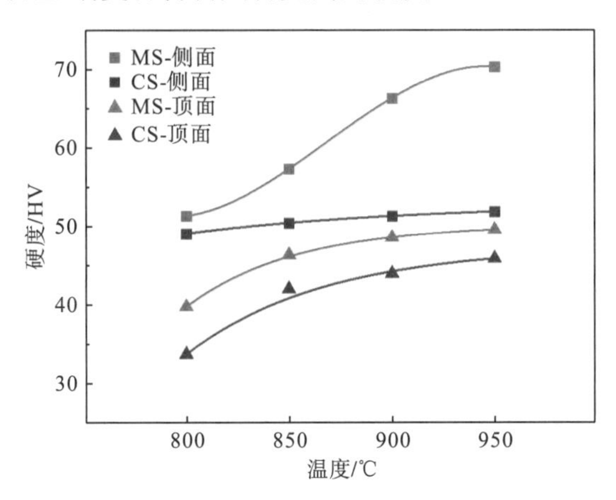

图 3-9　复合材料的硬度随温度变化

3.1.5 温度对复合材料导热系数的影响

对微波烧结和常规烧结制备的石墨/铜复合材料分别进行导热性能测试，图3-10显示了在不同烧结温度下，石墨/铜复合材料的导热系数。随烧结温度的升高，石墨/铜复合材料的导热系数逐渐增大。这是因为随着烧结温度的升高，复合材料的致密化程度提高，铜基体中的孔隙和石墨/铜的界面间隙等缺陷得到有效改善，石墨/铜复合材料的导热性能得到提高。此外，石墨片的分布导致其导热系数在不同方向上呈现较大的差异，其中沿石墨片排列方向(即 *OX* 方向)具有更优异的导热系数。此外，在同一温度下微波烧结样品的导热系数要高于常规烧结样品的导热系数，特别是在侧面的导热系数差异较为明显。当烧结温度为 950℃时，微波烧结样品在侧面上的硬度和导热系数分别为70.41HV、311.87W·m^{-1}·K^{-1}，而常规烧结样品在侧面上的硬度和导热系数分别为51.93HV、291.37W·m^{-1}·K^{-1}。然而，由于石墨/铜界面的结合性差，在垂直于石墨片方向上的石墨片面积较大，载流子的散射较多，从而导致导热系数差；而平行于石墨片方向上的结合界面较小，铜基体形成连续的基体，导热系数明显较高。

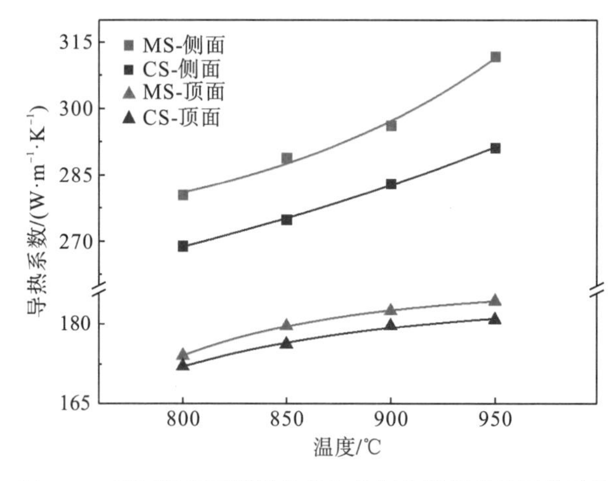

图3-10 不同温度下微波烧结和常规烧结样品的导热系数

3.2 石墨体积分数对石墨/铜复合材料的影响

通过微波烧结制备了不同石墨体积分数(10%、20%、30%、40%)的复合材料，对所得样品的物相组成、微观结构进行表征，并对密度、硬度、导热系数等性能进行检测与评价。此外，通过热循环试验对石墨/铜复合材料的热稳定性能、界面损伤以及等效热应力变化等进行测试和分析。

3.2.1 石墨体积分数对复合材料微观结构的影响

图3-11显示了不同石墨体积分数下石墨/铜复合材料的微观形貌，受冷压制样影响，石

墨在铜基体中的分布方向保持压制成型时的形态。当石墨体积分数为 10%时，石墨在铜基体中均匀分布。在烧结过程中会发生铜颗粒的重排，使得石墨有偏聚的倾向，石墨体积分数越大，在铜基体中的团聚越明显。此外，随石墨体积分数的增大，在顶面[图 3-11(a)～图 3-11(d)]上的石墨组织面积逐渐变大，更容易聚集，而在侧面[图 3-11(e)～图 3-11(h)]上的石墨长度和宽度逐渐增加，整体趋于形成连续石墨相。

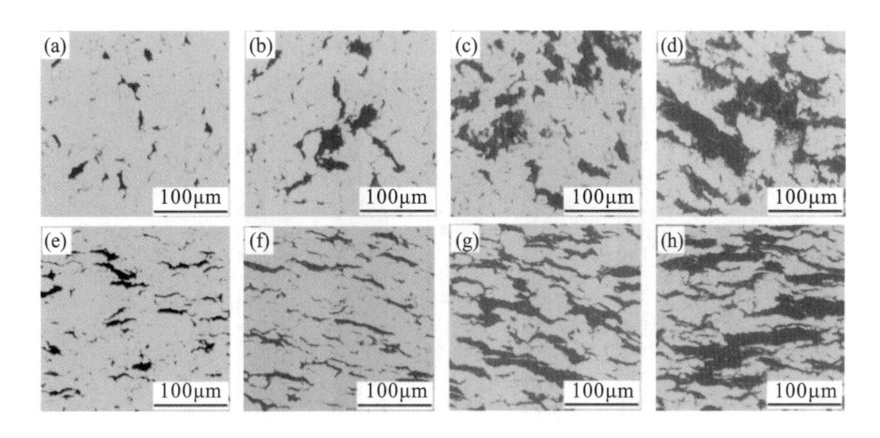

图 3-11　不同石墨体积分数下复合材料的微观形貌

(a)和(e)10%，(b)和(f)20%，(c)和(g)30%，(d)和(h)40%

3.2.2　复合材料物相组成变化

图 3-12 显示了不同石墨体积分数条件下复合材料的 X 射线衍射图谱，从图中可以看出，随着石墨体积分数的增大，石墨衍射峰的强度明显增强，铜的衍射峰的强度逐渐减弱。

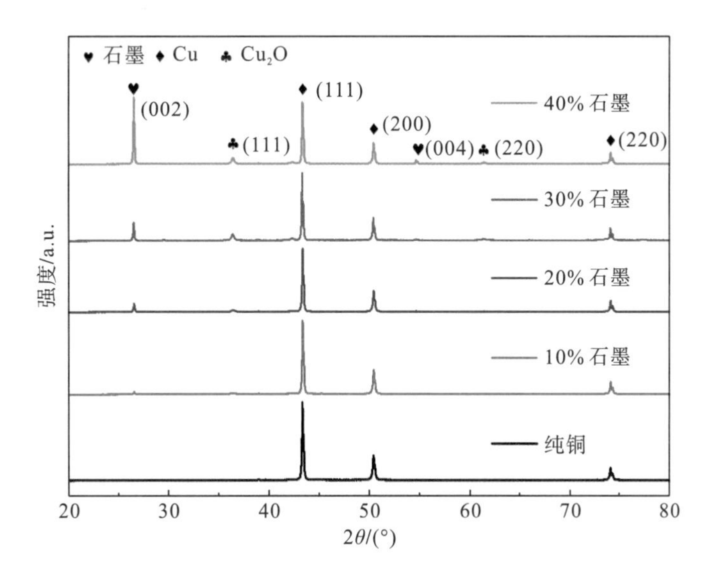

图 3-12　不同石墨体积分数下复合材料的 XRD 图

3.2.3 石墨体积分数对密度和相对密度的影响

图 3-13 显示不同石墨体积分数下，石墨/铜复合材料的密度和相对密度：当石墨体积分数增大时，石墨/铜复合材料的密度和相对密度会随之降低；当石墨体积分数从 10%增大至 40%时，复合材料的密度从 7.715g·cm^{-3} 降低至 5.635g·cm^{-3}。

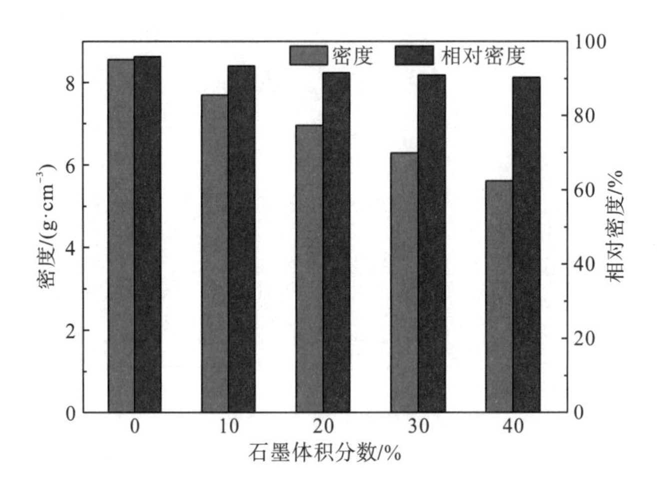

图 3-13　石墨体积分数对复合材料密度的影响

3.2.4 石墨体积分数对硬度的影响

图 3-14 显示不同石墨体积分数下石墨/铜复合材料的硬度。当石墨体积分数增大时，石墨/铜复合材料的硬度会随之降低；当石墨体积分数从 10%增大至 40%时，复合材料在侧面的硬度从 70.4HV 降低至 30.3HV。

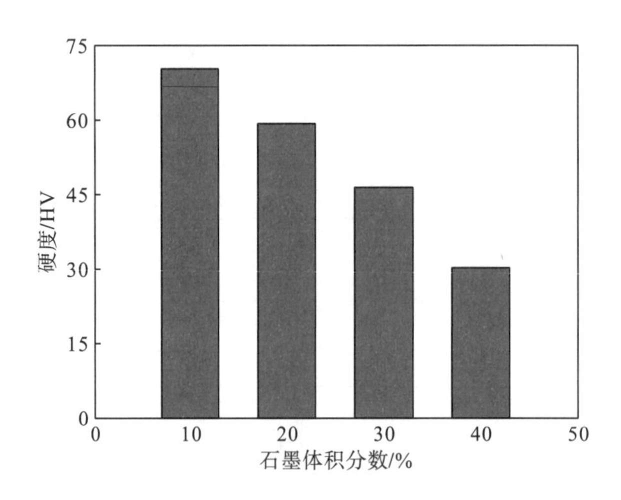

图 3-14　石墨体积分数对复合材料硬度的影响

3.2.5 石墨体积分数对导热系数的影响

对石墨/铜复合材料的比热容和热扩散系数进行测定，并对石墨/铜复合材料的导热系数进行计算。表 3-1 列出了不同石墨体积分数的复合材料在不同温度条件下的比热容值。从表中可以看出，石墨体积分数的增大和测试温度的升高，会导致石墨/铜复合材料比热容的增大，但这一变化并不明显。此外，复合材料的比热容在 25℃时与通过理论计算得到的数值基本一致。

表 3-1 不同石墨体积分数的复合材料在不同温度条件下的比热容

石墨体积分数/%	c_p 测试值/$(J\cdot g^{-1}\cdot K^{-1})$			c_p 理论值/$(J\cdot g^{-1}\cdot K^{-1})$
	25℃	100℃	200℃	25℃
0	0.382	0.386	0.398	0.388
10	0.401	0.411	0.427	0.397
20	0.412	0.419	0.440	0.407
30	0.429	0.448	0.474	0.419
40	0.447	0.456	0.486	0.434

通过 $\lambda = \alpha \cdot \rho \cdot c_p$，对不同石墨体积分数的复合材料的导热系数进行计算，并采用微波烧结制备的纯铜材料作为参比样品进行对比分析。图 3-15 分别列出了不同石墨体积分数下复合材料的导热系数。从图中可以看出，随石墨体积分数的增大，石墨/铜复合材料的导热系数逐渐降低。这与石墨和铜的不相容、不反应以及界面结合能力较差[9, 10]等因素相关，当石墨体积分数较大时，增大材料内部的石墨/铜界面，导致复合材料的导热性能明显减弱。此外，在侧面上的导热系数要比其在顶面的导热系数更大，这是因为石墨沿其平行方向上具有 $1000W\cdot m^{-1}\cdot K^{-1}$ 的导热系数，远高于其垂直面上的导热系数$(15W\cdot m^{-1}\cdot K^{-1})$。随测试温度的增加，复合材料的导热系数也有所降低，但这并未影响石墨体积分数不同而导致的复合材料导热系数的变化。

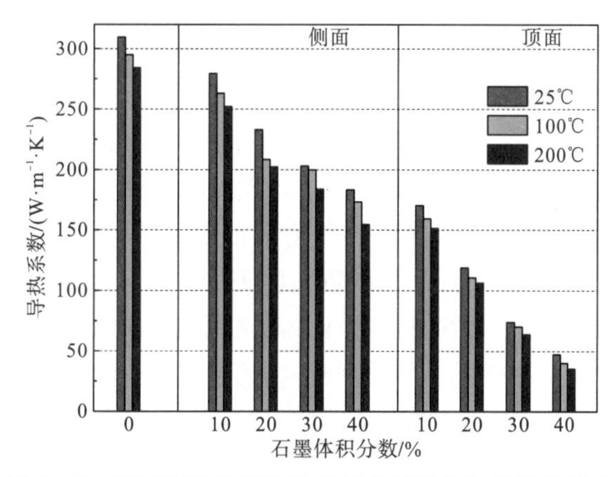

图 3-15 不同石墨体积分数对复合材料导热系数的影响

3.2.6 石墨/铜复合材料的热循环稳定性

采用快速浸渍法对石墨体积分数为10%的复合材料进行了极端热循环试验。图3-16是热循环过程的示意图。将室温样品，以及在马弗炉中加热至100℃和200℃并保温5min的样品，分别浸入液氮(−196℃)中5min，将待测样品经过5次、10次、20次及30次热循环过程后，对其进行热扩散系数的测量和导热系数的计算，评估复合材料的热稳定性能。

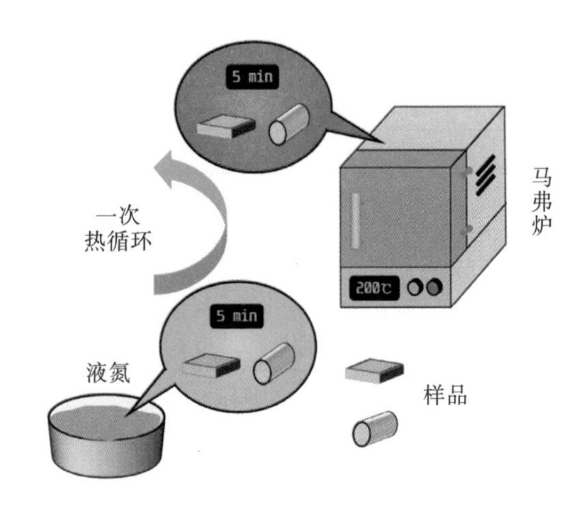

图3-16　极端热循环过程示意图

热循环处理对体积分数为10%的石墨/铜复合材料的导热系数有显著影响，随热循环处理次数的增加复合材料的导热系数逐渐减小，如图3-17所示。在初始阶段，当循环次数小于5次时，导热系数略有下降。在第二阶段，随着循环次数的增加(5～20个循环周期)，导热系数明显降低。循环次数从5次增加到20次，不同温度样品在侧面上的导热系数分别从265.06W·m^{-1}·K^{-1}、249.71W·m^{-1}·K^{-1}和237.65W·m^{-1}·K^{-1}下降到210.32W·m^{-1}·K^{-1}、190.20W·m^{-1}·K^{-1}和173.70W·m^{-1}·K^{-1}，分别降低了20.65%、23.83%和26.91%，在顶面上的导热系数分别降低了21.69%、25.52%和29.16%。导热系数是由基体和增强体的热导率和界面热阻决定的。热循环处理过程中界面附近的铜基体中出现了高密度的位错，应力的集中使界面处产生微裂纹，导致界面处的石墨组织发生脱黏或断裂。因此，石墨/铜复合材料的导热系数明显下降。当循环次数大于20次时，导热系数变化幅度减小。当循环次数增加到30次时，复合材料在侧面上的导热系数比未做热循环处理时降低了22.51%、26.72%和31.76%，而在顶面上的导热系数则比未做热循环处理时分别下降了24.21%、30.37%和36.82%。结果表明，体积分数为10%的石墨/铜复合材料在多次(>20次)极端循环过程中，随着热循环次数的增加，界面处裂纹的扩展导致界面脱离，使局部热应力得以释放，复合材料的导热系数也趋于稳定。

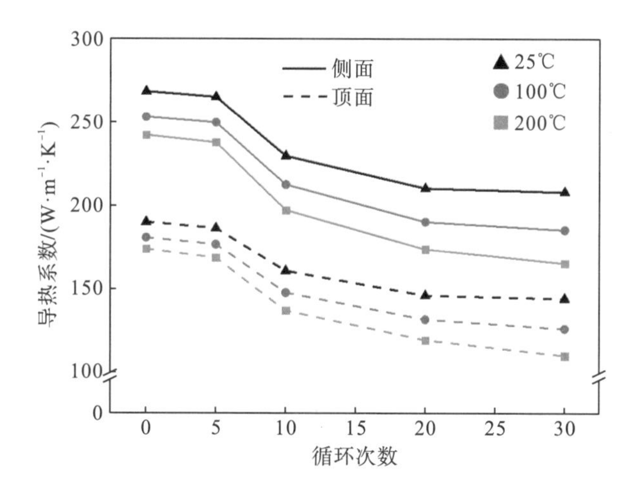

图 3-17　体积分数为 10%的石墨/铜复合材料的导热系数随热循环次数的变化曲线

3.2.7　热循环测试对石墨/铜界面的损伤分析

在热循环实验过程中，石墨/铜的界面主要存在两种类型的损伤[11-13]：①界面处微空穴和微裂纹的形成；②界面滑动和脱离。如图 3-18 所示，图 3-18(a)为石墨/铜复合材料的原始界面结合形貌；图 3-18(b)为石墨/铜复合材料经过 5 次热循环测试后界面的微观结构，从图中可以看出，石墨/铜界面结合仍较好，但界面附近出现微裂纹或微孔等缺陷；图 3-18(c)显示了石墨/铜复合材料经历 20 次热循环后的微观结构，由图中可以看出，石墨/铜界面发生了明显的滑动和脱离，这些缺陷主要是在层状石墨片内部形成的，导致石

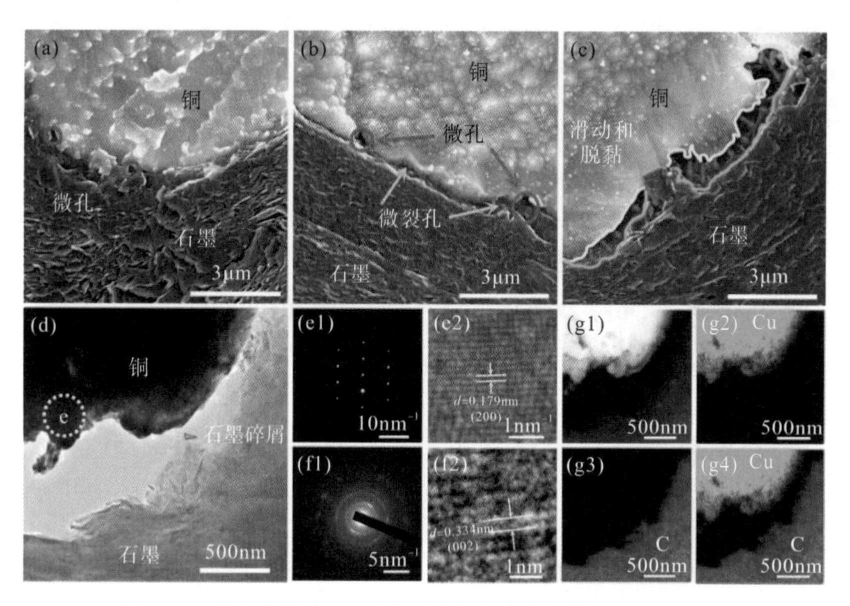

图 3-18　体积分数为 10%的石墨/铜复合材料的界面失效分析

(a)未进行极端热循环处理，(b)经过 5 次热循环处理，(c)经过 20 次热循环处理(d)石墨/铜界面 TEM 图像，(e)界面处铜的电子衍射图和 HRTEM 图，(f)界面处石墨的电子衍射图和 HRTEM 图，(g)界面处的 EDS 分析

墨片的完整性遭到了破坏。在热循环过程中，由于受到热应力的作用，石墨/铜界面随热循环次数的增多而逐渐遭到了破坏，热循环过后，界面处的石墨碎屑明显增多。这是因为石墨和铜的热膨胀系数差异较大，在热应力作用下，界面处二者热膨胀系数的不匹配导致界面容易发生脱离和石墨的断裂。图 3-18(d)～图 3-18(g)为界面结构的 TEM 图像，热应力的积累导致界面发生滑动和脱黏。石墨片在多次冷热循环后呈现尖锐的边缘，在其边缘观察到部分碎屑残留。界面处的 C 和 Cu 元素分布如图 3-18(g)所示。在图 3-18(g4)中可以看到石墨/Cu 界面的滑动和脱黏引起的巨大裂缝。

通过 ANSYS 软件对极端热循环过程中石墨/铜复合材料界面等效热应力和等效塑性应变进行有限元分析，结果如图 3-19 所示。从图中可以看出，热膨胀系数和热导率系数之间的巨大差异导致与铜接触的石墨基体表面两侧石墨/铜界面处的热应力普遍存在，并且热应力集中在垂直于石墨的面上。这导致在极端热循环试验中，石墨/铜复合材料在顶面上的导热系数比在侧面上降低更快。从图 3-19(a)和图 3-19(b)中可以发现，由于石墨和铜的热性能存在巨大差异，在热循环的初始阶段，石墨/铜界面存在较大热应力。随着热循环次数从 5 次增加到 20 次，石墨/铜界面热应力逐渐失效，并且石墨/铜界面的接触区域变得粗糙。当热循环次数达到 20 次时，石墨/铜界面间会产生更多的缺陷，如气孔和裂纹，热应力逐渐释放，残余热应力仅存在于石墨/Cu 界面的点接触区。此外，图 3-19(c)的等效塑性应变表明热循环过程中塑性膨胀应变的累积，当塑性应变积累到一定程度(20 次循环后)将导致石墨/Cu 界面开裂和失效，热应力得到释放。

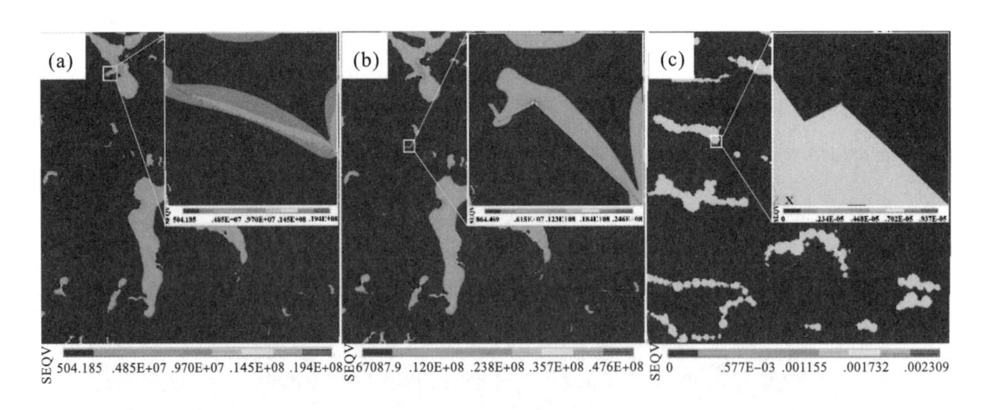

图 3-19 石墨体积分数为 10%界面等效热应力图

(a)经过 5 次热循环处理，(b)经过 20 次热循环处理，(c)超过 20 次热循环处理

3.3 钛添加量对石墨/铜复合材料的影响

添加钛可改善石墨/铜界面的结合能力，提高复合材料的性能。在 950℃下，通过微波活化烧结制备不同钛添加量(质量分数分别为 0.5%、1.0%、1.5%和 2.0%)的石墨/铜复合材料，研究了钛添加量对复合材料的物相组成、微观结构变化，以及对密度、硬度、导热系数、热膨胀系数等性能的影响。

3.3.1　钛添加量对复合材料微观结构的影响

研究不同钛添加量对复合材料界面结构的影响，结果如图 3-20 所示。未添加钛时，铜基体与石墨界面润湿性较差，存在一定的孔隙，但微波烧结样品的界面结合较常规烧结样品有所改善。添加钛改善了铜基体与石墨之间的润湿性，提高了界面结合性能，且随着钛添加量的增加，钛组元浓度梯度增大，TiC 过渡层厚度也逐渐增大。此外，微波烧结样品的 TiC 过渡层稍厚。当添加质量分数分别为 1.0%和 2.0%的钛后，微波烧结石墨/铜复合材料的 TiC 过渡层厚度分别为 578nm 和 759nm，如图 3-20(b)和图 3-20(c)所示；而常规烧结样品的 TiC 过渡层厚度分别为 399nm 和 482nm，如图 3-20(e)和图 3-20(f)所示。此外，微波烧结样品的 TiC 过渡层与铜基体结合相对紧密平整，而常规烧结样品的 TiC 过渡层与铜基体间润湿性较差，有较大的孔隙和裂纹，这将显著降低复合材料的综合性能。

图 3-20　钛添加量对复合材料界面的影响

(a，b，c)是 Ti 的质量分数分别为 0%、1.0%、2.0%的微波烧结样品，
(d，e，f)是 Ti 的质量分数分别为 0%、1.0%、2.0%的常规烧结样品

从图 3-21 的元素分布可以看出，与常规烧结样品相比，微波活化烧结样品中钛元素主要富集在石墨/铜界面附近，部分存在于铜基体中，这表明微波活化烧结促进了钛元素的扩散，能够促进石墨/铜界面的有效焊合，提高复合材料的综合性能。

分析钛添加质量分数为 1.0%的石墨/铜复合材料的结晶情况，如图 3-22 所示。在微波活化烧结样品中，铜基体晶粒呈现等轴化，晶界较为平直，存在大量细小的再结晶晶粒和退火孪晶，其平均晶粒尺寸为 3.19μm。而常规烧结制备的石墨/铜复合材料中，铜基体晶粒尺寸相对较大，其平均晶粒尺寸为 3.81μm。由此表明微波活化烧结可以促进铜基体的晶粒细化，增强铜基体的致密化程度。

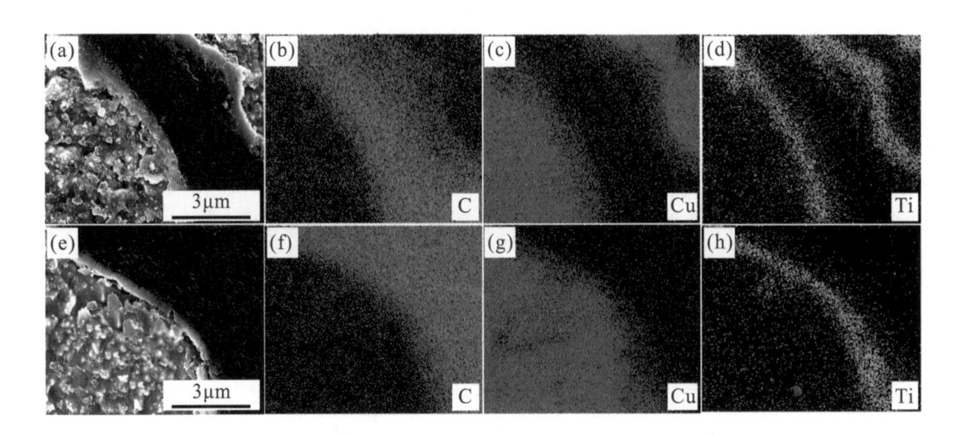

图 3-21 添加质量分数为 1.0%钛的复合材料界面结构及元素分布

(a～d)为微波烧结样品，(e～h)为常规烧结样品

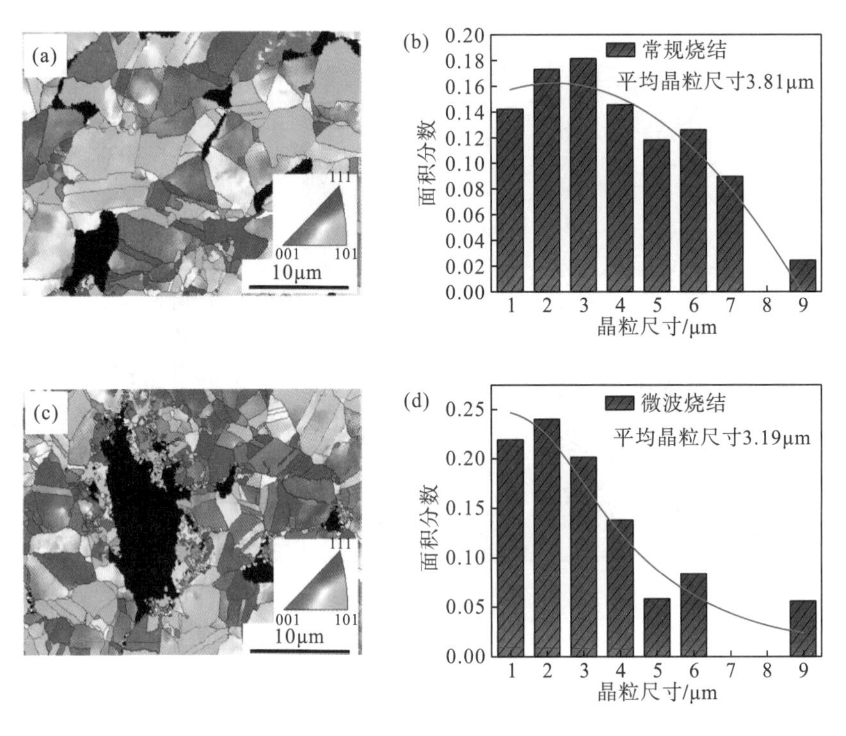

图 3-22 添加质量分数为 1.0%钛的复合材料微观组织

(a，b)为常规烧结样品晶粒分布，(c，d)为微波烧结样品晶粒分布

3.3.2 钛添加量对复合材料物相组成的影响

图 3-23 为微波活化烧结不同钛添加量石墨/铜复合材料的 XRD 图。在 26.55°和 43.34°处分别对应石墨的(002)晶面和铜的(111)晶面；在钛的添加质量分数大于 1.0%时，石墨/铜复合材料样品中也观察到了 2θ 值在 35.91°和 41.70°附近所对应的 TiC 的(111)和(200)晶面(JCPDS No.71-0298)的衍射峰，且随着 Ti 添加量的增加，TiC 衍射峰的强度明显增

加。在石墨/铜复合材料的微波活化烧结过程中，金属钛将向石墨扩散并与其反应生成 TiC。

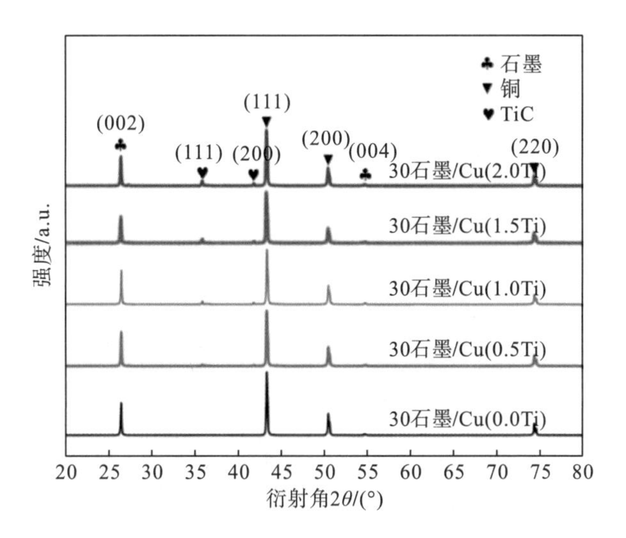

图 3-23　不同钛添加量的石墨/铜复合材料物相变化

对不同钛添加量的石墨/铜复合材料进行 XPS 分析，结果如图 3-24 所示，在 C 1s 的 XPS 图中，C—C 峰、C—O 峰、O—C═O 峰和 Ti—C 峰的结合能分别为 284.2eV、285.3eV、287.9eV 和 283.5eV。而在 Ti 2p 图谱中，结合能分别为 465.6eV、460.1eV 和 454.9eV 的特征峰均对应于 Ti—C。表明在复合材料烧结过程中钛与石墨发生反应生成了 TiC，这与以上分析结果相吻合。

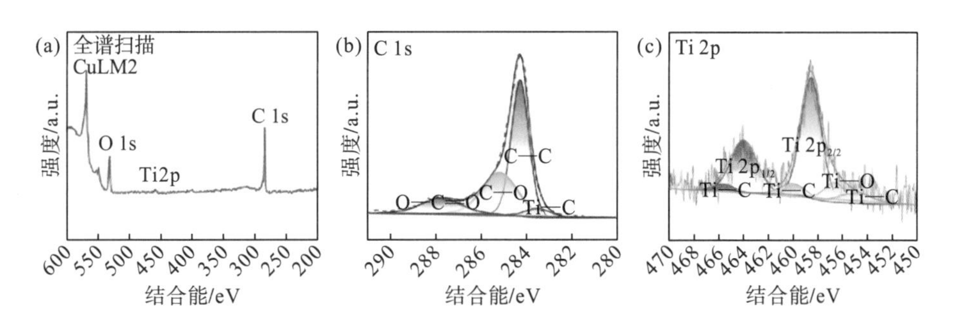

图 3-24　添加质量分数 1.0%钛的复合材料 XPS 图

(a) 全谱，(b) C 1s 谱，(c) Ti 2p 谱

3.3.3　钛添加量对复合材料性能的影响

研究钛添加量对石墨/铜复合材料相对密度的影响，结果如图 3-25 所示。当钛质量分数从 0.5%增加至 2.0%时，石墨/铜复合材料的相对密度逐渐增大；当钛质量分数大于 1.0%后，石墨/铜复合材料的相对密度增长趋势变缓。此外，在相同钛质量分数情况下，微波

活化烧结样品相对密度明显高于常规烧结样品的相对密度，如钛质量分数为 1.0%时，微波活化烧结样品和常规烧结样品的相对密度分别为 94.7%和 93.2%。由于钛的添加增强了石墨/铜复合材料的界面结合，微波烧结有利于石墨与铜界面的焊合，从而减少了石墨/铜复合材料样品界面处的孔隙和裂纹，有利于提高材料的致密化程度。

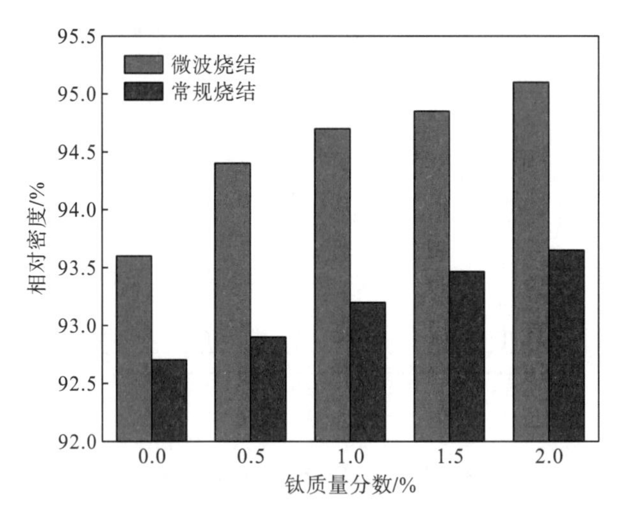

图 3-25　钛添加量对石墨/铜复合材料相对密度的影响

导热系数取决于石墨/铜基体之间的界面结合性能，测量微波活化烧结与常规烧结样品的导热系数，结果如图 3-26 所示。烧结样品在顶面的导热系数随着钛质量分数的增加而略有增大，但导热系数相对较低，导热性能相对较差。烧结样品在侧面导热性能相对较好，随着钛质量分数的增加，导热系数先增大后减小，在钛质量分数为 1.0%时达到最大，随着钛含量的继续增加，导热性能有所下降。Liu 等[14]研究发现，随着钛质量分数的增加，陶瓷相 TiC 的过渡层厚度逐渐增加，界面处的声子透射率下降，石墨/铜复合材料的导热系数下降。

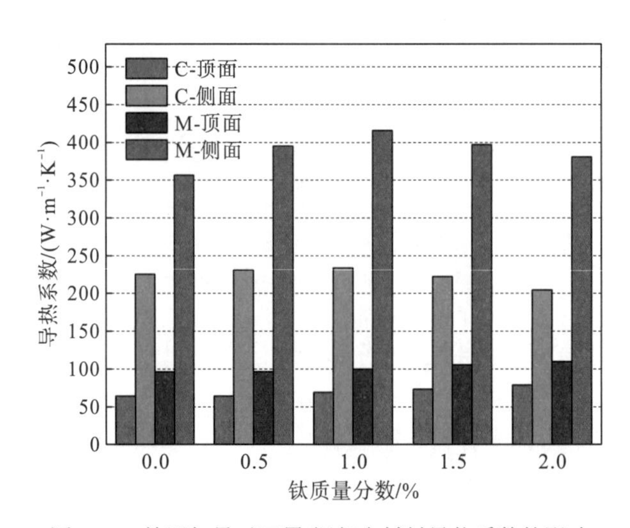

图 3-26　钛添加量对石墨/铜复合材料导热系数的影响

此外，微波活化烧结样品的导热系数明显高于常规烧结样品的导热系数，这可能是由于微波活化烧结促进钛组元扩散和石墨/铜界面的焊合，从而提高复合材料的导热系数。因此，微波活化烧结在制备高导热系数的石墨/铜复合材料方面表现出一定的优势。

对钛添加质量分数为 1.0%的石墨/铜复合材料进行极端热循环测试，测试了不同循环次数下复合材料在侧面的导热系数，结果如图 3-27 所示。未添加钛时，当热循环次数大于 5 次时，导热系数下降明显；当热循环次数大于 20 次时，导热系数逐渐趋于稳定。添加质量分数为 1.0%的钛组元后，当热循环次数小于 10 次时，导热系数略有下降；当热循环次数大于 10 次后，导热系数下降明显；当热循环次数大于 30 次后，导热系数逐渐趋于稳定。在分别经历 30 次和 40 次极端热循环试验后，钛质量分数为 1.0%的石墨/铜复合材料导热系数分别为 317.49$W·m^{-1}·K^{-1}$和 306.35$W·m^{-1}·K^{-1}$，分别下降了 23.72%和 26.40%，相比于未添加钛时有较大改善。因此，微波强化钛组元活化烧结可提高复合材料的热稳定性。

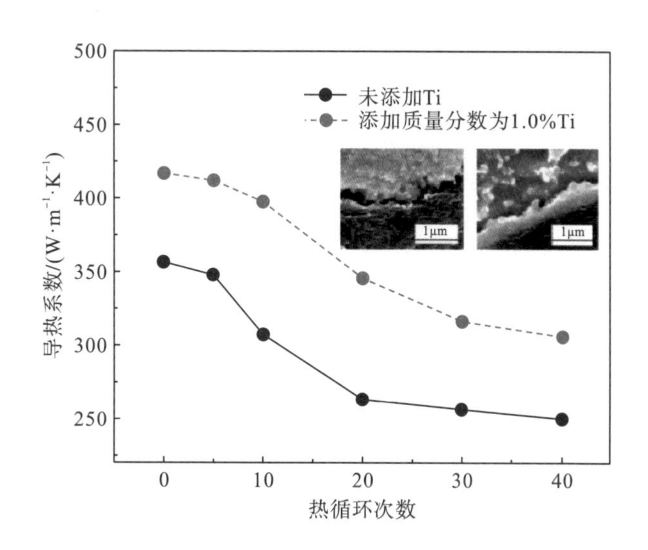

图 3-27　添加质量分数为 1.0%钛的复合材料导热系数随热循环次数变化

3.3.4　微波活化烧结机制探究

研究显示微波烧结可以促进石墨/复合材料的界面结合，我们对微波活化烧结机制进行分析，结果如图 3-28 所示。由于铜与石墨之间的界面间隙较小，在微波电磁场的作用下会发生放电等离子现象，从而促进铜与石墨之间的有效焊合[图 3-28(a)]。同时，在石墨/铜复合材料微波活化烧结过程中，微波电磁场的高频作用，有利于材料内部形成感应电流，促进钛原子从铜基体中扩散迁移至石墨表面，形成碳化物过渡层，如图 3-28(b)所示。此外，微波活化烧结也可以降低烧结过程的活化能，促进材料烧结过程致密化。

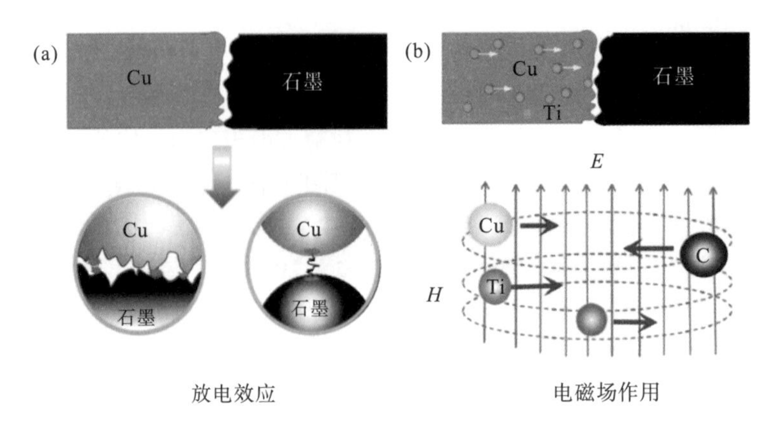

图 3-28 微波活化烧结机制

(a)复合材料界面的放电焊合效应，(b)元素在电磁场中的扩散

3.4 MoS_2改性石墨/铜复合材料

对比单纯石墨，两种或两种以上润滑剂的使用更能提高复合材料的润滑性能[15]。MoS_2具有较低的剪切强度和优异的润滑性能，且能承受较高摩擦载荷和摩擦速率，通过添加MoS_2可进一步优化石墨/铜复合材料的组织结构及耐磨性能。

3.4.1 MoS_2改性石墨/铜复合材料的制备

将不同质量分数的 MoS_2(0%、1.5%、2.5%、3.5%、4.5%)掺入石墨中，通过行星球磨机混料后将掺有MoS_2的石墨和铜粉(质量比为 30∶70)倒入玛瑙球磨罐中，以 300r/min 的转速混合 3h。将混合料在 45MPa 压力下冷压处理 5min，得到直径 26mm、高 13mm 的压坯。随后将压坯置于坩埚中，在微波炉中 950℃氩气保护下烧结 30min，频率为 2450MHz，输入功率为 2000W，微波加热平均升温速率可达 62℃/min。烧结完成后样品随炉冷却至室温，将掺杂不同质量分数MoS_2样品分别进行命名，如表 3-2 所示。

表 3-2 MoS_2添加量及对应样品名称

样品名称	MoS_2添加质量分数/%
M1	0
M2	1.5
M3	2.5
M4	3.5
M5	4.5

3.4.2　MoS_2 对复合材料摩擦磨损性能的影响

利用线切割制备 15mm×15mm×5mm 的待测样品，采用 UMT-2 万能摩擦试验机通过 Al_2O_3 陶瓷球对复合材料在室温和 200℃高温环境下的摩擦磨损系数进行了测试，摩擦球硬度值约 95HRC，适用于高温。摩擦力的大小为 4N，转速为 1350r/min，摩擦直径为 7mm，摩擦时间为 30min，每 2s 采集一次实时摩擦系数，并计算磨损体积。磨损率 I 为单位时间内单位载荷下材料的磨损量，即磨损率 $I=\dfrac{\Delta m}{\rho \cdot s \cdot F}$，其中，$I$ 为复合材料的体积磨损率，Δm 为摩擦前后复合材料的质量差，ρ 为复合材料密度，s 为摩擦距离，F 为摩擦载荷。图 3-29 显示了两种不同温度下 MoS_2 改性石墨/铜复合材料的磨痕形貌，其中图 3-29(a)为摩擦测试的示意图。图 3-29(b)显示高温条件下的磨痕较室温下的磨痕更小，由此说明 MoS_2 改性石墨/铜复合材料在高温下表现出优异的耐磨性能。此外，从图 3-29(c)～图 3-29(e)中可以看出，对于室温下的石墨/铜复合材料，摩擦表面有深槽和凹坑以及一定量的磨削，复合材料的磨损类型为黏着磨损和磨料磨损两种形式，且随着 MoS_2 的加入逐步转变为黏着磨损；而从图 3-29(f)～图 3-29(h)中可以看出，在高温条件下，复合材料表面磨痕较浅，且平整光滑，复合材料以黏着磨损为主，摩擦过程中伴随着少量的磨料磨损。

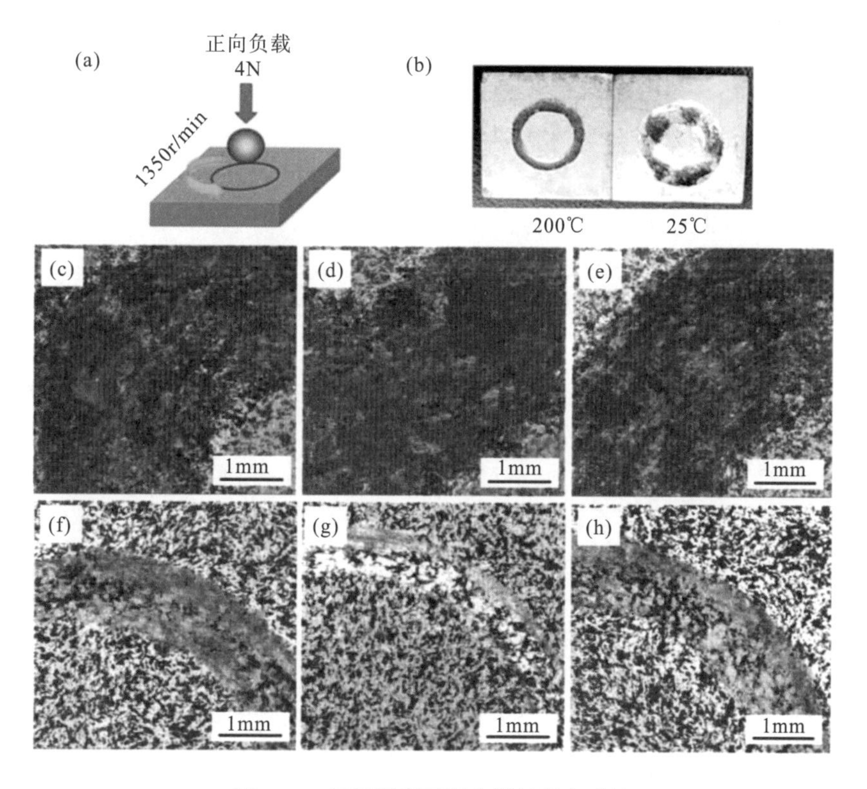

图 3-29　不同温度下复合材料磨痕形貌

(a)摩擦测试示意图，(b)不同温度下宏观磨痕形貌，(c～e)室温(25℃)磨痕微观形貌，(f～h)200℃时磨痕微观形貌

图 3-30 为不同 MoS_2 添加量的石墨/铜复合材料在不同温度下的平均磨擦系数和平均磨损率。从图 3-30(a)中可以看出，添加 MoS_2 后，复合材料摩擦系数略有下降，但随着 MoS_2 添加量的增加，摩擦系数均表现出升高的趋势。在 MoS_2 的添加质量分数为 1.5%时，复合材料的摩擦系数最小，表现出较优的耐磨性能；同时，复合材料在 200℃时表现出比室温更优异的耐磨性。在摩擦过程中，片状石墨和 MoS_2 将从材料基体中剥离，形成摩擦膜，并随着摩擦的进行，摩擦膜趋于完整和紧密，从而降低摩擦系数，达到稳定状态。温度对复合材料的磨损率也有较大影响，如图 3-30(b)所示。在较高温度条件下，平均磨损率显著降低，且平均磨损率随着 MoS_2 添加量的增加而略有降低。然而，随着摩擦实验的进行，高温会导致润滑膜被破坏，但材料良好的散热性能会减缓摩擦膜的破坏，从而降低摩擦系数和磨损率。

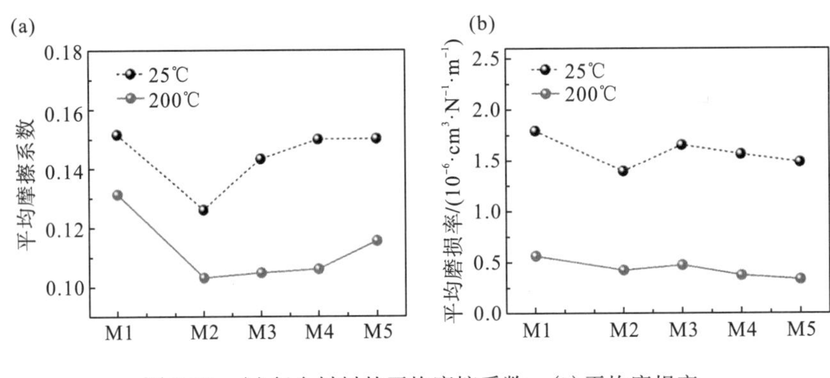

图 3-30 (a)复合材料的平均摩擦系数，(b)平均磨损率

图 3-31(a)和图 3-31(d)为不同样品的瞬时摩擦系数，每个样品在 1350r/min 的转速下测试 30min。在摩擦过程中，经过初始阶段后，摩擦系数趋于稳定，并表现出不同的瞬态变化。对于室温下的样品，摩擦系数波动相对较大，而在 200℃环境下，摩擦系数波动相对平稳。为了进一步分析不同温度下摩擦曲线的波动，对 M2 和 M4 样品在 4N 的载荷下的摩擦系数-时间曲线中的部分进行放大分析，如图 3-31(b)、图 3-31(c)、图 3-31(e)、图 3-31(f)所示，样品在两种温度下摩擦系数的波动显然不同。“黏滑”现象可以用来解释摩擦系数的波动，即黏滞和润滑过程交替发生[16]。在摩擦过程中法向载荷和侧向剪切力的作用下，石墨/铜复合材料表面出现塑性变形，Al_2O_3 陶瓷球与复合材料表面发生粘连导致初始摩擦系数较大。随着摩擦过程的进行，黏着点被破坏，摩擦系数明显下降。“黏滑”过程不断重复，使摩擦系数在一定范围内不断波动。同时，摩擦过程中也会产生磨屑，磨屑的存在有利于减少接触面积，起到润滑的作用，但会导致磨粒磨损，使摩擦系数波动较大。因此，在室温摩擦过程中，复合材料的摩擦系数出现无规律的较大波动，“黏滑”现象较为显著。而在高温条件下，材料表面部分形成氧化膜，可作为摩擦润滑层，同时由于复合材料具有良好的散热性能，“黏滑”现象交替呈现，摩擦系数呈现有规律的波动。

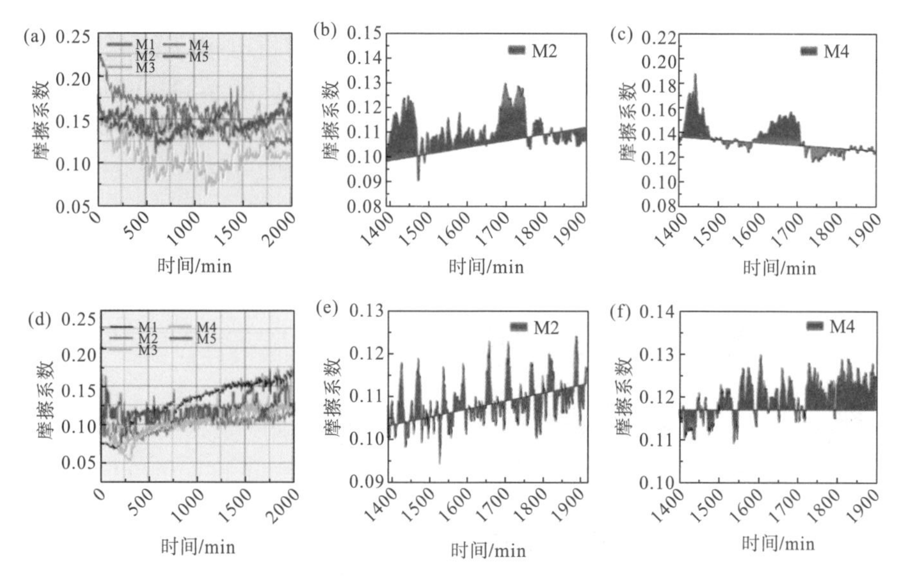

图 3-31　不同温度下样品的瞬时摩擦系数

(a～c)室温(25℃)瞬时摩擦系数，(d～f)200℃时瞬时摩擦系数

3.4.3　MoS_2 对复合材料微观形貌的影响

MoS_2 改性石墨/铜复合材料的微观形貌如图 3-32 所示，黑色区域为石墨，灰色区域为 Cu 基体。Cu 基体中没有明显的孔隙，石墨薄片在 Cu 基体中呈团簇状均匀分布，如图 3-32(a)所示。铜与石墨界面结合良好，无明显间隙，如图 3-32(d)所示。分析 MoS_2 改性石墨/铜复合材料中 MoS_2 的元素分布，如图 3-32(b)、图 3-32(c)、图 3-32(e)、图 3-32(f)所示。MoS_2 均匀分散在材料基体中，石墨和 MoS_2 均为层状结构，有利于摩擦过程中的协同效应，提高复合材料的摩擦性能。

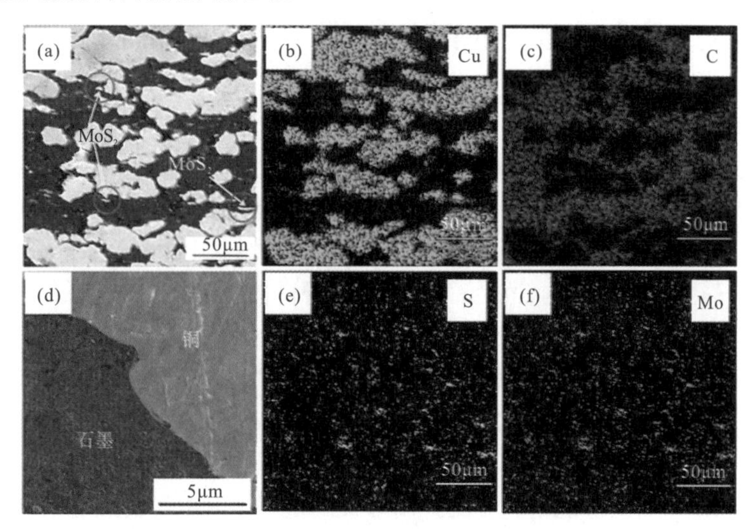

图 3-32　石墨/铜复合材料的微观结构和元素分布

(a)二硫化钼改性石墨/铜复合材料的 SEM 图，(b)Cu 元素分布，(c)C 元素分布，(d)界面处的 SEM 图，(e)S 元素分布，(f)Mo 元素分布

复合材料的热性能和摩擦性能常受织构、晶粒尺寸和析出相等多种因素的影响[17]。分析石墨/铜复合材料的铜基体晶粒分布，如图 3-33 所示。图 3-33(a)为石墨/铜复合材料的 EBSD 图像。从图中可以看出，石墨呈现团簇状分布在铜基体中。通过微波烧结制备的 MoS_2 改性石墨/铜复合材料中铜晶粒呈现等轴化，出现大量细小的再结晶晶粒，平均晶粒粒度仅为 1.47μm[图 3-33(b)]。此外，由图 3-33(c)可知，烧结后复合材料中几乎不存在结晶织构，这对复合材料的散热以及摩擦性能的提升具有积极作用。

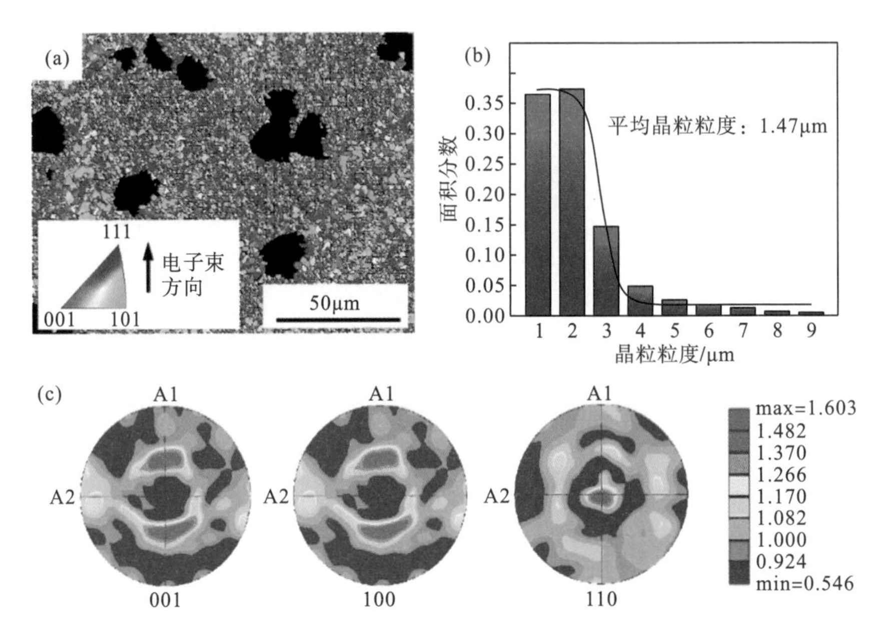

图 3-33 复合材料 A1-A2 平面的(001)和(110)极图、微观组织和晶粒粒度

(a)石墨/铜复合材料的 EBSD 图，(b)复合材料的晶粒尺寸，(c)复合材料 A1-A2 平面的{001}和{110}极图

3.4.4 MoS_2 对复合材料性能的影响

对 MoS_2 改性石墨/铜复合材料的密度和孔隙率进行分析，结果如图 3-34 所示。当 MoS_2 添加质量分数从 1.5%增加到 4.5%时，复合材料密度从 4.452g/cm^3 增加到 4.535g/cm^3，孔隙率降低到 5.547%。可能是由于 MoS_2 与铜基体的润湿性更好，且随着 MoS_2 质量分数的增加，复合材料的致密化程度更高。

通过激光导热仪测定 MoS_2 改性石墨/Cu 复合材料的 c_p 和热扩散系数，并计算 MoS_2 改性石墨/铜复合材料的热导率。表 3-3 列出了不同 MoS_2 添加量的复合材料在不同温度条件下的 c_p 和热扩散系数。随着 MoS_2 的增加，石墨/铜复合材料的比热容降低；但随着温度升高，复合材料的比热容大幅增加。在 25℃，当 MoS_2 的添加质量分数从 1.5%增加到 4.5%时，复合材料的热扩散系数从 99.314mm^2/s 下降到 74.096mm^2/s。此外，在较高温度下热扩散系数有所下降，可能是温度的升高导致高能声子对电子的散射增加，热扩散系数下降[18]。

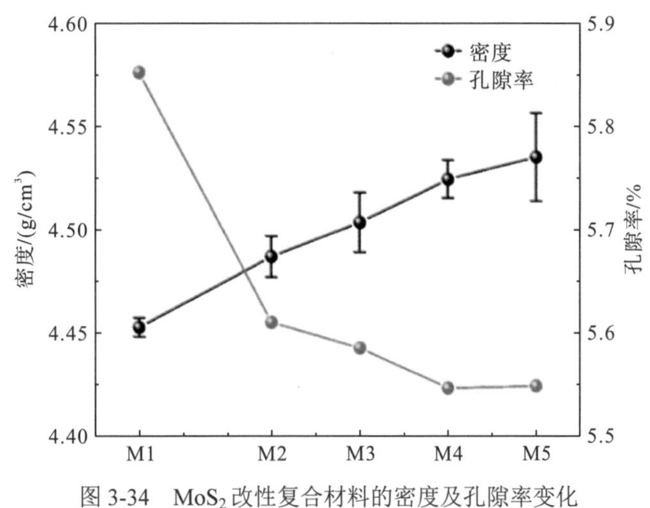

图 3-34　MoS_2 改性复合材料的密度及孔隙率变化

表 3-3　MoS_2 改性石墨/铜复合材料在不同温度下的 c_p 和热扩散系数

样品	c_p/[J·(g·K)$^{-1}$]		热扩散系数/(mm^2/s)			
			25℃	25℃	200℃	200℃
	25℃	200℃	顶面	侧面	顶面	侧面
M1	0.486	0.6305	18.346	99.314	17.694	97.572
M2	0.4841	0.6272	17.998	92.371	16.520	74.696
M3	0.4828	0.6247	17.295	89.178	14.873	69.269
M4	0.4815	0.622	16.580	86.829	12.727	64.403
M5	0.4803	0.6194	15.923	74.096	10.668	56.409

图 3-35 为不同温度下 MoS_2 改性石墨/铜复合材料的热导率。MoS_2 改性复合材料具有较好的散热性能，随着 MoS_2 添加量的增加，复合材料的热扩散系数逐渐降低[图 3-35(a)和图 3-35(b)]。此外，复合材料在散热性能上表现出明显的各向异性。在顶面的热扩散系数较低，散热性能差，而在侧面的热扩散系数高，散热性能好。由此可实现摩擦过程中的定向散热，提高复合材料的耐磨性和使用寿命。此外，采用 COMSOL 模拟软件对摩擦过程中产生的热量分布进行模拟，结果如图 3-35(c)所示。在室温下，复合材料摩擦过程中产生的摩擦热不能被快速耗散，连续积累形成环形热场；而在高温时，摩擦过程产生的热量能够被及时耗散，这有利于提升其耐磨性。

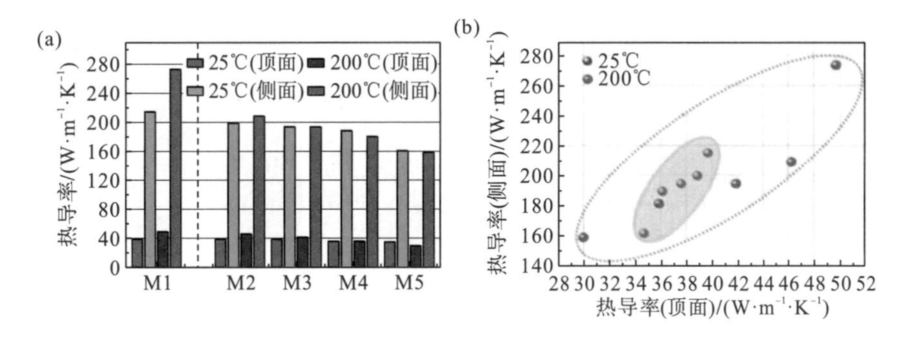

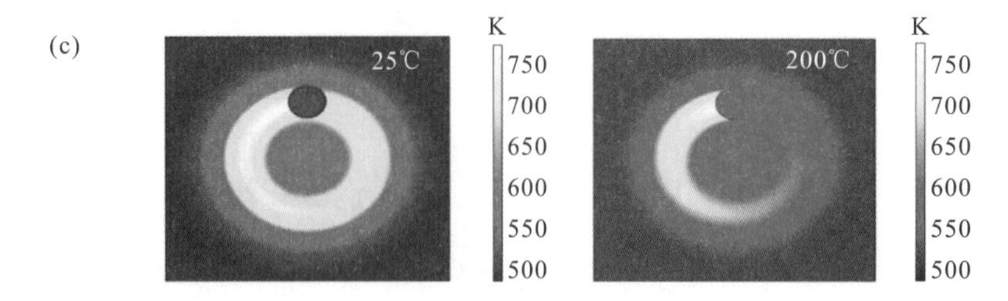

图 3-35 MoS_2改性石墨/铜复合材料的散热性能

(a，b)室温(25℃)和200℃下顶面和侧面的热导率，(c)摩擦过程中产生的热量分布

3.5 微波加压烧结石墨/铜复合材料及其性能

微波加压烧结结合了微波快速加热和热压烧结的优点，成为获得具有均匀微观结构和良好机械性能的有效手段，本节分析不同烧结工艺、不同石墨粒度对石墨/铜复合材料微观结构和性能的影响，为高导热石墨/铜复合材料的制备提供新的研究思路。

3.5.1 加压烧结工艺对石墨/铜复合材料性能的影响

作者采用常规烧结、微波烧结、微波加压烧结三种不同烧结工艺成功制备了石墨/铜复合材料。对复合材料微观组织结构进行分析，石墨为黑色，铜基体为灰色，如图3-36所示。图3-36(a)和图3-36(f)显示复合材料具有明显的各向异性，在复合材料的顶面，石墨片呈岛状，均匀镶嵌于铜基体中；在复合材料的侧面，石墨与铜呈条纹层状分布。微波烧结制备的复合材料较常规烧结制备的复合材料界面结合效果更好，孔隙相对较少，如图3-36(b)、图3-36(c)、图3-36(g)和图3-36(h)所示。外加压力的作用使得界面间隙周围产生较高的压应力，促使部分间隙消失，使得复合材料界面结合更加紧密，且压力越大这种对界面结合的优化效果越明显，如图3-36(d)、图3-36(e)、图3-36(i)和图3-36(j)所示。

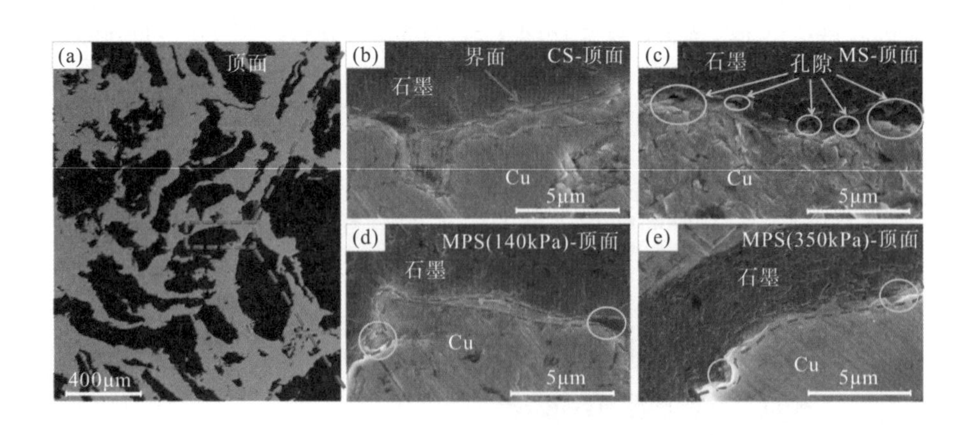

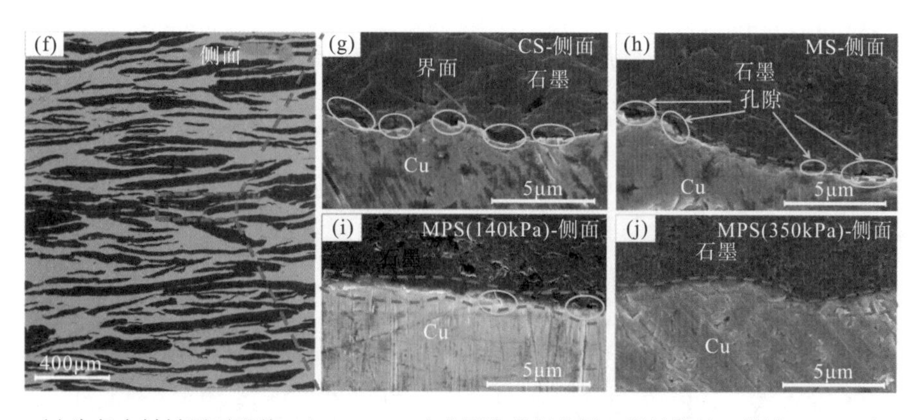

图 3-36　(a) 为复合材料顶面形貌，(b，c，d，e) 分别为常规烧结、微波烧结、微波 140kPa 加压烧结、微波 350kPa 加压烧结条件下复合材料顶面形貌，(f) 为复合材料侧面形貌，(g，h，i，j) 分别为常规烧结、微波烧结、微波 140kPa 加压烧结、微波 350kPa 加压烧结条件下复合材料侧面形貌

XRD 测试结果如图 3-37 所示，其中 2θ 值在 43.3°、50.4°和 74.1°附近的衍射峰分别对应于面心立方结构铜的 (111)、(200) 和 (220) 晶面 (JCPDS No.04-0836)，而 2θ 值约为 26.6°、54.8°的衍射峰对应天然鳞片石墨的 (002) 和 (004) 晶面 (JCPDS No.08-0415)。常规烧结、微波烧结、微波加压 (350kPa、140kPa) 烧结制备的复合材料的物相组成均无明显变化。然而，不同烧结工艺下石墨/铜复合材料的衍射峰强度有所差异，微波加压烧结样品的所有衍射峰强度较高，常规烧结样品的衍射峰强度较低；随着烧结压力的增大，衍射峰强度增强。这可能是微波加压烧结促进铜基体晶粒重构，进一步细化了晶粒，使铜的 (111)、(200) 和 (220) 晶面峰值更加显著[19]。

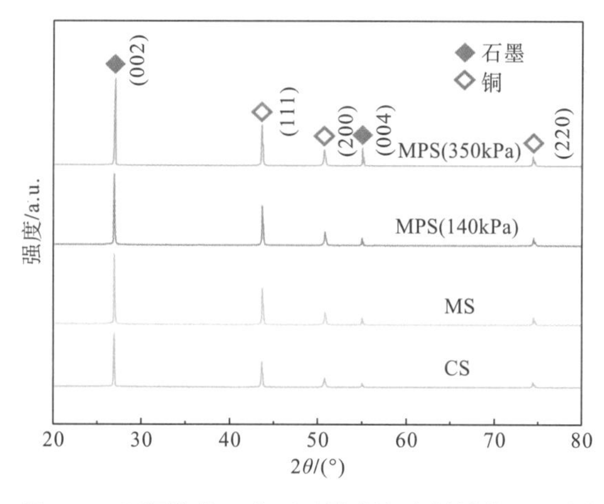

图 3-37　不同烧结工艺下石墨/铜复合材料的 XRD 图

在 950℃烧结温度下不同工艺制备的样品的力学性能存在一定的差异，如图 3-38 (a) 所示，微波烧结样品的密度为 5.135g/cm^3，高于常规烧结样品，而加压烧结的样品密度明显增加，这可能是由于加压烧结与微波电磁场作用可改善复合材料界面的结合效果，从而提高石墨/铜复合材料的致密化程度。图 3-38 (b) 为不同制备工艺下样品的硬度，软韧相石

墨的加入，对铜基体产生割裂作用，使得复合材料硬度大幅下降，最高硬度仅为37.11HV。此外，复合材料侧面的硬度明显高于顶面的硬度，且随压力增大而增加。

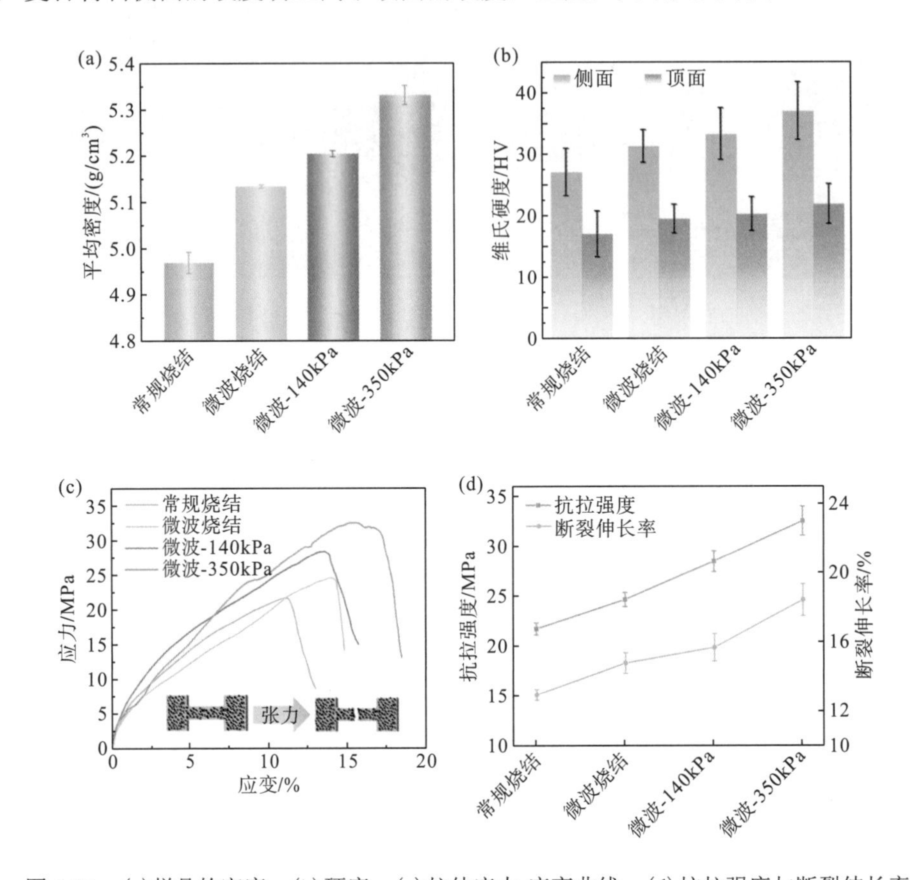

图 3-38　(a) 样品的密度，(b) 硬度，(c) 拉伸应力-应变曲线，(d) 抗拉强度与断裂伸长率

图 3-38(c) 和图 3-38(d) 为复合材料拉伸强度，微波加压烧结制备的复合材料拉伸性能较好，压力越大拉伸强度越高，且石墨/铜复合材料抗拉强度较纯铜有一定下降，主要是由于石墨对铜基体的分割，使得铜基体与石墨形成夹层状结构，而石墨与铜基体的机械结合对拉伸应力的承受能力较弱，同时界面处的孔隙更会进一步降低复合材料的抗拉能力。微波加压烧结可使复合材料界面结合处的孔隙减少，强化界面结合效果，促进铜基体致密化，晶粒进一步细化，有利于提升材料的抗拉能力。图 3-39 是不同烧结工艺制备复合材料拉伸断面结构，从图中可以看到拉伸断面高低不平，石墨从铜基体抽出，铜基体部分出现韧窝。由于石墨与铜仅为机械结合，在受外力时部分石墨会从铜基体中抽出，使得材料的断裂伸长率均大于 10%；而部分与铜相夹杂的石墨受外力作用发生脆性断裂，铜基体发生韧性断裂并出现韧窝。如图 3-39(d) 所示，微波烧结复合材料的铜基体断口中具有较多的等轴型韧窝，与常规烧结中的铜基体韧窝相比深度更深，尺寸更小，并出现微孔聚集，表明铜基体发生塑性变形的程度更大，因而微波烧结制备的复合材料的拉伸性能有所提高。通过对比图 3-39(d)、图 3-39(f) 和图 3-39(h) 可发现，微波加压烧结制备的复合材料的韧窝尺寸最小，深度最深，表明该韧窝充分吸收了拉应力，出现最大的塑性变形。

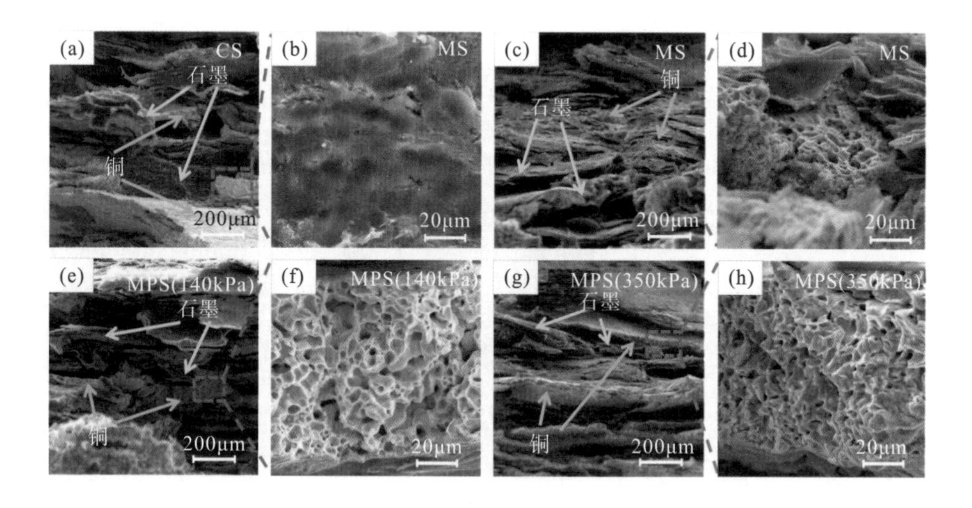

图 3-39　样品的断口形貌分析

(a) 和 (b) 常规烧结，(c) 和 (d) 微波无压烧结，(e) 和 (f) 微波加压 140kPa 烧结，(g) 和 (h) 微波加压 350kPa 烧结

石墨/铜基体的界面结合效果是影响复合材料导电、导热性能的重要因素。图 3-40 (a) 显示侧面电导率明显高于顶面，微波 350kPa 加压烧结制备的复合材料电导率最高为 39.7MS/m。此外，图 3-40 (b) 和图 3-40 (c) 微波 350kPa 加压烧结制备的样品导热系数最高，在侧面导热系数可达 681.0W·m^{-1}·K^{-1}，顶面导热系数均远低于侧面导热系数，呈现出显著的各向异性。在复合材料内部，电流通过自由电子运动传导，热量主要由声子和电子振动碰撞传导，一旦这种运动或振动遇到复合材料中的孔隙，便会大大减少，图 3-40 (e) 和图 3-40 (f) 为局部界面图，该图宏观表现为电流与热量传导被削弱。此外，采用红外热成像仪分析复合材料的散热过程，得到复合材料时间-温度曲线及不同温度下的热红外图像，如图 3-40 (d) ～图 3-40 (g) 所示。对比图 3-40 (d) 和图 3-40 (g) 可以发现，当复合材料通过侧面散热时，温度降至 35℃的时间要短于复合材料通过顶面散热的时间，表明石墨/铜复合材料侧面的散热效果均优于顶面。因此，在应用复合材料时，应尽量利用侧面进行散热，以达到最佳的散热效果。此外，从图 3-40 (e) 和图 3-40 (f) 中可观察到，350kPa 加压条件下微波烧结制备的复合材料散热效果表现最优。相较于常规烧结样品，侧面接触台面与顶面接触台面降温至 35℃所需时间由原先的 243s 和 252s 分别缩短至 190s 与 197s，这表明微波加压烧结工艺可有效提升样品的散热能力。

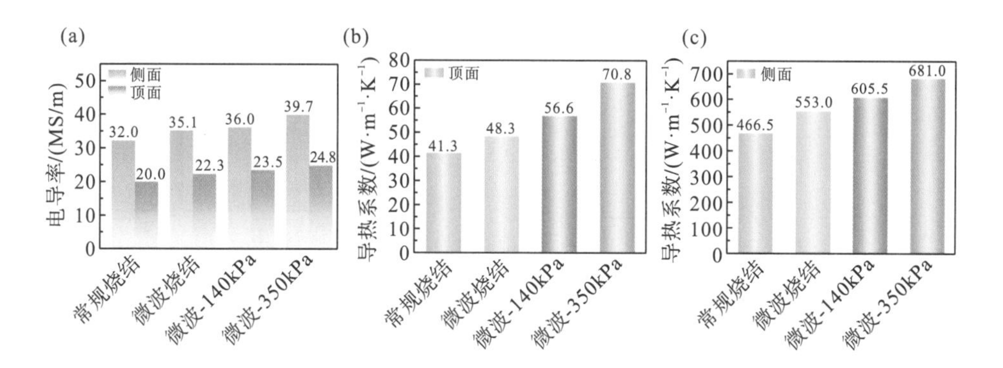

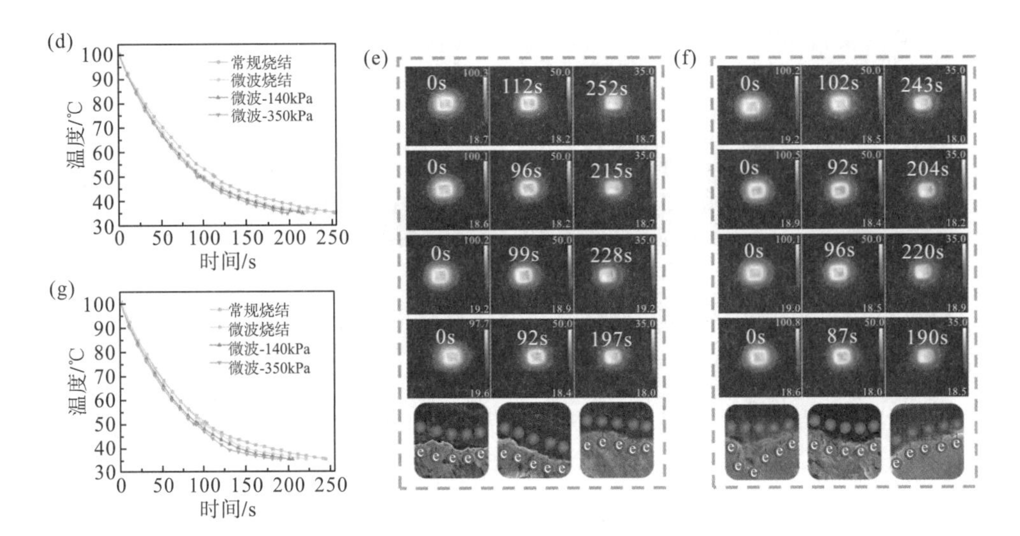

图 3-40 (a)复合材料电导率，(b)顶面内的导热系数，(c)侧面内的导热系数，(d)顶面复合材料散热特性，(e)顶面复合材料散热过程热红外图像，(f)侧面复合材料散热过程热红外图像，(g)侧面复合材料散热特性

3.5.2 石墨粒度对复合材料的影响

石墨粒度对复合材料的性能有显著影响，采用不同石墨粒度(A1、A2、A3、A4、A5样品对应石墨粒度分别为2μm、4μm、12μm、45μm和300μm)，通过微波加压烧结工艺(压力为 250N)制备石墨/铜复合材料，分析不同石墨粒度对复合材料微观结构、物理机械性能等影响。

测试不同石墨粒度下复合材料的密度，如图 3-41(a)所示。随着石墨粒度的增大，石墨/铜复合材料的密度逐渐增大，致密化较好，且石墨/铜复合材料的硬度逐渐增大。此外，样品的硬度表现出各向异性，侧面的硬度高于顶面。A5 样品在侧面上的硬度最高，其值为34.69HV，相较于A1样品提高了39.29个百分点，如图3-41(b)所示。

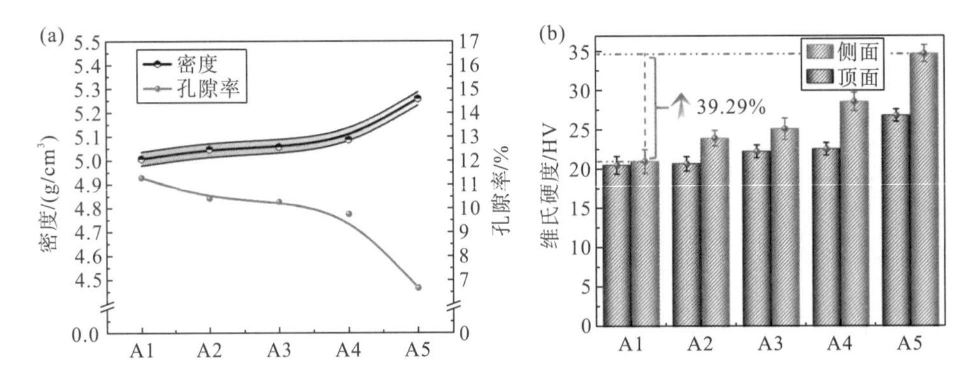

图 3-41 石墨粒度对复合材料性能的影响

(a)密度和孔隙率的变化，(b)侧面和顶面的硬度变化

复合材料优良的热性能有利于提升耐磨材料的使用寿命。测量不同样品的导热系数，如图 3-42 所示。随石墨粒度的增大，样品的热扩散系数和导热系数增加，其中 A5 样品的热扩散系数最高，其值为 284.74mm^2/s，导热系数最高达到 679.50W·m^{-1}·K^{-1}，如图 3-42(b)和图 3-42(c)所示。此外，随着测试温度的升高，复合材料的导热系数略有下降，但在 500℃时复合材料的导热系数在侧面上仍可保持在 565.13W·m^{-1}·K^{-1}，如图 3-42(d)所示；因此，在高温情况下，石墨粒度为 300μm 的石墨/铜复合材料仍然能够保持较高的散热性能。

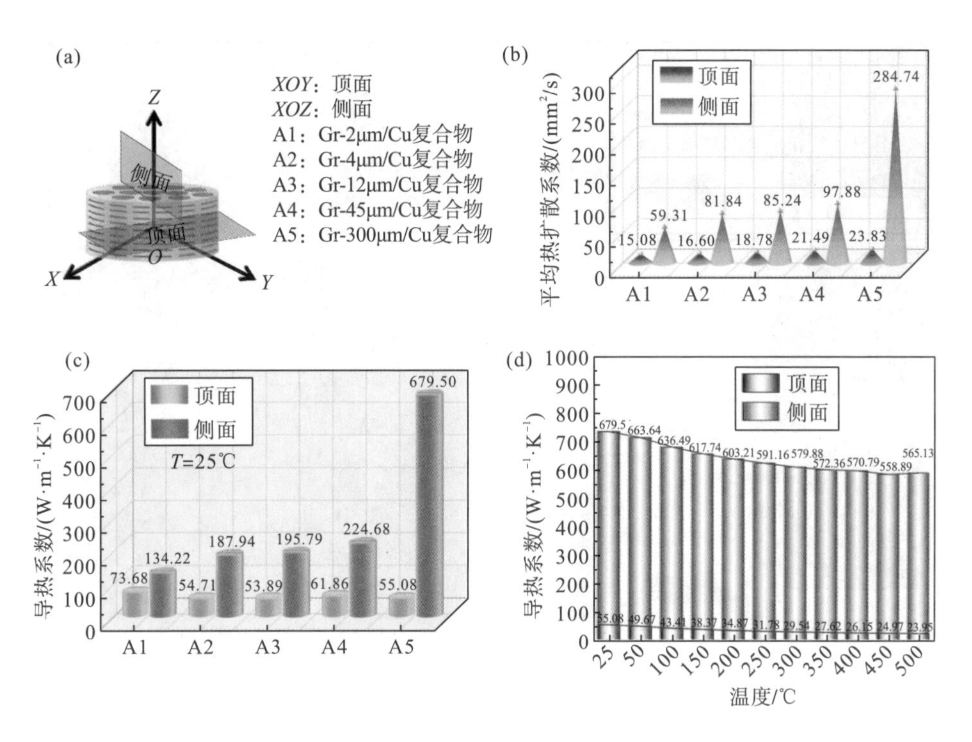

图 3-42　(a)样品结构示意图及编号说明，(b)热扩散系数随石墨粒度变化，(c)导热系数随石墨粒度变化，(d)石墨粒度 300μm 时样品导热系数随温度变化

不同石墨粒度样品在 25℃时的磨损形貌如图 3-43 所示。样品中磨痕表面存在凹坑、犁沟等，且摩擦过程中伴有磨屑。石墨/铜复合材料的磨损类型主要为黏着磨损和磨粒磨损。随着石墨粒径的增大，铜基体的连续性较好，复合材料的硬度越高，石墨/铜复合材料的磨损痕迹越浅，磨损类型由黏着磨损转变为磨粒磨损。同时，A5 样品中的磨损痕迹最浅，样品中大粒度石墨为连续条状结构分布在基体中，如图 3-43(c)所示，在摩擦载荷的作用下，大尺寸鳞片石墨从接触面上剥落形成石墨-固体润滑膜，有助于实现减磨自润滑效果，降低磨损率[20]。

作者分析了样品摩擦磨损表面元素分布(图 3-44)，结果显示样品表面的摩擦润滑层主要由 Cu、C、O 元素组成，并且样品磨痕表面存在较多 C 元素，说明在摩擦磨损的过程中，石墨脱落堆积形成磨屑后，在摩擦载荷的作用下形成了一层摩擦膜。部分磨屑在滑动接触面上发生氧化变形，形成硬质颗粒并挤出样品表面，对摩擦表面产生破坏作用，形成凹坑和犁沟，且部分硬质颗粒黏附在样品摩擦表面，如图 3-44(b)～图 3-44(e)所示。此外，作者测试了不同样品的瞬时摩擦系数(图 3-44(f))。在摩擦过程中，石墨粒度小的样品在初始阶段存在较大波动，随后趋于稳定，并且呈现出规律振荡，但随着石墨粒度的增大，摩擦系数波动愈发显著，A5 样品的摩擦系数波动最大。这可能是在摩擦过程中，石墨粒度大的复合材料可能会出现更多的微观结构起伏和局部挤压，导致摩擦系数的瞬时变化更加剧烈[21]。

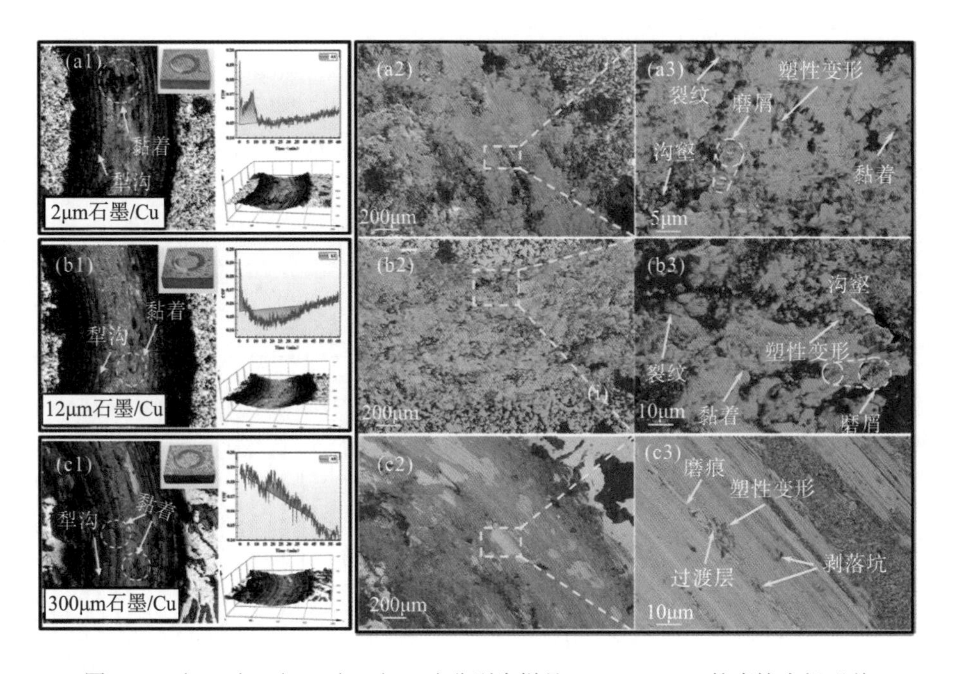

图 3-43 (a1-a3)、(b1-b3)、(c1-c3)分别为样品 A1、A3、A5 的摩擦磨损形貌

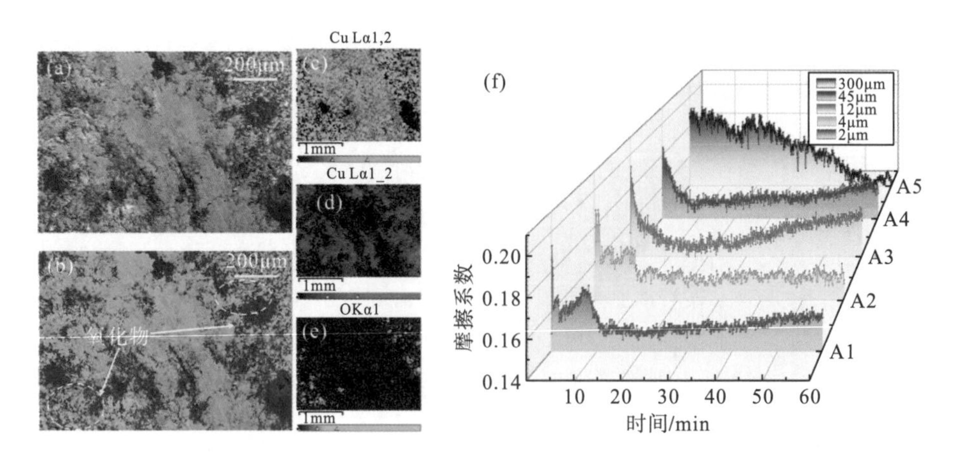

图 3-44 (a～e)石墨/铜复合材料磨痕元素分析，(f)瞬时摩擦系数

摩擦系数和磨损率是评价材料摩擦制动性能的重要指标，能够体现材料的自润滑性能和耐磨性。测试微波加压烧结不同石墨粒度样品的平均摩擦系数和磨损率，如图 3-45 所

示。当石墨粒度为 2～45μm 时，复合材料的摩擦系数几乎不变。当石墨粒度为 300μm 时，摩擦系数最高，其值为 0.177，磨损率最低，仅为 3.019×10^{-6}cm^3/(N·m)。此外，随着石墨粒度的增大，磨损率逐渐减小，表明石墨粒度的提高有益于改善石墨/铜复合材料的耐磨性能。

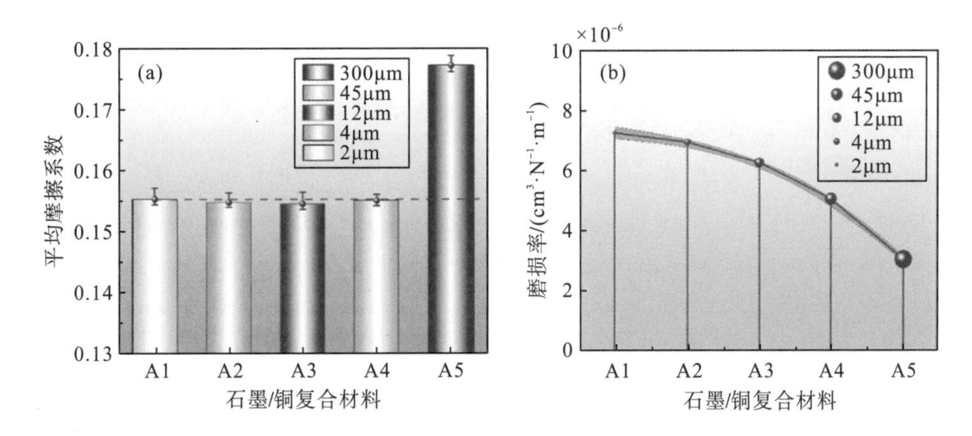

图 3-45　(a) 石墨粒度对平均摩擦系数的影响，(b) 石墨粒度对复合材料磨损率的影响

参 考 文 献

[1] 张镇, 宋涛, 王本力. 我国电子材料产业发展研究[J]. 新材料产业, 2016(5): 2-10.

[2] 湛永钟. 铜基复合材料及其制备技术[M]. 哈尔滨: 哈尔滨工业大学出版社, 2015.

[3] Manière C, Lee G, Zahrah T, et al. Microwave flash sintering of metal powders: from experimental evidence to multiphysics simulation[J]. Acta Materialia, 2018, 147: 24-34.

[4] Kumar J, Mondal S. Microstructure and properties of graphite-reinforced copper matrix composites[J]. Journal of the Brazilian Society of Mechanical Sciences and Engineering, 2018, 40(4): 196.

[5] Sohn Y, Han T, Han J H. Effects of shape and alignment of reinforcing graphite phases on the thermal conductivity and the coefficient of thermal expansion of graphite/copper composites[J]. Carbon, 2019, 149: 152-164.

[6] Boden A, Boerner B, Kusch P, et al. Nanoplatelet size to control the alignment and thermal conductivity in copper-graphite composites[J]. Nano Letters, 2014, 14(6): 3640-3644.

[7] 刘骞. 非连续石墨/铜复合材料的制备与热性能研究[D]. 北京: 北京科技大学, 2016.

[8] 朱凤霞, 易健宏, 彭元东. 微波烧结金属纯铜压坯[J]. 中南大学学报(自然科学版), 2009, 40(1): 106-111.

[9] Yang K M, Ma Y C, Zhang Z Y, et al. Anisotropic thermal conductivity and associated heat transport mechanism in roll-to-roll graphene reinforced copper matrix composites[J]. Acta Materialia, 2020, 197: 342-354.

[10] Liu B, Zhang D Q, Li X F, et al. The microstructures and properties of graphite flake/copper composites with high volume fractions of graphite flake[J]. New Carbon Materials, 2020, 35(1): 58-65.

[11] Liu J, Xiong D B, Su Y, et al. Effect of thermal cycling on the mechanical properties of carbon nanotubes reinforced copper matrix nanolaminated composites[J]. Materials Science and Engineering: A, 2019, 739: 132-139.

[12] Dutta I. Role of interfacial and matrix creep during thermal cycling of continuous fiber reinforced metal–matrix composites[J].

Acta Materialia, 2000, 48(5): 1055-1074.

[13] Huang Y D, Hort N, Dieringa H, et al. Analysis of instantaneous thermal expansion coefficient curve during thermal cycling in short fiber reinforced AlSi12CuMgNi composites[J]. Composites Science and Technology, 2005, 65(1): 137-147.

[14] Liu Q, Zhang C, Cheng J J, et al. Modeling of interfacial design and thermal conductivity in graphite flake/Cu composites for thermal management applications[J]. Applied Thermal Engineering, 2019, 156: 351-358.

[15] Furlan K P, de Mello J D B, Klein A N. Self-lubricating composites containing MoS_2: a review[J]. Tribology International, 2018, 120: 280-298.

[16] Park C W, Shin M W, Jang H. Friction-induced stick-slip intensified by corrosion of gray iron brake disc[J]. Wear, 2014, 309(1-2): 89-95.

[17] Liu R T, Cheng K, Chen J, et al. Friction and wear properties of high temperature and low temperature sintered copper-graphite brushes at different ambient temperatures[J]. Journal of Materials Research and Technology, 2020, 9(4): 7288-7296.

[18] Li S B, Yang X Y, Hou J T, et al. A review on thermal conductivity of magnesium and its alloys[J]. Journal of Magnesium and Alloys, 2020, 8(1): 78-90.

[19] Mahadevan S, Chauhan A P S. Investigation of synthesized nanosized copper by polyol technique with graphite powder[J]. Advanced Powder Technology, 2016, 27(4): 1852-1856.

[20] Xiao J K, Wu Y Q, Zhang W, et al. Friction of metal-matrix self-lubricating composites: relationships among lubricant content, lubricating film coverage, and friction coefficient[J]. Friction, 2020, 8(3): 517-530.

[21] Su L L, Gao F, Han X M, et al. Tribological behavior of copper–graphite powder third body on copper-based friction materials[J]. Tribology Letters, 2015, 60(2): 30.

第4章　微波烧结钨铜复合材料

钨铜复合材料因其优异的导电、导热及高强度等优点被广泛应用，如大规模集成电路和大功率微波器件中作为基体、嵌块、连接件和散热元件，还在电子封装材料、计算机中央处理系统等电子器件与耐高温器件方面得到应用，特别是在电力工业高速发展的今天，为满足市场和日益增长的高电压开关质量要求，钨铜复合材料作为高压触头仍然具有重要地位[1-4]。粉末冶金技术是制备难混熔合金的有效手段，烧结是粉末冶金工艺的重要环节[5]，采用微波加热可以显著提高烧结速率及产品致密化，在钨铜复合材料烧结等领域具有明显的技术优势。

4.1　烧结温度的影响

4.1.1　烧结温度对材料显微结构的影响

图 4-1 分别为 1100℃、1200℃和 1300℃条件下微波烧结制备的钨铜复合材料显微结构。从图 4-1(a)可以看出，当烧结温度在 1100℃时，因烧结温度较低，复合材料中颗粒分布不均，钨颗粒出现聚集。金属铜组元对钨颗粒的包覆有限，此外，钨颗粒团聚后形成

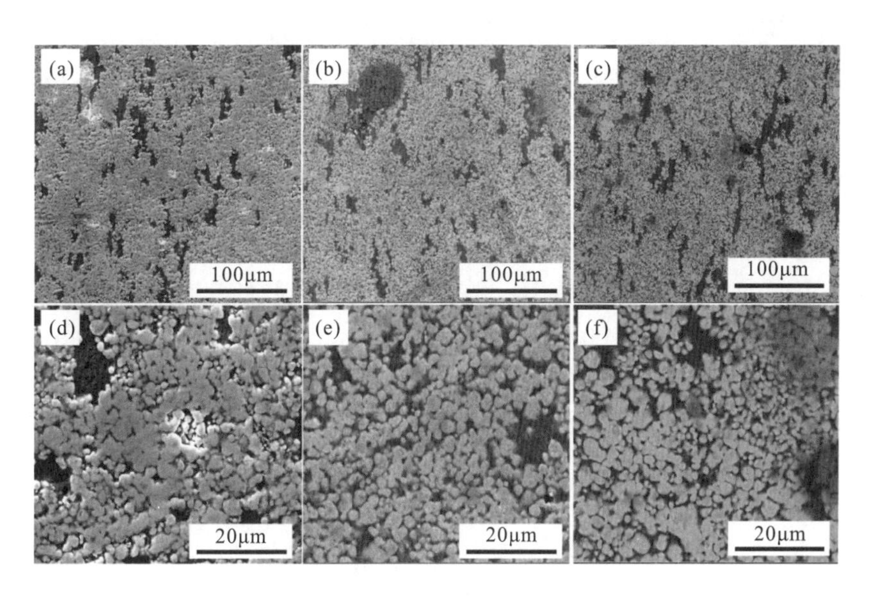

图 4-1　烧结温度对样品显微结构的影响

(a，d)1100℃，(b，e)1200℃，(c，f)1300℃

闭合孔隙，金属铜不能有效填充孔隙。因此，当烧结温度为 1100℃时，复合材料基体中存在较多的细微孔隙。当烧结温度在 1200℃和 1300℃时，复合材料中的铜可以更好地迁移，实现合金基体的液相重排，因此合金基体中细微孔隙相对较少。图 4-1(b)显示在 1200℃烧结时，钨铜复合材料中钨颗粒分布均匀，结构相对致密，铜对钨颗粒的包覆性能较好。此外，如图 4-1(c)所示，当烧结温度为 1300℃时，部分钨颗粒的粒度增加，钨颗粒分布不均匀，且颗粒间的间距变小，相互接触增多。这表明在 1300℃烧结时，铜钨表面有较好的润湿性。铜的流动性好，有利于液相扩散和聚集，并随着合金液相的重排，金属铜的富集增加。因此，当烧结温度为 1300℃时，铜组元的富集区要大于 1100℃和 1200℃烧结时合金中铜的富集区。

综上所述，在熔渗烧结过程中，温度对合金烧结有着较大的影响，主要体现在金属铜组元在熔渗烧结过程中的扩散和迁移，以及铜组元对金属钨颗粒的包覆性能，其实质是对金属铜熔体表面张力和熔体黏度的影响。

对大多数熔体而言，表面张力与温度的关系可以用约特奥斯方程来表达[6]：

$$\sigma\left(\frac{M}{\rho}\right)^{-2/3}=K(T_c-T) \tag{4-1}$$

式中，σ 为表面张力；M 为原子量；ρ 为熔体密度；M/ρ 为摩尔体积；T_c 为熔体临界温度；T 为熔体温度；K 为常数，对液态金属来说，$K=6.4\times10^6$J/K。由此式可以看出，随着温度的升高，熔渗铜液的表面张力会有所下降。

此外，温度对熔体的黏度也有显著影响，可用阿伦尼乌斯方程来表达[6]：

$$\eta=A_\eta\exp\left(\frac{E_\eta}{RT}\right) \tag{4-2}$$

式中，η 为动力黏度；A_η 为常数；E_η 为黏度活化能；R 为摩尔气体常数；T 为绝对温度。对于一定成分的熔体，A_η 和 E_η 均为常数，因此，随温度的升高，金属铜熔体的黏度减小，一方面对金属钨颗粒的包覆性更好，另一方面更有利于金属铜液的熔渗迁移和扩散重排。

4.1.2 烧结温度对材料密度的影响

密度是影响粉末冶金材料性能的重要因素，图 4-2 为 WCu20 复合材料烧结温度与密度的关系(保温 1h)。从图中可以看出，在 1100℃时密度较低，随着烧结温度的升高，试样的密度也逐渐增大，在 1100℃升温至 1200℃时，试样的密度较大幅度增加，而超过 1200℃后，试样密度增加得比较缓慢，因此，可以看出烧结温度为 1200℃时复合材料已基本实现致密化。这可能是因为当温度低于铜的熔点(1083℃)时，进行的是固相烧结，两相的再分布主要依靠固相的扩散和迁移进行，过程非常缓慢，很难有效地填充孔隙，使得致密度难以提高。当温度高于铜的熔点时，随着温度的升高，钨和铜界面的润湿性得到改善，在铜熔体表面张力作用下，钨颗粒向更加紧密的方向移动，使坯体中孔隙尺寸和数量迅速减少，毛细管力不断增大，在强烈的毛细管力作用下促使熔融的黏结相迅速分散，而且随着烧结温度的提高，铜熔体黏度降低，流动性能得到提高，铜液的黏性流动和钨颗粒的重排充分，熔融的铜可以较为容易地填充孔隙，所以密度快速上升[7, 8]。在 1200℃烧结时，得到钨铜复合材料的密度为 15.25g/cm^3，相对密度为 97.51%。

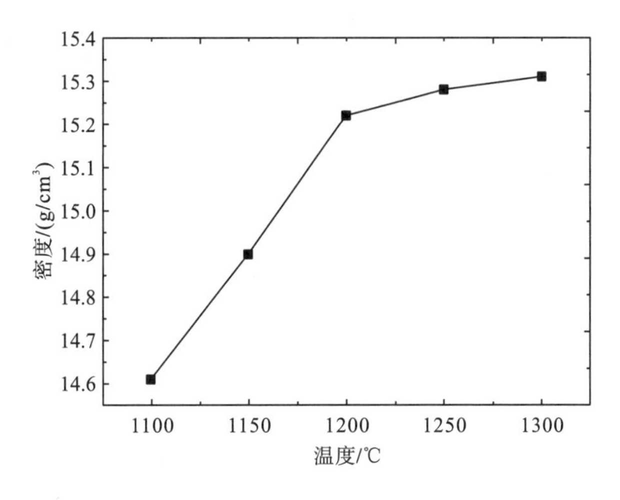

图 4-2　不同烧结温度下样品的密度

4.1.3　烧结温度对材料硬度的影响

图 4-3 所示为微波烧结 WCu20 复合材料的温度与硬度变化(保温 1h)。从图中可以看出，各试样硬度随着烧结温度升高先明显升高然后有所降低。在 1100～1200℃时随温度升高硬度显著增加，并在 1200℃时达到最大(222HBS)，当温度高于 1200℃后硬度有所降低。当烧结温度在 1100～1200℃时，金属铜液熔体在较小的区域内迁移并重排，填充了样品中的空隙，且在较低的温度下，铜组元不容易进行长距离的迁移，避免了大面积的铜成分富集，以及凝固过程中的晶粒生长。因此，在宏观上提高了合金的硬度。当烧结温度继续升高时，加剧了材料基体中铜组元的液态迁移和钨颗粒重排，使铜组元大面积富集和晶粒长大。当烧结温度超过 1200℃时，合金的硬度下降。

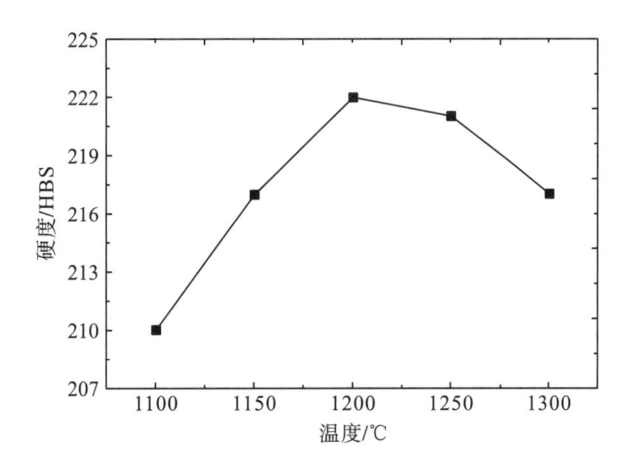

图 4-3　烧结温度对材料硬度的影响

4.1.4 烧结温度对材料物相的影响

图 4-4 为不同温度下微波熔渗烧结钨铜复合材料的 XRD 图，从图中可以看出，当烧结温度为 1300℃时，铜相的衍射峰最高，而 Cu0.4W0.6(PDF：50-1451)相峰值最低。当烧结温度在 1100℃和 1200℃时，合金的衍射峰相似，Cu0.4W0.6 相衍射峰的峰值高于铜相衍射峰，说明在液相烧结过程中部分铜原子进入 W 的晶格中并稳定存在，钨和铜具有较好的结合性能。而当在 1300℃烧结时，铜组元的扩散相对容易并富集，因此 Cu 的衍射峰偏高。

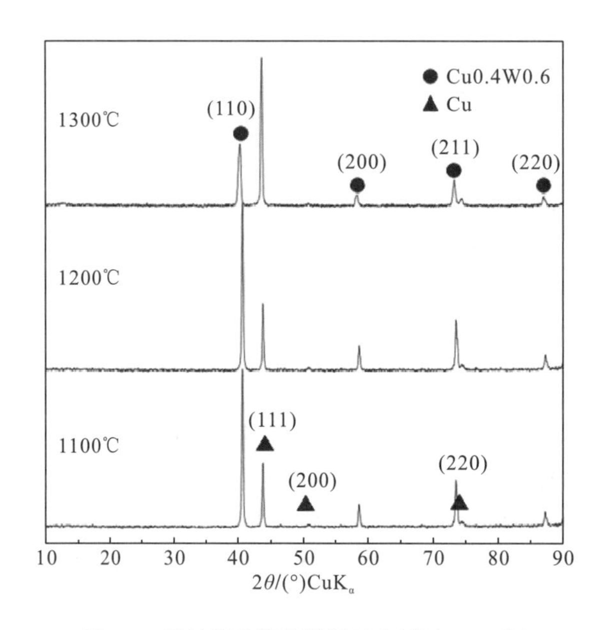

图 4-4 微波熔渗烧结钨铜复合材料 XRD 图

4.2 铜含量对材料显微结构的影响

图 4-5 为不同铜粉添加量对复合材料显微结构和孔隙分布的影响(微波烧结温度为 1200℃，保温 1h)。从图中可以看出，当铜粉添加质量分数为 5%和 8%时，合金基体中孔隙较多且孔径较大，而添加质量分数为 20%铜粉的合金烧结后，孔隙较少且孔径较小。添加质量分数为 5%、8%和 20%铜粉的钨铜复合材料的孔隙率分别为 3.40%、2.57%和 1.23%，这意味着随着铜粉添加量的增加，合金的相对密度增大。此外，随着铜含量的增加，铜组元的聚集明显。在钨铜复合材料液相烧结过程中，随着铜的熔化，在合金内部发生了液相浸渗和组分的重排过程。随着铜含量的增加，合金内部的铜组元更容易发生熔渗和组元迁移，从而填充合金内部的孔隙，且微波烧结钨铜复合材料具有相对致密的结构和均匀的孔隙分布。采用微波熔渗法制备的钨铜复合材料的相对密度可达 98.87%。

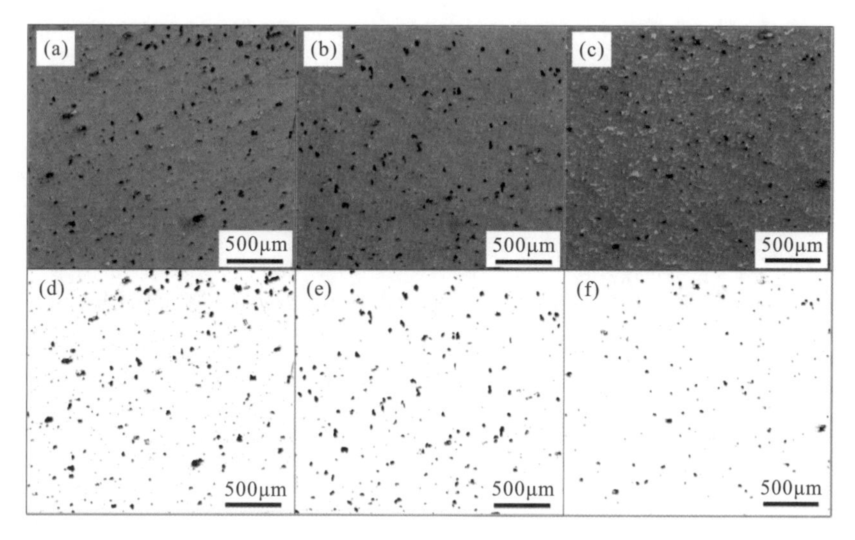

图 4-5　微波烧结钨铜材料孔隙分布
(a，d)5%铜粉，(b，e)8%铜粉，(c，f)20%铜粉

图 4-6 所示为微波熔渗烧结钨铜复合材料熔渗界面的显微结构，从图 4-6(a)中可以看出，烧结后合金中的铜和钨组元分布均匀。钨颗粒均匀分布在铜相中，没有大面积铜组元聚集现象，铜熔体与铜钨合金结合界面结合紧密，没有明显的界面逸散现象。图 4-6(b)显示钨颗粒在铜相中分布比较均匀，但在某些区域的铜基体发生纵向富集，与添加质量分数 5%铜相比，此钨铜复合材料的微观组织分布较均匀。此外，添加质量分数 8%铜的复合材料在熔渗烧结过程中，材料熔渗铜界面相对紧密整齐。部分区域钨颗粒开始向铜熔体中逸散。在图 4-6(c)中，添加质量分数 20%铜的复合材料烧结后铜组元相对富集，钨颗粒在铜组元中呈不均匀分布，此外，材料与铜熔体之间的界面松散，钨颗粒向铜熔体中逸散。

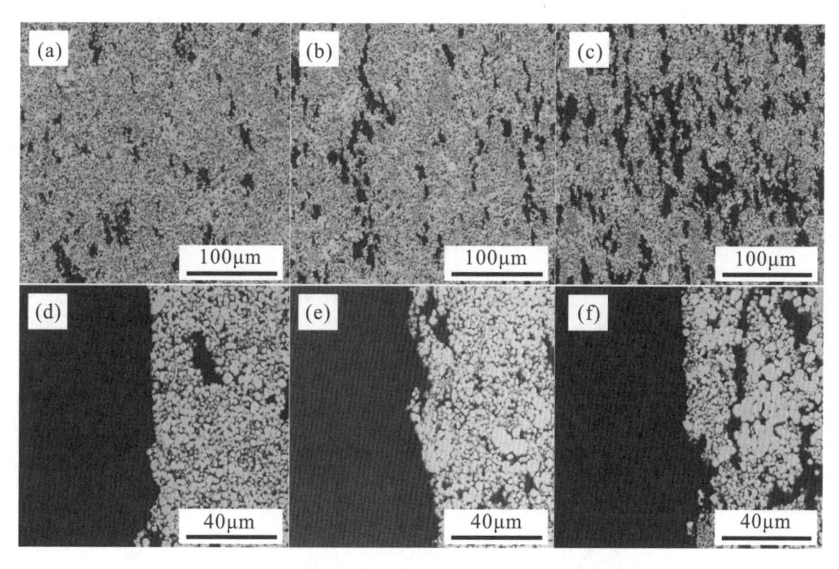

图 4-6　微波烧结铜钨复合材料微观形貌
(a，d)5%铜粉，(b，e)8%铜粉，(c，f)20%铜粉

4.3 烧结时间的影响

对不同烧结时间下钨铜复合材料的密度和硬度进行测试，结果如表 4-1 所示。从表中可以看出，随着烧结时间的增加，复合材料的密度增大，在 0.5～1h 增幅较大，而在 1h 和 1.5h 时，材料密度略有增大，但增幅不大。烧结 0.5h 时，材料的硬度较低；而在烧结 1h 时，材料的硬度最大；当烧结 1.5h 时，材料的硬度有所降低。因此，选择适当的烧结时间对复合材料性能的影响较为重要。在一定的烧结时间内，有利于复合材料中 Cu 相和 W 相充分扩散，颗粒分布均匀化，孔隙减少，因而密度和硬度在一定保温时间内都得到提高，但在烧结时间过长后，随颗粒重排和材料的致密化，材料的密度有所增加但是硬度可能会因晶粒长大等因素而降低。

表 4-1 不同烧结时间下 WCu20 复合材料性能

温度/℃	铜粉质量分数/%	烧结时间/h	密度/(g/cm^3)	硬度/HBS	相对密度/%
1150	5	0.5	14.67	196	93.40
		1.0	15.22	222	97.13
		1.5	15.28	214	97.54

4.4 钨粉粒度的影响

4.4.1 钨粉粒度对材料显微结构的影响

图 4-7 为不同粒度金属钨粉对微波烧结 WCu20 复合材料显微结构的影响。图中所采用的钨粉平均粒度分别为 3～5μm、9～15μm 和 15～20μm，烧结温度为 1200℃。从图中可以看出，钨粉颗粒较小时，材料的显微结构相对均匀，组元之间结合紧密，铜组元在液相烧结过程中将发生一定的迁移并聚集，在铜组元迁移的同时，细颗粒钨粉将受熔体表面张力作用迁移并相互接触，但因颗粒较小，铜组元主要在短程迁移，因此结构相对均匀。

图 4-7 钨粉粒度对微观结构的影响

(a) 3～5μm，(b) 9～15μm，(c) 15～20μm

随着钨颗粒的增大，大的颗粒之间结合更加紧密，并形成一定的封闭孔隙，这可能是在烧结过程中，因钨颗粒较大，铜组元对孔隙的填充不充分造成的。此外，在液相烧结过程中，铜组元发生了长程扩散迁移，小的钨颗粒难以通过铜液相推动填充到大颗粒空隙中，而较大的钨颗粒间相互聚集，造成一定的成分偏析，以及组织分布的不均匀。

4.4.2　钨粉粒度对硬度的影响

表 4-2 为不同条件下，微波在 1100℃熔渗烧结钨铜复合材料的硬度变化。从表中可以看出，当 Cu 含量一定时，钨铜复合材料的硬度随金属钨粉粒度的增加而增加。随着钨粉颗粒的增加，钨粉在烧结过程中相互搭接，构成强度相对较高的骨架，从而增加了钨铜复合材料的硬度；而当钨粉颗粒过细时，金属铜粉将钨颗粒充分分离，在烧结过程中，金属铜组元对较细钨颗粒的包覆性较好，使钨颗粒均匀分布于复合材料的基体中，钨颗粒间不能充分搭接形成钨骨架，因此，材料的硬度有所下降。

表 4-2　钨铜复合材料的硬度

铜粉质量分数	钨粉粒度/μm	硬度/HBS
5%	15～20	216
	9～15	209
	3～5	198
8%	15～20	205
	9～15	201
	3～5	189
20%	15～20	190
	9～15	182
	3～5	176

4.5　钨铜复合材料性能测定

4.5.1　钨铜复合材料热导率

在 1200℃时，笔者对微波熔渗烧结制备的钨铜复合材料的热导率进行了测定。将烧结后的样品加工成长宽高为 10mm×10mm×3mm 的规则形状，采用 LFA 467 型激光导热仪对钨铜复合材料的热扩散系数进行测定，实验测试温度为 50～500℃，样品成形压力为 40MPa。通过测定钨铜复合材料的热扩散系数，计算材料的热导率。

复合材料的热容采用体积混合模型进行计算，其中金属 Cu 和 W 的热容值 $C_{p\mathrm{Cu}}$ 和 $C_{p\mathrm{W}}$ 分别采用如下公式进行计算[9]。

$$C_{p\mathrm{Cu}} = 24.853 + 3.787 \times 10^{-3} T - 1.389 \times 10^{5} T^{-2} \tag{4-3}$$

$$C_{pW} = 22.886 + 4.686 \times 10^{-3} T \tag{4-4}$$

表 4-3 为通过实验所测定的不同钨铜复合材料在 323K 时的热导率。从表中可以看出，钨铜复合材料铜含量高时热导率也随之增高。周燕等[10]采用溶胶凝胶-还原的方法制备了 100～400nm 粒度的 W/Cu 复合粉体，采用微波在 1200℃烧结 25min，样品的致密度达到 97%，热导率达到 187W·m^{-1}·K^{-1}，这也体现了微波快速烧结的优势。

表 4-3 钨铜复合材料热导率测定结果(323K)

复合材料	铜体积分数 V_{Cu}/%	热导率 λ/(W·m^{-1}·K^{-1})
WCu5	10.2	146
WCu8	15.8	159
WCu20	35	199

测定 50～500℃热导率随温度变化的关系，并进行线性拟合。图 4-8 为所测定的钨铜复合材料热导率随温度变化规律。从图中可以看出，随温度的升高，钨铜复合材料的热导率呈下降趋势，同时热导率的下降随温度变化呈现两个阶段的线性关系，且第一阶段的热导率下降速率高于第二阶段，如 WCu5 复合材料和 WCu8 复合材料的热导率随温度升高，热导率呈线性快速降低的趋势；当温度到达 200℃左右时，随温度的继续升高，热导率下降趋势变缓，但仍然是呈线性下降趋势。而 WCu20 复合材料的热导率随温度降低的温度转变点发生在 300℃左右，因此可以说明钨铜复合材料的热导率主要受铜含量的影响，随温度升高时，热导率线性降低，且分为两个阶段，降低的温度转变点随铜含量的增高而增高。

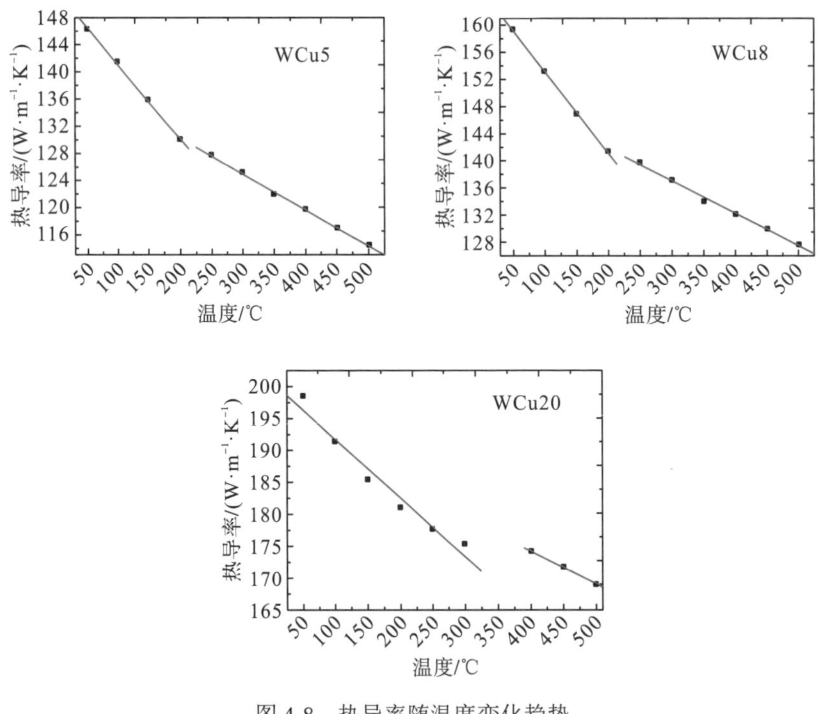

图 4-8 热导率随温度变化趋势

图 4-9 为不同压力压制 WCu20 复合材料坯块，烧结制样后的热导率变化情况。从图中可以看出，不同条件下的样品热导率随温度升高而降低，在铜含量相同的条件下，热导率降低的趋势趋于一致；而在 40MPa 条件下压制的钨铜复合材料烧结后的热导率相对较高，这可能主要体现在致密化方面，具有较高致密度的材料的热导率相对较高。

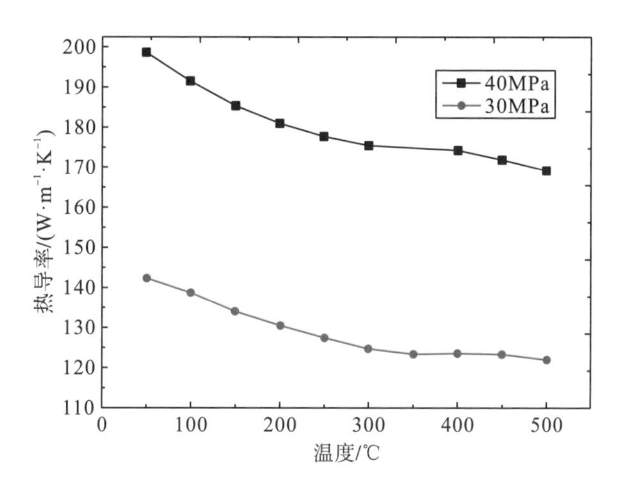

图 4-9　热导率随温度变化

4.5.2　钨铜复合材料热膨胀系数

针对钨铜复合材料热膨胀性能的变化规律，笔者进行了热膨胀系数测定(热膨胀仪型号：DIL402PC)，温度范围设定为 36～350℃，升温速率为 5℃/min。

材料在特定温度下的热膨胀系数(coefficient of thermal expansion，CTE)用以下公式表示[11, 12]：

$$\mathrm{CTE} = \frac{\partial}{\partial T}\left(\frac{\Delta L}{L}\right) \tag{4-5}$$

式中，L 表示温度为 T 时的长度。

当计算平均线膨胀系数时，可采用如下公式进行计算：

$$\overline{\mathrm{CTE}} = \frac{1}{L_0}\left(\frac{\Delta L}{\Delta T}\right) \tag{4-6}$$

式中，L_0 为试样原始长度；ΔL 为试样在 ΔT 温度区间内的长度变化。

通过计算得到，在 37～40℃，WCu8 复合材料和 WCu20 复合材料的平均热膨胀系数分别为 6.5×10^{-6}/℃和 8.5×10^{-6}/℃。由此可见，在相同温度条件下，含铜量高的热膨胀系数大，实验测定的热膨胀系数与混合模型计算的理论值一致。

图 4-10 为所测定的 WCu8 和 WCu20 钨铜复合材料热膨胀率随温度变化的曲线。由图中可以看出，钨铜复合材料的热膨胀率与温度呈线性关系。随着温度的升高，钨铜复合材料的热膨胀率也随之升高。在相对低温时，钨铜复合材料的热膨胀系数随成分变化不大，当温度继续升高时，含铜量高的钨铜复合材料的热膨胀系数相对增加较快。

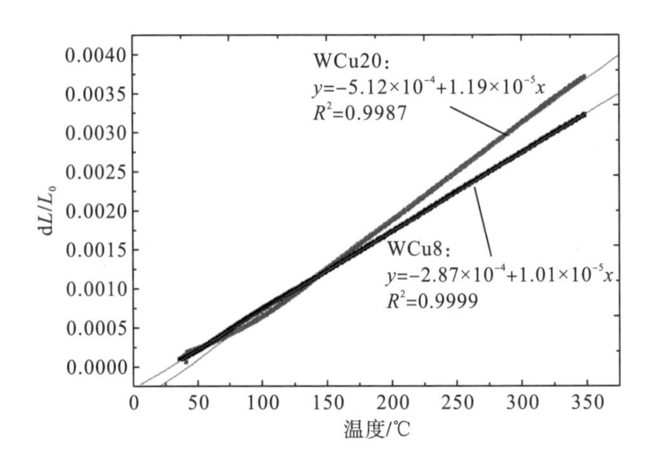

图 4-10 热膨胀随温度的变化趋势

4.6 微波烧结钨铜复合材料新工艺

笔者开展了两个方面的微波烧结钨铜复合材料新工艺研究：一是以镀铜钨粉为原料，开展微波烧结复合材料；二是开发了微波热压烧结新装备，并开展了微波强化热压烧结钨铜复合材料工艺研究，该工艺结合微波快速升温与传统热压烧结的优势，可实现材料的快速致密化，强化烧结过程，提高制品性能。

4.6.1 钨粉镀铜对合金性能的影响

笔者通过实验研究，确定了钨粉表面化学镀铜的工艺参数，化学镀铜温度为 60℃、还原剂为甲醛、络合剂为酒石酸钾钠及 EDTA-2Na、稳定剂为铁氰化钾、镀铜时间为 110min、pH 为 12～13。通过该工艺得到的镀铜钨粉如图 4-11(a)所示。从图中可以看出，钨粉表面经过镀铜处理后具有金属铜光泽和良好的镀层。图 4-11(b)为镀铜钨粉的 XRD 图，所有衍射峰与铜和钨良好对应，没有明显其他相出现。

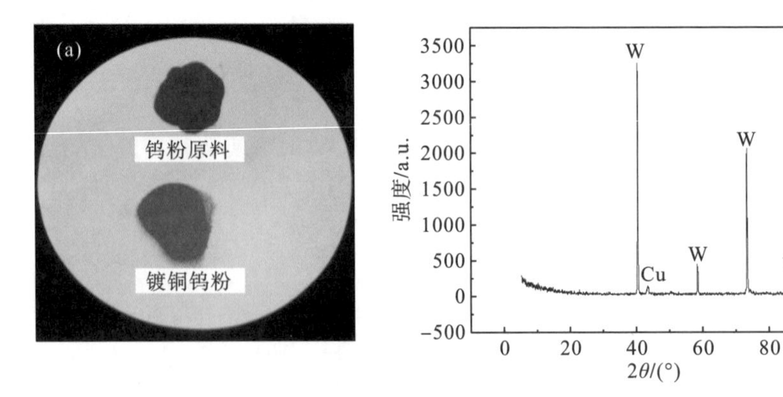

图 4-11 (a)钨粉镀铜前后形貌，(b)镀铜钨粉的 XRD 图

镀铜钨粉的 SEM 形貌及能谱分析如图 4-12 所示。从图 4-12(a)可以看出，钨粉化学镀铜后与初始钨粉相比，呈现球形，表面镀层光滑均匀。能谱分析结果如图 4-12(b)所示，镀层仅有铜元素，没有其他明显杂质引入。

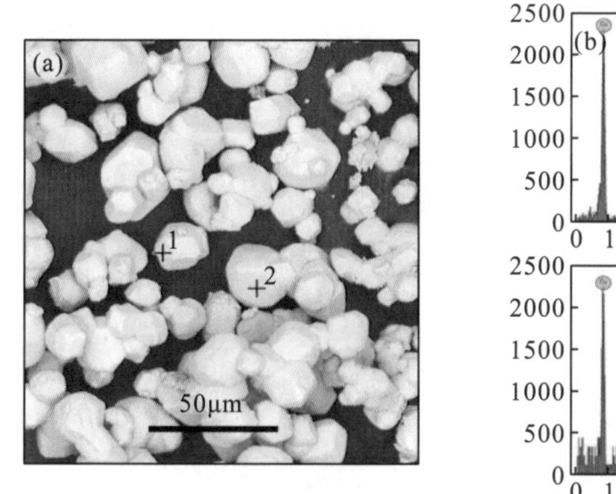

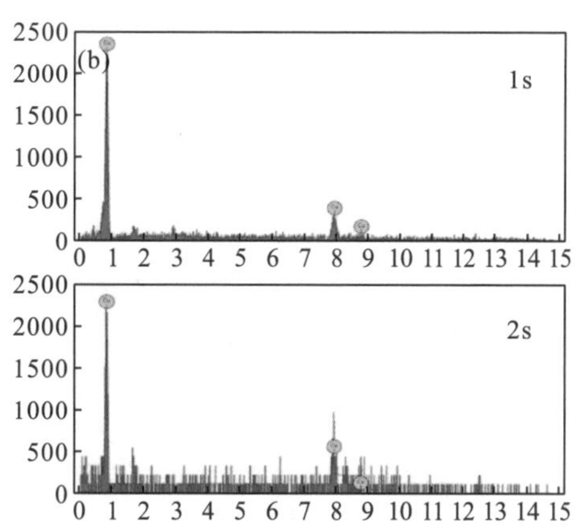

图 4-12　镀铜钨粉的 SEM 图像及能谱分析

为了测定铜镀层的厚度，将镀铜钨粉颗粒镶嵌在环氧树脂中，固化后对样品进行抛光，使铜镀层暴露。采用场发射扫描电子显微镜和能量色散 X 射线谱仪(energy dispersive spectrometer，EDS)分析铜镀层的厚度，如图 4-13 所示。从图 4-13(a)～图 4-13(c)中可以看出，钨粉表面铜镀层厚度相对均匀，在 0.6～1.1μm 内。通过 EDS 分析图 4-13(a)铜镀层元素的表面分布，如图 4-13(d)～图 4-13(f)所示，从图中可以看出铜镀层均匀包裹在钨颗粒表面。

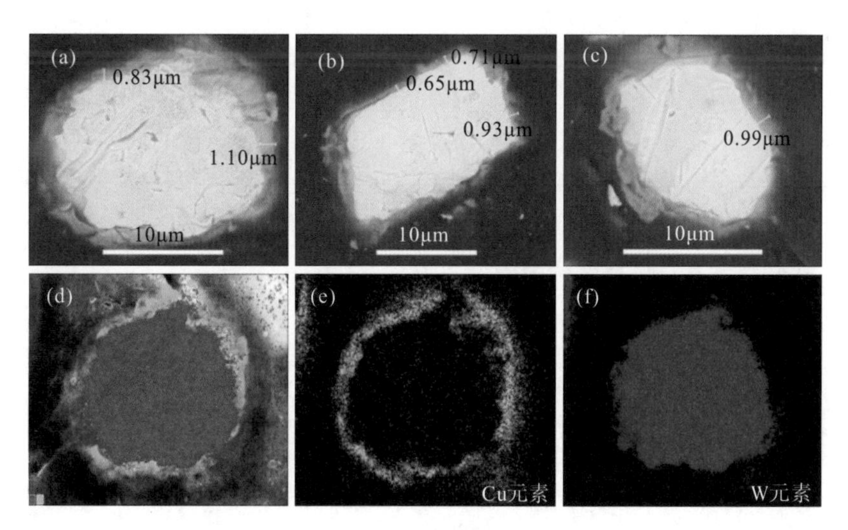

图 4-13　铜镀层厚度及元素分布

采用上述工艺条件获得的镀铜钨粉为原料，开展微波烧结研究。图 4-14 为 1000℃下微波烧结 WCu20 复合材料的微观结构，分别采用原始钨粉和镀铜钨粉作为原料。从图中可以看出，采用镀铜钨粉为原料，钨颗粒在 WCu20 复合材料基体中的分布比较均匀，颗粒之间几乎没有接触和烧结。当使用无涂层的钨粉时，钨颗粒将聚集并烧结成块。此外，由于低温烧结时的收缩，复合材料基体中存在大量的孔隙。Zhou 等[13]报道了通过冲击固结法制造几乎完全致密的 W-Cu 复合材料，结果显示，通过使用铜镀层的钨粉末，避免了 W-W 接触。烧结模式变成了 Cu-Cu，因此，在相对较低的冲击压力下，无须预热就可以轻松实现烧结。

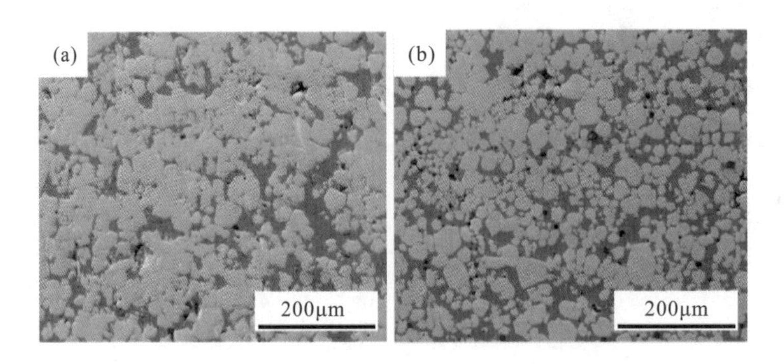

图 4-14 镀铜钨粉对 WCu20 显微结构的影响

(a) 未镀铜钨粉，(b) 镀铜钨粉

图 4-15 显示了以镀铜钨粉为原料在不同温度下制备的 WCu20 复合材料的显微结构。从图 4-15(a) 可以看出，当烧结温度为 1000℃时，由于在较低的烧结温度下，钨颗粒的扩散和重新排列较差，复合材料中存在较多的孔隙。当烧结温度为 1100℃时，由于在铜粉熔点附近，钨颗粒的分布比较均匀，复合材料的基体比较紧密，孔隙明显减少，如图 4-15(b) 所示。然而，当烧结温度达到 1200℃时，由于高温下熔体具有良好的流动性，熔融铜渗透到复合材料的底部，由于铜组元的损失而显示出大量的封闭孔隙，钨颗粒在重新排列的过程中被烧结成块状，如图 4-15(c) 所示。Zhang 等[14]通过低温热压烧结镀铜钨粉制备出高密度的 W-20%Cu(质量分数) 复合材料，显示了 W-Cu 复合材料的低温致密化。第 2 章的研究也表明，当铜粉加热到 900℃以上时，烧结致密化过程会很快完成。而采用未镀铜的钨粉进行微波烧结时，需要达到 1200℃左右才能获得更好的烧结性能。因此，采用镀铜钨粉可以降低钨铜复合材料的烧结温度。

图 4-15 温度对镀铜钨粉烧结 WCu20 的影响

(a) 1000℃，(b) 1100℃，(c) 1200℃

图 4-16 分别显示了采用原始钨粉和镀铜钨粉作为原料，在不同温度下制备 WCu20 复合材料的硬度和密度。从图 4-16(a)中可以看出，WCu20 复合材料的硬度随着温度的升高而增大。然而，用镀铜钨粉烧结的 WCu20 复合材料的硬度比原始钨粉的硬度略低，这可能是镀铜钨颗粒在烧结过程中的良好流动性和重新排列造成的。复合材料中的钨颗粒可以均匀分布，不会被烧结成块。因此，由镀铜钨粉制备的 WCu20 复合材料的硬度会略低。此外，测量不同温度下烧结的合金样品的相对密度，如图 4-16(b)所示。结果显示，在 1100℃以下复合材料的相对密度随着温度的升高而增大。当温度高于 1100℃时，由于铜在高温下熔化，熔融的铜在毛细力的作用下流向底部，并产生更多的孔隙，其相对密度下降。此外，在相同的温度下，由镀铜钨粉制备的合金的相对密度要高。结果显示，在 1100℃下烧结 1h 的 WCu20 复合材料的密度为 $15.22g/cm^3$，相对密度为 97.13%，显示出较好的烧结致密性。

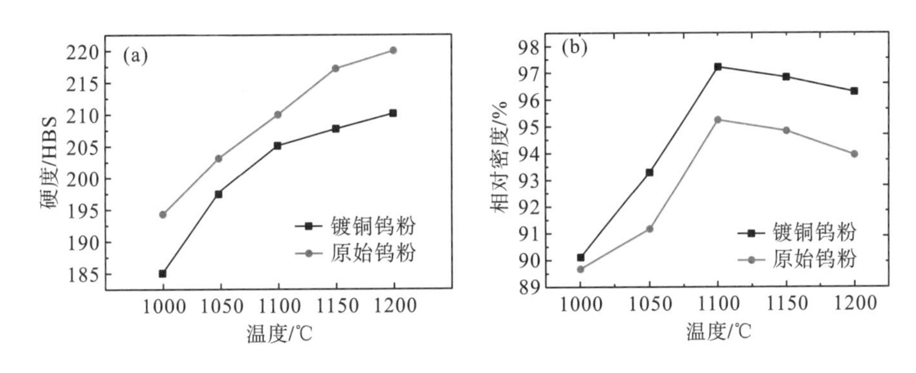

图 4-16　烧结温度对硬度(a)和密度(b)的影响

4.6.2　微波热压烧结装备研发

热压烧结是加热加压同时进行，由于粉料处于热塑性状态，有助于颗粒的接触扩散、流动传质过程的进行；此外，热压烧结还能降低烧结温度，缩短烧结时间，从而抵制晶粒长大，得到晶粒细小、致密度高和性能良好的产品。因此，热压烧结是制备高性能致密钨铜复合材料的有效方法，结合热压烧结的优势，充分利用微波快速加热的特点，设计研发了新型微波热压烧结装备，并开展微波热压烧结 WCu20 合金新工艺研究。

笔者设计研发了 0～6kW 微波热压烧结装备，如图 4-17 所示。该装备主要由液压系统、电气测控系统、真空系统、微波加热系统、测温系统、冷却系统等部分组成。

微波加热系统由 4 个 1.5kW 的磁控管组成，总额定功率为 6kW，微波源频率为 2450MHz，使用温度为 0～1200℃，采用 PLC 控制，触摸屏操作；微波传输输出波导包括 BJ-26 环行器、水负载等，采用 BJ-26 标准法兰与预留法兰连接。

液压系统由液压站和油缸组成，能够实现升压、保压、降压等工艺过程的自动控制，具有准确、方便等特点。

测温系统有红外测温和热电偶测温两种测温方式，采用两种测温方式配合测温，能够提高测温的稳定性和准确性，具有超温报警功能。

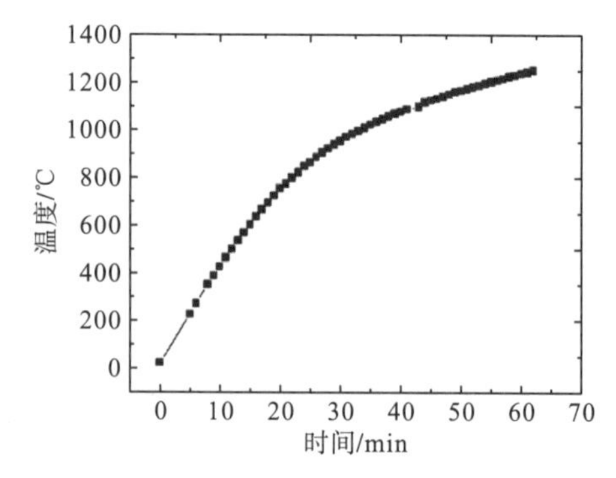

图 4-17 微波热压烧结装备及加热特性

冷却系统为循环水冷却，由总管进入，经过分流器送到磁控管、炉腔等需要冷却的部位，每路冷却水设置有手动阀门，可以按照需要调节流量大小。安装有水压控制器，使用过程中出现断水或水压不足时，将会发出报警信号，且磁控管将会关闭，加热过程停止并撤销压力，以保证设备的安全使用。图 4-18 为微波热压炉腔体内部示意图。

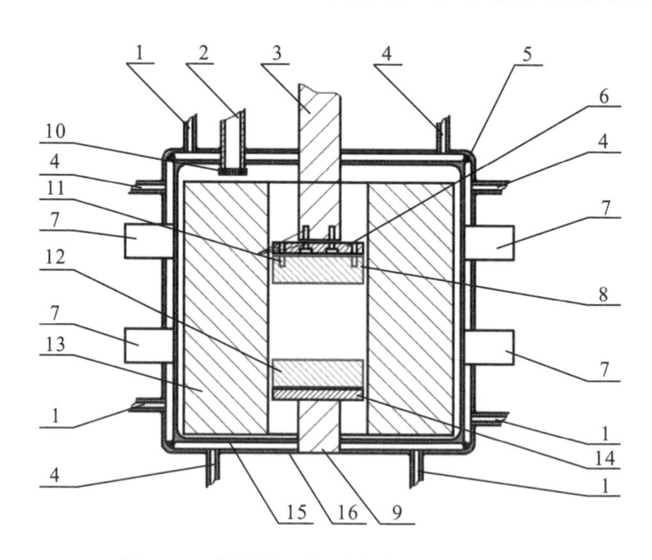

图 4-18 微波热压炉腔体内部结构示意图

1-进水管，2-真空泵接口，3-液压杆，4-出水管，5-腔体内外层连接件，6-上热压头连接层，7-磁控管，8-上热压头，9-下热压头底座，10-过滤头，11-连接孔，12-下热压头，13-保温体，14-下热压头连接层，15-微波腔体内层，16-微波腔体外层

4.6.3 微波热压烧结工艺

分别采用微波热压烧结和无压烧结制备钨铜复合材料，微波热压烧结工艺步骤包括混合、加料和微波烧结。采用 V 形混料机制备不同铜含量(质量分数为 8%和 20%)的钨铜粉末，混料 2～4h。将钨铜混合粉末装入直径为 4cm 的石墨模具中，然后放置于微波烧结炉的腔体内。微波热压烧结炉的压力为 0～20t(1t=1000kg·N)，压头的直径为 10cm，对石墨模具分别施加 30MPa 和 40MPa 的压力，然后馈入微波频率为 2450MHz、3kW 的微波功率。烧结温度控制在 1100℃，烧结 1h。微波热压烧结示意图如图 4-19 所示。

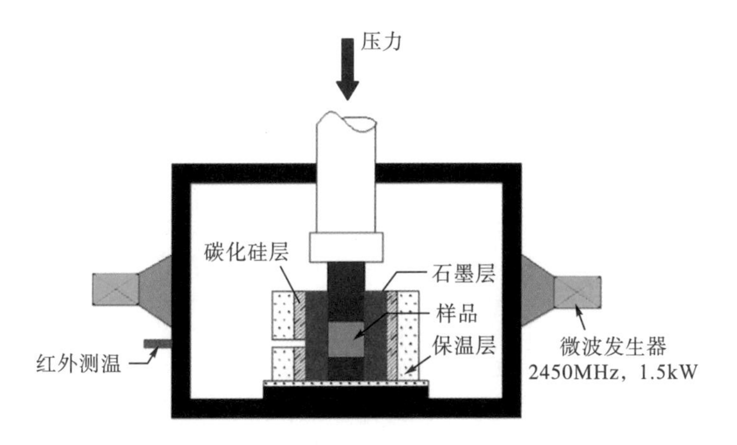

图 4-19　微波热压烧结示意图

与热压烧结相比，无压烧结不包括热压步骤，钨铜混合粉末被压制成钨铜原坯，然后再进行烧结。含铜质量分数 20%的钨铜混合粉末通过钢模在 30MPa 压力下被压制成直径 40mm 的钨铜复合材料坯块，随后将钨铜复合材料坯块放入莫来石坩埚中，并置于微波炉中进行辅助烧结，烧结温度为 1100℃，烧结 1h。为了更好地进行比较，在保护气氛下采用电阻炉进行钨铜复合材料的传统烧结，加热速率为 6℃/min，烧结条件与微波烧结相同。

图 4-20 为通过传统烧结方式制备 WCu20 复合材料的微观结构。表 4-4 是通过不同方法制备 WCu20 复合材料的机械性能。从表中可以看出，通过传统烧结方式制备的 WCu20 的密度是 $14.23g\cdot cm^{-3}$，相对密度仅为 91.06%；此外，可以看出通过微波烧结能够改善铜钨复合材料的性能。微波烧结可以快速将钨铜复合材料坯块加热至 1100℃，随后铜粉开始熔化。在表面张力和毛细管力的作用下，液相铜将包覆在钨颗粒的表面，填充钨颗粒之间的空隙，从而导致金属钨颗粒的重排。如果液相铜不能有效填充钨颗粒之间的空隙将形成封闭的孔隙。

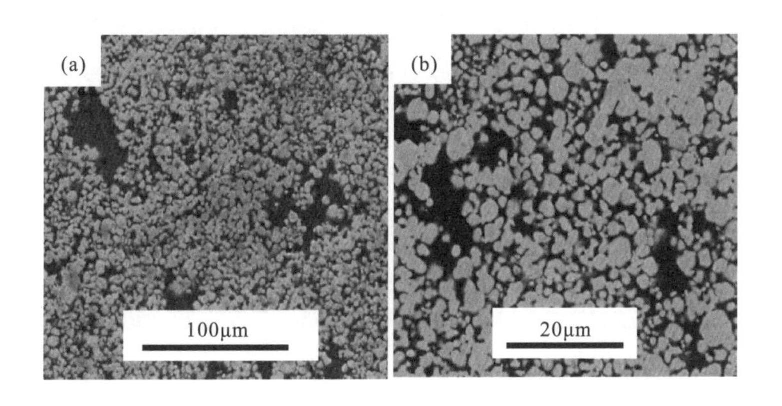

图 4-20　传统烧结 WCu20 复合材料的微观结构

表 4-4 不同方法制备 WCu20 复合材料性能对比

烧结方式	硬度/HBS	烧结密度/($g\cdot cm^{-3}$)	相对密度/%
传统烧结	203±5	14.23±0.02	91.06
微波无压烧结	209±6	14.61±0.02	93.47
微波热压烧结(30MPa)	219±3	15.34±0.01	98.14
微波热压烧结(40MPa)	222±3	15.42±0.01	98.65

图 4-21(a)和图 4-21(b)为微波无压烧结 WCu20 复合材料显微结构，图中清楚地显示复合材料基体中组元的非均匀分布、较高的孔隙率和较低密度。这是由于在相对低的温度下，合金中诱导铜粉不能有效地流动迁移而产生较多孔隙。图 4-21(c)和图 4-21(d)为微波热压烧结样品的微观形貌，从图中可以看到样品基体均匀致密，没有明显孔隙。复合材料在微波热压烧结条件下发生颗粒重排、塑性变形和滑移，能有效促进 WCu20 复合材料中金属铜和钨的重排和均匀分布。此外，表 4-4 和图 4-21 还表明微波热压烧结样品具有较好的硬度和密度，有利于提高复合材料基体的焊合性能、降低孔隙率，获得烧结致密的高硬度合金。此外，在热压烧结条件下有利于提高金属基体的焊合性能，减小孔隙率，提高合金的烧结密度和相对密度，进而提高合金的硬度。

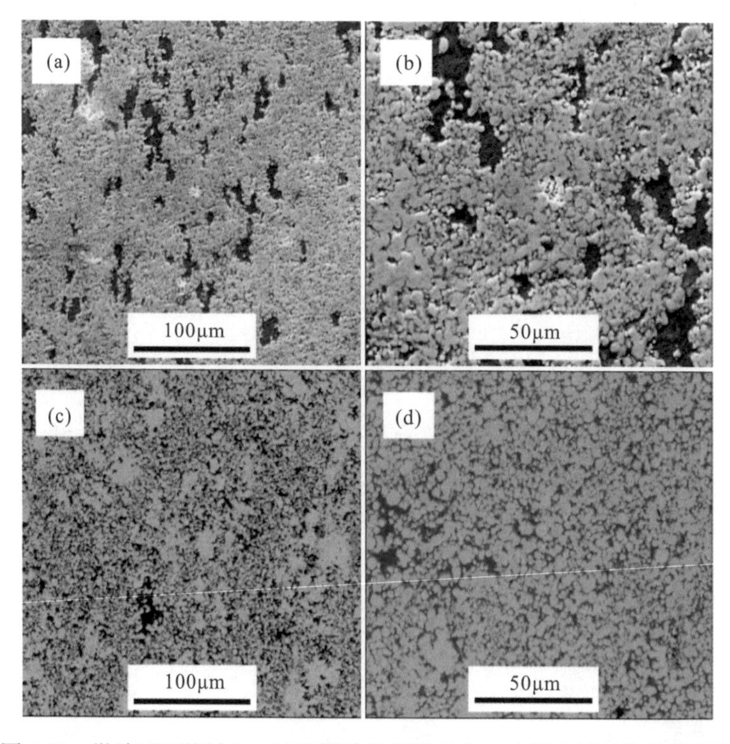

图 4-21 微波无压烧结(a，b)和微波热压烧结(c，d)复合材料的显微结构

图 4-22 为微波热压和微波无压烧结 WCu20 复合材料的 XRD 图(1100℃，1h)。从图中可以看出，所有样品的衍射峰与 Cu(PDF：04-0836)和 W(PDF：04-0806)都很好地对应，

没有出现明显氧化。此外，微波热压烧结与微波无压烧结 WCu20 复合材料的衍射峰是一致的。然而，微波热压烧结样品的 XRD 图谱中，铜的各个晶面的衍射峰强度相对于无压烧结得到了增强，表明在微波热压烧结条件下，诱发了金属铜各个晶面的滑移，有利于促进 Cu 组元的流动和颗粒重排，实现合金基体的均匀性和致密化。

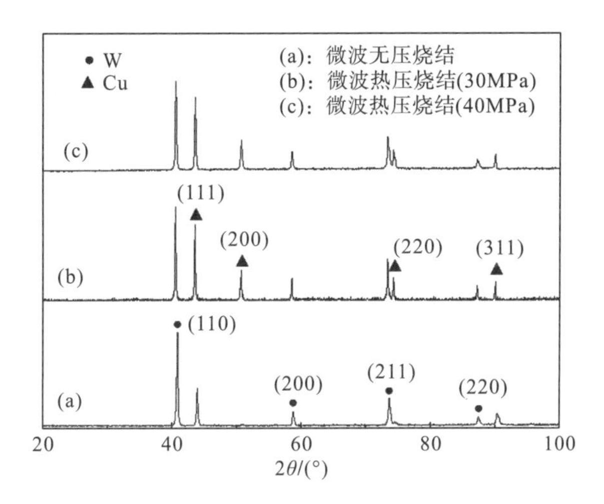

图 4-22　不同工艺下微波烧结 WCu20 复合材料 XRD 图

图 4-23 是分别在 30MPa 和 40MPa 压力条件下微波热压烧结 WCu20 复合材料的 SEM 图。从图中可以看出，随着压力的增大，复合材料基体中的 W 颗粒趋向于更致密的排列和聚集。此外，在 40MPa 压力下，烧结复合材料的密度为 15.42g·cm^{-3}，相对密度为 98.65%，略高于 30MPa 压力下烧结的 WCu20 复合材料，因此，随烧结压力的增大，复合材料相对密度增大。研究结果显示，在适当的压力下采用微波热压制备的 WCu20 复合材料具有优良的性能。

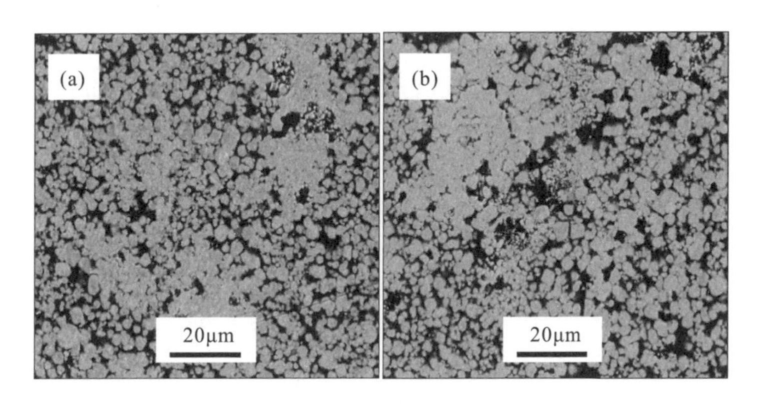

图 4-23　微波热压烧结 WCu20 复合材料的 SEM 图

(a) 30MPa，(b) 40MPa

参 考 文 献

[1] 黄友庭, 汤德平, 陈文哲. CuW80 铜钨合金疲劳损伤过程的研究[J]. 材料热处理学报, 2007, 28(4): 30-33.

[2] 刘涛, 范景莲, 成会朝, 等. W-20%Cu 超细复合粉末的制备和烧结[J]. 粉末冶金技术, 2007, 25(4): 259-261.

[3] 林丽璀. 钨铜复合材料的熔渗法制备工艺、组织形貌及性能研究[D]. 厦门: 厦门大学, 2013.

[4] Davis J W, Barabash V R, Makhankov A, et al. Assessment of tungsten for use in the ITER plasma facing components[J]. Journal of Nuclear Materials, 1998, 258: 308-312.

[5] 黄培云. 粉末冶金原理[M]. 北京: 冶金工业出版社, 2006.

[6] 杨晓红. 超高压 CuW/CuCr 整体电触头材料的研究[D]. 西安: 西安理工大学, 2009.

[7] Guo Y L, Yi J H, Luo S D, et al. Fabrication of W–Cu composites by microwave infiltration[J]. Journal of Alloys and Compounds, 2010, 492(1-2): L75-L78.

[8] 郭颖利. 微波熔渗法制备 W-Cu 合金研究[D]. 长沙: 中南大学, 2010.

[9] 李钒, 李文超. 冶金与材料热力学[M]. 北京: 冶金工业出版社, 2012.

[10] 周燕. 高性能钨/(镍、铜、铬)材料的制备与物性表征[D]. 北京: 中国科学院大学, 2014.

[11] 张剑平. TiB_2/Cu 复合材料微波烧结工艺及性能研究[D]. 南昌: 南昌大学, 2013.

[12] 田莳. 材料物理性能[M]. 北京: 北京航空航天大学出版社, 2001.

[13] Zhou Q, Chen P W. Fabrication of W–Cu composite by shock consolidation of Cu-coated W powders[J]. Journal of Alloys and Compounds, 2016, 657: 215-223.

[14] Zhang L M, Chen W S, Luo G Q, et al. Low-temperature densification and excellent thermal properties of W–Cu thermal-management composites prepared from copper-coated tungsten powders[J]. Journal of Alloys and Compounds, 2014, 588: 49-52.

第 5 章　微波烧结金刚石/硬质合金

目前，金刚石工具在工业领域得到广泛运用，如电子、机械、钻探、建筑、医学、国防以及光学玻璃加工等[1, 2]。硬质合金主要由骨架材料 WC 和金属黏结剂(Co、Ni、Fe 等)组成，其抗冲击韧性强，耐热性好，硬度较高[3, 4]，被广泛用于岩石切削、耐磨工具、矿山凿岩以及金属切削等领域，但其耐磨性比金刚石要低，特别是在加工较为坚硬的耐磨材料时，效率较低且寿命较短[5, 6]。金刚石/硬质合金复合材料结合了金刚石和硬质合金各自的优异特性，有着优良的综合机械性能，被广泛应用于钻探、凿岩、耐磨工具和切削加工等领域[7-9]。因此，通过烧结制备金刚石/硬质合金复合材料成为国内外研究的热门领域。

5.1　金刚石表面微波辅助镀钛工艺

金刚石与金属基体的浸润性差，界面结合能力弱，导致金刚石工具在使用时金刚石容易剥落而降低使用寿命。为提高金刚石与金属基体之间的界面结合，通常对金刚石表面进行金属化处理，如在金刚石表面镀覆强碳化物形成元素(Ti、V、Cr、Mo 等)[10-12]。由于金刚石表面碳原子存在一个悬挂键，可以和强碳化物元素发生界面化学反应生成稳定的金属碳化物，从而形成较好的化学结合。针对金刚石表面金属化，笔者开发了微波加热氢化钛熔盐热分解金刚石表面镀钛工艺。

5.1.1　镀钛金刚石形貌和物相分析

图 5-1(a)和图 5-1(c)中可以看出：未镀钛金刚石微观形貌为规则立体结构，边沿清晰，透明度高，表面光洁；镀钛后金刚石微观形貌为表面呈灰白色，有镀层均匀包裹在金刚石表面，镀层局部出现剥落现象，这是因为金刚石与镀层 TiC 和 Ti 的热膨胀系数差异大，当镀层较厚时，镀层与金刚石间存在较大应力[13]。样品外观方面：未镀钛金刚石呈淡黄色，镀钛金刚石呈银灰色。从图 5-1(b)和图 5-1(d)中可以看出，金刚石经微波热分解镀钛处理后，除了金刚石的衍射峰外，还出现了 TiC 和 Ti 的衍射峰，表明在金刚石和金属钛镀层之间形成了 TiC 过渡层。TiC 中间过渡层的形成可以使金刚石与基体之间实现冶金结合，而最外层的金属 Ti 层的存在又可以润湿金属基体，有利于金刚石与金属基体间界面结合能力的提升。此外，少量 TiO_2 和 TiO 物相的存在主要是因为 Ti 和 O_2 具有很强的亲和力，镀钛过程部分钛被氧化。

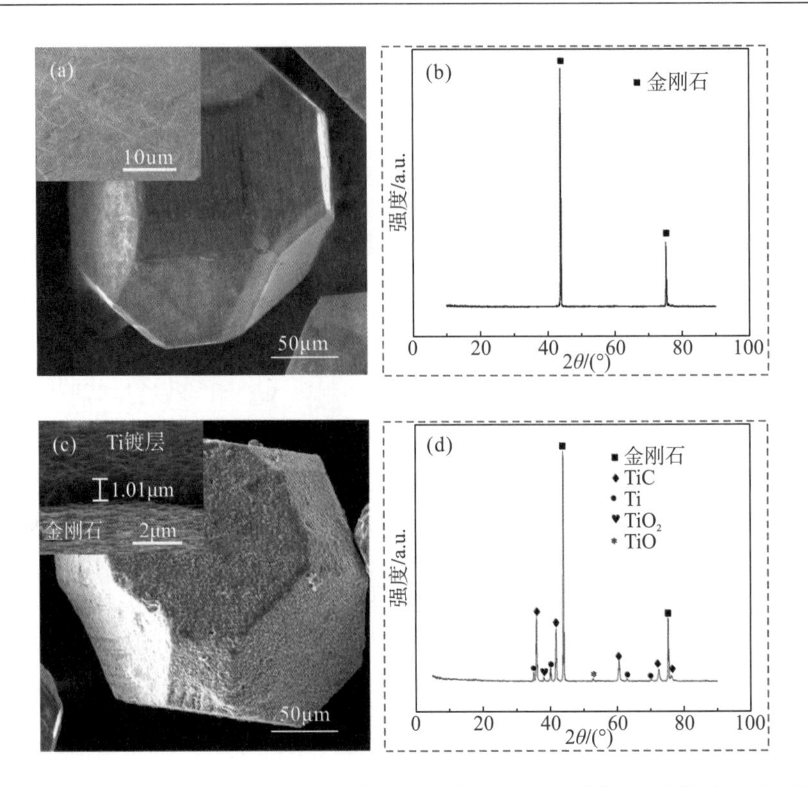

图 5-1 (a)未镀钛金刚石粉末形貌，(b)未镀钛金刚石粉末的 XRD 物相，(c)镀钛金刚石粉末形貌，(d)镀钛金刚石粉末的 XRD 物相

5.1.2 镀钛反应的热力学分析

金刚石镀层的物相组成主要为 TiC 和 Ti，镀覆过程中伴随 Ti 的沉积，以及 Ti 与金刚石结合的化学反应，具体如下：

$$TiH_2(s) \longrightarrow Ti(s)+H_2(g) \tag{5-1}$$

$$Ti(s)+C(s) \longrightarrow TiC(s) \tag{5-2}$$

反应方程式(5-1)的吉布斯自由能为：

$\Delta G^{\Theta}_{(1)}=-28.075T\ln T-8.962T-6.506\times10^{-3}T^2-61.588\times10^5T^{-1}+194221$[14]，通过计算可知，当温度 $T\geqslant636$℃，$\Delta G^{\Theta}_{(1)}\leqslant0\text{kJ}\cdot\text{mol}^{-1}$。所以当温度大于 636℃时，$TiH_2$ 会发生分解，形成活性 Ti 原子并沉积在金刚石表面，使得金刚石表面包裹上钛镀层。

反应方程式(5-2)的吉布斯自由能为：

$\Delta G^{\Theta}_{(2)}=-183.1+0.0101T$（$T$=25～882℃）[15]，当 T=636℃时，$\Delta G^{\Theta}_{(2)}=-173.9\text{kJ}\cdot\text{mol}^{-1}$，所以，在 636℃以上时，反应方程式(5-2)的吉布斯自由能小于零，即 Ti 原子能和 C 原子反应可形成 TiC 物相。

5.1.3 温度对镀钛工艺的影响

金刚石在不同镀钛温度(660℃、710℃、760℃、810℃和 860℃)下的微观形貌如图 5-2

所示，其中金刚石和 TiH_2 质量比为 1∶0.6，保温时间为 1h。从图中可以看出，在 660℃时金刚石的镀层较薄，镀钛金刚石呈现半透明状。随着温度的增加，镀钛金刚石微粒的颜色逐渐从灰黑色变为灰白色，表明钛镀层的厚度不断增加。当温度为 810℃时，金刚石颗粒表面钛镀层较厚。当温度达到 860℃时，部分钛镀层剥落，由于金刚石与镀层间热膨胀系数差异较大(金刚石、TiC 和金属 Ti 的热膨胀系数分别为 1.2×10^{-6}/℃，7.4×10^{-6}/℃和 8.35×10^{-6}/℃)，当镀层较厚时，镀层的弹性形变将变小，冷却过程中镀层与金刚石基体间形成的应力导致镀层破裂而剥落。

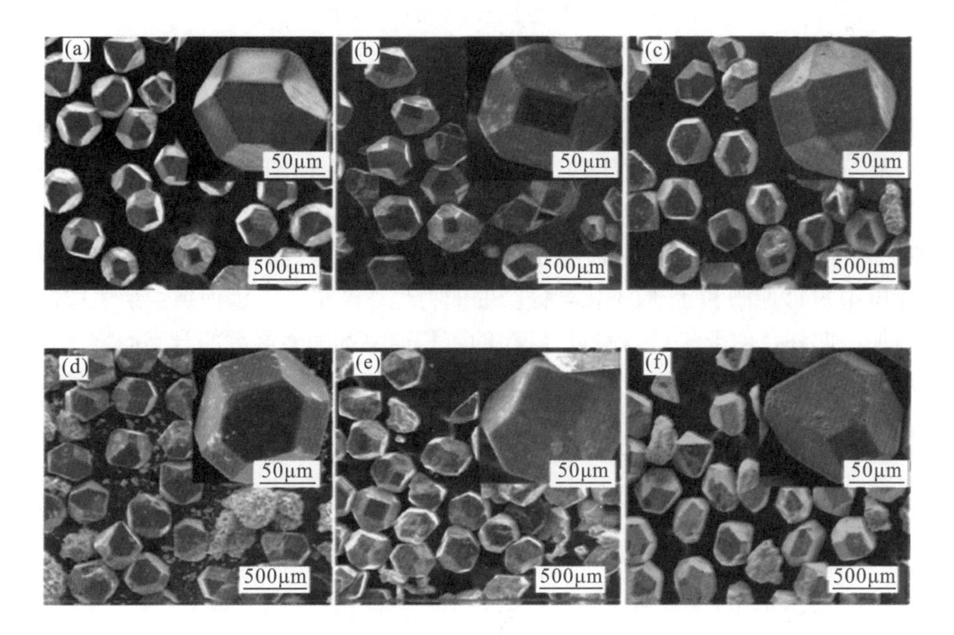

图 5-2　温度对金刚石镀钛工艺影响

(a)金刚石原样，(b)660℃，(c)710℃，(d)760℃，(e)810℃，(f)860℃

不同温度条件下镀层表面的微观形貌如图 5-3 所示。镀层表面钛晶粒随着温度的升高而逐渐增大。当镀覆温度为 660℃时，钛颗粒呈点状沉积分布在金刚石表面；在 710℃时沉积钛颗粒长大，当温度升至 760℃时，表层钛颗粒长大形成连续致密的钛镀层。温度继续升高至 810℃以上时，表层钛颗粒继续长大成结晶粗大的钛镀层。

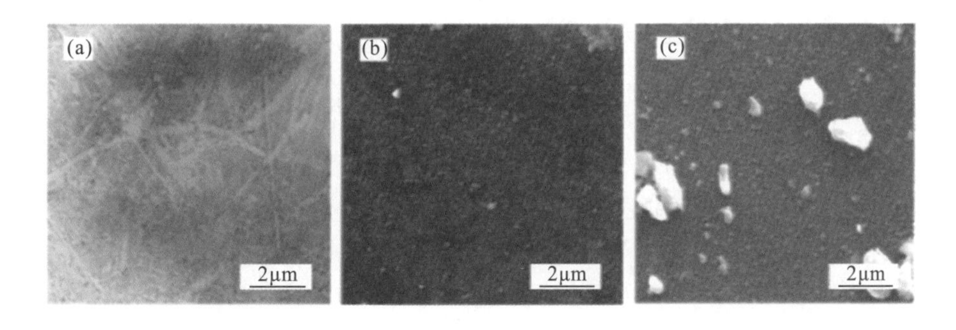

图 5-3 不同温度下金刚石镀层表面微观形貌

(a)金刚石原样，(b)660℃，(c)710℃，(d)760℃，(e)810℃，(f)860℃

不同镀覆温度(660℃、710℃、760℃、810℃和 860℃)下镀钛金刚石的物相分析如图 5-4 所示，金刚石和 TiH_2 质量比为 1∶0.6，保温时间为 1h。随着温度的升高，Ti 及 TiC 的衍射峰强度都逐渐增大，且 TiC 的衍射峰均比 Ti 的衍射峰强，说明随着温度的升高，Ti 和 TiC 的含量逐渐增加，而且镀层 TiC 含量较高。这是因为随着温度升高，界面扩散增强，镀层中的 C 原子和 Ti 原子化学键合的能力也逐渐提高，因而镀层所生成的 TiC 含量逐渐增加；此外，由于 TiC 含量以及 Ti 的沉积速率都随着温度的升高而增大，在高温下，镀层变厚，金刚石表面的 C 原子难以穿过较厚的镀层与外层 Ti 含量原子结合，使得外层 Ti 含量随着温度的升高而增加。

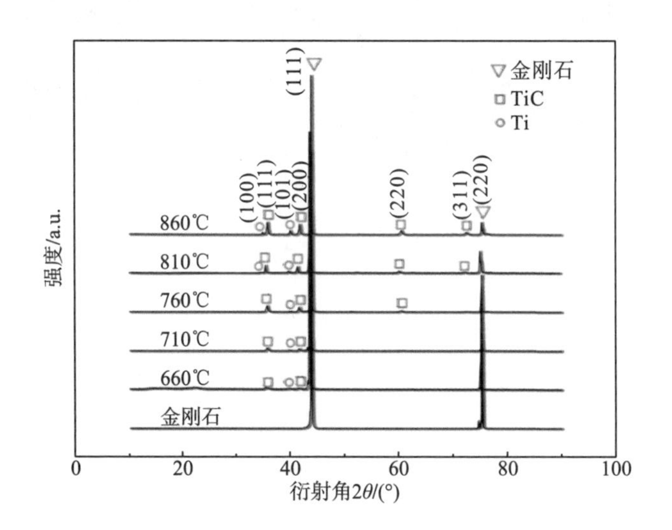

图 5-4 不同温度下镀钛金刚石颗粒的物相分析

不同温度(660℃、710℃、760℃、810℃、860℃)条件下钛镀层厚度如图 5-5 所示，金刚石和 TiH_2 质量比为 1∶0.6，保温时间为 1h。镀层厚度随温度变化趋势如图 5-6 所示，镀钛过程中镀层的厚度随着温度的升高呈现增加的趋势，760℃之前，镀层厚度呈均匀缓慢增加趋势。在 660℃时，镀层厚度仅为 53nm；710℃时，镀层厚度为 134nm；760℃时，镀层厚度为 245nm；760℃之后，镀层厚度显著增加；当温度升高到 860℃时，镀层厚度达到 842nm。温度越高表层钛原子的沉积速率越快，C 原子和 Ti 原子的化学反应速率越快，镀层也就越厚。

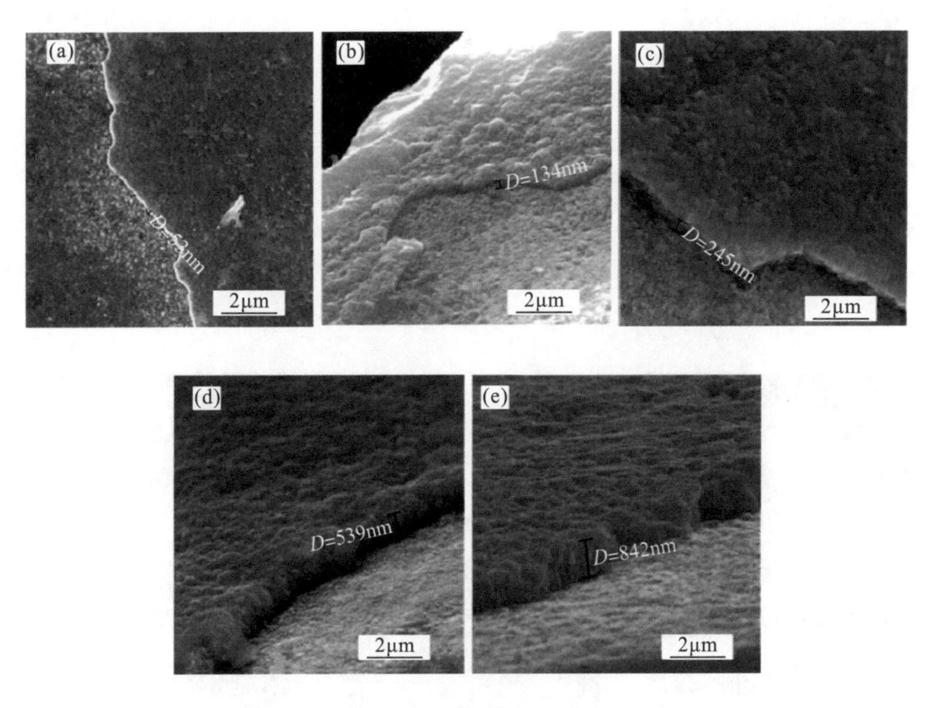

图 5-5　不同温度下镀钛金刚石镀层厚度

(a) 660℃，(b) 710℃，(c) 760℃，(d) 810℃，(e) 860℃

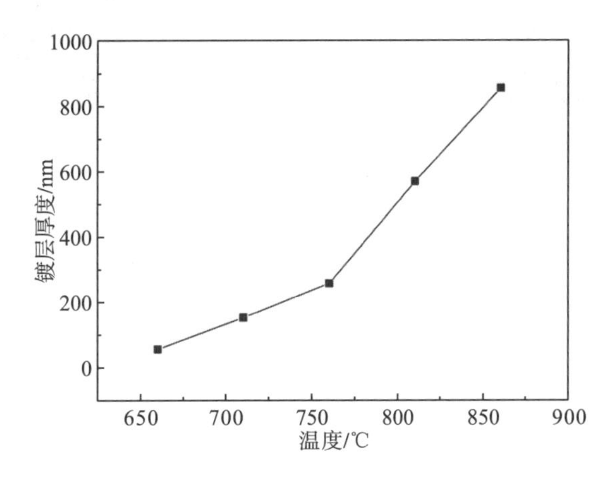

图 5-6　镀层厚度随温度变化

5.1.4　保温时间和 TiH_2 含量对金刚石镀钛的影响

图 5-7 为 760℃时保温时间 (0.5h，1h，1.5h) 与金刚石和 TiH_2 质量比 (1∶0.4，1∶0.6，1∶0.8) 对镀钛金刚石的影响。从图 5-7(a)～图 5-7(c) 中可以看出，随着保温时间延长，

镀层厚度有逐渐增加的趋势：当保温时间为 0.5h 和 1h 时，镀层包覆完整，表面光滑；当保温时间达到 1.5h 时，镀层表面变得粗糙，可能是镀层相对较厚，表层存在较多金属钛。保温时间越长，TiH_2 分解越完全，金刚石表面钛原子的沉积量越多，C 原子和 Ti 原子的扩散反应和化学结合也越充分。从图 5-7(b)、图 5-7(d)和图 5-7(e)中可以看出：当金刚石与 TiH_2 质量比为 1∶0.4 时，镀层较薄，且镀层包覆不完整；当金刚石与 TiH_2 质量比为 1∶0.6 时，镀层均匀、致密、连续、完整光亮，且表面较为光滑；当金刚石与 TiH_2 质量比为 1∶0.8 时，镀层同样均匀包覆完整，但镀层厚度明显增加，镀层也相对粗糙。当 TiH_2 含量较高时，会产生大量的气体，从而造成镀覆物质喷溅，而且成本也相对较高。因此，采用 TiH_2 微波热分解，可通过延长保温时间和增加 TiH_2 含量，在相对较低温度下获得理想镀层。

图 5-7　保温时间和金刚石/TiH_2 质量比对镀钛金刚石的影响

(a)0.5h，(b)1h，1∶0.6，(c)1.5h，(d)1∶0.4，(e)1∶0.8

为了观察镀层中间层 TiC 的形貌，采用 10%HF 对镀钛金刚石进行浸泡腐蚀除掉最外层金属钛层，控制浸泡时间为 1.5h，将腐蚀后的镀钛金刚石在扫描电镜下观察。图 5-8 为镀钛金刚石经 HF 处理后的微观形貌图和 EDS 图谱。图 5-8(a)和图 5-8(b)分别为保温时间 1h 和 1.5h 下镀钛金刚石表面 TiC 形貌(在 760℃，金刚石和 TiH_2 质量比为 1∶0.6)。金刚石镀层经过腐蚀后，表面有针棒状物质均匀交错地分布，并连成一体覆盖在金刚石表面，与金刚石紧密接触，研究表明[16]，这些针棒状物质即为 TiC。此外，随着镀覆保温时间的延长，针棒状 TiC 晶粒逐渐增大。图 5-8(c)为图 5-8(b)表面针棒状物质的 EDS 分析图，从图中可以看出，其表面有氧附着，Ti 与 C 元素相对质量比为 4.31∶1，接近 TiC 中理论 Ti/C 质量比值 4∶1，进一步确认了针棒状物质为 TiC。

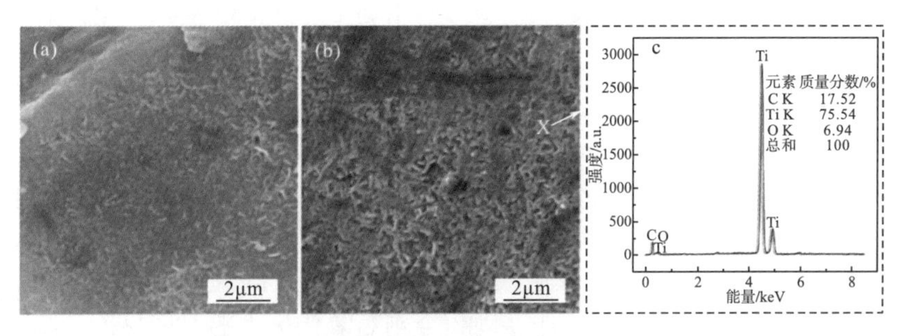

图 5-8　镀钛金刚石 TiC 镀层结构及元素分析

(a) 1h，(b) 1.5h，(c) EDS 图谱

图 5-9(a)显示在 760℃下不同金刚石/TiH_2 质量比(5∶2，5∶3 和 5∶4)制备的镀钛金刚石样品的 XPS 图。结果表明，Ti 涂层金刚石主要由 C1s、Ti2p 和 O1s 组成，随着 TiH_2 含量的增加，Ti2p 峰逐渐增大。图 5-9(b)和图 5-9(c)分别显示了镀钛金刚石的 Ti2p 和 C1s 光谱区域。图 5-9(b)中约 456eV 的弱峰为金属 Ti 对应的 Ti2p 3/2 峰，而 458.8eV 和 464.5eV 的强峰分别为 TiO_2 的 Ti2p3/2 和 Ti2p1/2 峰。由于暴露在空气中，镀钛金刚石颗粒表面产生了一定的氧化，在 454.6～455.5eV 处有一个 Ti 2p3/2 峰，与 TiC 相对应，并随着 TiH_2 含量的增加而逐渐增强。在 461eV 左右的弱峰与 TiC/Ti 的 Ti 2p1/2 峰有关。如图 5-9(c)所示，在 281.6～281.8eV 处存在一个结合能峰，证实了 TiC 的存在，284.7eV 处的峰对应于 C—C 键，而 C—O 键对应于 288.6eV 处的峰。随着 TiH_2 含量的增加，TiC 峰逐渐增强，C—C 峰逐渐减弱，说明镀层厚度随着 TiH_2 含量的增加而增加。

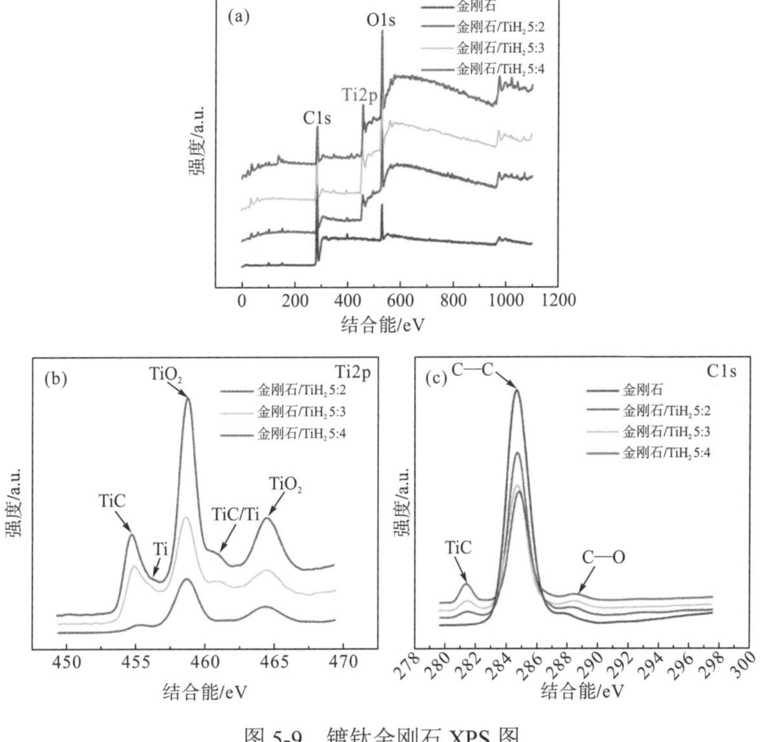

图 5-9　镀钛金刚石 XPS 图

(a) XPS 全谱，(b) Ti 2p，(c) C 1s，图中比例均为质量比

5.1.5 镀钛金刚石耐热性能

图 5-10 显示了金刚石颗粒和镀钛金刚石颗粒(760℃，1h)在空气中的热重分析(thermogravimetric analysis，TG)曲线。当在空气气氛中加热时，没有镀层的金刚石颗粒的氧化失重开始于 692.9℃，而 Ti 镀层大大延迟了金刚石的氧化和侵蚀，并显著提高了金刚石氧化失重的温度。随着 TiH_2 含量的增加，金刚石氧化失重的温度显著升高，从 712.7℃升高到 803.7℃，再升高到 845.6℃。这归因于钛镀层的厚度随着 TiH_2 含量的增加而增加，起到保护效果。

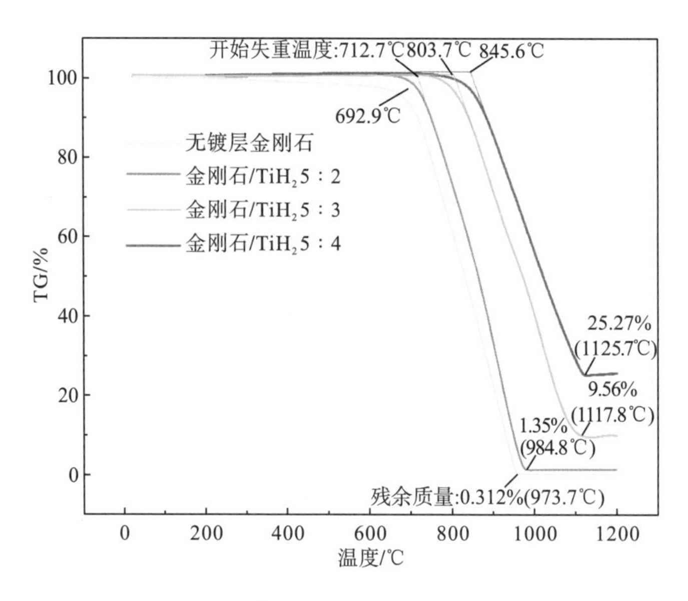

图 5-10 金刚石镀钛前后在空气气氛下的热重分析

图中比例均为质量比

5.2 微波烧结金刚石/WC-Co

5.2.1 微波无压烧结金刚石/WC-Co

采用传统烧结和微波无压烧结分别制备金刚石/WC-Co 复合材料，添加微量 Cu、Ni 元素作为烧结助剂，烧结温度为 1000℃，对比不同烧结方式对样品相对密度、硬度、微观组织形貌的影响。样品的相对密度列于表 5-1。微波烧结样品的平均相对密度为 95.85%，而常规烧结样品的平均相对密度为 87.28%。表明微波烧结能促进样品致密化，使烧结性能更好。样品的硬度如表 5-2 所示，微波烧结样品的平均硬度为 75.33HRA，高于常规烧结样品的平均硬度 69.58HRA。

表 5-1　烧结样品相对密度

烧结方式	样品	测量值/%	平均值/%
常规烧结(A)	A_1	88.83	87.28
	A_2	85.96	
	A_3	87.05	
微波烧结(B)	B_1	94.69	95.85
	B_2	96.78	
	B_3	96.07	

表 5-2　烧结样品硬度　（单位：HRA）

烧结方式	样品	测试点 1	测试点 2	测试点 3	平均值
常规烧结(A)	A_1	68.49	71.23	69.55	69.58
	A_2	72.46	69.70	71.06	
	A_3	68.42	67.45	67.89	
微波烧结(B)	B_1	74.68	77.82	73.51	75.33
	B_2	76.75	76.59	74.60	
	B_3	76.18	72.89	74.92	

图 5-11 为样品的微观形貌。从图 5-11(a)和图 5-11(b)中可以看出，金刚石颗粒在烧结样品基体中均匀分布，常规烧结样品[图 5-11(a)]出现明显的欠烧现象，基体金属和 WC 之间相互浸润的结合性能较差；微波烧结样品[图 5-11(b)]较为充分，扩散较为均匀。从图 5-11(c)中可以看出，金刚石颗粒表面相对粗糙，金刚石与金属基体界面处形成明显过渡层，这是由于碳原子与基体中 Ni、Co 等元素形成碳化物，造成金刚石颗粒的烧损。而图 5-11(d)中金刚石颗粒烧损比常规烧结相对较轻，这是由于微波较高的升/降温速率缩短了金刚石颗粒与金属基体的反应时间，抑制了金刚石的烧损。

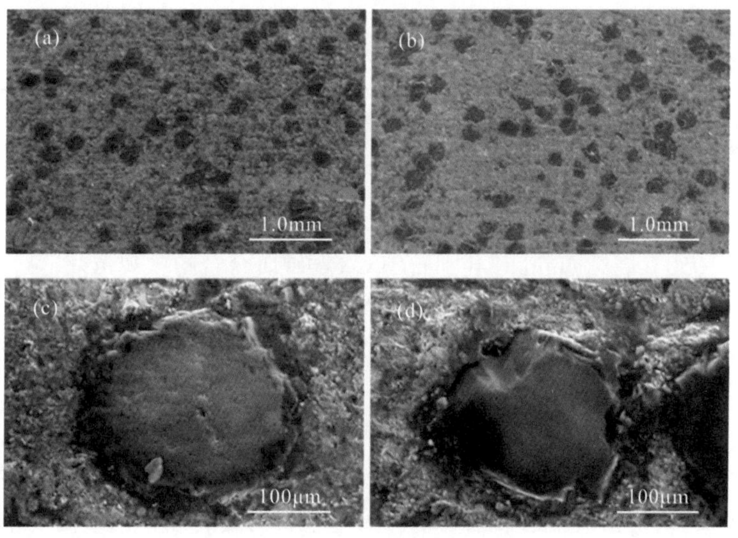

图 5-11　烧结样品微观形貌

(a，c)常规烧结样品，(b，d)微波烧结样品

图 5-12 为微波烧结样品的能谱分析图。从图 5-12(a)和图 5-12(b)中可以看出，黑色颗粒部分为金刚石；从图 5-12(c)中可以看出，金刚石与基体结合界面的元素分布主要为 C，还包括 W、Ni、Co、Cu 元素，说明金刚石颗粒和基体材料结合较为紧密；从图 5-12(d)中可以看出，亮白色部分区域元素以 W 和 C 为主，还包含 Ni、Co、Cu 元素，说明基体中 WC 与 Ni、Co、Cu 金属材料相互融合较为均匀。

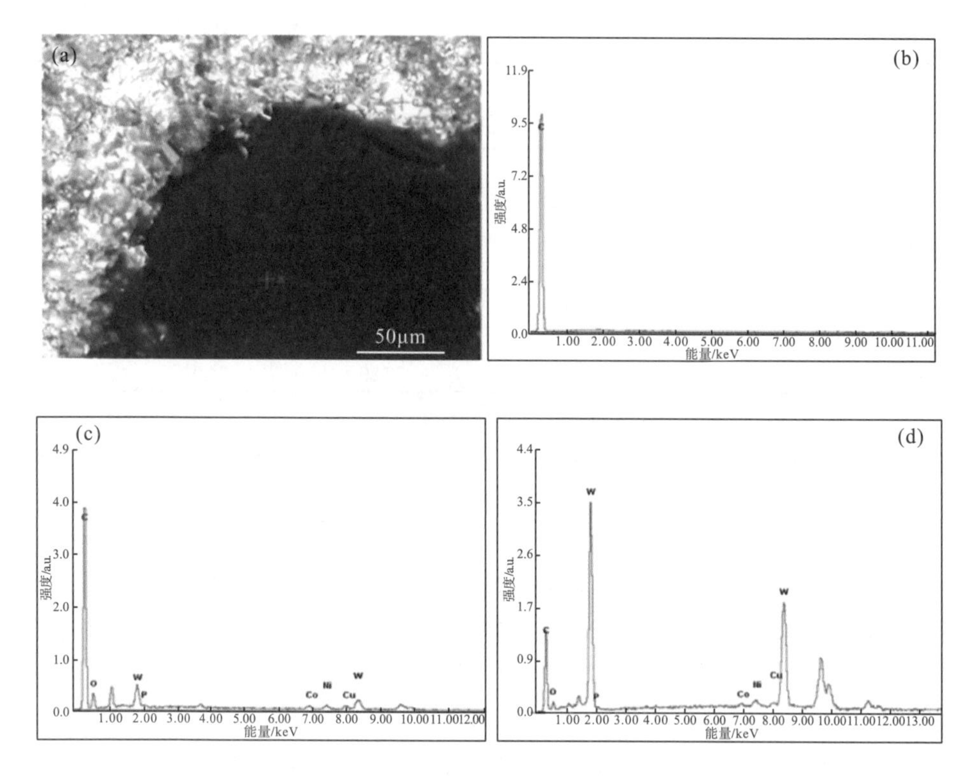

图 5-12 微波烧结样品 EDX 图

5.2.2 微波加压烧结金刚石/WC-Co

采用微波加压烧结工艺，研究镀钛金刚石对复合材料烧结性能的影响。图 5-13 为 40MPa 压力下 1050℃烧结 4min 时金刚石/WC-Co 硬质合金的微观形貌。从图中可以看出，微波加压烧结样品的微观组织形貌均匀，烧结较为充分，效果较好。图 5-13(a)为镀钛金刚石(760℃，1h，金刚石与 TiH_2 质量比为 1∶0.6)制备的复合材料的截面形貌。烧结后镀钛金刚石与基体完全嵌合，结合紧密无间隙。图 5-13(b)和图 5-13(c)分别为镀钛和未镀钛金刚石制备的复合材料断面形貌，从图中可以看出，采用镀钛金刚石在剥离过程中由于与基体较强的结合性能，使得金刚表面黏附有基体介质包覆层，而未镀钛金刚石与基体剥离后表面光洁。这说明钛镀工艺改善了基体对金刚石的浸润性和包镶效果，使金刚石与基体间的结合紧密而牢固。

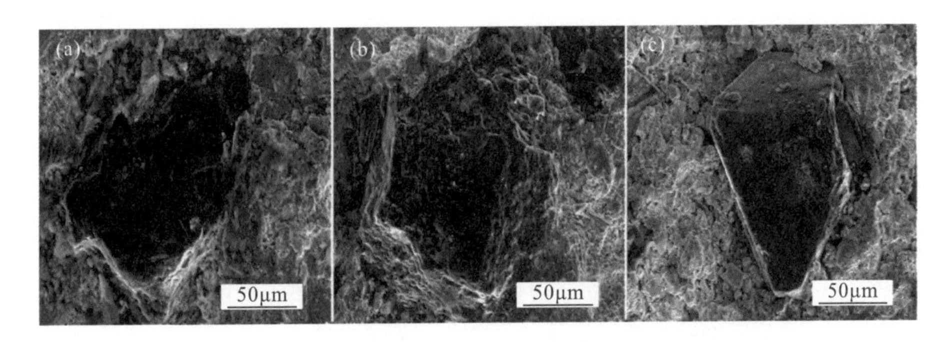

图 5-13　微波热压烧结金刚石/WC-Co 硬质合金微观形貌
(a) 镀钛金刚石样品，(b) 镀钛金刚石样品断面形貌，(c) 未镀钛金刚石样品断面形貌

图 5-14 显示了 1100℃下微波加压烧结制备的金刚石/WC-Co 硬质合金的断面微观形貌。从图中可以看出，镀钛金刚石颗粒形貌仍然保持完整，出现轻微烧损迹象，而未镀钛金刚石则烧损较为严重，且表面出现大小不一的气化孔洞，表明钛镀层对金刚石有较好的保护作用。

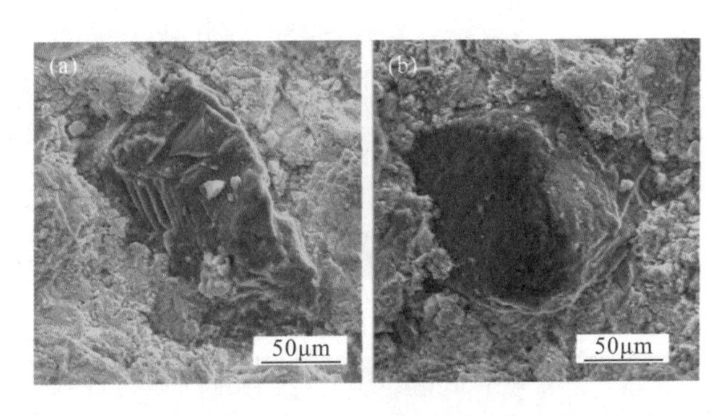

图 5-14　微波加压烧结复合材料微观形貌
(a) 镀钛金刚石样品，(b) 未镀钛金刚石样品

图 5-15 为镀钛金刚石/WC-Co 硬质合金界面线扫描分析。从图中可以看出，金刚石与 WC 基体之间存在明显的 Ti 原子界面层，Ti 原子与基体元素之间发生了相互扩散反应，Ti 涂层可以在金刚石和 WC 基体中产生微合金化，改善基体对金刚石的包镶效果，增强金刚石颗粒与 WC-Co 基体之间的结合。此外，钛镀层的存在一定程度上阻碍了 Co、Ni 等石墨化元素扩散到金刚石颗粒表面造成对金刚石颗粒的侵蚀，有利于保持金刚石的高强度和热稳定性。

图 5-16 为镀钛金刚石/WC-Co 断面面扫描分析。从图中可以看出，C、W、Co、Cu、Ni、P 等元素均被检测出来，其中添加 Cu、Ni、P 作为烧结助剂，并且这些元素在基体中均匀分布。碳主要分布在金刚石颗粒中，而钛包裹在金刚石颗粒周围，可以扩散到基体中，起到微合金化作用，进一步提高复合材料的强度。这些结果与线性扫描分析结果一致。元素分析结果表明，微波烧结可以促进元素的相互扩散和迁移，这有利于基体结构的均匀化，因此，可以形成具有良好机械性能的复合材料[17]。

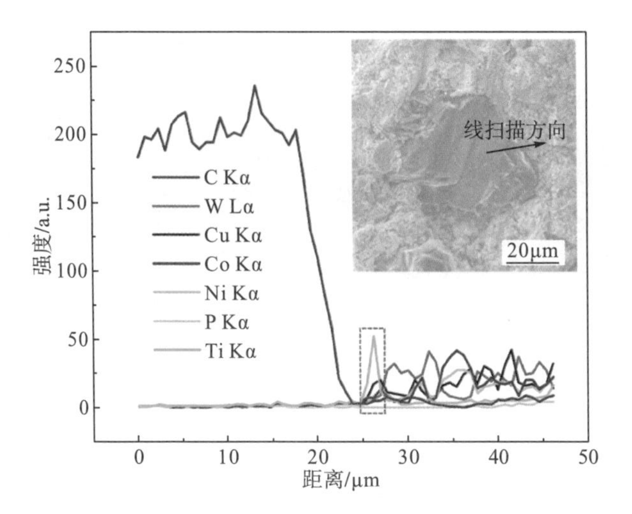

图 5-15 镀钛金刚石/WC-Co 界面线扫描元素分析

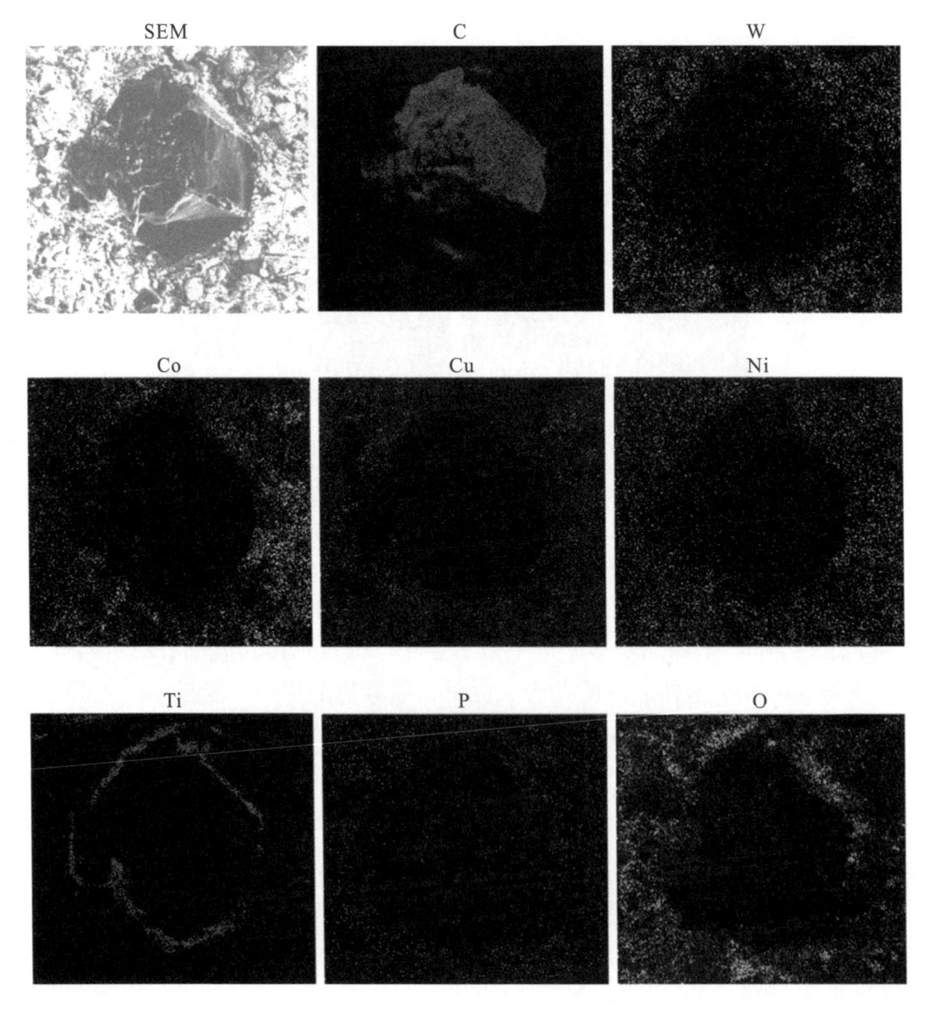

图 5-16 镀钛金刚石/WC-Co 复合材料断面面扫描分析

图 5-17 显示了复合材料的 WC 基体 Ti/TiC 层之间的界面。结果表明，Ti 镀层中 TiC 的晶体结构，以及 Ti 层和 WC 基体紧密结合，没有明显间隙。少量 Co 和 Ni 元素扩散到 Ti 层，而 Cu 元素扩散更明显，这与线扫描分析的结果一致。Ti 层阻碍 Co 和 Ni 元素的扩散，可以减少对金刚石的侵蚀；而 Cu 向 Ti 层的扩散有助于合金化，并使 Ti 层紧密且牢固地结合到 WC 基体。

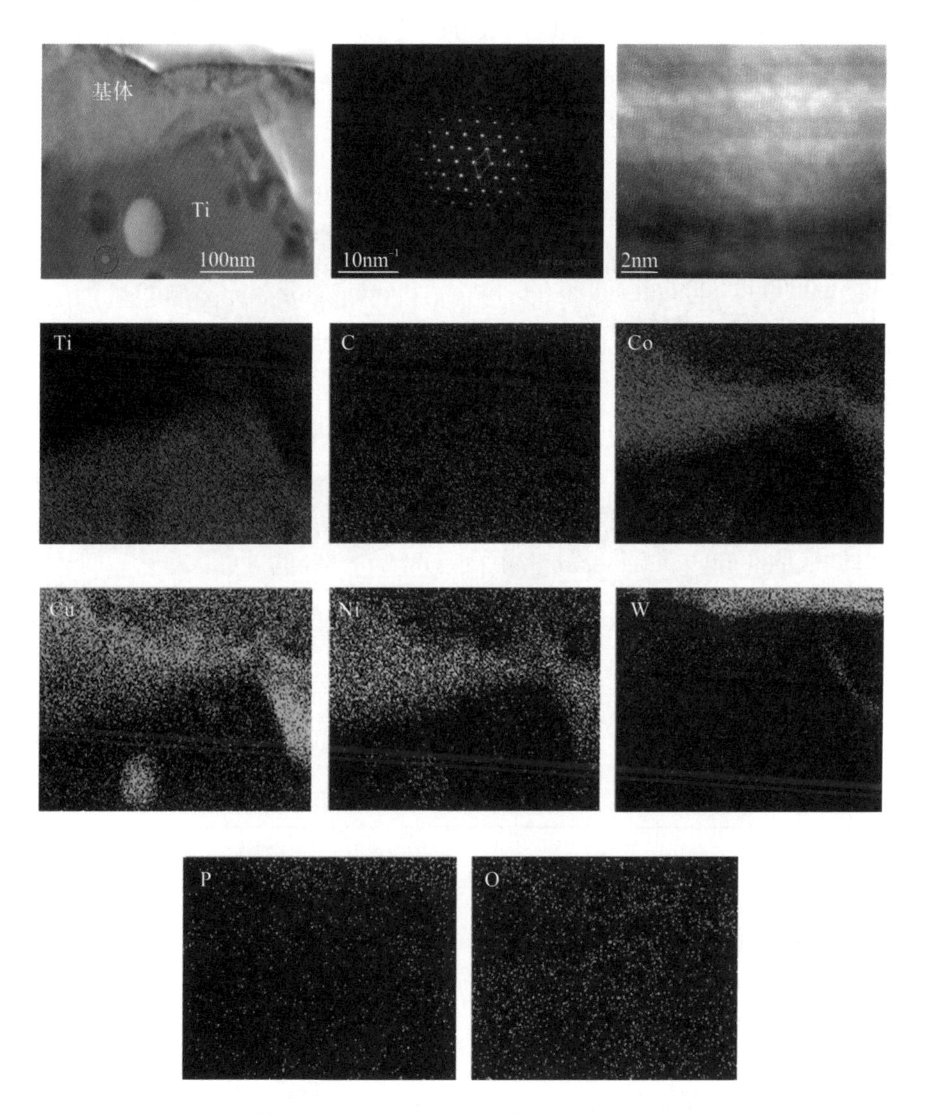

图 5-17　镀钛金刚石/WC-Co 硬质合金与 WC 基体微观界面分析

图 5-18 为 1050℃微波加压烧结的金刚石/WC-Co 硬质合金在不同温度下摩擦磨损后的微观形貌，表 5-3 显示了样品的摩擦系数和磨损率。图 5-18(a)和图 5-18(c)为样品常温下摩擦磨损测试后复合材料磨损的截面形貌，从图中可以看出，复合材料的耐磨性良好，镀钛金刚石样品磨损截面呈现锯齿状，而未镀钛金刚样品磨损截面相对平缓，且镀钛金刚石样品截面磨损量小于未镀钛金刚石样品截面磨损量，磨损率也相对较小(0.26%对比

0.35%)。这是因为在摩擦磨损测试中，在法向载荷和高圆周转速作用下导致金刚石颗粒剥落，而镀钛金刚石制备的复合材料的金刚石剥落要低得多，说明镀钛金刚石与基体间的冶金结合能力大于未镀钛金刚石，这可以从图 5-19(a)和图 5-19(c)中的微观形态观察到。图 5-19(b)和图 5-19(d)为样品 400℃高温下摩擦磨损测试后的形貌，从图中可以看出，样品磨损剧烈增加，磨损截面呈光滑凹形，金刚石颗粒的耐磨性大大降低，这是因为基体在高温下由热损伤导致强度下降，且未镀钛金刚石制备的复合材料的摩擦系数远大于镀钛金刚石制备的复合材料，在相同载荷下承受的摩擦力更大，磨损程度和磨损量也远大于镀钛金刚石制品，也表明镀钛金刚石可以提高金刚石/WC-Co 基复合材料的耐热磨损性。

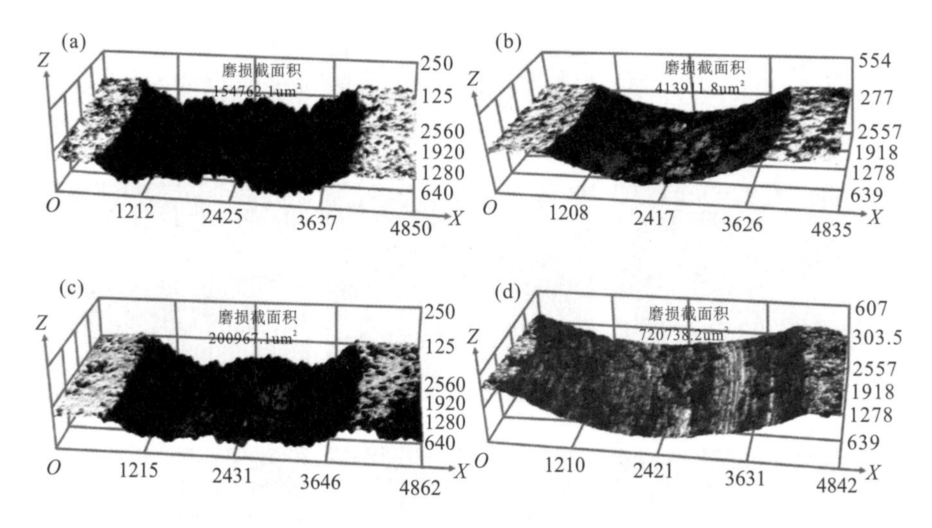

图 5-18 金刚石/WC-Co 硬质合金摩擦测试后的磨痕微观形貌

(a)、(b)为镀钛金刚石样品室温测试和 400℃测试结果，(c)、(d)为未镀钛金刚石样品室温测试和 400℃测试结果

表 5-3 复合材料的摩擦系数和磨损率

样品	摩擦系数	磨损率/%
镀钛金刚石复合材料(室温)	0.2991	0.26
镀钛金刚石复合材料(400℃)	0.4373	1.41
未镀钛金刚石复合材料(室温)	0.3278	0.35
未镀钛金刚石复合材料(400℃)	0.5755	2.86

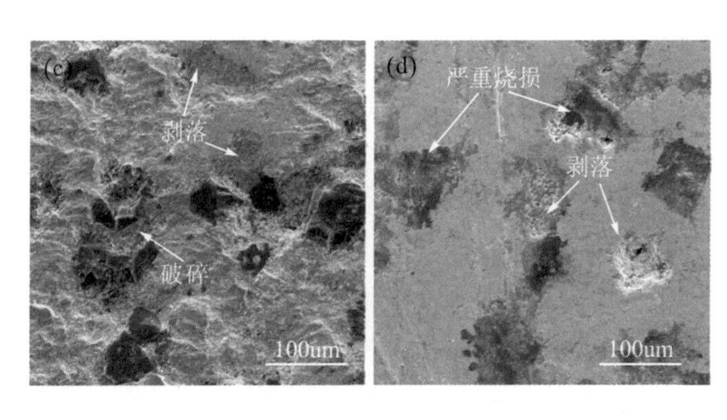

图 5-19　耐磨测试后样品磨痕部位微观形貌

(a)、(b)为镀钛金刚石样品室温测试和 400℃测试，(c)、(d)为未镀钛金刚石样品室温测试和 400℃测试

5.3　微波等离子制备微米级金刚石膜

微波等离子化学气相沉积(microwave plasma chemical vapor deposition，MPCVD)是制备金刚石薄膜最常用的方法之一，该方法具有高能量密度、高活性等特点，广泛应用于材料处理、薄膜生长、环境保护和半导体加工等领域。通过甲烷提供碳源，氢气为工作气体，分别探究衬底温度、工作压强、甲烷浓度对金刚石膜品质及生长速率的影响。

5.3.1　衬底温度对金刚石膜品质及生长速率的影响

MPCVD 法制备金刚石膜的过程中，衬底温度是影响金刚石膜品质与生长速率的关键参数。在甲烷浓度为 2.5%(甲烷流量 10mL/min，氢气流量 400mL/min)，工作压强 14kPa，生长时间 4h 的条件下，探究衬底温度分别为 750℃、850℃和 950℃时对金刚石膜的品质及生长速率的影响。

图 5-20 为不同衬底温度下制备的金刚石膜拉曼光谱图，其中 *A* 点、*B* 点和 *C* 点是同一样品的三个随机位置。从图中可以看出，每个样品都有尖锐的 D 峰($1332cm^{-1}$)出现，且金刚石特征 D 峰基本上无偏移，表明制备的金刚石膜应力较小。当衬底温度为 750℃时，$1480cm^{-1}$ 附近存在非晶碳峰包，表明制备的金刚石膜含有少量非金刚石相成分，金刚石膜的纯度较低；当衬底温度为 850℃时，$1480cm^{-1}$ 附近的非晶碳峰包明显减弱，金刚石膜纯度升高，表明氢原子对非金刚石相的刻蚀作用加强，提高了金刚石膜的质量；当衬底温度为 950℃时，$1498cm^{-1}$ 附近的非晶碳峰包明显增强，金刚石膜纯度降低。可以看出，衬底温度为 750℃时对非金刚石相的刻蚀不足而出现非晶碳；衬底温度为 850℃时激发的原子氢较多，非晶碳的生长速率与刻蚀速率相近，消除了非金刚石相，改善了金刚石膜的品质；当温度到达 950℃时，已达到氢的脱附温度，金刚石膜表面的碳原子未达到氢饱和，致使碳原子悬键与邻近碳原子悬键相结合，趋向形成 sp^2 键，生成非晶碳，降低了金刚石膜的纯度。

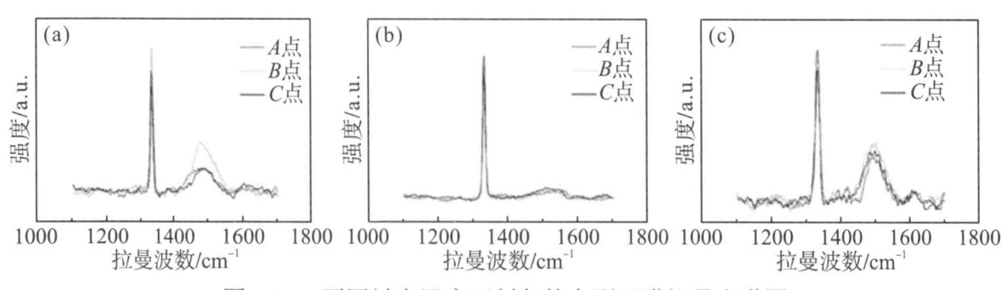

图 5-20 不同衬底温度下制备的金刚石膜拉曼光谱图

(a) 750℃，(b) 850℃，(c) 950℃

图 5-21 为不同衬底温度下制备的金刚石膜横截面 SEM 图。从图中可以看出，金刚石膜样品在形核时晶粒较小，生长时晶粒较大且为柱状生长，生长面比较平整，无孔隙出现，表明制备的金刚石膜品质较好。随着衬底温度的升高，生长面的柱状晶越来越大。金刚石膜通过边界层传质和传热而沉积，当衬底温度较低时，金刚石薄膜生长速率缓慢、晶粒较小。从图中可以看出，金刚石膜的厚度随温度的升高而变厚，根据厚度及制备时间，计算平均生长速率，如表 5-4 所示。在压强为 14kPa、甲烷浓度 2.5%的条件下，衬底温度为 850℃时，可得到生长速率较快、品质较好的金刚石膜。

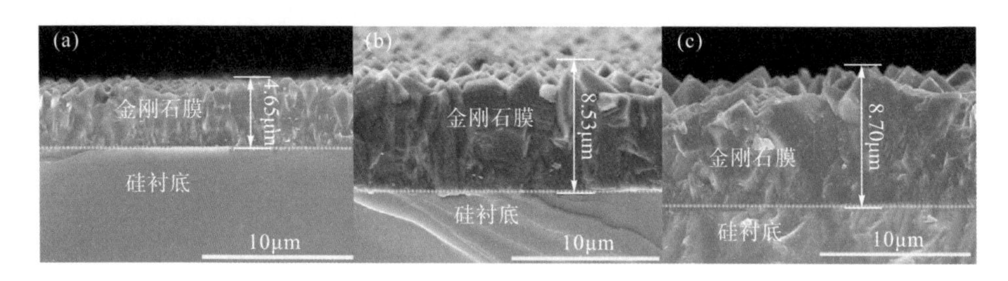

图 5-21 不同衬底温度下金刚石膜横截面 SEM 图

(a) 750℃，(b) 850℃，(c) 950℃

表 5-4 不同基片温度下金刚石膜的厚度和生长速率

指标	衬底温度/℃		
	750	850	950
金刚石膜厚度/μm	4.65	8.53	8.70
金刚石膜生长速率/(μm·h^{-1})	0.93	1.71	1.74

5.3.2 工作压强对金刚石膜品质及生长速率的影响

微波等离子体化学气相沉积制备金刚石膜的过程中，工作压强对金刚石膜的品质与生长速率也有着较大的影响。在甲烷浓度 2.5%(甲烷流量 10mL/min：氢气流量 400mL/min)，衬底温度为 850℃，生长时间 4h 的条件下，探究工作压强分别为 13kPa、14kPa 和 15kPa 时对金刚石膜生长的影响。

图 5-22 为不同工作压强下制备的金刚石膜拉曼光谱。当工作压强为 13kPa 时，1480cm^{-1} 附近出现非晶碳峰包，金刚石膜的纯度相对较低，其主要原因是等离子球比较分散，激发态氢原子浓度较低，对非金刚石相刻蚀能力不足，导致样品中存在非晶碳；当工作压强为 14kPa 时，非晶碳峰包减弱，金刚石膜的纯度升高；当工作压强为 15kPa 时，可能是压强过大致使等离子球形状较小，对衬底覆盖不太理想，1480cm^{-1} 附近的非晶碳峰包增强，金刚石膜的纯度降低。

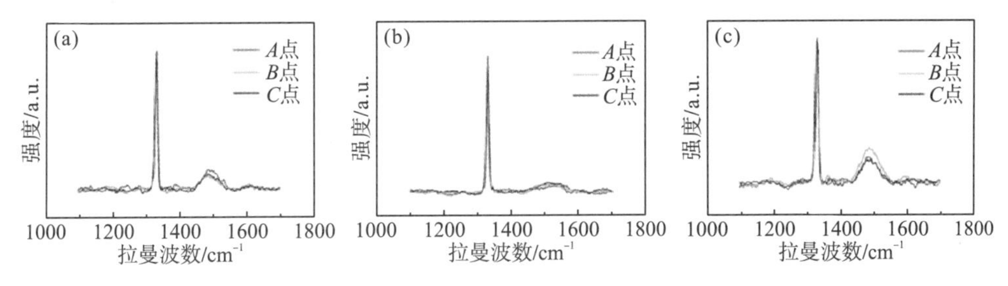

图 5-22　不同工作压强下制备的金刚石膜拉曼光谱图

(a) 13kPa，(b) 14kPa，(c) 15kPa

图 5-23 为不同工作压强下制备的金刚石膜横截面 SEM 图。可以看出，三种金刚石膜样品在形核时晶粒较小、而生长时晶粒较大且为柱状生长，生长面比较平整，无空隙出现，表明制备的金刚石膜品质较好。随着压强的升高柱状晶逐渐变得粗大，且晶界分布明显。在工作压强为 13kPa 时，形成的柱状晶相对细小。随着压强的升高，金刚石膜的厚度逐渐变厚即生长速率增大，其可能原因是在一定的压强范围内，随着压强的升高，活性物质(H 原子和 CH_3 自由基等)增多，且随着压强的升高，平均自由程减小，有利于气体撞击衬底和参与反应，增大金刚石膜生长速率，如表 5-5 所示。

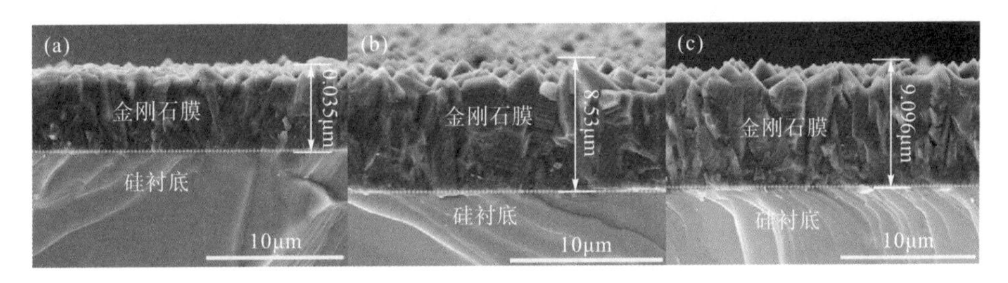

图 5-23　不同工作压强下制备的金刚石膜横截面 SEM 图

(a) 13kPa，(b) 14kPa，(c) 15kPa

表 5-5　不同工作压强下的金刚石膜生长速率

指标	工作压强/kPa		
	13.0	14.0	15.0
金刚石膜厚度/μm	6.035	8.53	9.096
金刚石膜生长速率/(μm·h^{-1})	1.509	1.706	1.813

5.3.3 甲烷浓度对金刚石膜品质及生长速率的影响

MPCVD 法制备金刚石膜的过程中，甲烷浓度是影响金刚石膜质量及生长速率的关键因素。在工作压强 14kPa，衬底温度 850℃，氢气流量 400mL/min，生长时间 4h 的条件下，探究甲烷浓度分别为 1.5%、2.5%和 3.5%时对金刚石膜生长的影响。

图 5-24 为不同甲烷浓度下制备的金刚石膜样品的拉曼光谱图。金刚石膜的纯度随着甲烷浓度的升高，逐渐降低，主要原因是随着甲烷浓度的增加，反应腔体内含碳活性基团数量增加，而氢原子的数量基本不变，使得氢原子对非金刚石相的刻蚀作用相对减弱，导致金刚石膜中存在一定的非金刚石相，纯度逐渐降低。

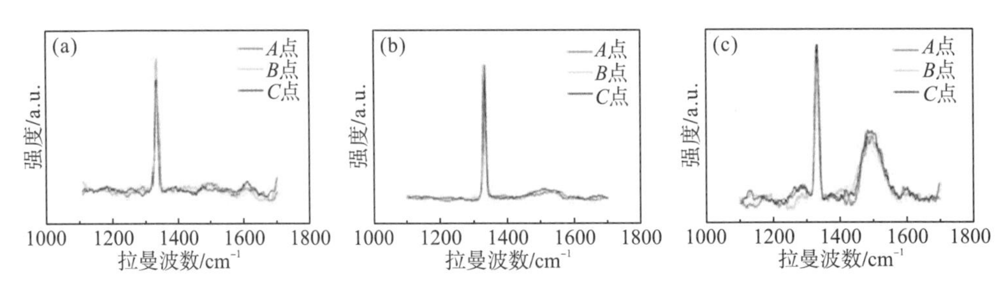

图 5-24 不同甲烷浓度下制备出的金刚石膜拉曼光谱

(a) 1.5%，(b) 2.5%，(c) 3.5%

图 5-25 为不同甲烷浓度条件下金刚石膜的横切面 SEM 图，从图中可以看出，在不同的甲烷浓度下，金刚石膜晶粒呈柱状晶生长，且生长面比较平整，薄膜质量较好；随着甲烷浓度的增加，金刚石膜柱状结晶逐渐粗大，金刚石膜表面相对粗糙，可能是甲烷浓度增加，反应腔内含碳基团数量增加，氢原子对非金刚石相的刻蚀作用明显减弱，导致金刚石膜中存在一定的非金刚石相。此外，随着甲烷浓度的增加，撞击衬底和参与反应的含碳活性基团大大增加，导致金刚石膜的生长速率加快，平均生长速率如表 5-6 所示。

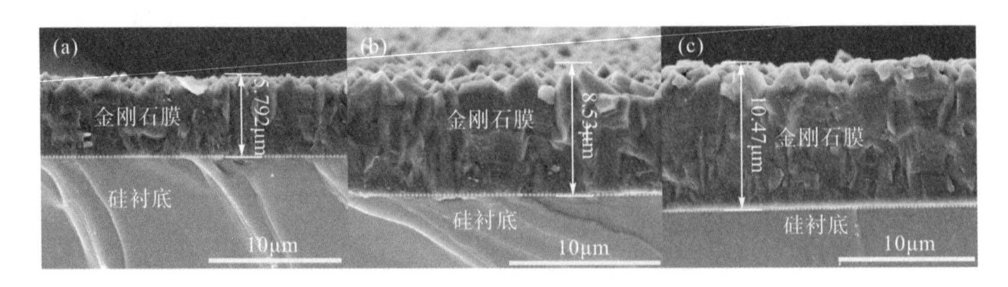

图 5-25 不同甲烷浓度下制备的金刚石膜横切面 SEM 图

(a) 1.5%，(b) 2.5%，(c) 3.5%

表 5-6　不同甲烷浓度下的金刚石膜生长率

指标	甲烷浓度/%		
	1.5	2.5	3.5
金刚石膜厚度/μm	5.792	8.53	10.47
金刚石膜生长速率/($μm·h^{-1}$)	1.158	1.706	2.094

综合考虑以上 MPCVD 制备金刚石膜的工艺影响，选取甲烷浓度 2.5%、衬底温度 850℃、工作压强 14kPa 作为工艺条件。图 5-26 为该工艺条件下制备的金刚石膜 SEM 图、XRD 图、XPS 图。从图 5-26(a)可以看出，制备的金刚石膜为多晶体，由许多不同取向的晶粒组成，晶粒大小较为均匀，排列致密并呈现八面体形貌。从图 5-26(b)可以看出，制备的金刚石膜在 43.94°与 75.22°处分别出现了金刚石膜(111)晶面、(220)晶面的衍射峰，是典型的(111)择优取向。X 射线光电子能谱(XPS)分析如图 5-26(c)所示，通过拟合计算金刚石膜的纯度约为 87.92%。

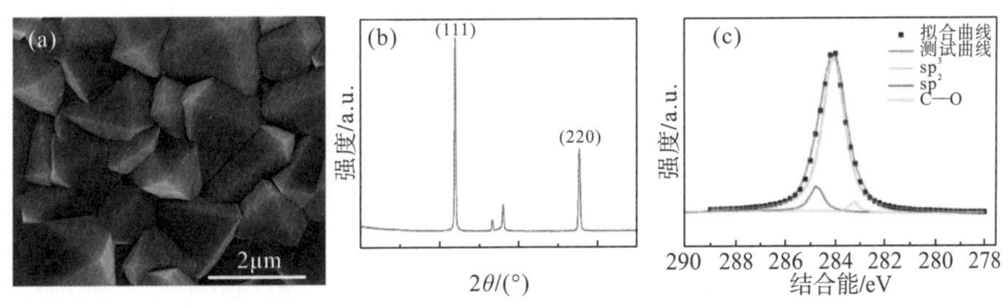

图 5-26　(a)金刚石膜 SEM 图，(b)金刚石膜 XRD 图，(c)金刚石膜 XPS 图

5.3.4　微波等离子体化学气相沉积装置

微波等离子化学气相沉积通过等离子增加前驱体的反应速率，降低反应温度，适合制备面积大、均匀性好、纯度高、结晶形态好的高质量硬质薄膜和晶体。本课题组设计研发了 8kW 微波等离子体化学气相沉积装置，如图 5-27 所示。该装置主要由微波发生装置、

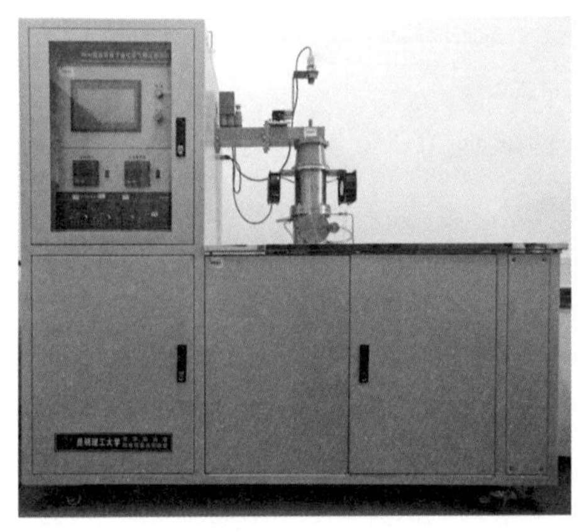

图 5-27　微波等离子体化学气相沉积系统

微波传输系统、等离子体放电腔、真空系统、气路系统、水冷系统、测温系统等单元模块组成，具有功能完善、结构合理，安全可靠、操作简单的特点，可应用于金刚石膜、类金刚石膜等功能性薄膜的化学气相沉积制备、材料表面改性等高新技术领域。

参 考 文 献

[1] Yang N J, Yu S Y, MacPherson J V, et al. Conductive diamond: synthesis, properties, and electrochemical applications[J]. Chemical Society Reviews, 2019, 48(1): 157-204.

[2] Kawahara S, Gannoruwa A, Nakajima K, et al. Nanodiamond glass with rubber bond in natural rubber[J]. Advanced Functional Materials, 2020, 30(15): 1909791.

[3] Bao R, Yi J H. Densification and alloying of microwave sintering WC–8wt. %Co composites[J]. International Journal of Refractory Metals and Hard Materials, 2014, 43: 269-275.

[4] Agrawal D, Cheng J, Seegopau P, et al. Grain growth control in microwave sintering of ultrafine WC-Co composite powder compacts[J]. Powder Metallurgy, 2000, 43(1): 15-16.

[5] Suzuki H. Cemented Carbide and Sintered Hard Materials[M]. Tokyo: Japan Maruzen Publishing Company, 1986.

[6] Guo J, Zhang J G, Pan Y N, et al. A critical review on the chemical wear and wear suppression of diamond tools in diamond cutting of ferrous metals[J]. International Journal of Extreme Manufacturing, 2020, 2(1): 012001.

[7] Wachowicz J, Wilkowski J. Influence of diamond grain size on the basic properties of WC-co/diamond composites used in tools for wood-based materials machining[J]. Materials, 2022, 15(10): 3569.

[8] Kitiwan M, Goto T. Fabrication of tungsten carbide–diamond composites using SiC-coated diamond[J]. International Journal of Refractory Metals and Hard Materials, 2019, 85: 105053.

[9] Wachowicz J, Michalski A. Synthesis and properties of WCCo/diamond composite for uses as tool material for wood-based material machining[J]. Composite Interfaces, 2021, 28: 735-747.

[10] Du Q B, Wang X X, Zhang S Y, et al. Research status on surface metallization of diamond[J]. Materials Research Express, 2020, 6(12): 122005.

[11] Li X J, Yang W L, Sang J Q, et al. Low-temperature synthesizing SiC on diamond surface and its improving effects on thermal conductivity and stability of diamond/Al composites[J]. Journal of Alloys and Compounds, 2020, 846: 156258.

[12] Wei C L, Cheng J G, Li J F, et al. Tungsten-coated diamond powders prepared by microwave-heating salt-bath plating[J]. Powder Technology, 2018, 338: 274-279.

[13] Gu Q C, Peng J H, Xu L, et al. Preparation of Ti-coated diamond particles by microwave heating[J]. Applied Surface Science, 2016, 390: 909-916.

[14] 王艳辉. 金刚石磨料表面镀钛层的制备、结构、性能及应用[D]. 秦皇岛: 燕山大学, 2003.

[15] 李钒, 李文超. 冶金与材料热力学[M]. 北京: 冶金工业出版社, 2012.

[16] 李睿. 不同镀覆条件下镀钛金刚石及其复合材料结构性能研究[D]. 秦皇岛: 燕山大学, 2012.

[17] Hou M, Guo S H, Yang L, et al. Microwave hot press sintering: new attempt for the fabrication of Fe-Cu pre-alloyed matrix in super-hard material[J]. Powder Technology, 2019, 356: 403-413.

第6章　微波焙烧铝电解废炭无害化

在电解铝生产过程中，电解槽底部的阴极炭块与高温的铝液和电解质持续接触，导致电解槽内衬结构发生变形、破裂，电解槽无法正常生产[1]。拆解下的废阴极炭主要由石墨炭以及复杂的氟化物等有害组分组成。其中石墨炭占比大约为70%，石墨化程度在75%以上，氟化物主要以 Na_3AlF_6、NaF 和 CaF_2 等形式存在[2]。此外，还含有微量的氰化物，如 NaCN、$Na_4Fe(CN)_6$ 和 $Na_3Fe(CN)_6$ 等[3]。由于氟化物和氰化物的存在，电解铝废阴极炭被列为典型危废物质[4, 5]，其无害化处理及循环利用尤为迫切。碳质物料在微波作用下具有较好的加热效果，因此，微波技术可成为电解铝废阴极炭无害化处理的有效途径。

6.1　电解铝废炭的本征特性

6.1.1　电解铝废炭元素组成

表 6-1 为山东某电解铝企业废阴极炭块的元素组成，其中主要元素包括 C、O、F、Na、Al 等，其中 C 的质量分数为 58.4%，F 的质量分数为 12.7%，Na 的质量分数为 9.37%，Al 的质量分数为 2.38%，其余为微量元素。

表 6-1　电解铝废阴极炭块的元素分析

元素	C	F	Na	Al	O	Ca	Si	其他
质量分数/%	58.4	12.7	9.37	2.38	14.7	0.83	0.82	0.8

对破碎后的电解铝废阴极炭块进行 XRD 分析，结果如图 6-1 所示，电解铝废阴极主要包括 C、NaF、CaF_2、Na_3AlF_6 等物质。根据 XRD 分析，各物质的质量分数如表 6-2 所示，其中 Na_3AlF_6 的质量分数为 15.06%，NaF 的质量分数为 14.23%，具有重要的回收意义。

表 6-2　电解铝废阴极炭块的物相组成

物质	C	Na_3AlF_6	NaF	CaF_2	Na_xAlF_x	其他
质量分数/%	58.4	15.06	14.23	1.8	6.7	3.81

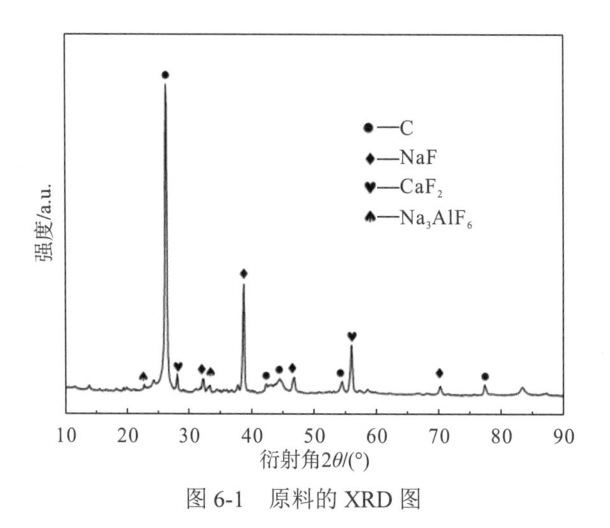

图 6-1 原料的 XRD 图

6.1.2 电解铝废阴极炭块形貌分析

图 6-2 为电解铝阴极炭块的偏光显微镜图，从图中可以看出，废阴极炭块中含有冰晶石、硬水铝石和萤石等物质，且都以镶嵌或者包裹的形式存在于炭块中。其形成主要是由于阴极炭块长期直接与高温的铝液和具有高腐蚀性的电解质等接触，导致铝电解槽被氟化钠等电解质渗入、腐蚀，使得铝电解阴极炭块内部发生变形、破裂，从而导致导电性能下降，因此，多场交互作用下渗入的电解质与炭块紧密结合在一起，难以有效去除。

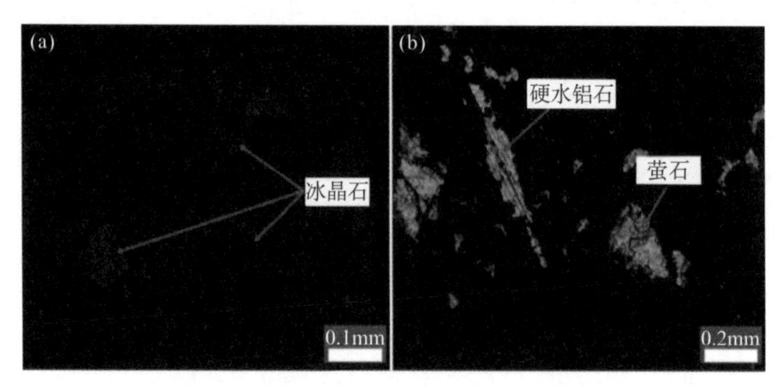

图 6-2 电解铝阴极炭块的偏光显微镜图

(a)冰晶石组分，(b)硬水铝石、萤石组分

6.1.3 铝电解废阴极炭块热重分析

对废阴极炭块在空气和 Ar 环境下进行热重分析，如图 6-3、图 6-4 所示。从图 6-3 废阴极炭块在空气环境中焙烧的 TG-DSC(差示扫描量热，differential scanning calorimetry)图中可以看出，在低于 100℃下，TG 曲线有一段明显的下降，失重约为 3%，可能是由于废旧阴极炭块在空气中收了一定水分。在 430～780℃，TG 曲线大幅度下降，失重率达到 68.4%。同时，在这一阶段 DSC 曲线出现一个明显放热峰，且峰值在 588℃和 663℃。此阶段主要是炭与空气中的 O_2 发生了氧化反应。

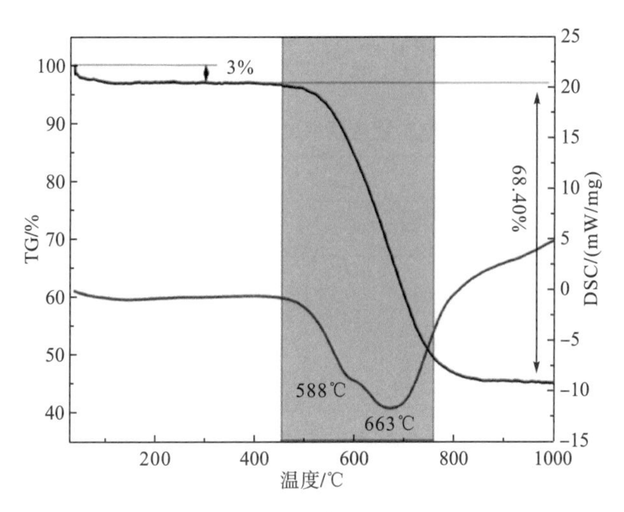

图 6-3　废阴极炭块在空气环境中焙烧的 TG-DSC 图

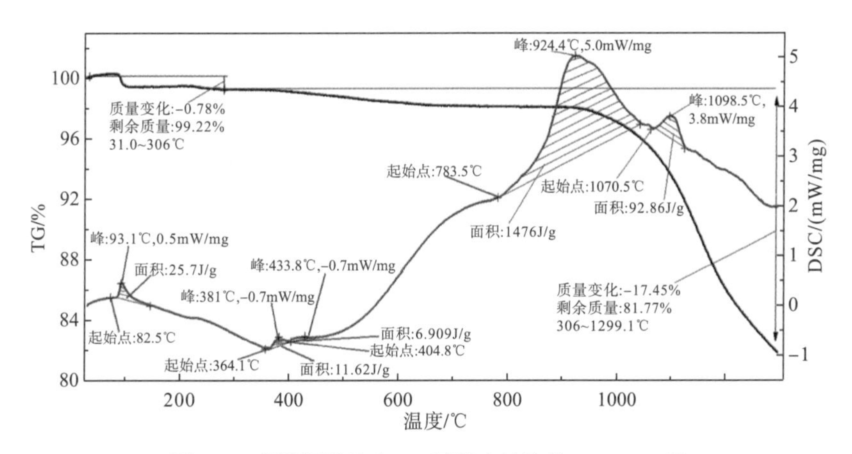

图 6-4　废阴极炭块在 Ar 环境中焙烧的 TG-DSC 图

从图 6-4 中的 DSC 曲线可以看出，在 Ar 保护的情况下，曲线大约在 100℃时出现了第一个吸热峰，此区间为水的蒸发。在 350～450℃出现的吸热峰主要为少量氰化物分解所导致。在 500～800℃范围，TG 曲线基本平缓，少量的挥发成分被移除，DSC 曲线上升是物料加热过程中吸热所引起的，说明阴极炭块中各个组分在此温度范围内比较稳定；在温度高于 900℃时，TG 曲线开始快速下降，并且 DSC 曲线出现第三个吸热峰；在 800～1100℃范围内，出现两个吸热峰，此阶段主要为 NaF 和 Na_3AlF_6 熔化吸热及挥发。

6.2　常规焙烧废阴极炭块工艺研究

6.2.1　响应曲面工艺设计

采用响应曲面法对常规焙烧废阴极炭块工艺进行研究，将各数据及因素通过软件计算生成 17 组实验方案，响应曲面优化的实验条件及结果如表 6-3 所示。

表 6-3 常规焙烧电解铝废阴极炭响应面方法设计及实验结果

样品编号	自变量			响应值
	焙烧温度 χ_1/℃	焙烧时间 χ_2/h	物料粒度 χ_3/mm	除氟率 λ/%
1	1350	1	20	80.6
2	1100	2.5	1	75.5
3	1600	1	10	81.1
4	1350	4	1	83.6
5	1100	4	10	78.1
6	1600	4	10	85.5
7	1100	1	10	72.8
8	1350	4	20	85.2
9	1350	1	1	77.3
10	1600	2.5	1	82.3
11	1350	2.5	10	84.8
12	1350	2.5	10	84.7
13	1350	2.5	10	84.6
14	1100	2.5	20	77.3
15	1350	2.5	10	84.9
16	1350	2.5	10	84.7
17	1600	2.5	20	85.9

对数据进行显著性检验、回归方差等分析，得到二次多项式方程函数，并且检验响应曲面设计是否能很好地用于本研究。根据结果拟合得到焙烧时间、焙烧温度及物料粒度与除氟率之间的相互关系，回归方程如式(6-1)：

$$\begin{aligned}\lambda = 84.74 + 3.89\chi_1 + 2.58\chi_2 - 1.29\chi_3 - 0.225\chi_1\chi_2 - 0.45\chi_1\chi_3 \\ + 0.425\chi_2\chi_3 - 3.4\chi_1^2 - 1.97\chi_2^2 - 1.09\chi_3^2\end{aligned} \tag{6-1}$$

式中，响应值 λ 是除氟率；χ_1、χ_2、χ_3 为焙烧温度、焙烧时间、物料粒度三个变量的实际值。

通过响应曲面来设计优化实验方案，模型的正确性和拟合度直接影响拟合结果与真实误差值，同时还会影响最终的工艺条件。多项式方程中系数的显著性分析可以判断模型的准确性。由表 6-4 可知，相关系数 R^2 值始终在 0 和 1 之间。R^2 值越接近 1.00，模型越好，预测响应越好。本研究中，R^2=0.9990，表明计算结果和实验结果具有良好的一致性。校正系数 R^2_{adj}=0.9976，说明此数据所得回归模型较好；信噪比=86.8290＞4，说明此模型模拟结果与实验结果相差不大，具有很好的匹配度；此外，变异系数描述了数据的分散程度，C_v 值越小，重现性越好。

表 6-4　模型拟合度分析

标准方差	平均值	变异系数 C_v	相关系数 R^2	校正系数 R^2_{adj}	信噪比
0.1980	81.70	0.2424	0.9990	0.9976	86.8290

6.2.2　工艺优化及验证

表 6-5 显示了常规焙烧废阴极炭块最佳除氟率条件下的工艺参数。工艺条件优化后，最佳工艺条件设计的预测除氟率为 87%。为了验证响应曲面实验设计的最佳工艺下的除氟率以及模型的可靠性，采用优化条件重复三组实验，最终实验的平均除氟率为 88%，与预测除氟率相差 1 个百分点，结果表明实验值与预测值匹配良好。与其他方法相比，响应曲面法可以有效预测预定区间内铝电解废阴极炭块除氟率的最大值。

表 6-5　工艺优化条件及结果

焙烧温度 χ_1 /℃	焙烧时间 χ_2 /h	物料粒度 χ_3 /mm	除氟率/%	
			预测值	实验值
1499	3.33	10	87	88

为了验证表 6-5 最佳工艺条件下具有较高的除氟率，选取原料和随机选取表 6-3 17 组实验中的一组及最佳工艺条件下的XRD进行对比，从图6-5可以看出：在常规焙烧1000℃，保温 2.5h 后依旧会含有 CaF_2、LiF、NaF、Na_3AlF_6 等物质的峰，说明这些物质在 1000℃保温 2.5h 时有部分被去除但还有少部分依然存在。在最佳焙烧条件，焙烧温度 1499℃，保温 3.33h，平均粒度 10mm 时，只有 C、CaF_2 和 SiC 的峰，说明 LiF、NaF、Na_3AlF_6 等物质得到了有效脱除。SiC 主要是由 SiO_2 和莫来石经过碳热还原反应所形成的。

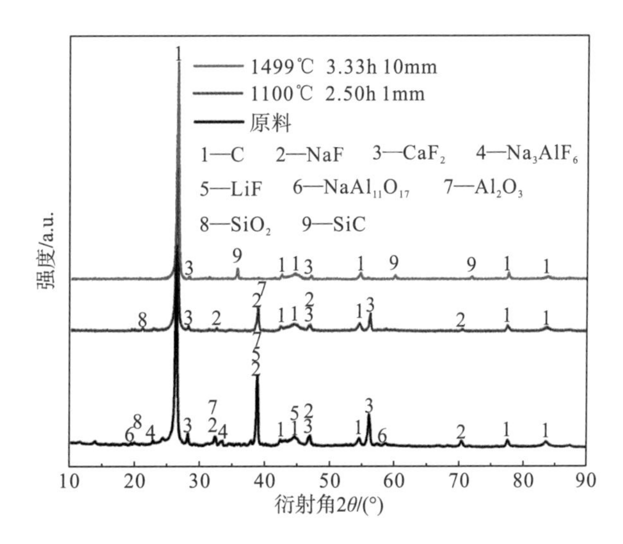

图 6-5　电解铝废阴极炭焙烧前后物相变化

6.3 微波焙烧氟化物脱除研究

6.3.1 焙烧温度和时间对氟化物脱除的影响

图 6-6 为微波功率 2500W、保温 2h 时不同微波焙烧温度对废阴极炭块除氟率的影响。从图中可以看出，随着温度的升高，废阴极炭块的除氟率也随之增大。在 1000～1400℃时，废阴极炭块的除氟率明显增大；在 1000℃时，废阴极炭块的除氟率为 41%；在 1400℃时，废阴极炭块的除氟率达到了 93.7%；在 1500℃时，废阴极炭块除氟率达到 95.4%。

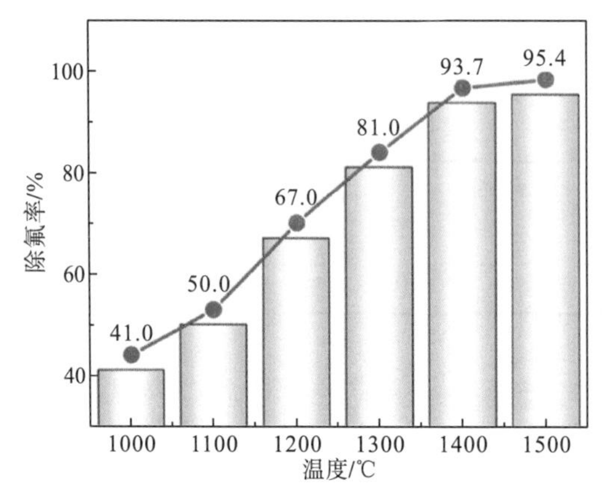

图 6-6 微波焙烧温度对废阴极炭除氟率的影响

图 6-7 为废阴极炭块在微波功率 2500W、焙烧温度 1400℃条件下，不同保温时间对废阴极炭块除氟率的影响。从图中可以看出，随着保温时间的延长，废阴极炭块的除氟率也随之增大。在保温时间从 0.5h 延长至 2.0h 时，废阴极炭块的除氟率增大明显；在保温时间为 0.5h 和 2.0h 时，废阴极炭块的除氟率分别为 66.1%和 93.7%；当保温时间达到 2.5h 时，废阴极炭块的除氟率达到了 94.5%。

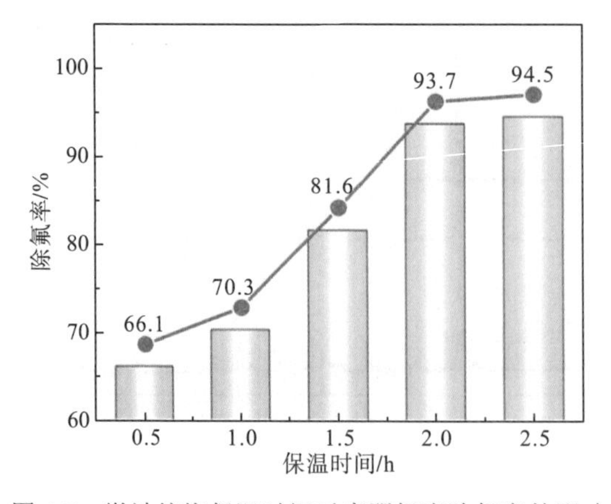

图 6-7 微波焙烧保温时间对废阴极炭除氟率的影响

6.3.2 微波焙烧与常规焙烧除氟率对比

为探究常规焙烧和微波焙烧对废阴极炭块的影响，将废阴极炭块在相同的加热温度、保温条件、粒度大小的条件下对其除氟率进行分析，如图 6-8 所示。从图中可以看出，在常规焙烧处理后，氟化物的去除率高达 80%，还有接近 20%的氟化物残留在物料中。微波焙烧处理后，氟化物的去除率达到 93.7%，物料中的氟化物仅有 6.3%的残留，说明微波焙烧除氟效果要优于常规焙烧工艺。

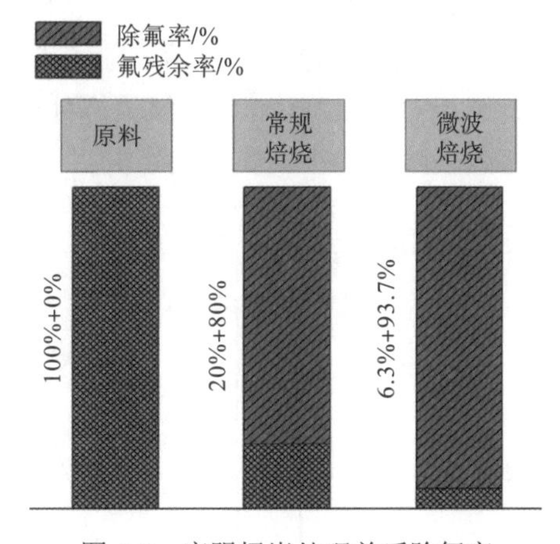

图 6-8　废阴极炭处理前后除氟率

处理前后的废阴极炭块 XRD 图如图 6-9 所示。未经处理的废阴极炭块中各物质的成分分别为 57.94% C、14.23% NaF、1.80% CaF_2、15.06% Na_3AlF_6 和 10.97%其他物质(数据均为质量分数，表 6-6)。从图 6-9(a)中可以看出，原料中含有 C、NaF、CaF_2、Na_3AlF_6 等物质。处理后碳的衍射峰强度明显增大，其余各峰都趋于平缓，说明火法处理能够有效地分离废阴极炭块中的氟化物等。由图 6-9(b)可知，微波焙烧处理后，CaF_2 衍射峰的强度明显降低，NaF 衍射峰的强度较常规焙烧也趋于平缓，可以看出微波焙烧处理后除氟的效果要强于常规焙烧工艺。

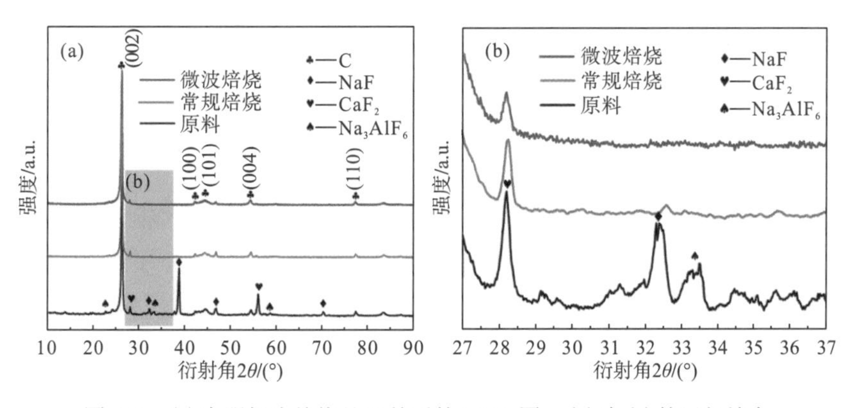

图 6-9　(a)废阴极炭焙烧处理前后的 XRD 图，(b)为(a)的局部放大

表 6-6　废阴极炭原料和处理后的各物质质量分数(%)

成分	C	NaF	CaF_2	Na_3AlF_6	其他
原料	57.94	14.23	1.80	15.06	10.97
常规焙烧	91.25	—	1.70	3.90	3.15
微波焙烧	94.06	—	1.32	—	4.62

笔者对 1400℃条件下常规焙烧和微波焙烧处理的废阴极炭块进行 XPS 分析，结果如图 6-10 所示。从图中可以看出，原料中存在 C 1s(284.5eV)、O 1s(532.0eV)、F 1s(684.5eV)、Na 1s(1072.0eV)等元素，且含量较高。高温处理以后，除了碳的相对含量上升较为明显，常规焙烧处理后氟离子和钠离子相对含量减少，但微波焙烧处理后氟离子和钠离子的含量降低明显，表明微波焙烧可有效去除物料中的氟化物组分。

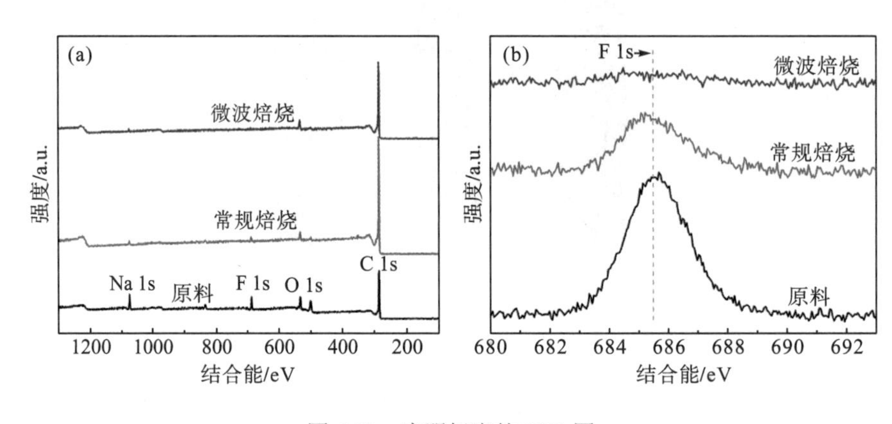

图 6-10　废阴极炭的 XPS 图

(a)全谱图，(b)F 1s 峰

6.3.3　微波高温焙烧水蒸气除氟工艺

在废阴极炭粉粒径为 150～200 目、焙烧时间为 2h、水蒸气流量为 3mL/min 的条件下，研究焙烧温度对废阴极炭除氟率的影响，如图 6-11 所示。水蒸气气氛下废阴极炭的除氟率随着温度升高而升高，当达到 1100℃时微波焙烧除氟率可达 99.6%，明显高于常规焙烧的 94.7%。通入水蒸气在高温作用下与废阴极炭中的部分碳反应，扩大了碳层与氟化物接触面积，可进一步提升除氟率。

图 6-12 为焙烧时间对除氟率的影响，在相同条件下，微波焙烧除氟率明显优于常规焙烧工艺，但焙烧时间超过 3h 后，废阴极炭除氟率变化趋势平缓。此外，随着废阴极炭粒度的增大，除氟率降低。粒度越小的废阴极炭与水蒸气的接触面积越大，从而可提高除氟率。

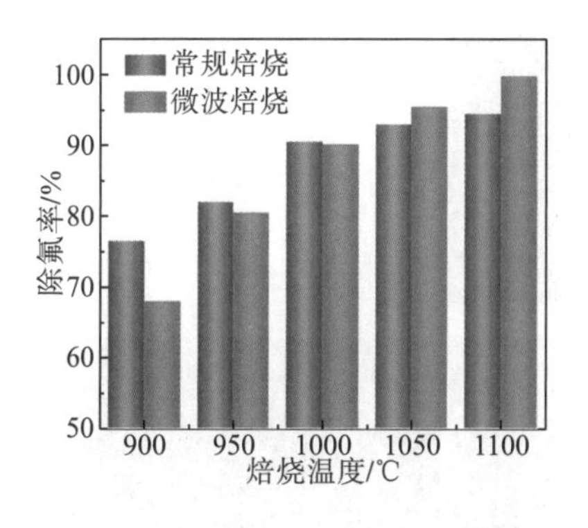

图 6-11　焙烧温度对除氟率的影响

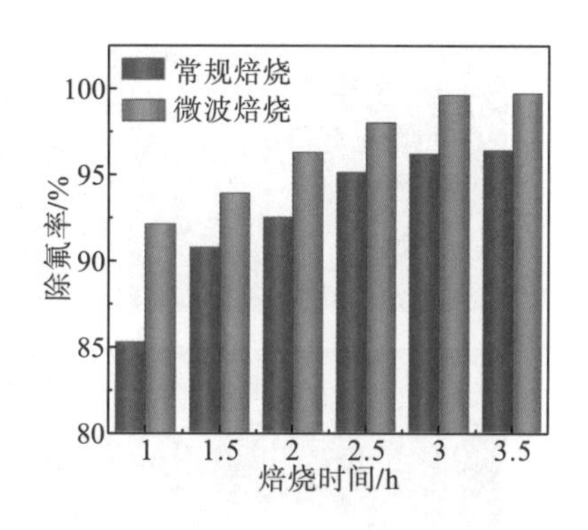

图 6-12　焙烧时间对除氟率的影响

6.3.4　微波焙烧与常规焙烧对碳结构的影响

图 6-13(a)为废阴极炭块的微观结构，物料中有大量富集的白色物质嵌入，结构较为致密，有明显的相分界。样品中的元素分布显示白色物质主要包含 F、Na、Al 等元素，且分布较为一致，此外还含有一些 Ca 元素，如图 6-13(a-1)～图 6-13(a-5)所示。结合物相分析表明这些白色物质主要为 NaF、Na_3AlF_6、CaF_2 等各类氟化物。图 6-13(b)和图 6-13(c)分别为废阴极炭块常规焙烧和微波焙烧处理后的微观结构。铝电解废阴极炭块处理后只有少量氟化物，焙烧后出现由氟化物熔出留下的孔蚀结构。图 6-13(b)表面有部分氟化物未能熔出(红色标出部分)，从图 6-13(b-1)～图 6-13(b-5)可明显地看出 Al、F、Na 的富集情况。而图 6-13(c)中氟化物基本被去除，只有与炭块连接处有少量的氟化物粘连，从图 6-13(c-1)～图 6-13(c-5)可以看出，微波处理后 F 的含量明显降低，微波焙烧对氟化物等杂质的去除效果更好。

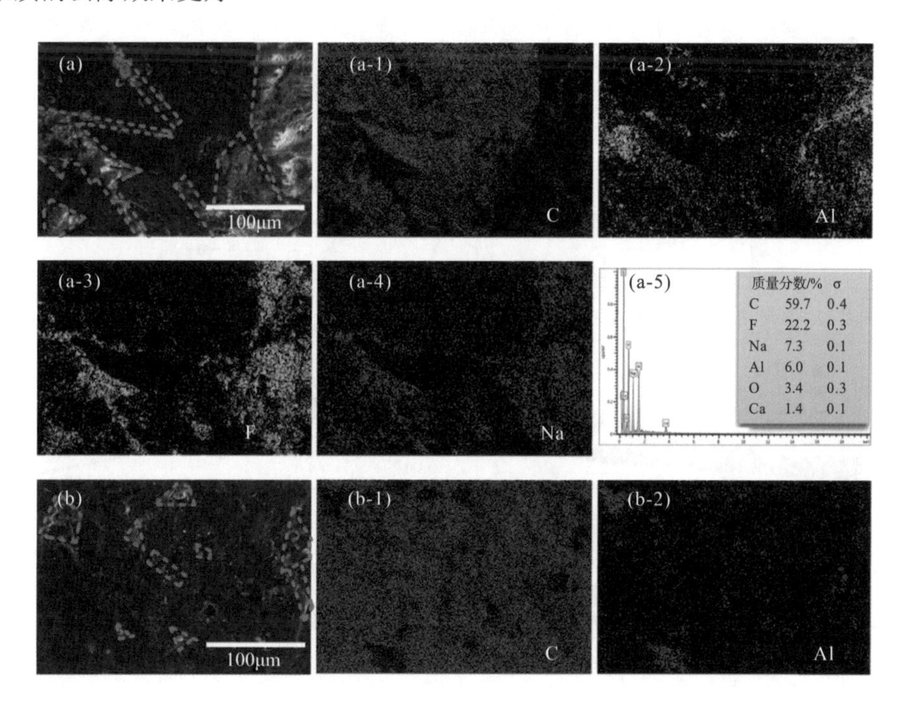

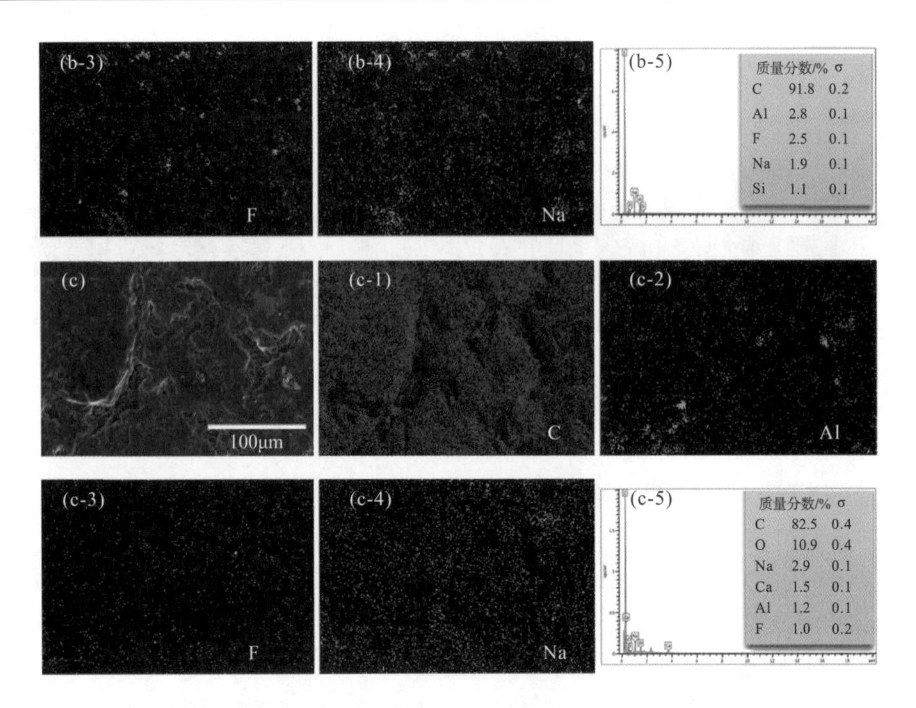

图 6-13 废阴极炭原料(a)、常规焙烧(b)、微波焙烧(c)处理的样品微观形貌

(a-1～a-5)、(b-1～b-5)、(c-1～c-5)分别为各样品的元素分布，图中数据均有四舍五入

笔者对电解铝废阴极炭块处理前后的样品进行 BET(Brunauer-Emmett-Teller)测试，结果如图 6-14 所示。由图 6-14(a)可以看出，在压力比为 0.4～1 时，有明显的迟滞回线，处理前后废阴极炭块的等温线属于经典的Ⅳ型，样品主要以中孔形式存在[6]。由图 6-14(a-1)所知，原料、常规焙烧和微波焙烧处理样品的比表面积分别为 $3.7786m^2 \cdot g^{-1}$，$4.8200m^2 \cdot g^{-1}$ 和 $6.8613m^2 \cdot g^{-1}$，微波处理后样品比表面积明显增大。图 6-14(b)显示微波焙烧后物料的孔隙比常规焙烧后的孔隙明显增多。

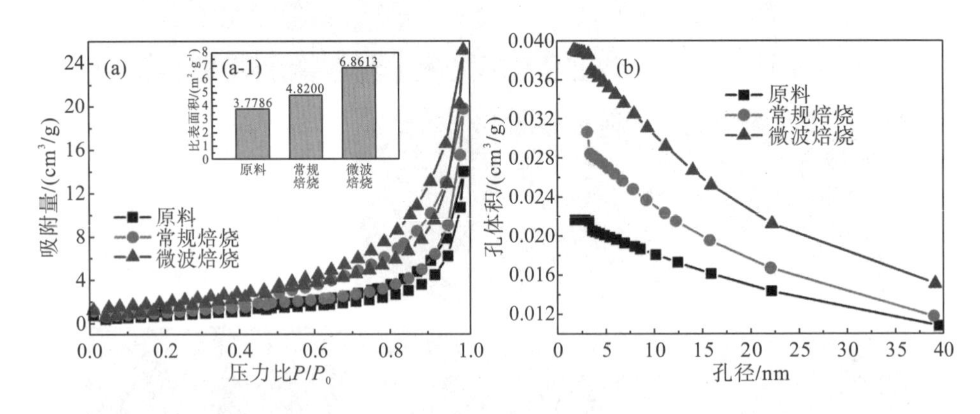

图 6-14 样品 BET 测试

(a)N_2吸脱附等温线，(a-1)比表面积，(b)孔径分布图

笔者对微波高温焙烧处理前后的废阴极炭块样品进行TEM分析，结果如图6-15所示。图6-15(a)和图6-15(b)是废阴极炭块原料的TEM图。从图6-15(b)可以看出，废阴极炭块原料的石墨层间距约为0.344nm，与石墨相比略有增加，可能是由于电解铝生产过程中在电磁场和高温的作用下，电解液渗入石墨电极导致石墨膨胀。图6-15(c)和图6-15(d)是经微波高温焙烧处理后样品的TEM图，部分石墨层间距为0.360nm，有进一步增大的趋势，有利于石墨片层间氟组分的深度去除。

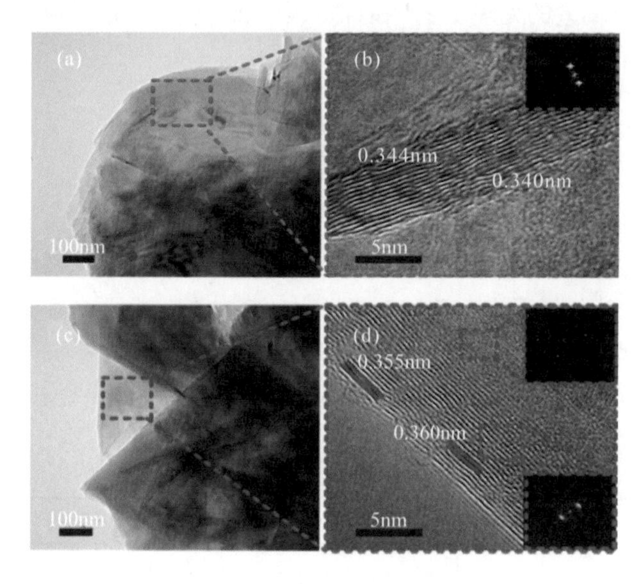

图6-15　废阴极炭的TEM图

(a，b)原料，(c，d)微波焙烧处理后样品

废阴极炭块中氟化物的去除行为如图6-16所示。在微波加热过程中，炭基体与氟化物对微波吸收性能差异巨大。在废阴极炭块微波焙烧过程中，基体与冰晶石组分因选择性加热导致温度和膨胀力不均，产生较大热应力使炭块与冰晶石组分界面破裂。在温度达到各氟化物的熔点时，大部分镶嵌包裹在废阴极炭块中的氟化物从炭块的裂缝中熔融渗出。此外，伴随微波焙烧导致的石墨膨胀，可促进部分石墨层结构中间的氟化物被深度去除。

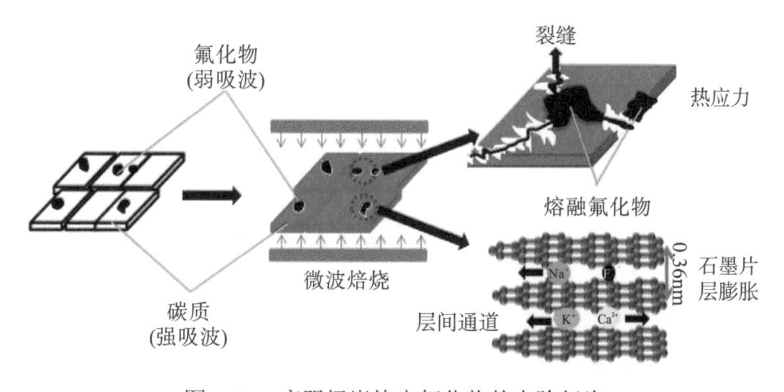

图6-16　废阴极炭块中氟化物的去除行为

6.4 电解铝废阴极炭微波浸出无害化处理

高温火法处理废阴极炭面临着处理温度高、能耗严重、资源难以充分循环利用等问题。相比之下，湿法处理工艺能有效实现废阴极炭高效无害化处理，同时回收有价组分[7-9]。微波水热法作为一种高效的处理工艺，在许多领域都得到了广泛的应用，在铝电解废阴极炭块处理方面也具有较好的效果。

6.4.1 废阴极炭微波碱浸除氟工艺

将废阴极炭破碎研磨，过筛后与 NaOH 溶液按固液质量比 1∶10 混合，转移到聚四氟乙烯反应釜中，在微波反应器中进行反应，温度为 30～100℃，反应时间为 3～12min。反应结束后进行抽滤，使用无水乙醇和去离子水反复洗涤至滤饼表面呈中性。抽滤完成后，将滤液收集集中处理，滤饼在 60℃鼓风干燥箱中进行干燥。

采用响应曲面设计实验方案，具体的实验参数设定及实验结果如表 6-7 所示。

表 6-7 响应曲面实验方案与结果

反应温度 X_1/℃	反应时间 X_2/min	碱浓度 X_3/(mol/L)	除氟率 Y/%
65	12	1.2	94.88
100	12	0.8	91.20
65	3	0.4	86.15
100	3	0.8	89.42
65	7.5	0.8	95.97
65	12	0.4	88.88
30	3	0.8	82.19
100	7.5	1.2	96.38
65	3	1.2	89.56
30	7.5	0.4	88.33
65	7.5	0.8	96.25
65	7.5	0.8	96.66
30	12	0.8	88.06
30	7.5	1.2	89.83
100	7.5	0.4	91.20
65	7.5	0.8	96.66
65	7.5	0.8	96.52

通过 Design-Expert 软件分析，得到响应值 Y 与变量之间的二次回归方程，如式(6-2)所示。

$$Y = 70.62 + 1.81X_1 + 1.44X_2 + 1.47X_3 - 0.75X_1X_2 + 0.675X_1X_3 + 0.475X_2X_3 - 2.61X_1^2 - 3.76X_2^2 - 1.04X_3^2 \quad (6\text{-}2)$$

图 6-17(a)为残差概率分布图，用以判断二次回归方程是否服从正态分布。代表残差值的点被拟合成一条直线，说明该回归方程满足正态性和独立性。图 6-17(b)显示的是实验值与回归方程预测值之间的拟合直线，从图中可以看出，代表实际结果的数值点在拟合线的两侧均匀分布。结果表明，该回归模型可以有效地预测浸出过程。此外，图 6-17(c)和图 6-17(d)中残差值与预测值的比较图显示，残差值均为散点，不集中在任何特定区域，说明两者之间存在良好的相关性。上述结果证实了方差分析的可信度和回归模型的有效性。

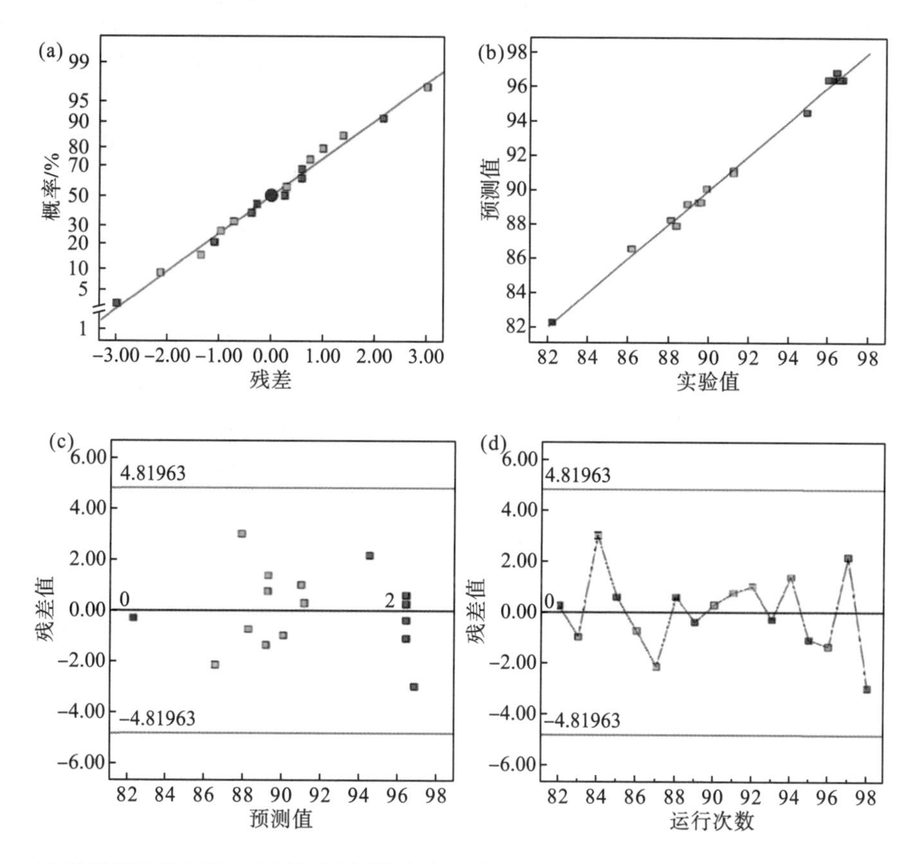

图 6-17　(a)残差概率分布图；(b)模型预测值与实际值线性拟合；(c)残差值与预测值的关系；(d)可溶性氟化物去除率的残差值和运行次数的关系

根据上述二次回归方程，绘制 X_1 反应温度、X_2 反应时间与 X_3 碱浓度彼此之间交互作用对响应值影响的三维响应曲面图以及等高线图，除氟率影响因素的三维响应曲面图和等高线图如图 6-18 所示。三维响应曲面图显示了一个因素处于 0 水平时另外两个因素对响应的影响。图 6-18(a)显示了温度和时间对除氟率的影响，此时碱浓度为 0.8mol/L。图 6-18(b)显示的是温度与碱浓度对除氟率的影响，此时时间恒定为 7.5min。图 6-18(c)则显示了温度恒定为 65℃时，时间与碱浓度对除氟率的影响。响应曲面结果表明，温度、时间和碱浓度均对除氟率有显著的影响：随着温度和时间的增加，除氟率呈现先增大后减小的趋势，且变化趋势陡峭；随着碱浓度的增大，除氟率缓慢增大，变化趋势较为平缓。结合等高线图能够看出可溶性氟化物去除率对于时间的变化更为敏感，其次是温度的变化，最后是碱浓度。除此之外，图 6-18(a)～图 6-18(c) 中均为椭圆形的等高线，显示了温度、时间和碱浓度两两之间交互作用的显著性。

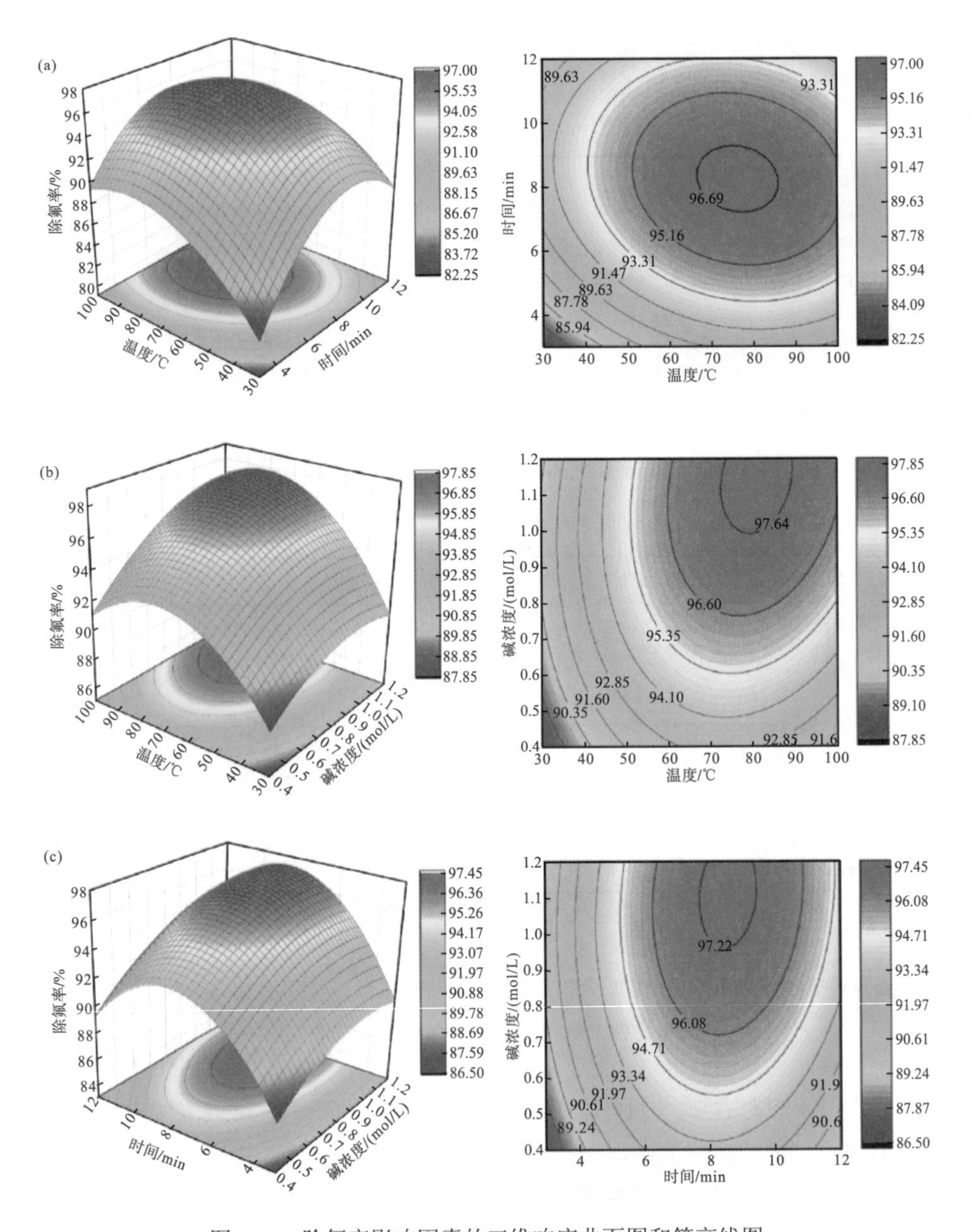

图 6-18 除氟率影响因素的三维响应曲面图和等高线图

(a) 碱浓度固定时，温度和时间的影响，(b) 时间固定时，温度和碱浓度的影响，(c) 温度固定时，时间和碱浓度的影响

根据建立的响应曲面实验模型，以最高的可溶性氟化物去除率(100%)为目标，确定实验变量的最优值，结果如图 6-19 所示。温度 80.19℃、时间 8.4min 和碱浓度 1.16mol/L 为最佳，该方案预测的可溶性氟化物去除率最高为 98.06%。在此基础上，考虑实际操作的可行性，温度选择为 80℃，进行了 3 次重复试验，可溶性氟的去除率分别为 97.29%、96.49%和 97.54%，平均去除率为 97.11%，与预测值仅相差 0.95 个百分点。结果表明，该拟合模型具有良好的实用性。

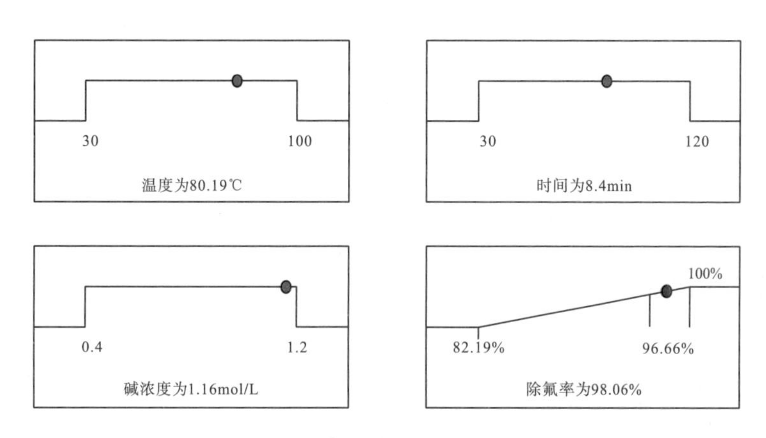

图 6-19 响应曲面法得到的最佳工艺参数

对经过最佳工艺参数处理后的样品进行分析(记为 SCC-MH)，并与废阴极炭进行比较。图 6-20(a)为处理前后样品的物相变化，从图中可以看出，NaF 等可溶性氟化物几乎完全去除，只留下少量无害的 CaF_2 组分，说明微波水热碱浸是处理废阴极炭的有效途径。图 6-20(b)为处理前后样品的拉曼测试结果。SCC 能带强度比 I_D/I_G 为 1.0537，而 SCC-MH 仅为 0.2228。这表明随着浸出过程的进行，杂质逐渐被去除，提高了废阴极炭中碳质成分的有序程度。图 6-20(c)为废阴极炭处理前后的 XPS 图。废阴极炭的 XPS 全谱图中主要对应于 C 1s、O 1s、F 1s 和 Na 1s。在微波水热碱浸处理后获得的 SCC-MH 的 XPS 图谱中 Na 1s 的特征峰几乎消失。此外，F 1s 峰的强度明显降低[图 6-20(d)]，但仍有一个明显的特征峰，这是由于废阴极炭中残留的难溶 CaF_2 引起的。

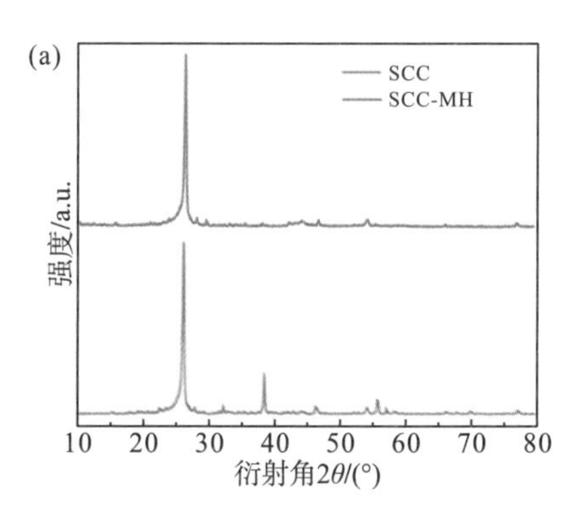

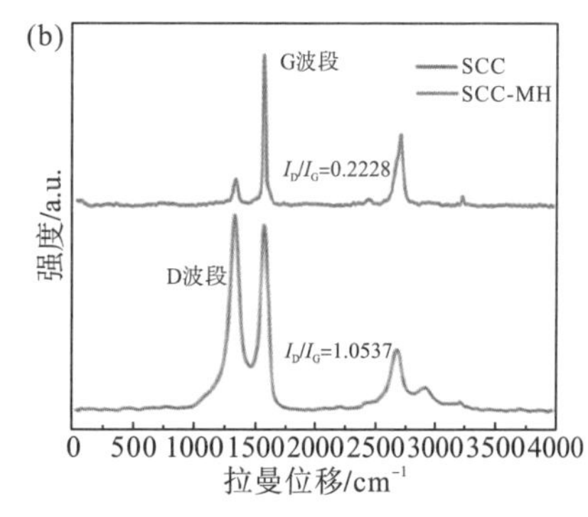

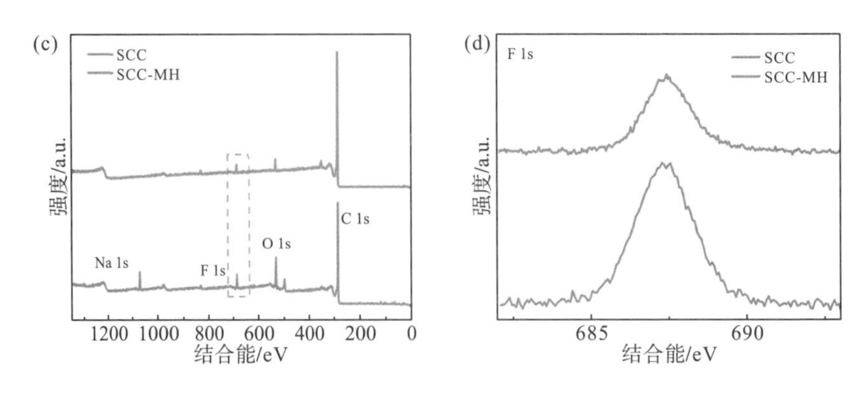

图 6-20 样品处理前后成分分析

(a) XRD 谱图，(b) 拉曼谱图，(c) XPS 图，(d) F 1s 谱图

微波水热碱浸处理前后废阴极炭的元素分布如图 6-21 所示。原料中的 F、Na、Al 等杂质含量较高，在微波水热碱浸处理过后，C 含量显著增加，F、Na 元素被显著去除。

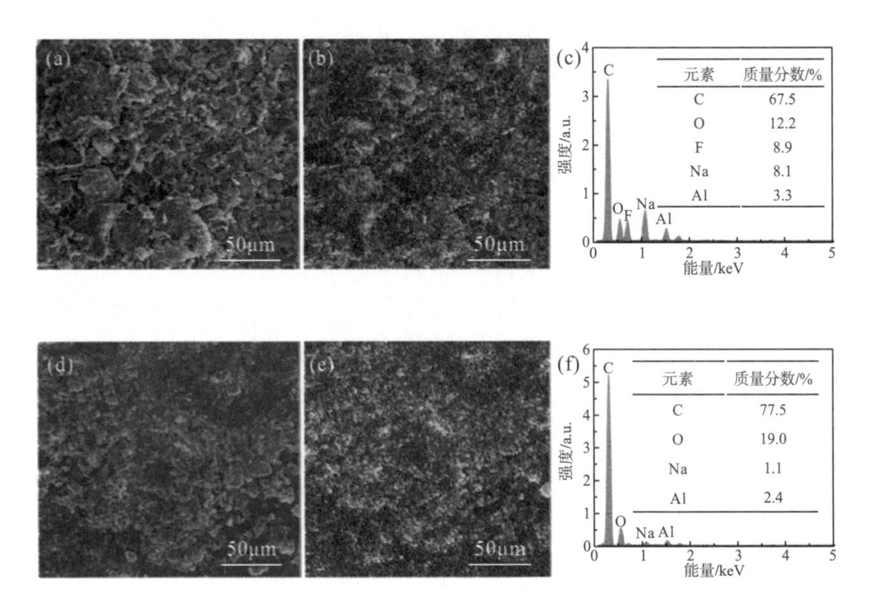

图 6-21 处理前后废阴极炭的元素分布

(a～c) SCC，(d～f) SCC-MH

对比了传统水热与微波水热碱浸处理的效果，传统水热法处理后的废阴极炭记为 SCC-TH。SCC-MH 和 SCC-TH 处理废阴极炭工艺及除氟效果的比较如图 6-22 所示。在温度 80℃和碱浓度为 1.16mol/L 时，SCC-MH 和 SCC-TH 对可溶性氟的去除率分别为 97.54% 和 91.74%。此外，SCC-TH 的处理时间为 24h，而 SCC-MH 的处理时间仅为 0.14h，结果显示微波水热的除氟效率远高于传统水热工艺。

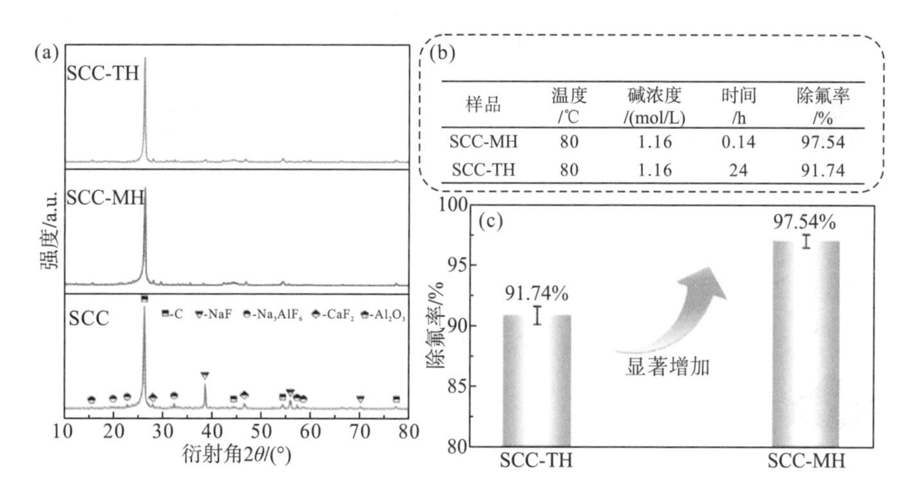

图 6-22　传统水热与微波水热碱浸处理效果对比

(a) XRD 图，(b) 参数对比，(c) 除氟率对比

6.4.2　废阴极炭微波酸浸深度除氟

通过微波水热碱浸处理废阴极炭可快速、有效地去除其中的可溶性氟化物，然而仍有一定含量的难溶 CaF_2 残余，这对后期铝电解废碳的再利用有较大影响，笔者针对废阴极炭难溶 CaF_2 开展了微波水热酸浸深度去除的工艺研究。

首先排除可溶性氟化物对 SCC 中难溶氟化物成分检测的影响。SCC 原料在破碎、研磨、筛分后，通过优化后的工艺参数(温度为 80℃、碱浓度 1.16mol/L 以及时间为 8.4min)对废阴极炭进行微波水热碱浸处理，浸出完成后进行离心洗涤、干燥，检测处理后废阴极炭中的氟离子含量，重复 3～5 次，当样品中氟离子含量稳定时，视为预处理完成，得到的物料记为 SCC-A。

将适量的 $K_2S_2O_8$ 与 10% H_2SO_4 溶液加入烧杯中，随后加入预处理后得到的 SCC-A，超声水浴处理 10min，均匀搅拌后转移至聚四氟乙烯反应釜中，放入微波反应器中进行反应。反应温度为 60～100℃，微波功率为 1.2kW。反应完成后采用离心洗涤的方式清洗物料，使用乙醇与去离子水反复洗涤 3～5 次直至 pH 呈中性，将每次清洗后的废液进行收集。离心洗涤完成后，在 60℃的鼓风干燥箱中烘干，干燥后的物料记为 SCC-S。通过 F^- 检测方法分析物料中的 F^- 含量，计算除氟率。整体过程如图 6-23 所示。

SCC 与 SCC-A 的物相分析如图 6-24 所示，经过多次预处理后，SCC-A 中 NaF 和冰晶石的特征峰强度显著下降，大部分 NaF 和冰晶石均已被去除，CaF_2 的特征峰强度却并没有发生明显的变化，由此表明多次的预处理过程对于 CaF_2 的影响并不明显。

在微波水热酸浸过程中，浸出温度、时间以及固液比等条件对浸出过程氟化物的去除有明显的影响，图 6-25(a) 显示了不同固液比下样品的除氟率。当固液比由 1∶10 增加至 1∶50 时，除氟率由 93.55%增加至 95.96%，但固液比过大导致处理过程所耗费的浸出液更多，浸出效率低。图 6-25(b) 为不同浸出温度对除氟率的影响。随着温度的升高，分子扩散速率增大、液相黏度降低以及分子活化能增大引起分子间的有效碰撞增加，从而提升

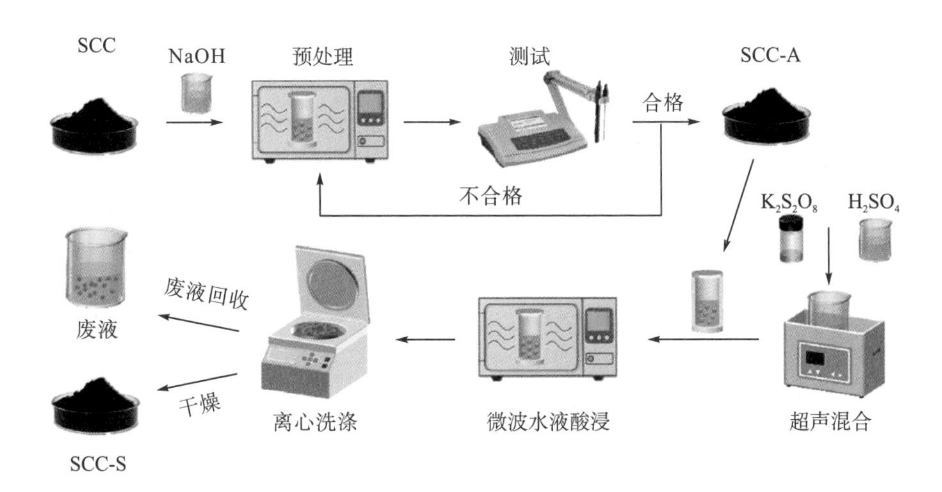

图 6-23　废阴极炭深度除氟工艺流程图

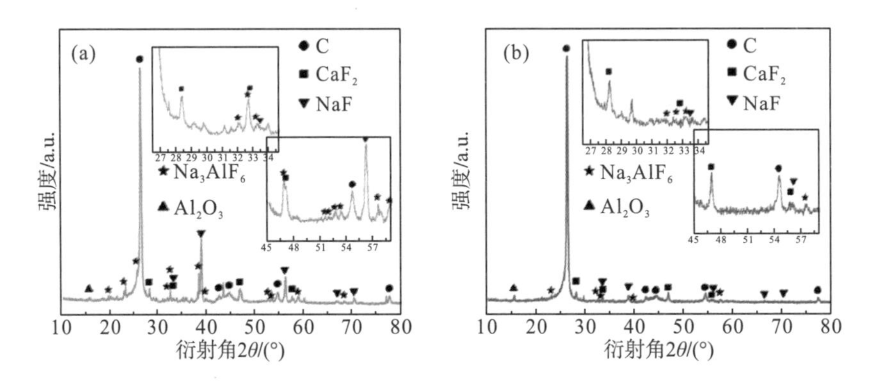

图 6-24　样品的 XRD 对比图

(a) 废阴极炭原料，(b) SCC-A

了表面化学反应速率[10, 11]。温度的升高导致体系中强氧化剂的热分解，可促进石墨炭边缘氧化。在 60℃条件下，除氟率仅为 87.68%，而在 80℃条件下，除氟率达到了 94.65%。当温度高于 80℃后，继续升高温度对除氟率并没有显著影响，但对于设备会有较高要求，因此选择 80℃作为反应温度。图 6-25 (c) 为浸出时间对除氟率的影响。反应 1min 时除氟率就达到了 56.66%，这是因为反应刚开始时浸出液与石墨表面的 CaF_2 直接接触并反应。随着反应的持续进行，在 1～20min 时间段内，除氟率上升趋势缓慢，在 20min 时除氟率仅为 60.48%。这可能是由于随着石墨表面 CaF_2 的溶解，进一步溶解需要浸出液与石墨层间隙间的 CaF_2 反应，而短时间内氧化剂对石墨边缘的氧化仍不充分，浸出液难以有效接触 CaF_2，导致除氟率提升缓慢。随着反应持续至 20～40min，石墨边缘充分氧化，石墨间层扩大，浸出液与 CaF_2 颗粒充分接触，除氟率呈明显线性上升趋势；随着反应持续进行 60min 以后，除氟率的上升有所减缓。在浸出固液比为 1∶30，温度为 80℃，时间为 60min 条件下分别进行常规水热酸浸与微波水热酸浸处理，如图 6-25 (d) 所示。酸浸处理后样品除氟率有明显的提升，酸浸过程有利于难溶 CaF_2 的去除，其中微波水热对 CaF_2 的脱除有更显著的促进作用，除氟率达到 95.60%。

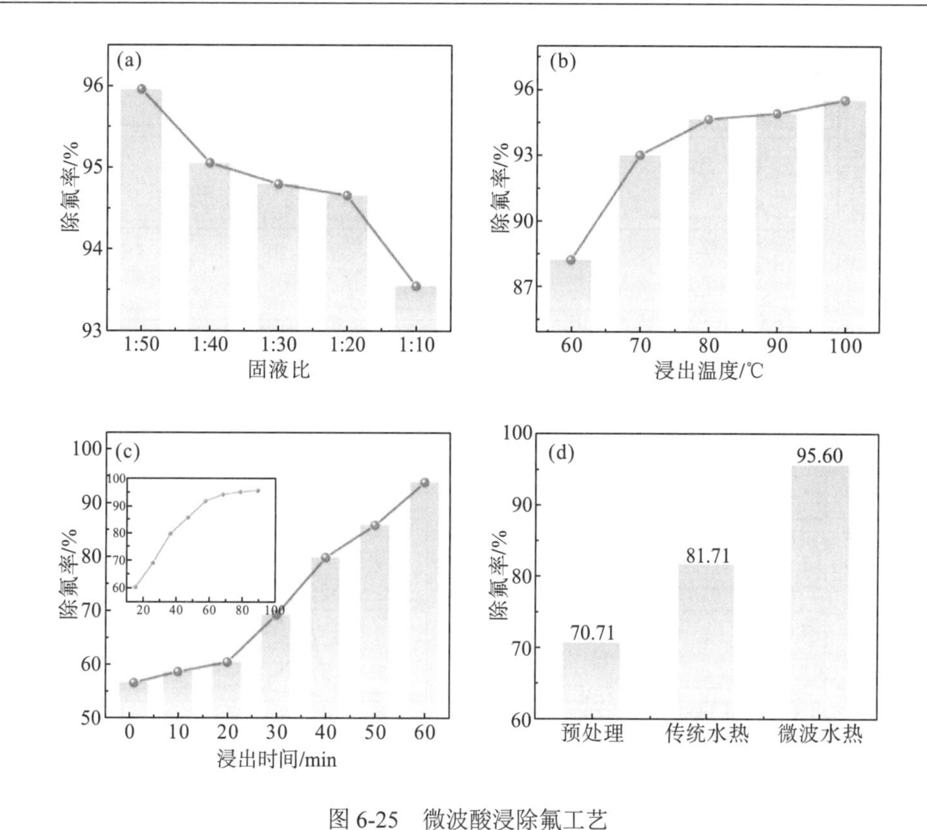

图 6-25　微波酸浸除氟工艺

(a) 固液比的影响(80℃，60min)，(b) 浸出温度的影响(固液比 1∶30，60min)，(c) 浸出时间的影响(固液比 1∶30，80℃)，(d) 加热方式的影响(固液比 1∶30，80℃，60min)

图 6-26(a)为样品的 XRD 图，从图中可以看出，微波水热酸浸处理后，SCC-S 中未观察到明显的氟化物的衍射峰，仅能观察到微量的 Al_2O_3 等杂质，废阴极炭中的氟化物组分基本被去除。通过拉曼光谱分析处理前后废阴极碳的结构变化，如图 6-26(b)所示，SCC 显示出较高的 I_D/I_G 值，表明 SCC 中包含相当大的无序结构以及缺陷。经过预处理后，D 峰减弱，I_D/I_G 值从 1.07 下降到 0.21，表明废阴极炭中的碳质材料结构得到改善。但 SCC-S 的 I_D/I_G 值为 0.54，这是由于 $K_2S_2O_8$ 对废阴极炭边缘的氧化，导致碳材料无序程度的增加。

图 6-26(c)是样品的 XPS 全谱图，通过 SCC 的全谱图能够清晰地观察到 C 1s、O 1s、F 1s 和 Na 1s 的峰。在 SCC-A 中仍能观察到 Na 1s 峰，表明预处理后仍残留有少量的可溶性氟化物，而 SCC-S 样品的 XPS 测试结果中有关 Na 与 F 结合能的峰基本消失。图 6-26(d)展示了废阴极炭在处理前后 C 1s 的拟合结果，SCC 处理前后 C 1s 的拟合峰强度并没有发生明显的变化。图 6-26(e)显示处理过后 O 1s 的拟合峰，在 532.6eV 处的 C—OH/C—O—C 发生了增强，这是 $K_2S_2O_8$ 对石墨的氧化导致 SCC 表面含有官能团增加。此外，SCC-S 的 XPS 图谱[图 6-26(f)]中没有观察到明显的 F 1s 的峰值，表明微波水热酸浸能有效去除废阴极炭中的氟化物组分。

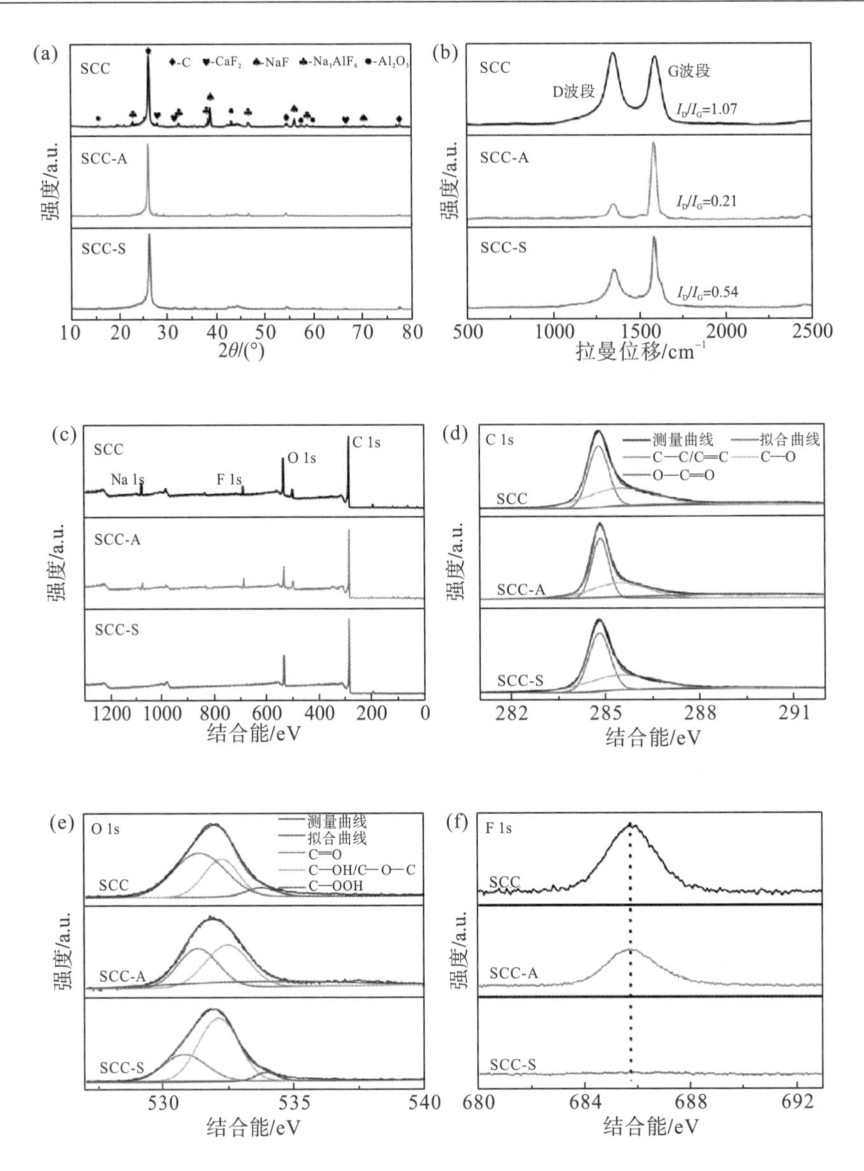

图 6-26 样品的成分及结构变化

(a) XRD 图，(b) 拉曼谱图，(c) XPS 全谱图，(d～f) C 1s、O 1s 和 F 1s 谱图

图 6-27 为最佳工艺条件下处理后得到的 SCC-S 的微观形貌及元素分布图。在图 6-27(a) 中可以观察到明显的石墨鳞片微观形貌，在断裂处能够发现清晰的层与层结构。在颗粒表面有较多的薄片并呈现半剥离状态，这也展现了 $K_2S_2O_8$ 氧化插层对 SCC 膨胀的影响。图 6-27(b)～图 6-27(e) 显示物料边缘处粗糙不平，有较多孔隙结构，这些可能是由于强氧化剂的氧化以及浸出液的冲蚀引起的，元素分布显示 SCC-S 中主要为 C、O 和 S 元素。

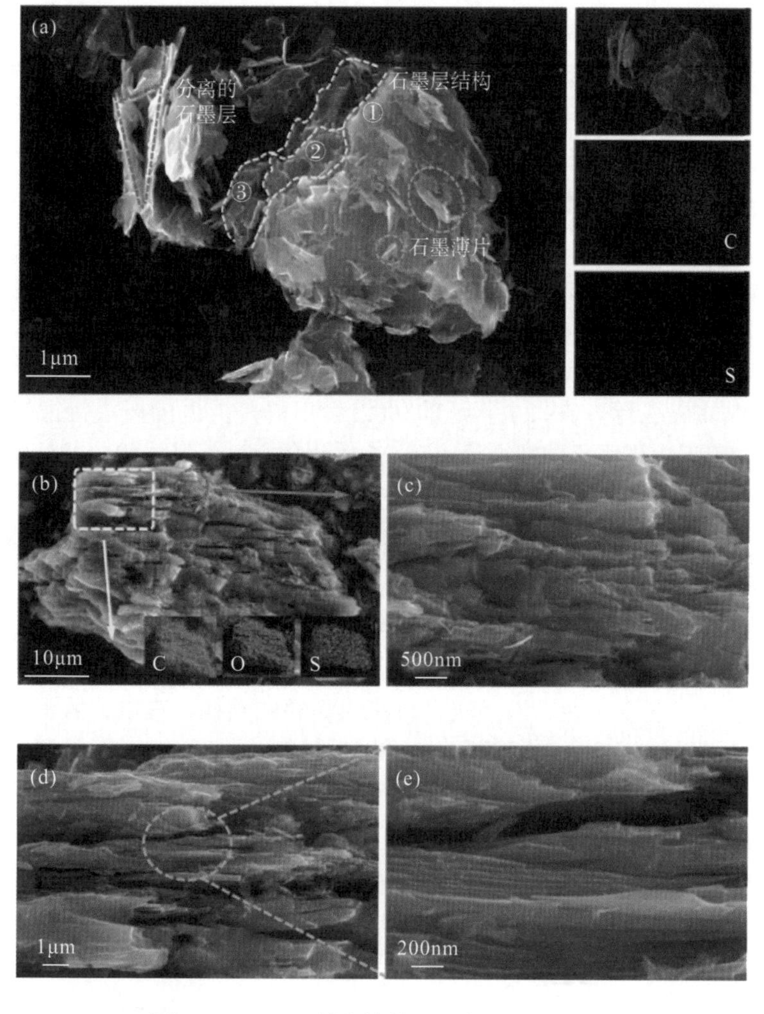

图 6-27　SCC-S 样品的微观形貌及元素分布图

(a) 平面图像，(b～e) 边缘图像

6.5　电解铝废阴极炭制备石墨烯

6.5.1　还原氧化石墨烯制备

首先，在玻璃器皿中加入适量冰水混合物，用量筒量取 23mL 浓 H_2SO_4 缓慢倒入 500mL 玻璃烧杯中，并转移至玻璃器皿中，将玻璃器皿置于电磁搅拌器上。称取 1g 深度除氟的废阴极炭粉(SCC-Clean)、0.5g $NaNO_3$ 以及 3g $KMnO_4$，将炭粉与 $NaNO_3$ 加入烧杯中，搅拌 5～10min，然后将 $KMnO_4$ 缓慢加入烧杯中，使物料充分氧化，氧化过程保持烧杯内温度低于 20℃。氧化完成后将烧杯转移至 35℃油浴锅中继续反应 30min，然后加入 200mL 去离子水，温度升高至 95℃持续加热 30min。向烧杯中滴加 30%双氧水直至无气泡生成，此时反应结束。过滤后再用 10% HCl 溶液与去离子水反复洗涤，去除表面附着的未反应物质，在60℃鼓风干燥箱中烘干12h后产物为氧化石墨烯，记为GO-SCC。

取100mg干燥后的GO-SCC，加入100g水中，搅拌3～5min后移至超声清洗机中分散2h，静置后取上层悬浮液。在80℃下水浴加热，滴加15～20mL水合肼，持续反应24h。反应结束后使用甲醇和去离子水对产物进行反复洗涤，重复多次得到的固体产物在60℃条件下充分干燥，得到还原氧化石墨烯产物，记为rGO-SCC。

6.5.2 样品形貌与结构分析

图6-28(a)显示SCC-Clean、GO-SCC和rGO-SCC的XRD图。经过深度处理后，废阴极炭中杂质基本被去除，在26°附近的(002)衍射峰是典型的石墨特征峰。可以看出GO-SCC在11°附近出现明显的特征峰，在26°附近的衍射峰基本消失，证实了氧化石墨烯的形成。rGO-SCC样品在25°附近观察到较宽的弱特征峰，并且rGO-SCC的(002)衍射峰峰位与废阴极炭相比有明显的偏移，rGO-SCC的层间距为3.68Å，与废阴极炭(3.36Å)相比，其层间距增大。

对比不同氧化时间得到的GO-SCC的XRD图如图6-28(b)所示。氧化1h的产物GO-1h在13°和26°附近均有明显的衍射峰，氧化过程不彻底，仍有相对完整的石墨晶体结构。GO-1h悬浊液呈灰棕色，石墨仍保持相对完整的结构，难以分散剥离出薄的氧化石墨烯。GO-2h悬浊液呈现较为明亮的棕色半透明，与典型的氧化石墨烯溶液相同[12]。XRD结果表明，废阴极炭晶体结构被破坏，无序程度增加，废阴极炭完全转化为氧化石墨烯。

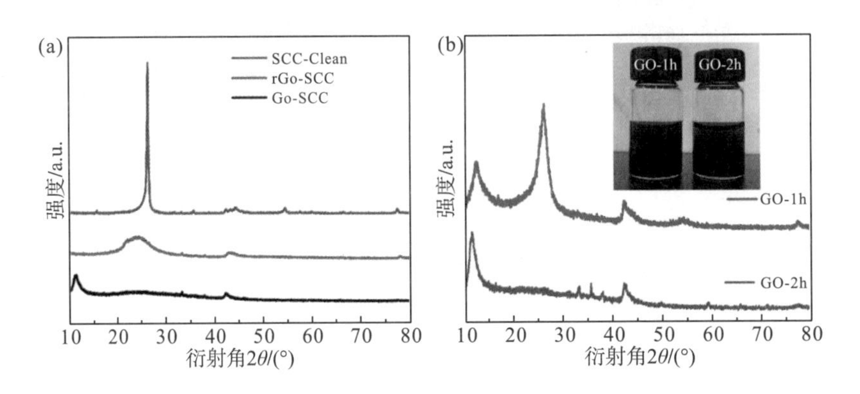

图6-28 (a)处理前后废阴极炭的XRD图，(b)不同氧化时间样品的XRD图及悬浊液

图6-29为GO-SCC的SEM图，以及SCC与rGO-SCC的TEM图。图6-29(a)～图6-29(d)显示，石墨边缘发生了明显的膨胀，层与层之间明显分开，形成片层状结构。对比rGO-SCC与SCC的TEM图，rGO-SCC呈现更薄、更透明的特征，具有较少的石墨层数。以上结果表明，采用铝电解废阴极炭成功制备了还原氧化石墨烯。

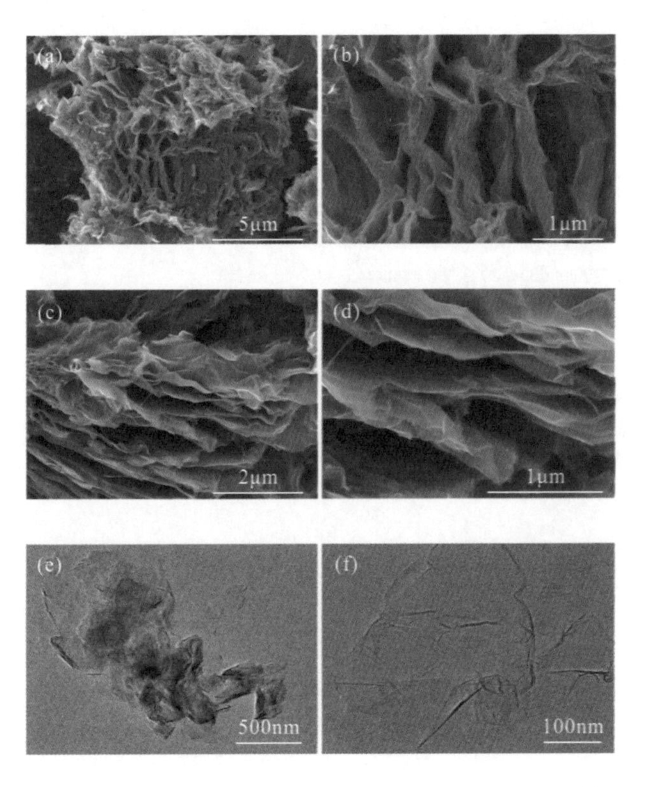

图 6-29　(a～d) GO-SCC 的 SEM 图，(e，f) SCC 与 rGO-SCC 的 TEM 图

参 考 文 献

[1] Holywell G, Breault R. An overview of useful methods to treat, recover, or recycle spent potlining[J]. JOM, 2013, 65(11): 1441-1451.

[2] Sleap S B, Turner B D, Sloan S W. Kinetics of fluoride removal from spent pot liner leachate (SPLL) contaminated groundwater[J]. Journal of Environmental Chemical Engineering, 2015, 3(4): 2580-2587.

[3] 曹继明, 李军英. 浅议铝电解槽废旧阴极炭块的回收与综合应用[J]. 炭素技术, 2004, 23(5): 41-44.

[4] Silveira B I, Dantas A E, Blasquez J E, et al. Characterization of inorganic fraction of spent potliners: evaluation of the cyanides and fluorides content[J]. Journal of Hazardous Materials, 2002, 89(2-3): 177-183.

[5] Yang K, Gong P Y, Tian Z L, et al. Recycling spent carbon cathode by a roasting method and its application in Li-ion batteries anodes[J]. Journal of Cleaner Production, 2020, 261: 121090.

[6] Thommes M, Kaneko K, Neimark A V, et al. Physisorption of gases, with special reference to the evaluation of surface area and pore size distribution (IUPAC Technical Report) [J]. Pure and Applied Chemistry, 2015, 87(9-10): 1051-1069.

[7] Yao Z, Zhong Q F, Xiao J, et al. An environmental-friendly process for dissociating toxic substances and recovering valuable components from spent carbon cathode[J]. Journal of Hazardous Materials, 2021, 404(Pt B): 124120.

[8] Birry L, Leclerc S, Poirier S. The LCL&L process: a sustainable solution for the treatment and recycling of spent potlining[C]. The Minerals, Metal&Materials Society, 2016: 467-471.

[9] Barnett R J, Mezner M B. Recovery of AlF3 from spent potliner: US6187275[P]. 2001-02-13.

[10] Shi G C, Liao Y L, Su B W, et al. Kinetics of copper extraction from copper smelting slag by pressure oxidative leaching with sulfuric acid[J]. Separation and Purification Technology, 2020, 241: 116699.

[11] Gao W F, Song J L, Cao H B, et al. Selective recovery of valuable metals from spent lithium-ion batteries–Process development and kinetics evaluation[J]. Journal of Cleaner Production, 2018, 178: 833-845.

[12] Le H N, Thai D, Nguyen T T, et al. Improving safety and efficiency in graphene oxide production technology[J]. Journal of Materials Research and Technology, 2023, 24: 4440-4453.

第 7 章　微波处理碳纤维材料

聚丙烯腈(polyacrylonitrile，PAN)基碳纤维具有优异的性能，包括高比强度、耐热性和耐腐蚀性等[1-3]。预氧化、碳化是制备 PAN 基碳纤维的关键环节[4, 5]。微波加热具有加热均匀、快速和瞬时控制等优点，有利于解决温度梯度问题，获得高性能碳纤维。此外，碳纤维增强树脂基复合材料(carbon fiber reinforced polymer，CFRP)因其优异的性能被广泛应用于航空航天、军事、汽车、交通运输、建筑、体育和医疗等领域[6-8]。然而，伴随 CFRP 需求量快速增加，产生了越来越多的 CFRP 废弃物，其处理成为越来越急迫的问题。CFRP 中碳纤维具有较高回收价值，热解法处理 CFRP 回收碳纤维可以保持碳纤维良好的力学性能，成为解决 CFRP 循环利用的有效途径。微波具有内部选择性高效加热的特点，通过微波加热可有效实现 CFRP 热解回收碳纤维，实现低碳环保和节能降耗。

7.1　微波活化 PAN 纤维预氧化

7.1.1　微波预氧化与常规预氧化工艺对比

在不同保温时间和加热速率下，通过微波加热(命名为 MSFs)和常规加热(命名为 CSFs)的 PAN 纤维的体密度变化如图 7-1 所示。从图 7-1(a)可以看出，在 20℃/min 的加热速率下，MSFs 和 CSFs 的 PAN 纤维体密度随着保温时间的延长而增大。MSFs 的变化斜率逐渐增大，CSFs 的斜率没有显著变化。当达到相同的纤维体密度时，微波加热时间缩短了 5min。从图 7-1(b)可以看出，保温 15min 条件下，纤维体密度值随着加热速率的

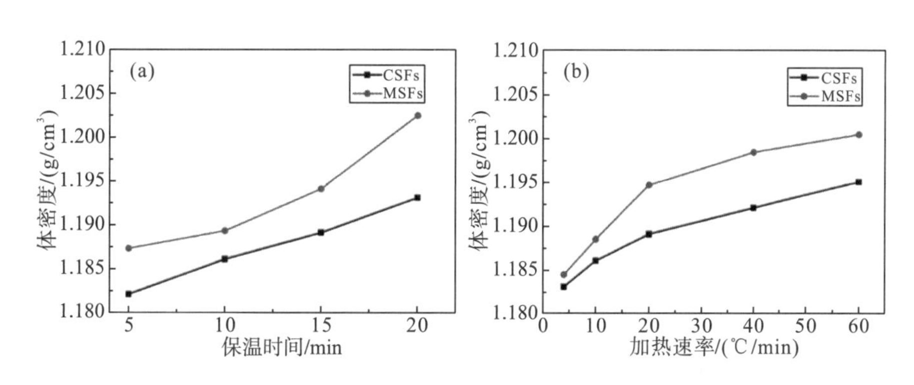

图 7-1　不同条件下 MSFs 和 CSFs 的 PAN 纤维体密度

(a)保温时间，(b)加热速率

增大而逐渐增大，MSFs 下的纤维体密度明显高于 CSFs，但随加热速率增大体密度值增速变缓。加热速率为 10℃/min 下 MSFs 的纤维体密度为 1.188g/cm^3，接近加热速率为 20℃/min 下 CSFs 的纤维体密度(1.189g/cm^3)。加热速率为 20℃/min 下 MSFs 的纤维体密度为 1.194g/cm^3，接近加热速率为 60℃/min 下 CSFs 的纤维体密度(1.195g/cm^3)。

图 7-2 显示加热速率为 20℃/min 和不同加热时间下微波加热(记为 MHT-*x*，*x* 为加热时间，min)和常规加热(记为 CHT-*x*，*x* 为加热时间，min)所得纤维的 FTIR 图谱。在 2940cm^{-1}、2244cm^{-1}、1455cm^{-1}、1361cm^{-1} 和 1616cm^{-1} 处出现不同的吸收带，分别对应 CH_2 中的 ν_{C-H}、CN 中的 $\nu_{C\equiv N}$、CH_2 中的 δ_{C-H}、CH 中的 δ_{C-H}、$\nu_{C=N}$ 和 $\nu_{C=C}$。在 2940cm^{-1}、2244cm^{-1} 和 1455cm^{-1} 处的三个吸收峰的位置实际上没有明显变化。在 2940cm^{-1} 处，微波加热所得纤维的吸热峰强度低于常规加热所得纤维的吸热峰强度。

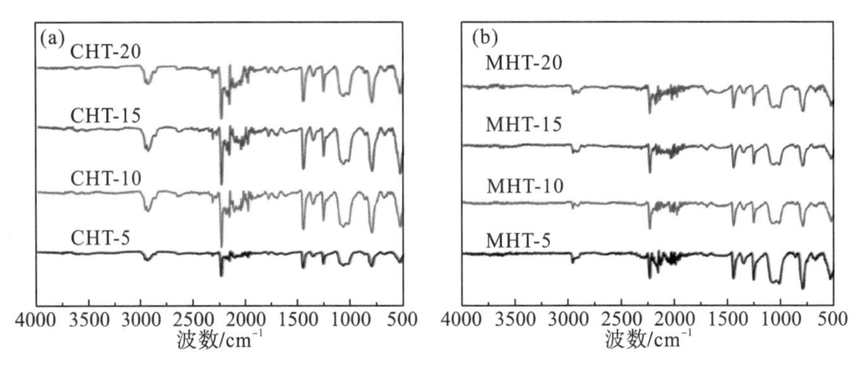

图 7-2 不同加热时间下纤维的 FTIR 图谱

(a) CHT，(b) MHT

图 7-3 显示 MSFs 和 CSFs 在不同加热速率下保温 15min 所得纤维的 FTIR 图谱，在加热速率分别为 1℃/min、10℃/min、20℃/min、40℃/min、60℃/min 下所得纤维分别命名为 MSFs1、MSFs2、MSFs3、MSFs4、MSFs5 和 CSFs1、CSFs2、CSFs3、CSFs4、CSFs5。随着加热速率的增加，在 2940cm^{-1}、2244cm^{-1} 和 1455cm^{-1} 处的三个吸收峰的强度逐渐降低。同样在两种加热模式中，随着保温时间增加，1616cm^{-1} 附近的吸收峰的位置逐渐向低波数方向移动。在 2940cm^{-1} 处，微波加热所得纤维吸收峰值低于常规加热所得纤维吸收峰值，

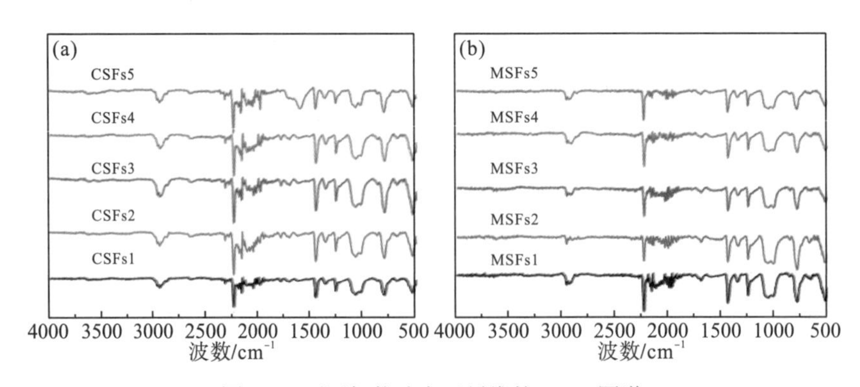

图 7-3 不同加热速率下纤维的 FTIR 图谱

(a) CSFs，(b) MSFs

表明在相同条件下微波氧化脱氢反应比常规加热快。随着加热速率的增加，—CH_2 的拉伸和弯曲振动吸收峰的强度逐渐降低，这表明氧化脱氢反应正在进行中并且脱氢速率相对稳定。

MSFs 和 CSFs 在保温 10min 和 20℃/min 的加热速率下获得的 PAN 纤维的芳构化指数(aromatization index，AI)如图 7-4 所示。在图 7-4(a)中，MSFs 所得纤维的 AI 从 0.097 增加到 0.106，CSFs 所得纤维的 AI 从 0.07 降低到 0.061。MSFs 具有比 CSFs 更高的 AI。在图 7-4(b)中，相同保温时间 MSFs 所得纤维的 AI 高于 CSFs 所得纤维的 AI。当加热速率为 20℃/min 或更高时，MSFs 所得纤维的 AI 从 0.094 升至 0.108，CSFs 所得纤维的 AI 约为 0.061，并趋于恒定。

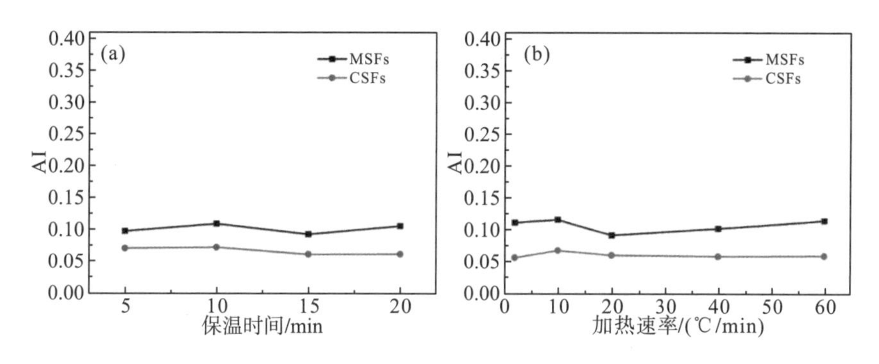

图 7-4　纤维的 AI 值

(a)加热速率为 20℃/min 不同保温时间下的 AI 值，(b)保温 10min 不同加热速率下的 AI 值

7.1.2　预氧丝微波低温碳化

纤维微波加热的升温曲线如图 7-5 所示。从 25℃到 500℃的加热时间约为 149s。随着加热温度的升高，加热速率逐渐降低。当温度达到 1000℃时，时间为 2185s，曲线倾向于水平，因此，纤维吸收微波的能力随着碳化程度的增强而降低。

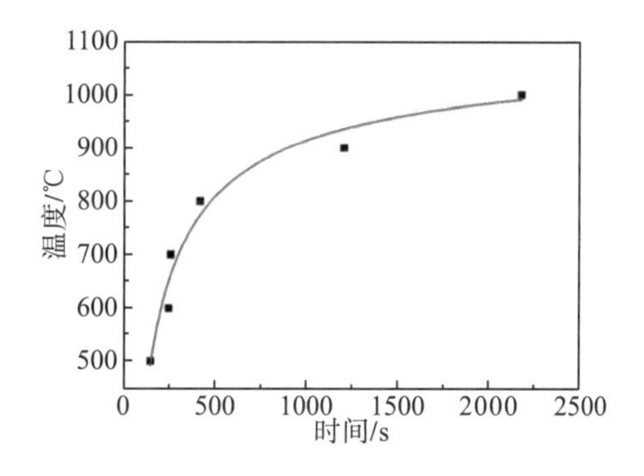

图 7-5　纤维微波加热的升温曲线

纤维长度和收缩率如图 7-6 所示。微波加热所得纤维长度从 180cm 逐渐缩短到 154cm，收缩率从 10%增加到 23%，表明随着温度升高碳化程度增强。

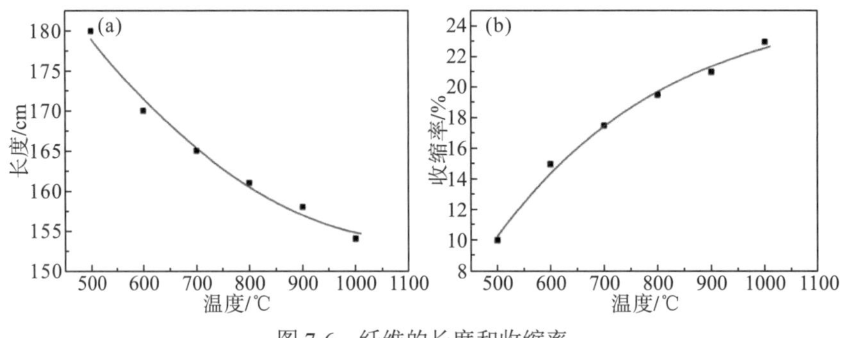

图 7-6 纤维的长度和收缩率

预氧丝纤维在 500℃、600℃、700℃、800℃、900℃和 1000℃下微波碳化所得纤维（命名为 MCFs）分别命名为 MCFs1、MCFs2、MCFs3、MCFs4、MCFs5 和 MCFs6。图 7-7 显示，随着温度升高，出现在 2229cm^{-1} 处的峰表明 C≡N 逐渐消失，说明在低温碳化期间，碳之外的元素随着温度的升高而挥发被去除。在 2925cm^{-1}、2850cm^{-1}、1385cm^{-1} 和 1350cm^{-1} 处的特征性伸缩振动峰分别属于—CH_3 和—CH_2。在碳化期间，2925cm^{-1}、2850cm^{-1}、1385cm^{-1} 和 1350cm^{-1} 处的特征峰消失。结果表明，C=N 和 C—N 的数量显著减少，并且更多杂芳环转变为石墨结构。芳环上 C—H 在 808cm^{-1} 处的吸收带消失，进一步表明形成了更多的类石墨结构。

图 7-8 显示 MCFs 的拉曼光谱和 R（R=I_D/I_G）。当微波碳化温度升高时，R 降低。MCFs1 的 R_I 为 1.37，随着温度升高至 1000℃而降至 1.23。碳化程度越高，R 越小。CF 的表面微晶尺寸 La 可以通过 R 确定，相应的函数是 La(nm)=4.4/R。La 从 3.21nm 增加到 3.57nm，这表明大多数碳原子以石墨结构的形式存在，并且其微观结构趋于有序。

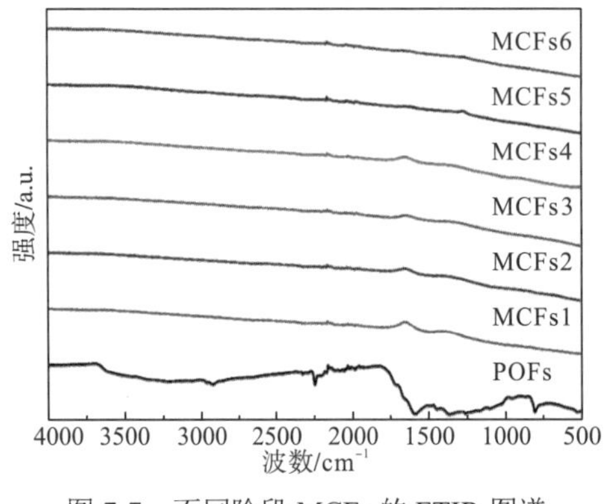

图 7-7 不同阶段 MCFs 的 FTIR 图谱

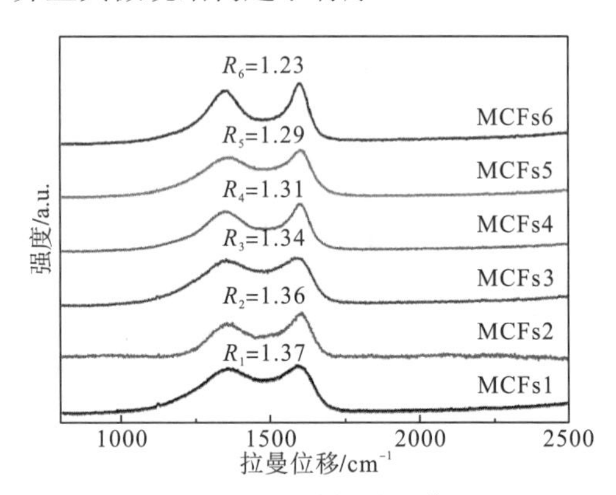

图 7-8 MCFs 的拉曼光谱和 R_I

表 7-1 为 MCFs 的力学性能。当温度从 500℃升高到 1000℃时，纤维的纤度从 0.66dtex 降低到 0.32dtex，降低了约 51.5%；断裂强度从 7.94cN/dtex 降至 4.32cN/dtex，降幅约为 45.6%；断裂伸长率从 2.17%下降到 0.99%，下降了 54.4%；初始模量从 304.91cN/dtex 增加到 654.72cN/dtex，增加了大约 114.7%。当温度较低时，初始模量较小，随着温度升高，纤度和断裂伸长率变小，纤维缺陷减少，初始模量增大，因此，微波低温碳化可以有效地提高纤维的性能。

表 7-1　MCFs 的力学性能

样品	纤度/(dtex)	断裂强度/(cN/dtex)	初始模量/(cN/dtex)	断裂伸长率/%
MCFs1	0.66	7.94	304.91	2.17
MCFs2	0.62	5.92	446.13	2.08
MCFs3	0.64	5.83	572.40	1.63
MCFs4	0.57	4.60	618.32	1.20
MCFs5	0.44	5.42	636.34	1.04
MCFs6	0.32	4.32	654.72	0.99

7.1.3　H_2O_2 改性 PAN 纤维微波热处理

H_2O_2 改性 PAN 纤维微波热处理的过程示意图如图 7-9 所示。PAN 纤维在 H_2O_2 作用下进行改性处理，在集热式恒温磁力搅拌加热器中进行加热，加热后用去离子水对改性纤维进行洗涤，接着在 20℃的电热鼓风干燥箱中进行干燥。第一温区的温度为 180℃，温区间隔 20℃，第五温区的温度为 260℃。

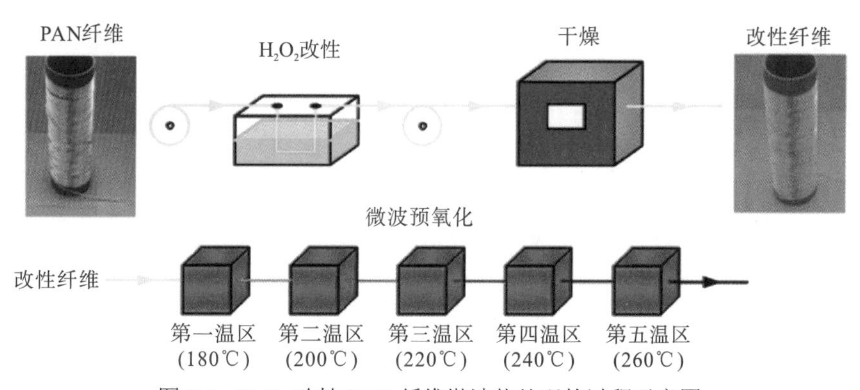

图 7-9　H_2O_2 改性 PAN 纤维微波热处理的过程示意图

材料表面的润湿性与其表面粗糙度和形态有关，笔者研究了去离子水和 H_2O_2 改性的 PAN 纤维的亲水/疏水性能。图 7-10 显示去离子水和 H_2O_2 对 PAN 纤维的接触角情况。图 7-10(a) 中去离子水与 PAN 纤维表面的接触角为 78.8°和 79.9°，图 7-10(b) 中 H_2O_2 与 PAN 纤维表面的接触角较小，分别为 65.7°和 67.6°。因此，H_2O_2 与 PAN 纤维表现出更好的亲水性和润湿性，并且有利于纤维的改性。

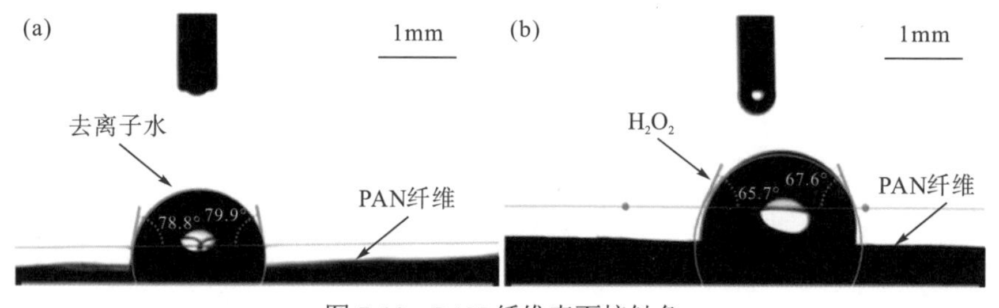

图 7-10　PAN 纤维表面接触角

(a) 去离子水，(b) H_2O_2

将常规碳化、H_2O_2改性常规碳化、微波碳化和H_2O_2改性微波碳化 PAN 纤维分别命名为 CSFs、CSFs-H、MSFs 和 MSFs-H。PAN 纤维在不同阶段的颜色变化如图 7-11 所示。随着温度的升高，纤维颜色依次为白色、黄色、棕色和黑色。由图 7-11 可知，H_2O_2改性的纤维颜色较深并且显示出更高的氧化稳定程度。改性纤维在第一温区是棕色的，这相当于第二温区中的未改性纤维，由此表明H_2O_2具有降低纤维预氧化温度的作用。

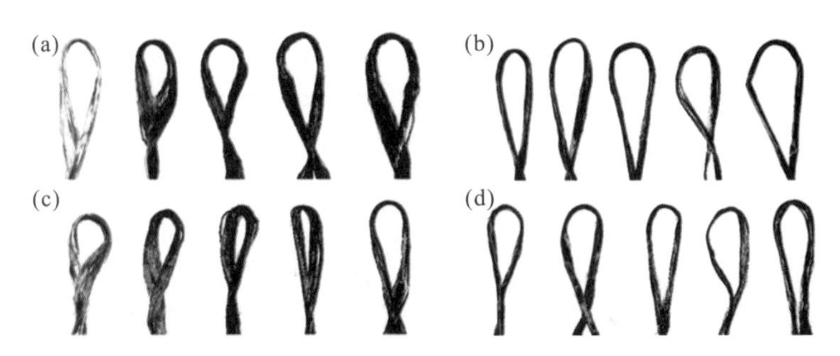

图 7-11 PAN 纤维氧化稳定化过程不同温度区域的颜色变化

(a) 常规碳化，(b) H_2O_2改性常规碳化，(c) 微波碳化，(d) H_2O_2改性微波碳化

表 7-2 显示不同温区预氧丝的体密度。PAN 原丝的体密度为 1.170g/cm^3。在常规加热中，预氧丝体密度从 1.192g/cm^3 增加到 1.368g/cm^3，H_2O_2改性后的预氧丝体密度从 1.194g/cm^3 增加到 1.370g/cm^3；在微波加热中，预氧丝体密度从 1.180g/cm^3 增加到 1.379g/cm^3，改性预氧丝体密度从 1.190g/cm^3 增加到 1.403g/cm^3。前三个温区中，常规加热的预氧丝体密度高于微波加热预氧丝体密度；然而，在第四和第五温区中，通过微波加热的预氧丝体密度高于经过常规加热的预氧丝体密度；此外，改性预氧丝体密度高于未改性预氧丝体密度。

表 7-2 不同温区预氧丝体密度

温区	体密度/(g/cm^3)			
	CSFs	CSFs-H	MSFs	MSFs-H
第一温区	1.192	1.194	1.180	1.190
第二温区	1.242	1.247	1.188	1.198
第三温区	1.245	1.288	1.241	1.277
第四温区	1.282	1.347	1.295	1.315
第五温区	1.368	1.370	1.379	1.403

图 7-12 显示在不同加热时间微波和常规加热纤维的 FTIR 图谱，加热速率为 2℃/min。在 2940cm^{-1}、2244cm^{-1}、1455cm^{-1}、1361cm^{-1} 和 1616cm^{-1} 处出现不同的吸收带，分别对应CH_2中的ν_{C-H}、CN 中的$\nu_{C\equiv N}$、CH_2中的δ_{C-H}、CH 中的δ_{C-H}、$\nu_{C=N}$和$\nu_{C=C}$。在 2940cm^{-1}、2244cm^{-1} 和 1455cm^{-1} 处的三个吸收峰的位置实际上没有明显变化。在 2940cm^{-1} 处，微波加热吸收峰强度低于常规加热吸收峰强度。在微波加热过程中，1734cm^{-1} 附近的峰值代表 C=O 伸缩振动的峰值，当保温 5min 时，其分裂成两个峰值，并且在保温时间增加的情

况下合并成一个吸收峰值。随着氧化稳定化程度的增加，2940cm^{-1}（CH_2 中的 ν_{C-H}）、2244cm^{-1}（CN 中的 $\nu_{C\equiv N}$）、1730cm^{-1}（在 COOH 中 $\nu_{C=O}$）、1455cm^{-1}（CH_2 中的 δ_{C-H}）、1070cm^{-1}（ν_{C-C}）和 802cm^{-1}（在 C═C—H 中的 δ_{C-H}）处的吸收峰强度减小，而在 1580cm^{-1}（$\delta_{C=N}$）和 1360cm^{-1}（CH 中的 δ_{C-H}）处的吸收峰强度增大。对于第五温区中的预氧丝，1580cm^{-1} 处的峰吸收强度变大，但是由于在氧化稳定期间纤维的环化和脱氢，在 2940cm^{-1}、2244cm^{-1} 和 1455cm^{-1} 处的峰强度减小。环化反应是 C≡N 转化为 C═N，脱氢反应形成 C═C。1710cm^{-1} 处的峰是氢萘啶环中的游离酮，而 1660cm^{-1} 处的峰是氧化产生的吖啶酮环中的共轭酮。主吸收峰位于同一温度区，微波加热吸收峰的强度低于常规加热峰的强度。微波加热后，主峰在第四温区消失，表明温度区内纤维氧化稳定性高。此外，H_2O_2 改性后的稳定化纤维的峰低于未处理的稳定化纤维的峰，从而表明 H_2O_2 可促进氧化稳定性。

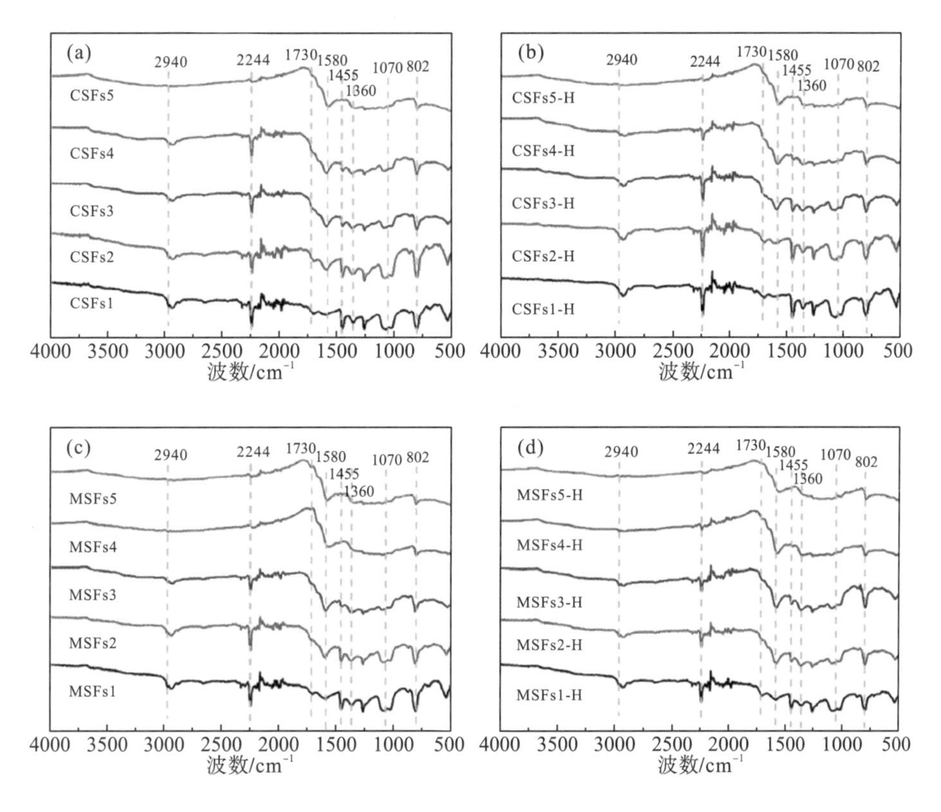

图 7-12　不同处理工艺下纤维的 FTIR 图谱

(a) CSFs，(b) CSFs-H，(c) MSFs，(d) MSFs-H

2244cm^{-1}（$\nu_{C\equiv N}$）和 1580cm^{-1}（$\delta_{C=N}$）处吸收峰的强度可用于计算表征反应程度（extent of reaction，EOR）EOR=$I_{C=N}/(I_{C=N}+I_{C\equiv N})$，其中 $I_{C=N}$、$I_{C\equiv N}$ 分别代表 C═N 和 C≡N 吸收峰的强度。在不同温区获得的四种稳定纤维的 EOR 曲线如图 7-13 所示。PAN 原丝的 EOR 为 0.3。从第一温区到第五温区，EOR 逐渐增加，但增加趋势减缓，最终接近 0.7。第三温区是转折点。同时，前三温区常规加热纤维的 EOR 高于微波加热纤维的 EOR。MSFs-H 具有最高 EOR 值，氧化稳定性最高。

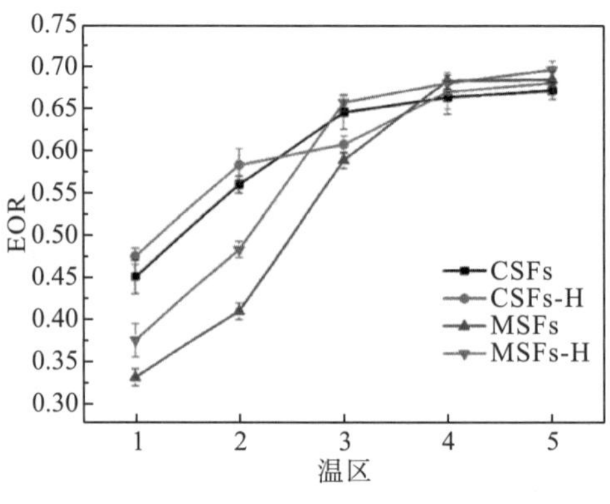

图 7-13 不同温区 EOR 值

图 7-14 为通过常规加热和微波加热 H_2O_2 改性和未改性纤维预氧丝的广角 X 射线衍射(wide angle X-ray diffraction，WAXD)分析。PAN 原丝在 2θ=17°和 29°处有两个峰，代表(100)和(110)晶面。随着氧化程度的增加，2θ=17°和 29°的峰逐渐减弱直至消失。最后，预氧丝仅在 2θ=25.5°处有(002)衍射峰。(002)晶面是预石墨结构，2θ=25.5°峰越强，石墨结构越紧密，氧化稳定性越高。图 7-14(a)和图 7-14(b)的比较表明，相同温区中，改性纤维比未改性纤维具有更高程度的氧化稳定性。图 7-14(c)和图 7-14(d)显示了微波加热具有相同的结果。

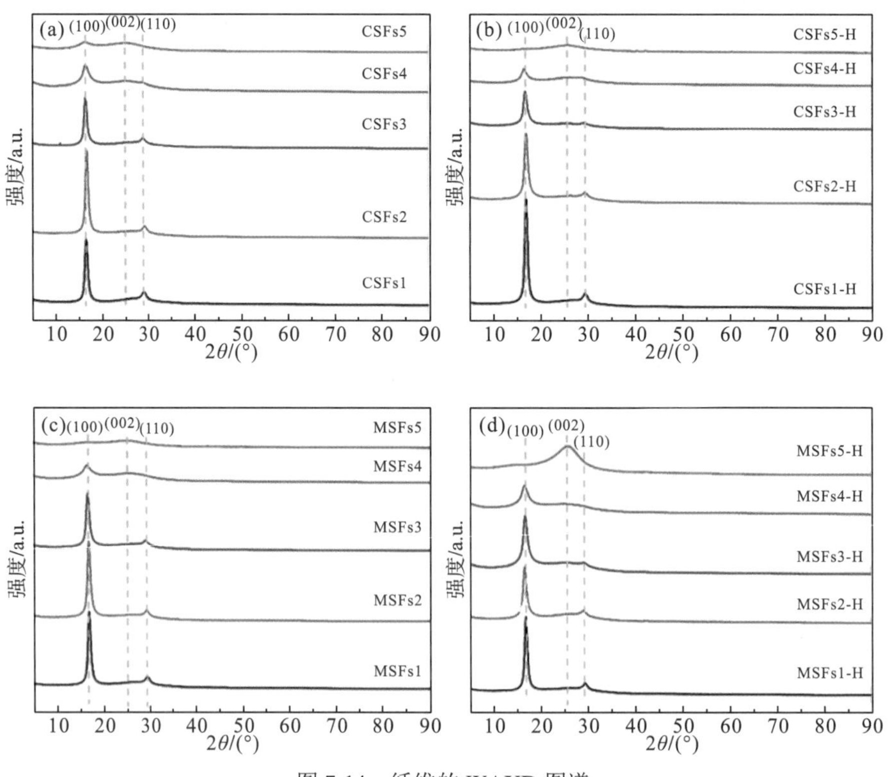

图 7-14 纤维的 WAXD 图谱

(a) CSFs，(b) CSFs-H，(c) MSFs，(d) MSFs-H

表 7-3 为根据 WAXD 结果得到的预氧丝的微晶参数。CSFs5 和 CSFs5-H 的堆积高度 D_{002} 值分别为 13.522nm 和 11.214nm，MSFs5 和 MSFs5-H 的 D_{002} 值分别为 10.246nm 和 9.586nm，表明 H_2O_2 改性可降低预氧丝的堆积高度并细化晶粒尺寸。此外，MSFs5 的 D_{002} 值低于 CSFs5，说明微波预氧化的效果更好。CSFs5-H 的层间距 d_{002} 值为 0.351nm，MSFs5-H 的 d_{002} 值为 0.344nm，微波预氧化后的纤维 d_{002} 值更小，说明微波加热更利于 PAN 纤维的预氧化和碳化。MSFs5-H 的 D_{002}/d_{002} 值最小，为 27.406，表明其氧化稳定性最高。

表 7-3 预氧丝的微晶参数

样品	D_{002}/nm	d_{002}/nm	D_{002}/d_{002}
CSFs5	13.522	0.352	38.415
CSFs5-H	11.214	0.351	31.962
MSFs5	10.246	0.349	29.355
MSFs5-H	9.586	0.344	27.406

图 7-15 是纤维的 SEM 图，PAN 纤维的表面具有沿轴向分布的细长“凹槽”，MPFs 表面上的凹槽比 PAN 纤维上的凹槽更清晰。因为 H_2O_2 具有漂白效果，并且可以有效地去除表面杂质，在预氧化后，凹槽减少并且涂层得到改善，CSFs5-H 和 MSFs5-H 的表面处理优于 CSFs5 和 MSFs5。在氧化稳定化过程中，发生环化和脱氢，形成交联结构，得到的纤维更紧凑，凹槽逐渐减少。

图 7-15 纤维的 SEM 图

(a) PAN 原丝，(b) MPFs，(c) CSF5，(d) CSFs5-H，(e) MSFs5，(f) MSFs5-H

图 7-16 显示稳定化纤维的拉曼光谱和 $R_I(I_D/I_G)$。CSFs5、CSFs5-H、MSFs5 和 MSFs5-H 的 R_I 值分别为 1.21、1.11、1.19 和 1.06，微波加热获得的稳定化纤维的缺陷小于常规加热的纤维缺陷，H_2O_2 改性的稳定纤维具有较少的缺陷且纤维表面更光滑。

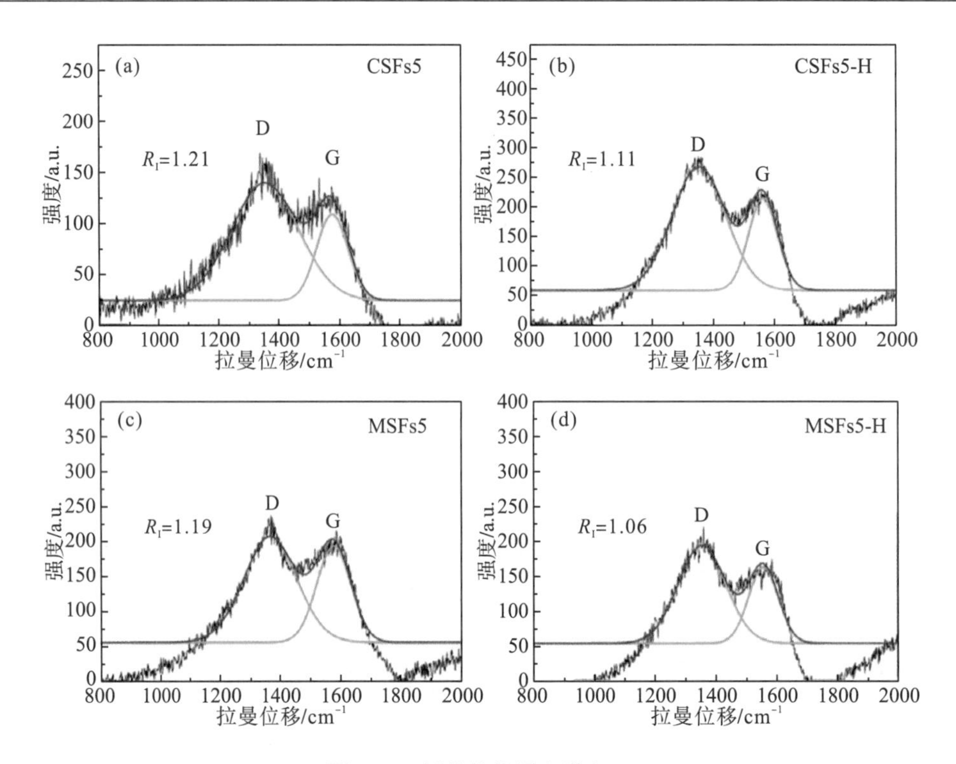

图 7-16 纤维的拉曼光谱和 R_I

预氧丝的力学性能如表 7-4 所示。PFs 的纤度为 0.80dtex，拉伸强度为 6.95cN/dtex，拉伸模量为 131.30cN/dtex，断裂伸长率为 11.60%。H_2O_2 改性后 PFs-H 的纤度、拉伸强度、拉伸模量和断裂伸长率均有所减小。微波预氧化后，MSFs5 纤度为 0.89dtex，拉伸强度为 1.95cN/dtex，拉伸模量为 77.98cN/dtex，断裂伸长率为 7.46%。MSFs5-H 的纤度增大，而拉伸强度、拉伸模量和断裂伸长率均减小。相关研究表明[9-11]，在预氧化过程中，PAN 中的氰基逐渐转化为共轭亚胺(—C═N)结构，使得分子间作用力大幅降低，且原有晶体结构被破坏，造成拉伸强度降低。同时，氰基分子内环化，导致链之间的内聚能损失较大，降低了纤维的拉伸强度和拉伸模量。

表 7-4 预氧丝的力学性能

样品	纤度/(dtex)	拉伸强度/(cN/dtex)	拉伸模量/(cN/dtex)	断裂伸长率/%
PFs	0.80	6.95	131.30	11.60
PFs-H	0.77	6.75	126.92	10.94
MSFs5	0.89	1.95	77.98	7.46
MSFs5-H	1.05	1.60	74.13	3.49

7.1.4 $KMnO_4$ 改性 PAN 纤维微波预氧化

图 7-17 显示不同温区预氧丝体密度。微波预氧化 $KMnO_4$ 改性 PAN 纤维和微波预氧

化 PAN 纤维分别命名为 Mn-MSFs 和 MSFs。原丝体密度为 1.1803g/cm^3，$KMnO_4$ 改性后体密度没有明显变化；而 Mn-MSFs1 体密度为 1.196g/cm^3，Mn-MSFs5 体密度为 1.371g/cm^3；MSFs1 体密度为 1.194g/cm^3，MSFs5 体密度为 1.331g/cm^3。在微波加热过程中，第一温区体密度相差不大，随后几个温区，改性后纤维的体密度均比未改性纤维的体密度大，相当于降低了加热温度，提高了体密度。

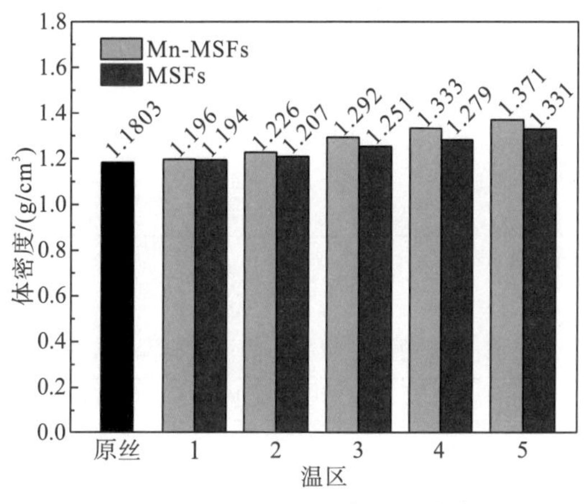

图 7-17　不同温区预氧丝体密度

通过 WAXD 分析预氧化过程纤维的结构演变。不同状态下纤维的 WAXD 如图 7-18 所示。PFs 在 2θ=17°和 29°处有两个峰，代表(100)和(110)晶面。随着氧化程度的增加，2θ=17°和 29°的峰逐渐减弱直至消失。最后，预氧丝仅在 2θ=25.5°处有(002)晶面峰。这与 H_2O_2 改性相似，(002)晶面是类石墨结构，2θ=25.5°峰越强，石墨结构越紧密，氧化稳定性程度越高。

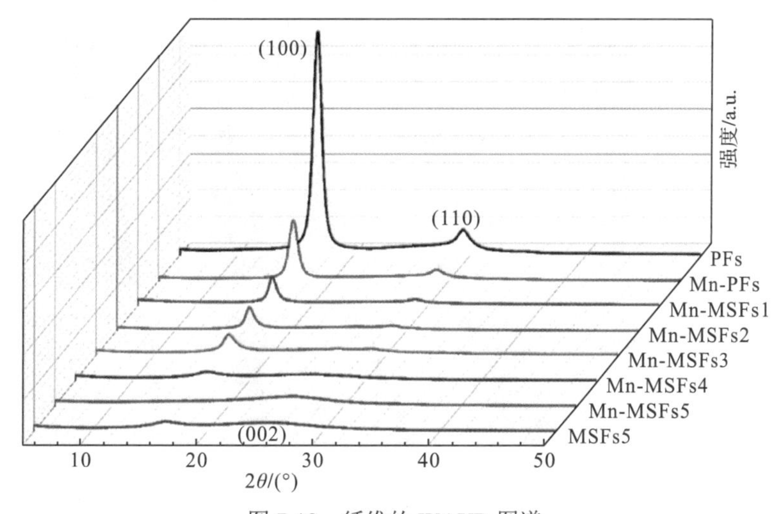

图 7-18　纤维的 WAXD 图谱

Mn-MSFs5 在 2θ=17°处没有峰值，MSFs5 还有，说明 Mn-MSFs5 预氧化程度更高。表 7-5 和表 7-6 为预氧丝(100)和(002)晶面的微晶参数。Mn-PFs 比 PFs 具有更低的 D 值，

表明 $KMnO_4$ 改性可降低稳定化纤维的堆积高度并可细化晶粒尺寸。MSFs5 在(002)晶面的层间距 d 最大(0.349nm)，说明 $KMnO_4$ 改性后预氧丝的碳化程度更高。

表 7-5 预氧丝(100)晶面的微晶参数

样品	2θ	FWHM/rad	D/nm	d/nm
PFs	16.895	0.734	10.819	0.524
Mn-PFs	16.669	0.766	10.364	0.531
Mn-MSFs1	16.725	0.704	11.278	0.530
Mn-MSFs2	16.515	0.701	11.323	0.536
Mn-MSFs3	16.568	0.824	9.633	0.535
Mn-MSFs4	16.306	0.898	8.836	0.543
MSFs5	16.557	0.974	8.150	0.535

注：FWHM 指半峰宽，full width at half maximum。

表 7-6 预氧丝(002)晶面的微晶参数

样品	2θ	FWHM/rad	D/nm	d/nm
Mn-MSFs2	25.922	0.492	16.383	0.343
Mn-MSFs3	26.176	0.539	14.962	0.340
Mn-MSFs4	26.017	0.522	15.444	0.342
Mn-MSFs5	25.968	0.732	11.012	0.343
MSFs5	25.498	0.786	10.246	0.349

不同处理工艺下纤维的表面形态如图 7-19 所示。PFs 的表面具有沿轴向分布的细长“凹槽”。但是 Mn-PFs 表面残存一些晶体。在预氧化后，凹槽减少并且涂层得到改善。Mn-MSFs 的表面逐渐光滑，变得更加紧致。在氧化稳定化过程中，发生环化和脱氢以形成交联结构，从而使得到的纤维更紧凑，凹槽逐渐减小。

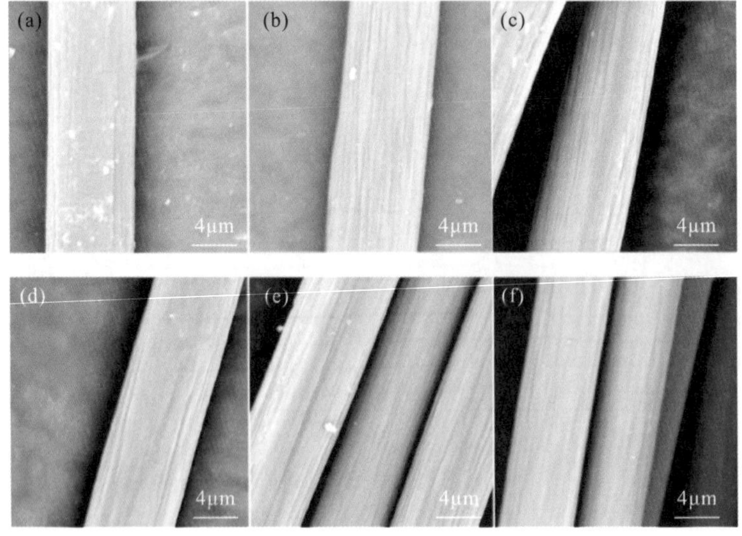

图 7-19 不同处理工艺下纤维的表面形态

(a) Mn-PFs，(b) Mn-MSFs1，(c) Mn-MSFs2，(d) Mn-MSFs3，(e) Mn-MSFs4，(f) Mn-MSFs5

表 7-7 为纤维的机械性能。Mn-PFs 和 PFs 相比，纤度增加了 0.03dtex，拉伸强度降低了 0.24cN/dtex，拉伸模量减少了 19.2cN/dtex，断裂伸长率提高了 1.7 个百分点。预氧化过程中，纤度不断增加，拉伸强度和拉伸模量不断降低，断裂伸长率也逐渐减小。预氧化过程纤维取向和晶体结构的改变，形成有序的梯形结构。环化反应导致链之间的内聚能损失大，降低了纤维的拉伸强度。此外，MSFs5 和 Mn-MSFs5 相比，纤度降低了 0.02dtex，拉伸强度增加了 0.09cN/dtex，拉伸模量增加了 17.6cN/dtex，断裂伸长率提高了 1.1 个百分点，Mn-MSFs5 拉伸强度和拉伸模量是最低的，预氧化效果最好。预氧化过程加速分子间交联，导致网络结构形成。

表 7-7 纤维的机械性能

样品	纤度/(dtex)	拉伸强度/(cN/dtex)	拉伸模量/(cN/dtex)	断裂伸长率/%
PFs	0.80	6.95	131.3	11.6
Mn-PFs	0.83	6.71	112.1	13.3
Mn-MSFs1	0.85	5.13	98.4	17.1
Mn-MSFs2	0.93	5.10	87.1	16.7
Mn-MSFs3	1.02	2.61	80.6	15.2
Mn-MSFs4	1.04	2.25	77.7	14.8
Mn-MSFs5	1.07	1.52	59.3	13.5
MSFs5	1.05	1.61	76.9	14.6

7.1.5 微波预氧化/碳化装置

预氧化/碳化过程是碳纤维生产的关键环节，目前生产主要采用常规加热的方式进行预氧化/碳化处理，根据微波预氧化/碳化工艺特征，设计研发 6kW 微波预氧化/碳化新型装置，如图 7-20 所示。

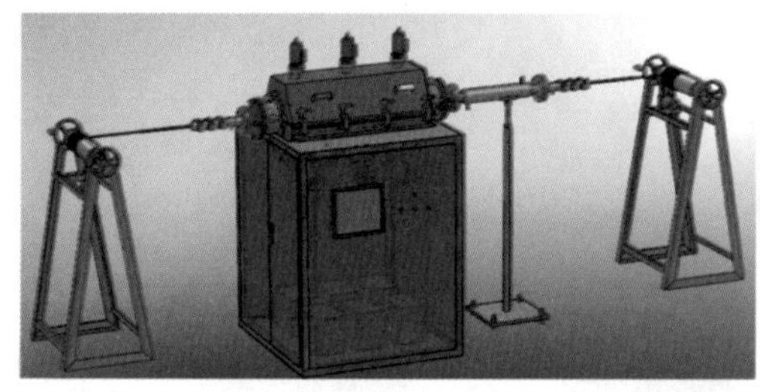

图 7-20 微波预氧化/碳化装置

微波反应腔体采用正五边形结构，考虑样品均匀加热和连续运行，微波预氧化/碳化反应腔体设计为圆形密闭结构，可实现气氛保护，以及连续牵拉的实验条件。微波源采用分布耦合技术，实现功率放大及电磁场均匀分布。通过电磁场模拟仿真进行了磁控管分布的优化组合，使磁控管能够长时间稳定工作，达到提高微波电源的稳定性和使用寿命的目标。微波预氧化、碳化工艺需要在高温下进行，为确保磁控管在高温下连续运行，采用循环水强制冷却方式，实现高温条件下连续运行。

7.2 微波热解回收碳纤维

CFRP 由于其低密度、高强度、高模量和耐腐蚀等优异性能，在汽车、航空航天、风力发电、体育休闲等各个行业中得到广泛的应用。然而，随着 CFRP 的大规模应用，有大批量的碳纤维复合材料废弃物产生，主要来源是达到使用寿命的产品、损坏失效的构件以及生产成型过程中的边角废料和不合格构件等。目前，回收和处理 CFRP 废弃物的主要方法有机械法、化学法和热解法，其中工业方法主要采用热解法。微波可以穿透碳纤维复合材料表面树脂，对碳纤维进行直接加热，从内至外加热可高效快速热解树脂基体，降低热解后碳残余率，实现碳纤维的高效清洁回收。

7.2.1 微波热解 CFRP

微波热解法回收碳纤维主要包括微波热解和氧化去除热解碳两个过程。首先，在微波管式炉中进行 CFRP 的微波热解工艺，微波热解装置及热解过程如图 7-21 所示，微波频率为(2.45±0.05) GHz。取碳纤维复合材料称重后放入石英坩埚中，将石英坩埚置于微波管式炉中，在 Ar 气氛保护条件下，调节微波功率，启动微波源馈入微波，快速加热炉腔内的 CFRP，CFRP 内的环氧树脂快速分解并生成小分子有机物和热解碳，小分子有机物以气态的形式从排气口排出，经冷凝后分离为液体产物和气体产物，热解碳附着在碳纤维表面形成固体产物。待炉腔冷却至室温，取出固体产物，用无水乙醇清洗后放入烘箱干燥。随后在管式炉内进行气氛脱碳，将干燥完的固体产物称重后放入管式炉内，通入氮氧混合气，控制氧化温度(450～600℃)和保温时间，碳纤维表面的热解碳被缓慢氧化，生成 CO_2 并被气流带走，待保温结束后随炉冷却至室温，取出物料，即可得到再生碳纤维(recycled carbon fiber，RCF)。

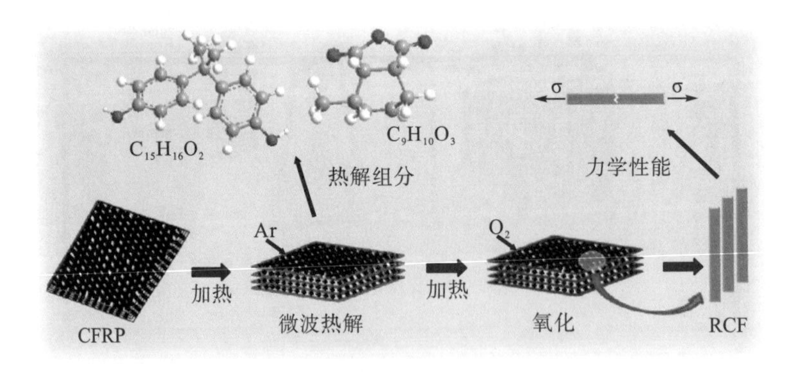

图 7-21 微波热解回收碳纤维工艺

7.2.2 复合材料微波加热特性及模拟仿真

对 CFRP 在不同温度下的介电常数开展研究，采用谐振腔微扰法测试 CFRP 从常温到

450℃的介电常数，结果如图 7-22 所示。由图可知，随测试温度的升高，CFRP 的介电常数在 8.9 附近波动；介电损耗因子和介电损耗角正切值在 20～350℃的温度范围维持稳定，但是在 400℃时，介电损耗因子和介电损耗角正切值有降低的趋势。根据介电参数随温度的变化趋势，CFRP 随着温度的升高，吸波性能良好，在 20～350℃的温度范围内，具有稳定的吸波性能和将微波能转化为热能的能力。但是升温到 400～450℃时，CFRP 通过介质极化方式吸收转化微波能力有一定程度的降低，这可能是随温度升高，测试环境中部分碳纤维开始氧化所致。

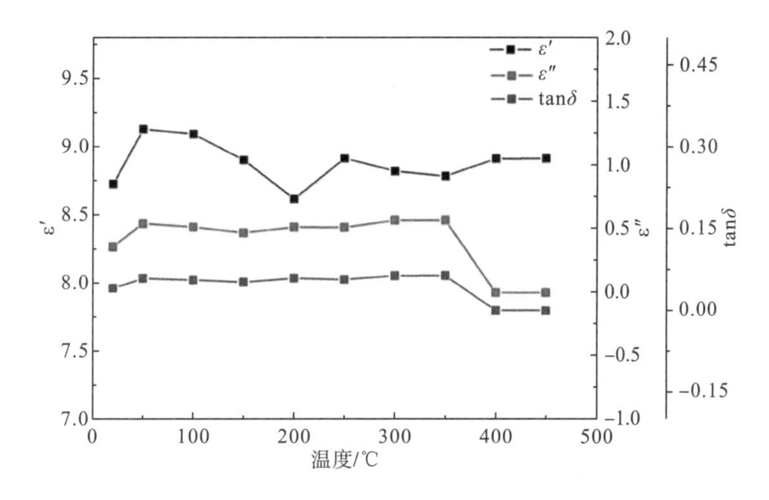

图 7-22　CFRP 在不同温度下的介电常数

采用 COMSOL 软件模拟 CFRP 微波加热过程中的电磁场和温度分布以及模拟过程中的升温情况。微波管式炉和碳纤维复合板材的模型是根据实际设计的，如图 7-23(a) 和图 7-23(b) 所示。微波管式炉炉腔长为 31cm、宽为 28cm、高为 26cm，微波源处于炉腔外部的左上方。石英管长度为 50cm、外径为 5cm、内径为 4.6cm。碳纤维复合板长为 10cm、宽为 2cm、厚度为 0.1cm。图 7-23(c) 显示的是炉腔内的电磁场分布，由于微波源位于左上方而不是微波管式炉的中心，因此电磁场分布是不对称的。图 7-23(d) 和图 7-23(e) 分别是碳纤维复合材料表面的电磁场分布和温度场分布。由此可知，温度场分布与电磁场分布直接相关，电磁场越强，温度越高。

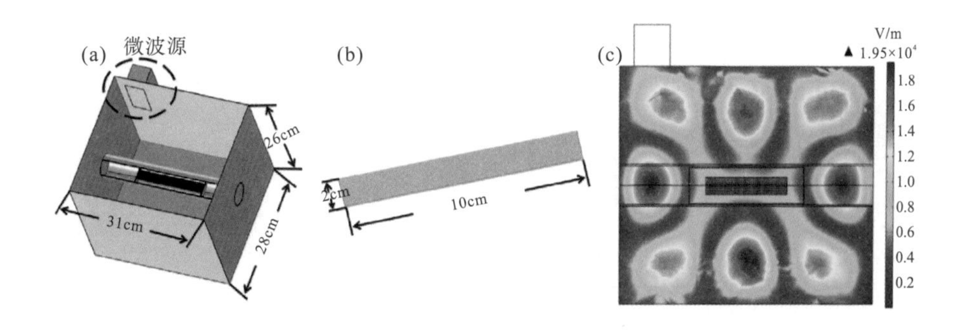

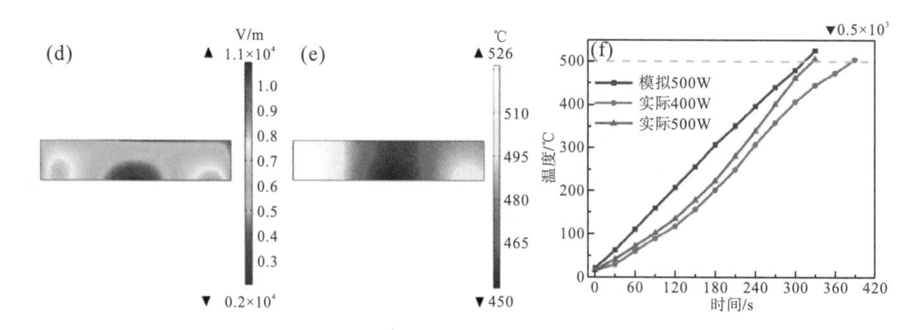

图 7-23 微波加热 CFRP 电磁场分布和升温特性

(a)微波管式炉模型，(b)CFRP 模型，(c)炉腔内电磁场分布，(d)CFRP 表面电磁场分布，(e)CFRP 表面温度场分布，(f)升温曲线

图 7-23(f)显示不同微波功率下 CFRP 在 Ar 气氛下的加热升温曲线以及模拟升温曲线。实际微波功率分别为 400W 和 500W，模拟微波功率为 500W。由图可知，模拟的升温曲线与实际升温曲线具有较高的拟合度。在实际加热时，从室温升高到 350℃的过程中，升温速率一直在增加，在温度升高到 350～400℃后，升温速率变缓，可能是环氧树脂在达到这个温度后开始热解，吸收并带走部分热量，从而使升温速率降低。当微波功率为 400W 时，将 CFRP 加热至 500℃需要 6.5min，平均升温速率为 76.9℃/min；当微波功率为 500W 时，将 CFRP 从常温加热至 506℃需要 5.5min，平均升温速率可达 92℃/min。因此，微波热解具有快速高效的特点，能够有效降低能耗并减少碳排放。

图 7-24 显示 CFRP 模型构建及微波加热微区升温特性。由图可知，微波加热 CFRP 是由内向外升温，模拟结果显示微波加热 5.5min 后，CFRP 表面平均温度可以达到 300℃以上，最高温度位于复合材料中心位置，可以达到 550℃。碳纤维材料和环氧树脂平均温度随时间变化趋势一致，升温速率是由快到慢，但碳纤维的升温速率明显高于环氧树脂的升温速率。

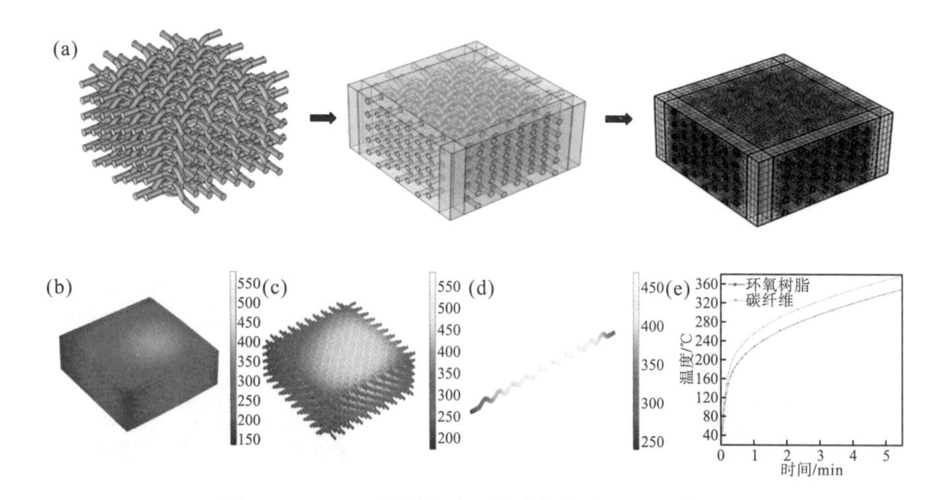

图 7-24 CFRP 模型构建及微波加热微区升温特性

(a)模型构建；(b)复合材料温度分布，(c)碳纤维布温度分布，(d)单丝碳纤维温度分布，(e)环氧树脂与碳纤维的升温曲线

7.2.3　热解过程失重率变化

热解温度、保温时间和加热方式对碳纤维复合材料失重率的影响如表 7-8 所示。加热方式和热解温度对碳纤维复合材料失重率具有重要影响：常规加热 500℃热解 30min 时，失重率约为 29.2%，600℃时失重率约为 30.5%，700℃时失重率为 30.6%；微波加热 30min，400℃时失重率约为 29.0%，500℃时失重率约为 30.7%，600℃时失重率为 30.5%。相比于常规加热，微波加热可有效降低热解宏观温度。常规加热在 600℃热解 20min 时，碳纤维复合材料的失重率约为 27.0%，当时间延长为 30min 以上时，失重率基本不变。由于环氧树脂在热解过程中会形成沉积碳，所以热解过程中失重率会略低于复合材料中环氧树脂的含量(约为 35%)。此外，在相同的温度条件下，微波热解的速率要高于常规热解速率。

表 7-8　热解温度和保温时间对碳纤维复合材料失重率的影响

样品	加热方式	热解温度/℃	保温时间/min	失重率/%
1	常规加热	500	30	29.2
2	常规加热	600	20	27.0
3	常规加热	600	30	30.5
4	常规加热	600	40	30.4
5	常规加热	700	30	30.6
6	微波加热	400	30	29.0
7	微波加热	500	20	30.2
8	微波加热	500	30	30.7
9	微波加热	600	20	30.7
10	微波加热	600	30	30.5

采用气相色谱法(gas chromatography，GC)对不同温度条件下的热解气体产物进行成分分析，如表 7-9 所示。气体产物主要有氢气(H_2)、一氧化碳(CO)、甲烷(CH_4)、二氧化碳(CO_2)、乙烷(C_2H_6)、乙烯(C_2H_4)、丙烷(C_3H_8)、丙烯(C_3H_6)、丁烷(C_4H_{10})、丁烯(C_4H_8)等。随着温度的升高，H_2 的产率提高，CO、CH_4、CO_2、C_2H_6 和 C_2H_4 的产率降低。

表 7-9　微波热解气体产物(%)

温度	H_2	CO	CH_4	CO_2	C_2H_6	C_2H_4	C_3H_8	C_3H_6	C_4H_{10}	C_4H_8
400℃	20.92	30.62	24.56	14.85	1.78	4.56	0.42	1.37	0.82	0.10
500℃	36.18	29.79	8.26	13.58	2.21	2.51	0.58	2.14	4.67	0.08
600℃	41.14	25.88	18.82	7.23	1.33	2.70	0.23	1.33	1.27	0.07

采用气相色谱-质谱联用仪(gas chromatography-mass spectrometry，GC-MS)对 500℃条件下的微波热解液相产物进行成分分析，如表 7-10 所示。主要成分有苯、苯酚、对异

丙基苯酚、双酚 A、甲基四氢苯酐等。双酚 A 是环氧树脂单体，经热解后从固化的环氧树脂中脱出，然后进一步裂解为苯、苯酚和对异丙基苯酚。

表 7-10　微波热解液体产物

液体成分	化学结构式	峰面积/%
苯		37.61
苯酚	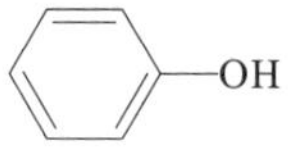	23.31
对异丙基苯酚		6.83
双酚 A		21.84
甲基四氢苯酐	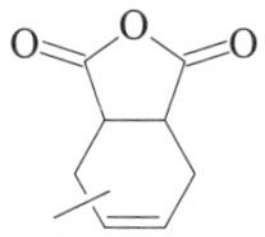	10.41

7.2.4　微波热解工艺优化

采用响应曲面优化法对热解过程进行工艺优化，将热解温度(χ_1，℃)、保温时间(χ_2，min)、微波功率(χ_3，W)三个影响因素设为自变量，因变量为碳纤维复合材料热解碳残余率(Y，%)，微波热解实验设计及结果如表 7-11 所示。

表 7-11　碳纤维复合材料微波热解实验设计及结果

编组	自变量			响应值
	热解温度 χ_1/℃	保温时间 χ_2/min	微波功率 χ_3/W	热解碳残余率 Y/%
1	400	30	800	6.0
2	600	10	800	4.6
3	500	20	800	4.0
4	500	30	1000	4.1
5	500	20	800	4.0
6	500	20	800	4.1
7	500	10	1000	5.2
8	500	20	800	4.0
9	500	30	600	4.7
10	500	10	600	5.0
11	600	20	1000	4.3
12	400	20	600	6.7

续表

编组	自变量			响应值
	热解温度 χ_1/℃	保温时间 χ_2/min	微波功率 χ_3/W	热解碳残余率 Y/%
13	500	20	800	4.0
14	600	30	800	4.5
15	600	20	600	4.3
16	400	20	1000	6.3
17	400	10	800	7.2

根据表 7-11 中的碳纤维复合材料微波热解试验设计及结果，利用 Design-Expert 软件对其进行二次多项式拟合，得到热解碳残余率对热解温度、保温时间和微波功率的回归方程，见式(7-1)：

$$
\begin{aligned}
Y = & 4.02 - 1.06\chi_1 - 0.3375\chi_2 - 0.10\chi_3 + 0.2750\chi_1\chi_2 + 0.10\chi_1\chi_3 \\
& - 0.20\chi_2\chi_3 + 1.10\chi_1^2 + 0.4525\chi_2^2 + 0.2775\chi_3^2
\end{aligned}
\tag{7-1}
$$

回归方程的拟合度分析见表 7-12，相关系数为 0.9988，表明回归模型的拟合度高，校正系数为 0.9973，表明二次项方程可以很好地表达实验过程，信噪比为 77.8214，远大于 4，表明模拟与试验的结果具有很高的匹配度，变异系数为 1.11%，远小于 10%，说明试验误差小。回归方程的方差分析结果如表 7-13 所示，模型 F 值为 656.53 且 P 值小于 0.0001，表明该模型拟合效果好，拟合准确度高。当各因素和交叉因素项的 P 值小于 0.05 时，认为该因素对模拟效果影响显著，所以 χ_1、χ_2、χ_3、$\chi_1\chi_2$、$\chi_1\chi_3$、$\chi_2\chi_3$、χ_1^2、χ_2^2、χ_3^2 对热解碳残余率显著。

表 7-12　拟合度分析

拟合度指标	数值	拟合度指标	数值
标准差	0.0541	相关系数	0.9988
平均值	4.88	校正系数	0.9973
变异系数	1.11%	信噪比	77.8214

表 7-13　回归方程的方差分析结果

	平方和	自由度	均方差	F 值	P 值
模型	17.30	9	1.92	656.53	<0.0001
χ_1	9.03	1	9.03	3083.84	<0.0001
χ_2	0.9113	1	0.9113	311.16	<0.0001
χ_3	0.0800	1	0.0800	27.32	0.0012
$\chi_1\chi_2$	0.3025	1	0.3025	103.29	<0.0001
$\chi_1\chi_3$	0.0400	1	0.0400	13.66	0.0077

续表

	平方和	自由度	均方差	F值	P值
$\chi_2\chi_3$	0.1600	1	0.1600	54.63	0.0002
χ_1^2	5.12	1	5.12	1747.58	<0.0001
χ_2^2	0.8621	1	0.8621	294.39	<0.0001
χ_3^2	0.3242	1	0.3242	110.72	<0.0001

根据响应曲面模拟结果分析，图 7-25 为热解碳残余率试验值与预测值拟合图和碳纤维复合材料微波热解的残差正态拟合图。试验值与预测值的拟合效果见图 7-25(a)，从中可以看出，试验值贴合预测线，两者具有线性拟合，说明回归模型可以对热解过程进行有效优化。图 7-25(b)是残差正态拟合结果，可以由此判断回归模型的拟合效果，残差点分布在拟合的区域中，说明模型拟合效果好，分布区域越窄，说明模型拟合的精度越高。图中残差点落于水平线周围，大致呈直线趋势，满足正态分布，说明选取的回归方程合适，模型的拟合效果好。上述结果表明，建立的回归模型能够对碳纤维复合材料微波热解的试验结果进行准确的预测。

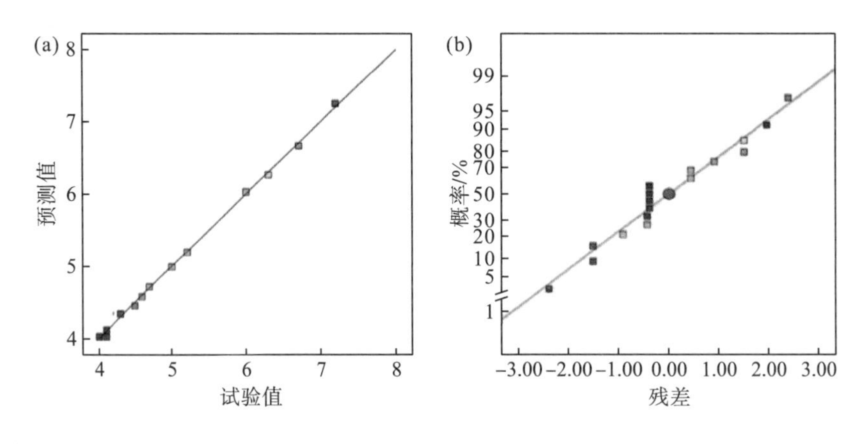

图 7-25 热解碳残余率拟合图

(a)试验值与预测值拟合图，(b)残差正态拟合图

由上述分析可知，在影响碳纤维复合材料微波热解的因素中，热解温度、保温时间和微波功率对微波热解过程中的热解碳残余率有显著影响。为了分析三个影响因素对热解碳残余率的具体影响，按照式(7-1)对热解碳残余率进行拟合，绘制响应曲面，得到不同工艺参数对碳纤维复合材料微波热解的影响规律，结果如图 7-26 和图 7-27 所示。

图 7-26 是微波功率为 800W 时热解温度和保温时间对热解碳残余率的影响。从图中可以看出，三维响应曲面较陡，热解温度和保温时间对热解碳残余率的影响显著。随着热解温度的升高，热解碳残余率逐步降低。保温时间越长，热解碳残余率越低。热解温度在 400～550℃时，热解碳残余率以较快的速度降低，在 550～600℃时，热解碳残余率趋于平稳，此时提高温度对降低热解碳残余率没有明显效果。当保温时间为 10～22min 时，热

解碳残余率降低速度较快；在 22～30min 时效果不显著，即到达一定时间后，延长处理时间对热解碳残余率影响不大。

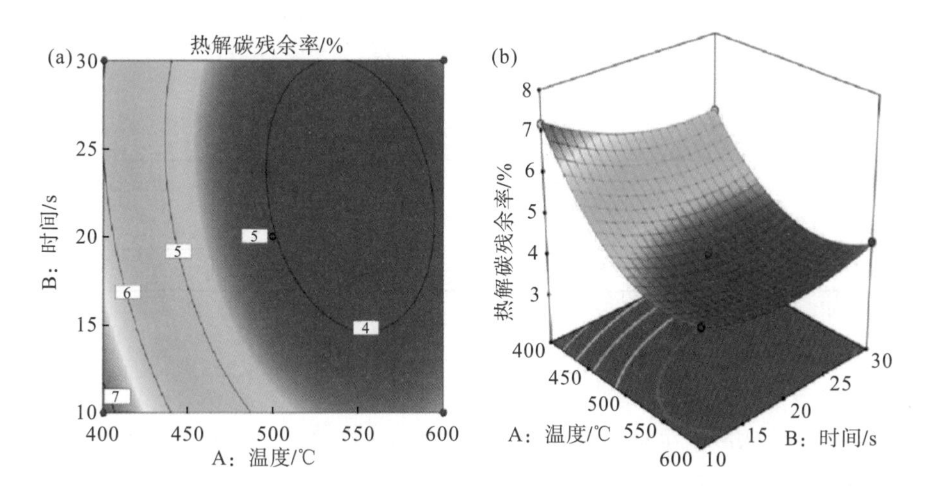

图 7-26　热解温度和时间对热解碳残余率的影响

(a)等高线图，(b)三维响应曲面

图 7-27 是热解时间为 20min 时，热解温度和微波功率对热解碳残余率的影响。从图中可以看出，响应曲面较陡，热解温度和微波功率对热解碳残余率有较为显著的影响，符合回归模型分析的结果。随着热解温度升高，热解碳残余率逐步降低；微波功率越大，热解碳残余率越低。从图中可以看出，当热解温度在 400～500℃时，热解碳残余率降低较快；当超过 550℃之后，温度对热解碳残余率的影响效果减弱，这可能是因为环氧树脂在 550℃左右已经达到分解的最高效率，在此之后提高温度对热解碳残余率的影响并不显著。因此，通过对碳纤维复合材料微波热解过程进行响应曲面优化，对于降低热解温度、缩短反应时间有着重要意义。

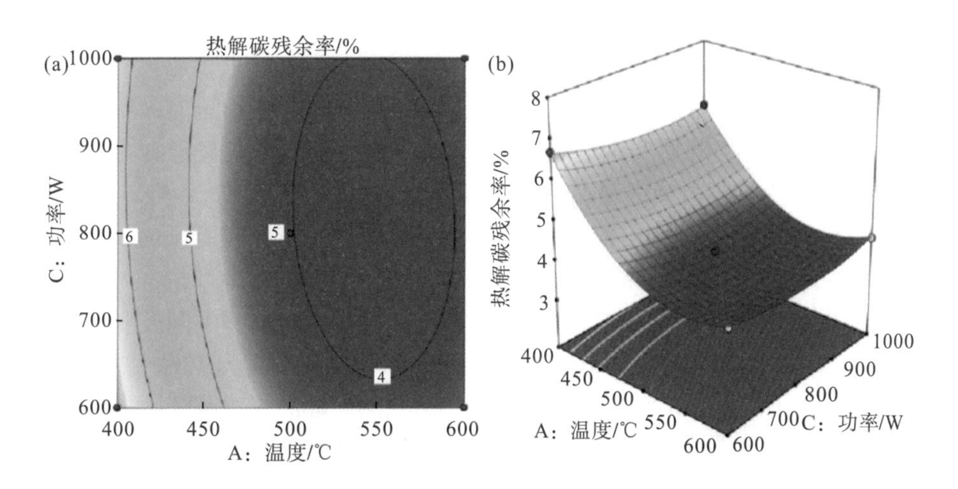

图 7-27　热解温度和微波功率对热解碳残余率的影响

(a)等高线图，(b)三维响应曲面

由模型得出优化条件如表 7-14 所示。结果表明，在目前设定的实验条件下，热解温度为 543.7℃、保温时间为 22.8min、微波功率为 840.9W 时，热解碳残余率预测值为 3.7%。根据最优水平条件进行实验验证，热解碳残余率的实验值为 3.8%，与预测值相差 0.1 个百分点，实验值与预测值基本一致。

表 7-14 工艺参数优化

热解温度/℃	保温时间/min	微波功率/W	热解碳残余率/%	
			预测值	实验值
543.7	22.8	840.9	3.7	3.8

7.2.5 热解碳气氛脱除工艺

开展热解后固体产物在空气中氧化去除热解碳的研究，并对再生碳纤维的力学性能、表面形貌、微观结构和表面化学成分进行表征。在不同的实验条件下，用特定的缩写来表示样品，实验条件与对应的样品编号见表 7-15。

表 7-15 实验条件与样品编号

<table>
<tr><th rowspan="2">样品编号</th><th colspan="2">热解条件</th><th rowspan="2">样品编号</th><th colspan="2">氧化条件</th></tr>
<tr><th>温度/℃</th><th>时间/min</th><th>温度/℃</th><th>时间/min</th></tr>
<tr><td rowspan="2">P400t15</td><td rowspan="2">400</td><td rowspan="2">15</td><td>D500t40</td><td>500</td><td>40</td></tr>
<tr><td>D500t50</td><td>500</td><td>50</td></tr>
<tr><td rowspan="2">P500t15</td><td rowspan="2">500</td><td rowspan="2">15</td><td>D550t20</td><td>550</td><td>20</td></tr>
<tr><td>D550t30</td><td>550</td><td>30</td></tr>
<tr><td rowspan="2">T550t30</td><td rowspan="2">550</td><td rowspan="2">30</td><td>D550t40</td><td>550</td><td>40</td></tr>
<tr><td>D600t40</td><td>600</td><td>40</td></tr>
</table>

注：表中 P 表示微波热解，T 表示常规热解，D 代表气氛脱碳。

采用全自动单纤维万能测试仪测定了再生碳纤维的力学性能，如图 7-28 所示。图 7-28(a)和图 7-28(b)分别是微波热解和常规热解后经气氛脱碳回收得到的碳纤维的拉伸强度。随着氧化温度的升高和保温时间的增加，再生碳纤维的拉伸强度呈上升趋势。通过微波热解-气氛脱碳回收的碳纤维拉伸强度最低为 2243.8MPa，保持在原始碳纤维的 73%以上，拉伸强度最高为 3042.9MPa，接近原始碳纤维。当氧化温度为 550℃时，平均拉伸强度为 2677.9MPa，保持原始碳纤维的 87.5%。Hao 等[12]研究了微波热解不同温度对回收碳纤维拉伸强度的影响，在 550℃氧化 30min 的条件下，抗拉强度损失为 13%～20%。

图 7-28(c)和图 7-28(d)分别是微波热解和常规热解后经气氛脱碳回收得到的碳纤维的拉伸模量，随着氧化温度的升高和时间的延长，回收碳纤维的拉伸模量呈上升趋势。通过微波热解-气氛脱碳法回收的碳纤维拉伸模量均保持在原始碳纤维的 89%以上。拉伸模量得到有效提升。Zabihi 等[13]通过微波辅助化学方法从碳纤维复合材料中回收碳纤维，拉

伸模量提高约 1.7%，微波加热有利于提高碳纤维的拉伸模量。通过常规热解-气氛脱碳法回收的碳纤维平均拉伸模量保持在原始碳纤维的 91.2%。结果表明，微波热解法回收的碳纤维拉伸模量要明显高于常规热解回收的碳纤维的拉伸模量。

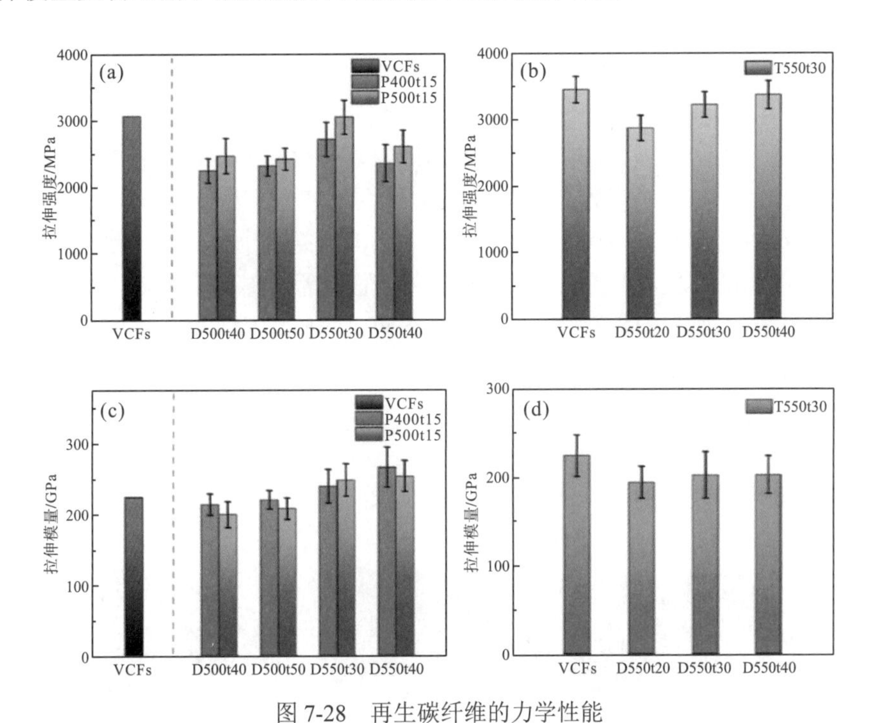

图 7-28　再生碳纤维的力学性能

(a) 微波热解再生碳纤维的拉伸强度，(b) 常规热解再生碳纤维的拉伸强度，(c) 微波热解再生碳纤维的拉伸模量，(d) 常规热解再生碳纤维的拉伸模量

根据各反应条件回收的碳纤维质量计算碳纤维的回收率，结果见图 7-29。图 7-29(a) 是微波热解法回收碳纤维的回收率，在 400℃微波热解 15min、500℃氧化 50min 的条件下，回收率最高，为 97.92%；在 500℃微波热解 15min、550℃氧化 40min 的条件下，回收率最低，为 96.38%。随着反应温度的升高和反应时间的增加，回收率逐渐降低，但是所有条件下碳纤维的回收率都可达到 96%以上。图 7-29(b) 是常规热解法的回收率，和微

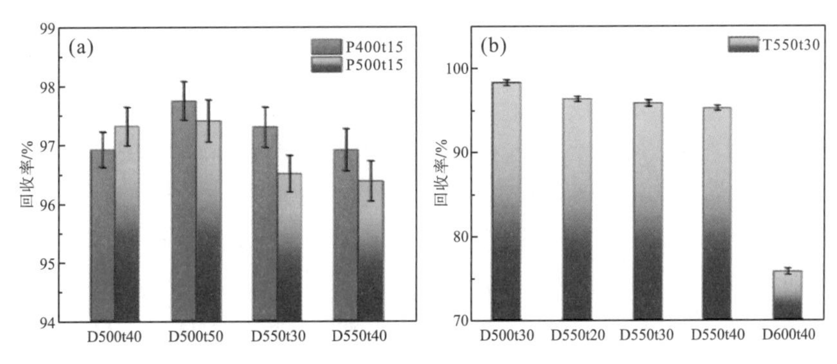

图 7-29　碳纤维回收率

(a) 微波热解，(b) 常规热解

波热解法一样，提高氧化温度和延长氧化时间都会使碳纤维的回收率降低。在氧化温度为500℃、保温时间为30min的条件下，碳纤维的回收率最高，为98.27%；当氧化温度提高到550℃时，回收率降低为96.32%；当氧化温度为600℃时，碳纤维快速氧化，回收率只有75.7%。

图7-30是CFRP板及其再生碳纤维实物图与扫描电镜图。从图7-30(a)中可以看出，碳纤维复合材料中增强体是碳纤维平织布，碳纤维束之间是经纬交织、上下交替的，碳纤维表面被环氧树脂紧紧包裹。图7-30(b)为碳纤维复合材料热解后得到的残余固体，具有蓬松的片状结构，层与层之间容易剥离，但没有丝状产物，无法从中分离出单根碳纤维。图7-30(c)是通过氧化处理后得到的再生碳纤维布，碳纤维仍然保持平织布的状态。碳纤维表面微观形貌如图7-30(d)所示，原始碳纤维表面光滑无缺陷，具有典型的凹槽结构。图7-30(e)中显示的热解固体产物的微观形态表明，一些碳残留物在热解后沉积于碳纤维的表面上，这使得单根碳纤维难以分离[14]。图7-30(f)为氧化得到的再生碳纤维的微观形貌，表明固体产物在550℃氧化30min后，回收碳纤维表面光滑清洁，无热解碳和树脂残留，并且保留了凹槽结构。结果表明通过微波热解-气氛脱碳法能够回收得到表面光洁干净、无热解碳和树脂残余的碳纤维，且结构与原始碳纤维保持一致。

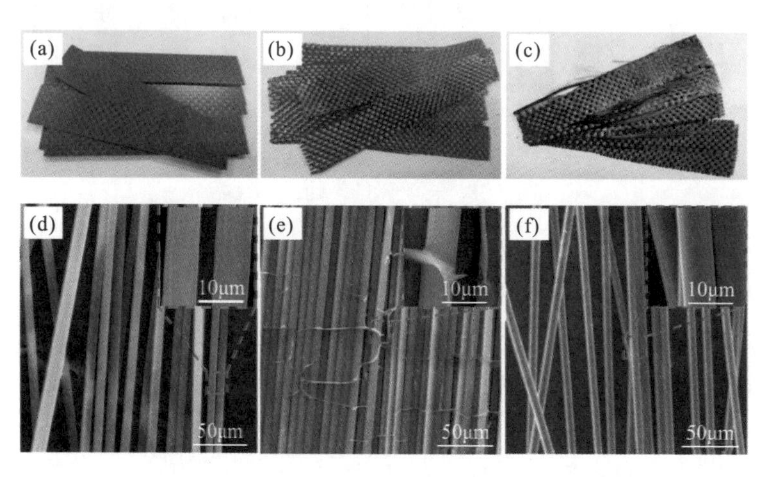

图7-30　微波热解再生碳纤维实物图(a～c)与扫描电镜图(d～f)

(a) CFRP，(b)、(e) P500t15，(c)、(f) P500t15D550t30，(d) VCFs

图7-31是T300碳纤维与常规热解法回收的碳纤维表面形貌。图7-31(a)是T300碳纤维的微观形貌，具有典型的沟槽结构。碳纤维树脂基复合材料在550℃下热解30min获得的固体产物如图7-31(b)所示。与7-30(e)中的微波热解固体产物相比，常规热解固体产物中碳纤维表面含有更多的热解碳。裂解产物在20min氧化处理条件下，随着氧化温度的升高，达到600℃时，碳纤维表面有缺陷产生且碳纤维直径变细，说明氧化温度过高，再生碳纤维表面易遭到氧化破坏。在氧化温度为550℃时，氧化处理20min回收的碳纤维表面含有少量残留碳，氧化处理30min、40min再生碳纤维的表面比较光滑洁净。结果表明，在600℃热解30min可有效分解碳纤维复合材料中的环氧树脂，并在550℃氧化30min和40min可得到表面光洁的碳纤维。

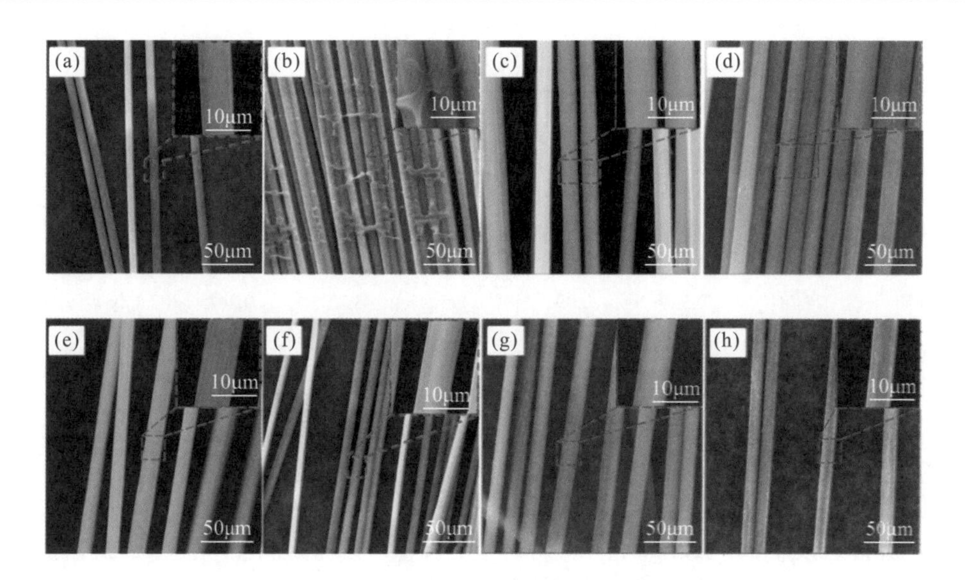

图 7-31　常规热解再生碳纤维的微观形貌

(a) VCFs (T300)，(b) T550t30，(c) T550t30D500t30，(d) T550t30D550t20，(e) T550t30D550t30，(f) T550t30D550t40，(g) T550t30D600t30，(h) T550t30D600t40

分析再生碳纤维的晶格变化，结果如图 7-32 所示。使用谢乐 (Scherrer) 公式和布拉格方程对晶粒尺寸进行计算分析，如表 7-16 所示。其中，2θ 是衍射峰的位置，β 是衍射峰的半峰宽，d_{002} 和 d_{101} 是碳纤维中晶体纵向和横向的面间距，L_c 是碳纤维中石墨晶体的堆积厚度，L_a 是石墨晶体的直径。所有再生碳纤维的 2θ 变小，说明 (002) 面的衍射峰朝左偏移，表明再生碳纤维的晶格常数变大，晶面之间的距离增加；相比原始纤维，再生碳纤维的 β 值升高，即回收碳纤维的半峰宽增加，而 L_a 与 L_c 的值降低，即晶粒尺寸减小，表明回收碳纤维的结晶程度有所降低，晶体结构遭到了破坏，内部产生缺陷，导致 RCFs 力学性能的下降[15, 16]。

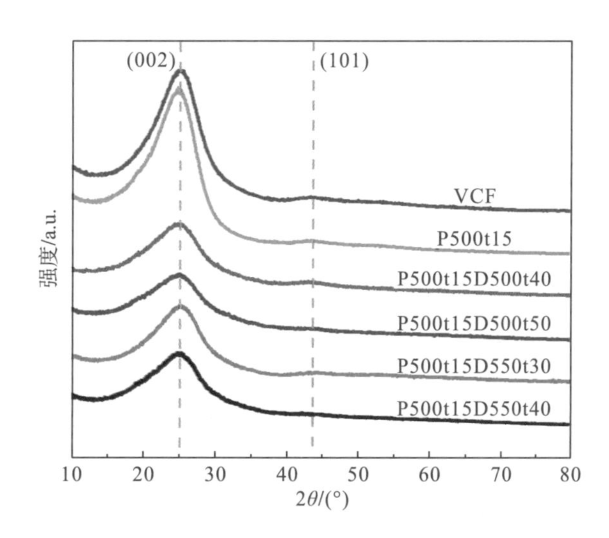

图 7-32　再生碳纤维的 X 射线衍射分析

表 7-16 再生碳纤维的晶格常数

	(002)特征峰				(101)特征峰			
	2θ/(°)	d_{002}/nm	β/rad	L_c/nm	2θ/(°)	d_{101}/nm	β/rad	L_a/nm
VCFs	25.04	0.363	0.093	1.511	43.71	0.256	0.052	2.843
P500T15	24.86	0.367	0.096	1.464	43.83	0.259	0.056	2.641
D500T40	24.80	0.369	0.092	1.527	43.74	0.259	0.055	2.688
D500T50	24.78	0.370	0.094	1.495	43.72	0.261	0.054	2.738
D550T30	24.86	0.364	0.095	1.479	43.64	0.258	0.054	2.737
D550T40	24.86	0.367	0.094	1.495	43.64	0.255	0.055	2.687

图 7-33 是再生碳纤维的拉曼光谱，$R(I_D/I_G)$ 用来衡量回收碳纤维内石墨微晶的有序程度，R 值越大，石墨微晶就越无序。提高氧化温度和延长保温时间，会使 R 值增大，回收碳纤维的无序程度增加。Jeong 等[15]认为 R 值的降低可以增加再生碳纤维的抗拉强度。拉曼光谱测试表明，R 值的变化与拉伸强度的变化保持一致。

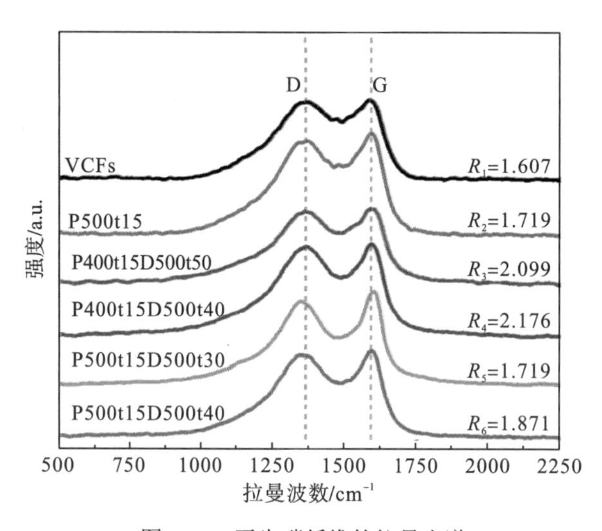

图 7-33 再生碳纤维的拉曼光谱

使用 XPS 对再生碳纤维表面的元素化学键的组成和含量进行表征，结果如图 7-34 所示。从图 7-34(a)中可以看到，总谱图主要包含碳峰、氮峰和氧峰，其中结合能 284.99eV 代表的是碳元素，400.17eV 代表的是氮元素，532.42eV 代表的是氧元素。碳纤维表面的元素组成与相对含量如表 7-17 所示，与原始碳纤维相比，再生碳纤维中 N 原子的含量增加，这是由碳纤维表面施胶剂的热解导致的[17]。通过拟合 C1s，进一步研究原始碳纤维和再生碳纤维表面官能团的差异，官能团的种类和相对含量如表 7-17 所示。从图 7-34(b)、图 7-34(c)和图 7-34(d)中可以看出，C1s 峰分为 C—C(284.43eV)、C—O(286.28eV)和 O—C=O(288.63eV)，C—O 可以看作是 C—O—C 和 C—OH 基团，O—C=O 可以看作是 COOH 基团。与 VCFs 相比，CFRP 热解过程中较低的 O/C 比导致 C、N 和 C—C 键含量较高，O 元素和 C—O 键含量较低。

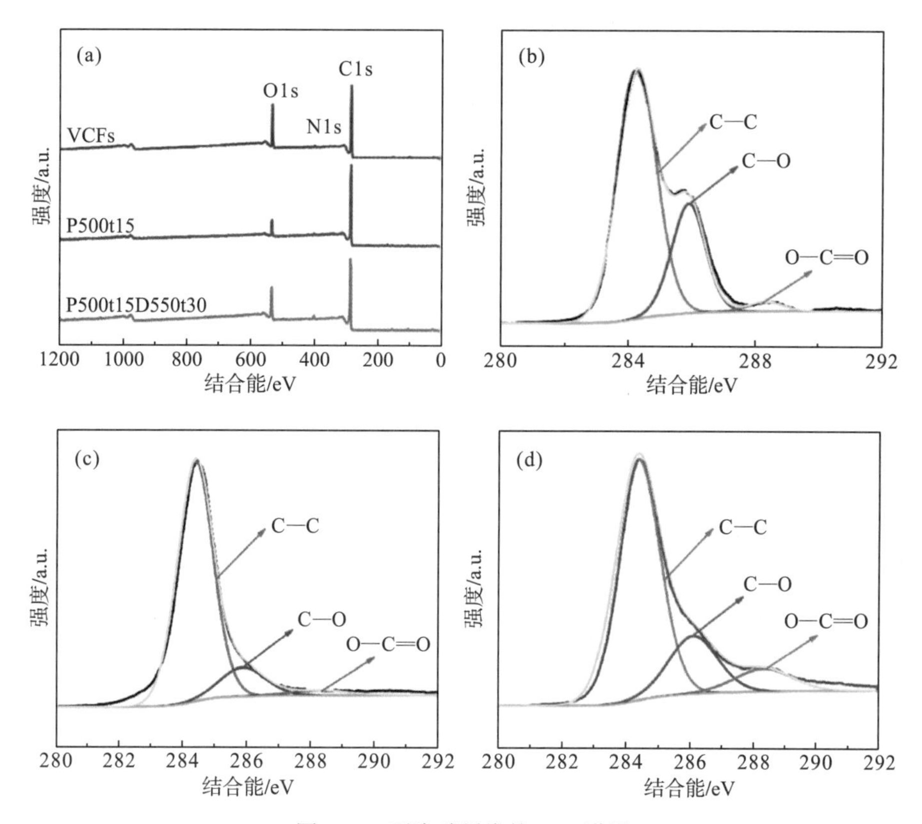

图 7-34　再生碳纤维的 XPS 谱图

(a) 总谱图，(b) VCFs 的 C 1s，(c) P500t15 VCFs 的 C 1s，(d) P500t15D550t30 VCFs 的 C 1s

表 7-17　再生碳纤维表面元素与官能团摩尔分数

	元素组成				官能团		
	C/%	O/%	N/%	O/C/%	C—C/%	C—O/%	O—C=O/%
VCFs	80.35	17.79	1.86	22.14	69.85	27.50	2.64
P500t15	86.85	10.03	3.12	11.55	84.15	12.81	3.04
D550t30	78.41	18.36	3.22	23.42	74.33	22.31	3.36

研究复合材料热解碳和石墨微晶的氧化机理，结果如图 7-35 所示。考虑物理吸附和化学吸附两种方式对 O_2 分子在两种碳结构上的吸附，如图 7-35(a) 所示。对于物理吸附结构，热解碳的吸附能为 0.78eV，石墨微晶的吸附能为 0.88eV，表明石墨微晶的物理吸附比热解碳的吸附能弱。对于化学吸附，考虑两个相邻的 C 原子和碳环上两个相反的 C 原子。O_2 中的两个 O 原子都与碳表面发生强烈的相互作用，当一个 O_2 分子吸附在两个相邻的热解 C 原子上时，其吸附能为−0.55eV，而两个相反的 C 原子的吸附能为 0.33eV，说明 O_2 分子更容易吸附在两个相邻的 C 原子上。同样，当 O_2 分子吸附在石墨微晶中相邻的两个 C 原子上时，吸附能为 0.65eV，而两个相对的 C 原子吸附能为 2.08eV。因此，与碳纤维相比，O_2 分子更容易吸附在热解碳上。

此外，考虑两种氧化路径，一种生成 CO_2，另一种生成 CO，分别如图 7-35(b) 和图 7-35(c)

所示。热解碳生成 CO_2 所需的能量为 0.87eV，而石墨微晶所需的能量为 3.63eV。表明热解碳比石墨微晶更容易被氧化成 CO_2。同样，在 CO 生成的情况下，裂解碳上的 C—O 键断裂所需的能量为 0.20eV，而石墨微晶 C—O 键断裂所需的能量则为 0.71eV。热解碳和石墨微晶产生和解吸 CO 所需的总能量分别为 1.16eV 和 5.80eV。因此，与石墨微晶相比，热解碳更容易被氧化成 CO。模拟结果表明，无论氧化产物是 CO_2 还是 CO，热解碳都比石墨微晶更容易被氧化。这与实验一致，热解碳被氧化去除，而碳纤维则保持其良好性能。

分析热解碳氧化去除的机理，结果如图 7-35(d)所示。热解碳无定形、结构松散，易于形成活性氧化位点，具有较高的化学活性。因此，在较低的温度下，容易被氧化成 CO_2 或 CO。而碳纤维主要由石墨微晶组成，结构致密，氧化位点较少，化学活性较低。此外，热解碳通常附着在碳纤维表面，起到保护作用。与碳纤维相比，热解碳氧化成 CO 或 CO_2 所需的能量更少。因此，在氧化过程中，热解沉积的非晶碳比致密碳纤维更容易发生氧化反应。

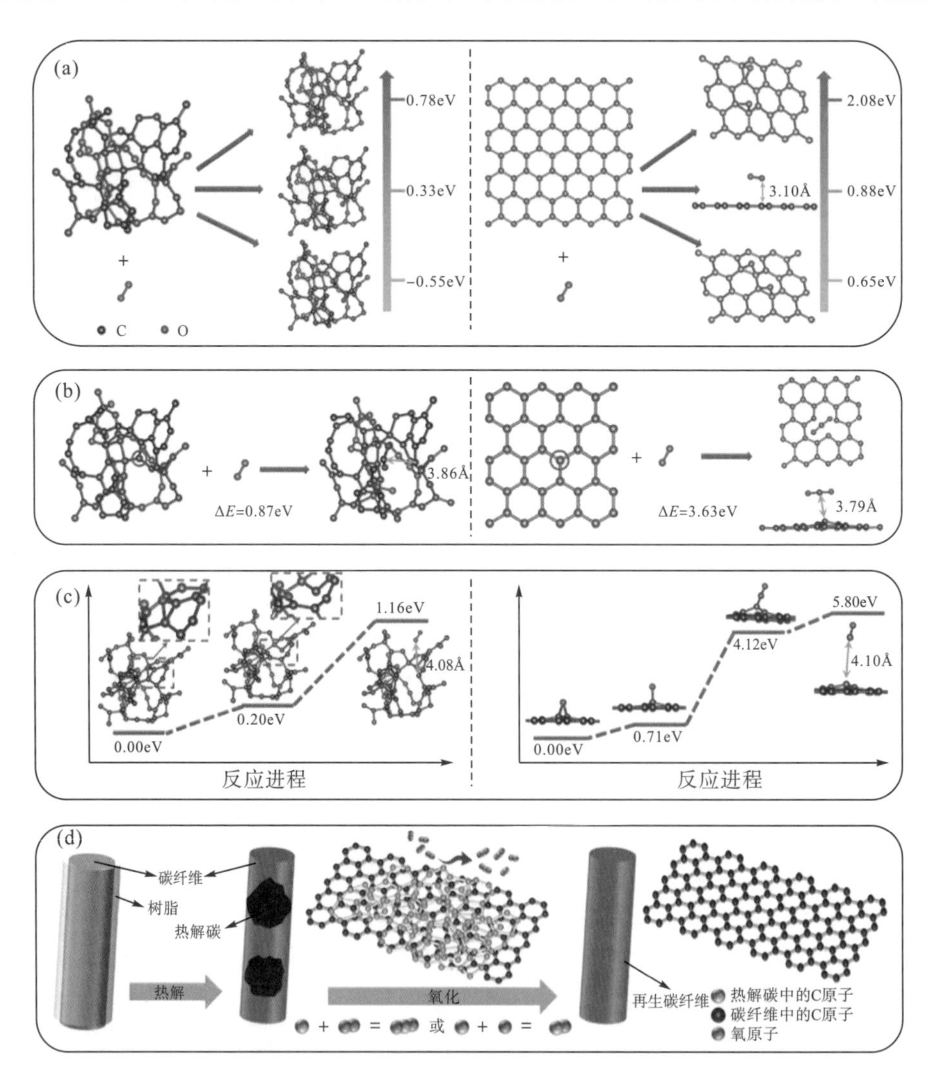

图 7-35 (a)热解碳和石墨微晶的结构及 O_2 吸附能，(b) CO_2 生成能量，(c) CO 生成的反应路径，(d)热解碳氧化去除机理

7.2.6　再生碳纤维再利用

采用热压成型将再生碳纤维(RCF)与热塑性树脂聚醚醚酮(poly ether ether ketone，PEEK)制备成再生碳纤维/聚醚醚酮复合材料(RCF/PEEK 复合材料)。成型温度为 380℃，保温时间 1h，施加的压力为 8MPa，复合材料中碳纤维的含量为 50%，成型工艺如图 7-36 所示。

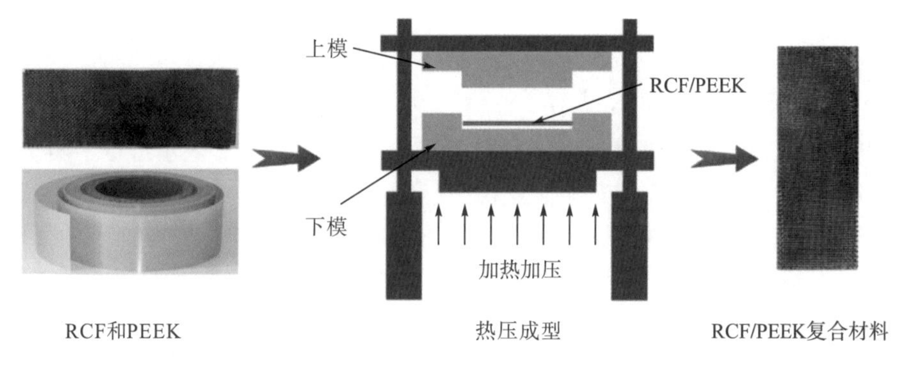

图 7-36　RCF/PEEK 复合材料制备

对 RCF/PEEK 复合材料的密度进行测试，结果如表 7-18 所示。从表中可以看出，各个试样的密度相差不大，制备复合材料中树脂与碳纤维分布较均匀。根据复合材料密度，计算 RCF/PEEK 复合材料中再生碳纤维的体积分数为 41.4%，质量分数约为 49.4%。

表 7-18　复合材料的密度

测试次数	1	2	3	4	平均值
密度/(g/cm^3)	1.50	1.506	1.513	1.509	1.507

RCF/PEEK 复合材料拉伸性能测试结果如图 7-37 所示，图中 1、2 表示进行了两次平行测试。在拉伸过程中，随着载荷迅速增大，复合材料位移与载荷呈直线关系，直到最大值。随着载荷继续增大，复合材料发生断裂。拉伸应力达到最大值时，无法有效抑制裂纹在基体中的传播，从而使界面附近的结构被迅速破坏，此时的拉伸断裂为脆性断裂[18]。RCF/PEEK 复合材料的拉伸强度为 586MPa。复合材料试样拉断行为主要是碳纤维拔出和断裂，纤维周围产生了大量的缺陷，界面发生脱离，结合力迅速降低，从而造成拉伸性能下降。

图 7-38 为 RCF/PEEK 复合材料弯曲性能测试，图中 1、2 表示进行了两次平行测试。从图中可以看出，试样在加载前期均保持线弹性特征，当上压头萌生裂纹时，载荷出现波动，曲线偏离线性，直至达到最大破坏载荷。当 RCF/PEEK 复合材料的破坏发生时，破坏首先出现在增强纤维与基体材料的界面上，其次是基体材料的破坏，最后是增强材料的破坏[19]。RCF/PEEK 复合材料试样的弯曲应力和弯曲模量分别为 901MPa 和 54.59GPa，破坏模式为试样压头处下表面拉伸破坏。

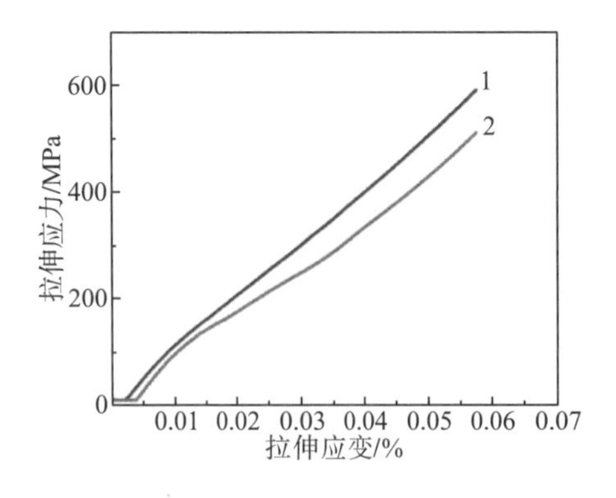

图 7-37 复合材料的拉伸性能

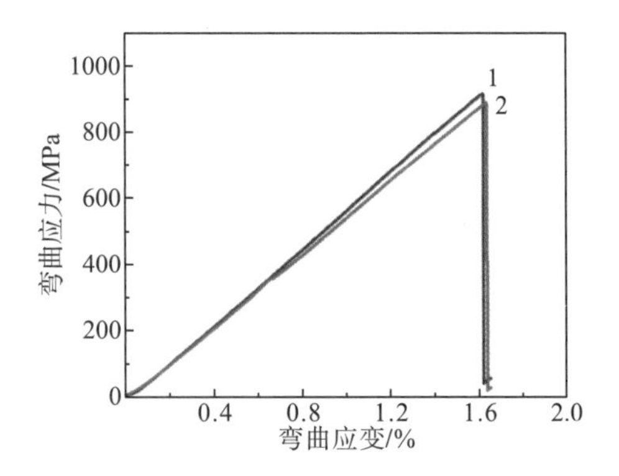

图 7-38 复合材料的弯曲性能

RCF/PEEK 复合材料压缩性能测试如图 7-39 所示，图中 1、2 表示进行了两次平行测试。应力刚开始增大时，复合材料的应变较小；随着应力继续增大，复合材料的应变逐渐增大；直至最高点在标距段中间处劈裂。复合材料的压缩强度和压缩模量分别为 511MPa 和 88.5GPa。与碳纤维原丝增强环氧树脂复合材料的压缩强度相比，RCF/PEEK 复合材料保留了 83%的压缩强度，具有较高的压缩性能。

良好的界面结合可以将外界施加的载荷从树脂基体有效地传递到碳纤维，从而提高复合材料抵抗外界破坏的能力。层间剪切强度是评价增强体与基体界面黏结强度的重要参数，能够直接反映复合材料界面性能。RCF/PEEK 复合材料的剪切性能测试结果如图 7-40 所示，图中 1、2、3、4 表示进行了 4 次平行测试，曲线总体呈现先升后降的趋势。在初始加载阶段，RCF/PEEK 复合材料载荷及位移保持线性关系。当达到最大载荷后，复合材料试样力值陡降，曲线波动较大。利用再生碳纤维制备热塑性复合材料的层间剪切应力最高为 109.5MPa。

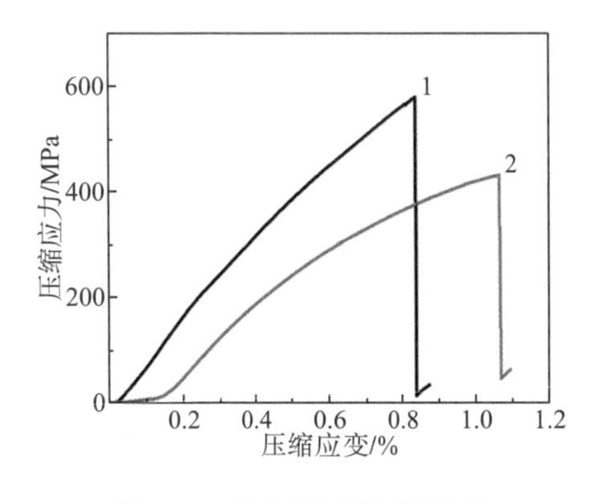

图 7-39 复合材料的压缩性能

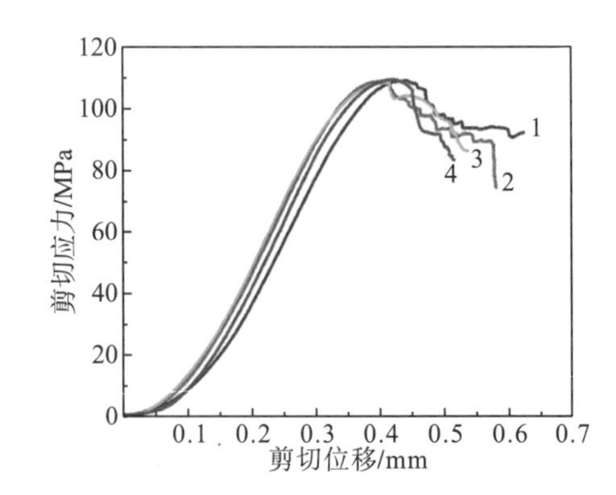

图 7-40 复合材料的剪切性能

VCF/环氧树脂和 RCF/PEEK 复合材料的拉伸断面微观结构如图 7-41 所示。图 7-41(a) 为 VCF/环氧树脂复合材料的断面形貌，从图中可以看出，碳纤维从基体中拔出现象明显，从形貌上看碳纤维与基体粘连紧密，纤维与基体间看不到明显缝隙，在外力作用下树脂基体可通过碳纤维与环氧树脂之间的界面将应力传递到碳纤维，碳纤维转移并吸收更多能量，使裂纹的发展得到抑制[19]。从图 7-41(b)可以看出，RCF 与 PEEK 树脂之间结合非常紧密，在外力的作用下 RCF 与 PEEK 之间出现了裂隙，从而引起复合材料的缺陷，对其力学性能造成影响，但 RCF 表面有明显的树脂覆盖，形成较好的界面作用力。在材料受到外力作用时，结合强度大的界面能更有效地传递载荷，且 RCF 从基体中被拔出需要消耗更多的能量，因此材料保留部分力学性能。从基体的断裂形貌看，断面上有较多的裂纹，断面纤维露头参差不齐，表明在复合材料的拉伸实验中，RCF 在断裂和拔出时，PEEK 的断裂是脆性断裂，导致 RCF 断裂吸收能量的时候，RCF 与 PEEK 的界面产生脱黏现象以及 PEEK 的塑性变形，RCF/PEEK 复合材料力学性能下降幅度减小。

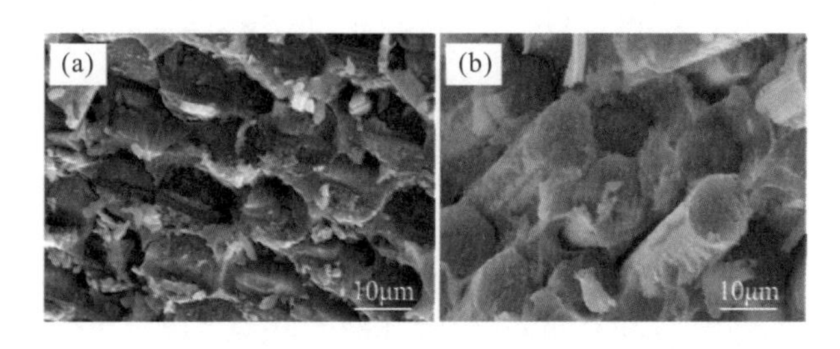

图 7-41　VCF/环氧树脂和 RCF/PEEK 复合材料的拉伸断面微观结构
(a) VCF/环氧树脂复合材料断面，(b) RCF/PEEK 复合材料断面

7.2.7　微波热解回收碳纤维抽油杆

碳纤维抽油杆(carbon fiber sucker rod，CFSR)的形状及结构如图 7-42 所示，碳纤维抽油杆为细长的圆柱形，由碳纤维(质量分数 20%)、玻璃纤维(质量分数 60%)和环氧树脂(质量分数 20%)构成，其剖面由外至内分别为单向玻璃纤维外层、玻璃纤维布隔离层和碳纤维芯体。

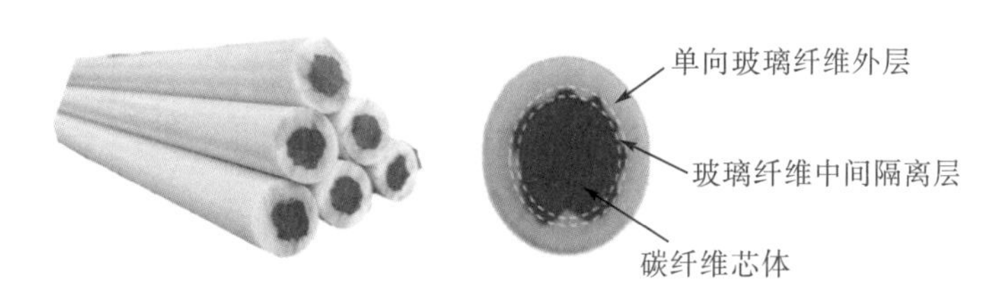

图 7-42　碳纤维抽油杆图像及其结构

通过热重分析(TGA)，研究了碳纤维抽油杆在空气环境中的热解行为，如图 7-43 所示。根据 TGA 和 DTG 曲线，CFSR 的热解过程可以分为三个阶段。第一阶段(200～380℃)是环氧树脂的热解，质量损失较快。第二阶段(380～530℃)质量损失为 5%，这是由表面热解碳的氧化造成的。在第三阶段(530～840℃)，复合材料中的碳纤维氧化，产生 16%的质量损失。因此，为了尽可能少地去除环氧树脂和热解碳而又不影响碳纤维的结构性能，设定的反应温度为 550℃、600℃和 650℃。

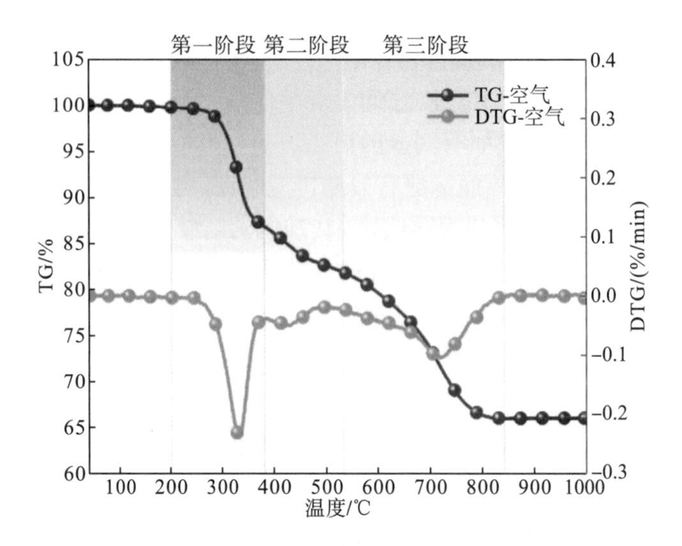

图 7-43 碳纤维抽油杆在空气环境中的热重分析

图 7-44 显示了在 550℃、600℃和 650℃下热解 5～40min 的再生碳纤维(RCF)回收率。结果显示，在 550℃热解温度下，RCF 的回收率为 87.24%～94.36%，变化趋势较为缓慢，说明反应时间对回收率的影响较小。而随着热解温度升高，RCF 的回收率急剧下降，表明热解温度是影响回收率的重要因素。

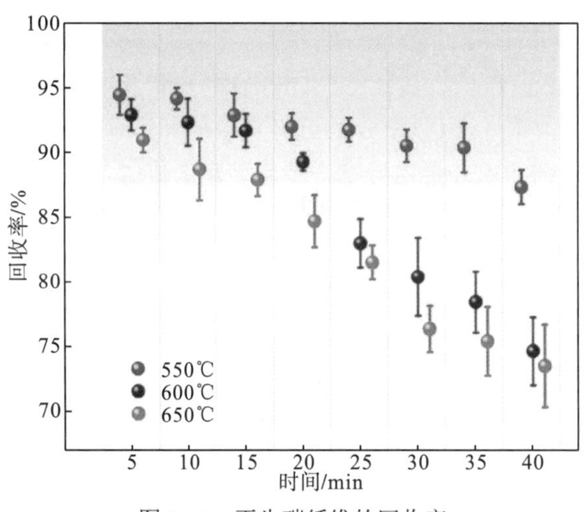

图 7-44 再生碳纤维的回收率

通过 SEM 观察不同反应条件下 RCF 的微观形貌，结果如图 7-45 所示。图 7-45(a)是 550℃时 RCF 的形态，表面干净平整，表明在该温度下环氧树脂基本去除。随着温度的升高，热解所需的反应时间减少，图 7-45(b)是在 600℃下反应 10min 得到的回收纤维。而在 650℃加热 5min 时，RCF 表面同样呈现这一效果，但有少量凹坑出现，这是由于在高温下氧分子侵蚀碳纤维表面产生缺陷。此外，当温度较高时，延长反应时间会使碳纤维表面的缺陷程度增加。

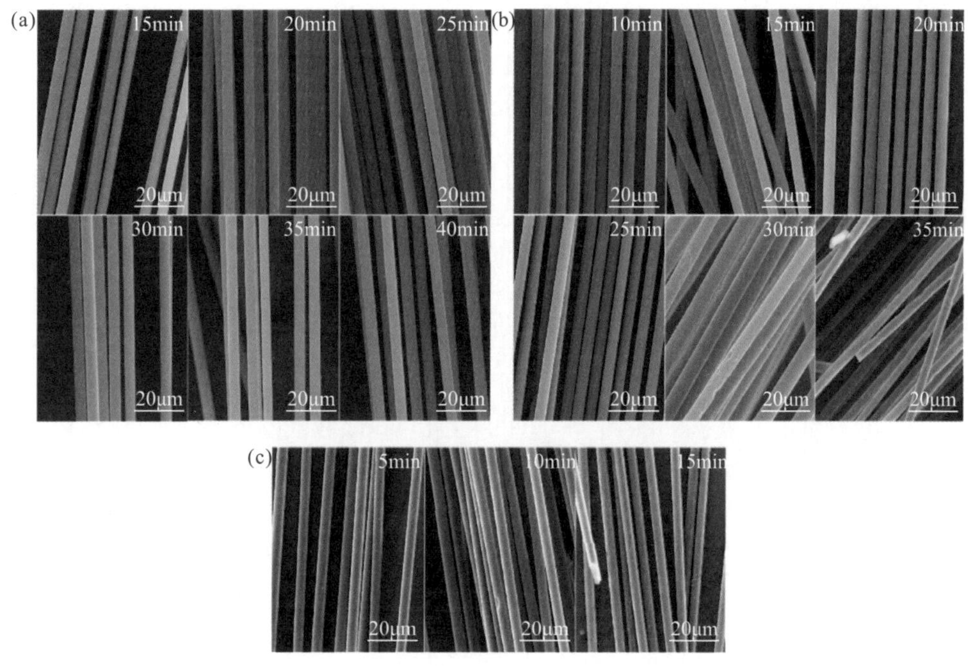

图 7-45 不同反应条件下 RCF 的 SEM 图

(a) 550℃，(b) 600℃，(c) 650℃

基于在各种反应条件下积累的大量实验数据，RCF 的抗拉强度通过威布尔(Weibull)分布进行了统计分析。图 7-46 为 VCF 和部分 RCF 的拉伸强度 Weibull 分布图，表 7-19 是在各个反应阶段获得的 RCF 抗拉强度及其相对于 VCF 的保留值。形状参数 m 评估了碳纤维抗拉强度的分散性，VCF 的 m 值高于 RCF，表明分散性较低，整体性能更一致。结果表明，在 550℃热解 20min 时，RCF 抗拉强度达到 VCF 的 80%，在 600℃和 650℃时，拉伸强度保持率低于 60%，说明热处理温度对 RCF 性能的影响较大。形状参数随热处理时间的增加而减小，导致强度范围有较大变化，这主要归因于长时间的热氧化分解使碳纤维出现严重缺陷的可能性增加。值得注意的是，550℃下反应 15min 的 RCF 拉伸强度仅为 VCF 的 74%，这可能是由于反应时间短，环氧树脂降解后纤维表面还残留少量碳。此外，在较低温度下，回收过程对抗拉模量的影响较小，样品之间没有明显差异，但在 600℃或更高温度下，碳纤维过度氧化，原始结构遭到破坏，导致抗拉模量减小。

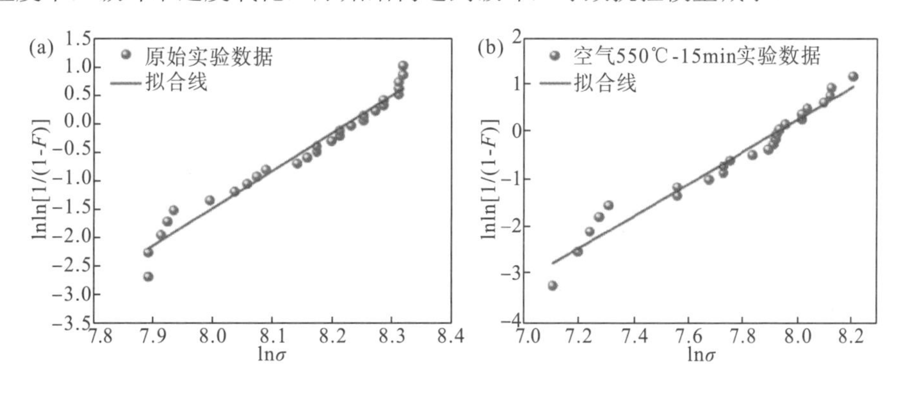

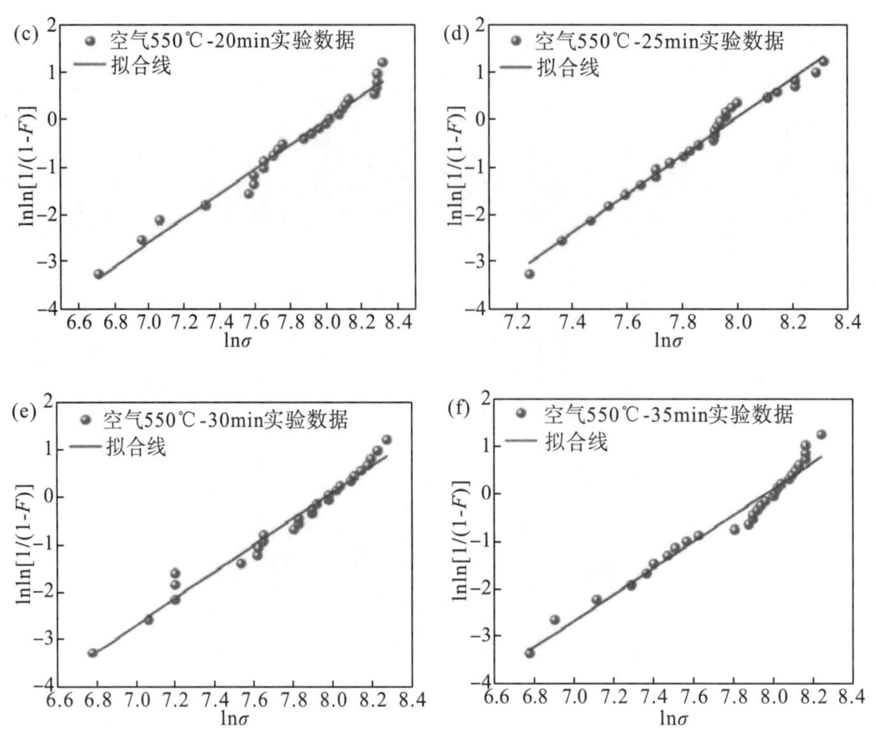

图 7-46 碳纤维拉伸强度的 Weibull 分布

表 7-19 再生碳纤维的拉伸性能和 Weibull 分布参数

样品编号	形状参数 m	拉伸强度/GPa	拉伸模量/GPa	拉伸强度保留率/%	相关系数 R^2
VCF	6.59	3.75±0.51	234.86±20.32		0.962
550℃-15min	3.40	2.76±0.71	206.09±29.32	0.74	0.960
550℃-20min	2.58	3.01±0.95	212.24±31.30	0.80	0.975
550℃-25min	4.10	2.96±0.70	214.50±28.44	0.79	0.983
550℃-30min	2.81	2.87±0.85	201.96±29.72	0.77	0.973
550℃-35min	2.78	2.88±0.83	202.41±23.41	0.77	0.961
550℃-40min	3.07	2.81±0.74	201.41±32.41	0.75	0.953
600℃-10min	4.84	2.11±0.44	205.86±31.37	0.56	0.956
600℃-15min	4.08	1.80±0.41	206.54±34.26	0.48	0.994
600℃-20min	2.72	2.17±0.64	209.09±34.19	0.58	0.966
600℃-25min	3.09	1.52±0.41	186.96±29.80	0.41	0.965
600℃-30min	1.86	1.50±0.67	184.24±27.19	0.40	0.951
650℃-5min	3.79	1.79±0.43	206.06±34.17	0.48	0.945
650℃-10min	4.02	1.17±0.26	182.70±32.29	0.31	0.976
650℃-15min	2.56	1.15±0.34	164.87±26.69	0.31	0.933

图 7-47 和表 7-20 分别为再生碳纤维的 XRD 谱图和晶格参数。RCF 在 25.4°处有一个(002)特征峰，表明其具有石墨化晶体结构。随着处理时间的增加，L_c 先增大后减小，当温度从 550℃升至 650℃时，L_c 增至 2.106nm。此外，残留在 RCF 表面的非晶态热解碳被去除，晶粒边缘被氧化，平均晶粒尺寸减小。

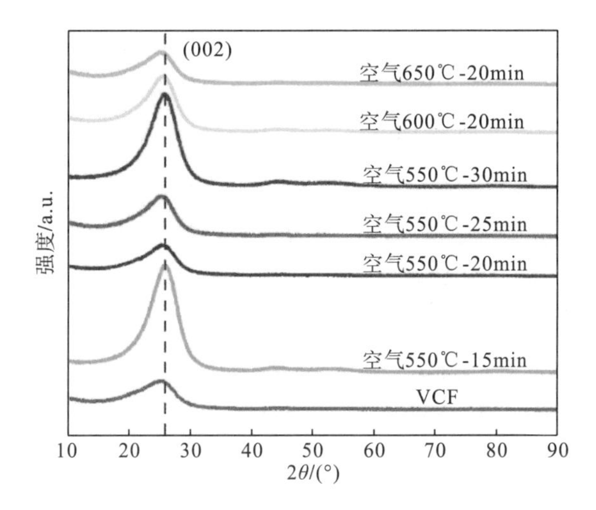

图 7-47　不同条件下 RCF 和 VCF 的 XRD 谱图

表 7-20　VCF 和 RCF 的晶格参数

样品编号	(002) 2θ/(°)	$d_{(002)}$/nm	β/rad	L_c/nm
VCF	25.67	0.347	0.0733	1.9179
550℃-15min	25.70	0.346	0.0756	1.8609
550℃-20min	25.09	0.355	0.0722	1.9444
550℃-25min	25.25	0.352	0.0709	1.9814
550℃-30min	25.94	0.343	0.0719	1.9360
600℃-20min	25.51	0.349	0.0706	1.9922
650℃-20min	25.44	0.350	0.0668	2.1060

利用拉曼光谱分析了微波热解对 RCF 结构的影响，如图 7-48(a)所示。在 1356cm^{-1} 和 1594cm^{-1} 处分别为 D 峰和 G 峰，RCF 与原始纤维的 I_D/I_G 比值接近，表明 RCF 的结构更稳定，这也是其在热解过程中保持较好拉伸性能的主要原因。

通过 XPS 分析 RCF 和 VCF 的表面化学组成，在图 7-48(b)中，RCF 和 VCF 的三个主要峰分别为碳(C1s，284.7eV)、氮(N1s，400.3eV)和氧(O1s，532.8eV)。对 C1s 光谱进行了分峰拟合，如图 7-48(c)、(d)所示。四个不同的峰分别对应于 C—C(284.7eV)、C—OH(285.9～286.3eV)、C═O(287.4～287.8eV)和 COOH(288.9～289.3eV)。与原始碳纤维相比，再生碳纤维表面 C 元素含量增加，O 元素含量减少，因而 O/C 比值降低。此外，C═O 的含量与 VCF 相似，表明回收过程对其影响较小。

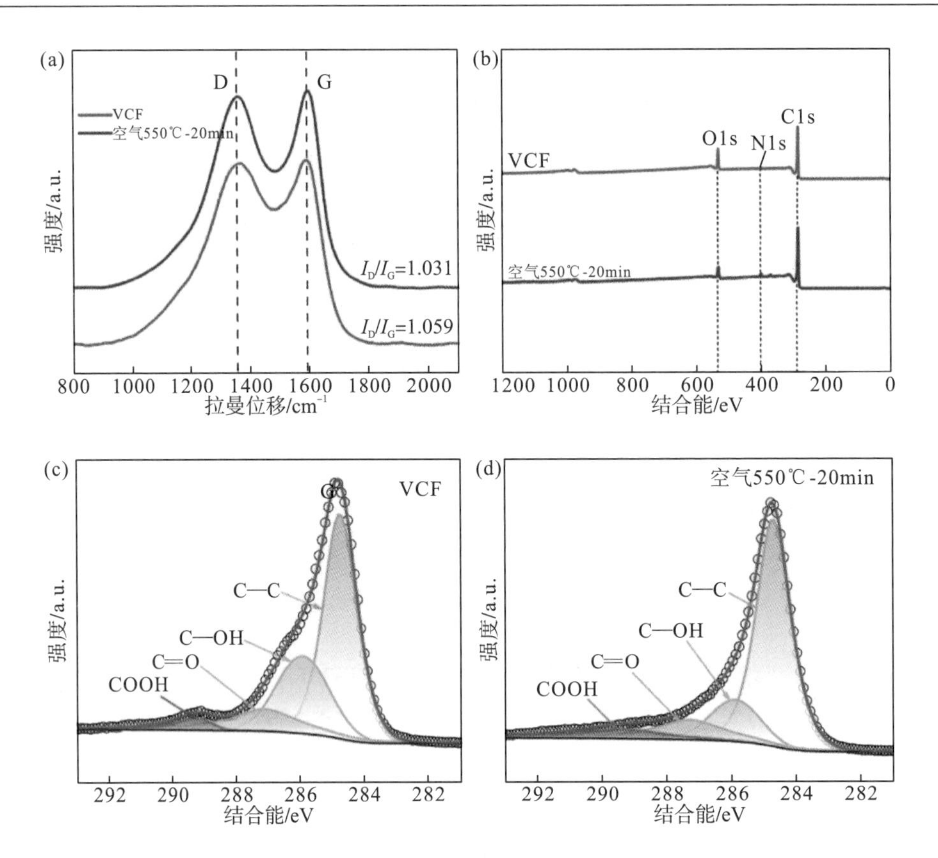

图 7-48 (a)RCF 和 VCF 的拉曼光谱，(b)RCF 和 VCF 的 XPS 总谱图，(c)，(d)C1s 高分辨率谱图

参考文献

[1] Aldosari S M, Khan M, Rahatekar S. Manufacturing carbon fibres from pitch and polyethylene blend precursors: a review[J]. Journal of Materials Research and Technology, 2020, 9(4): 7786-7806.

[2] Guo H, Huang Y D, Liu L, et al. Effect of epoxy coatings on carbon fibers during manufacture of carbon fiber reinforced resin matrix composites[J]. Materials & Design, 2010, 31(3): 1186-1190.

[3] Yang S N, Cheng Y, Xiao X, et al. Development and application of carbon fiber in batteries[J]. Chemical Engineering Journal, 2020, 384: 123294.

[4] Newcomb B A. Processing, structure, and properties of carbon fibers[J]. Composites Part A: Applied Science and Manufacturing, 2016, 91: 262-282.

[5] Niu H T, Zhang J, Xie Z L, et al. Preparation, structure and supercapacitance of bonded carbon nanofiber electrode materials[J]. Carbon, 2011, 49(7): 2380-2388.

[6] Seok B J, Jihye B, Heeju W, et al. Novel thermoplastic toughening agents in epoxy matrix for vacuum infusion process manufactured composites[J]. Carbon Letters, 2018, 25(1): 43-49.

[7] Pellegrini Cervantes M J, Barrios Durstewitz C P, Núñez Jaquez R E, et al. Performance of carbon fiber added to anodes of conductive cement-graphite pastes used in electrochemical chloride extraction in concretes[J]. Carbon Letters, 2018, 26(1): 18-24.

[8] Abdou T R, Botelho Junior A B, Espinosa D C R, et al. Recycling of polymeric composites from industrial waste by pyrolysis: deep evaluation for carbon fibers reuse[J]. Waste Management, 2021, 120: 1-9.

[9] Wang Y X, Wang C G, Gao Q, et al. Study on the relationship between chemical structure transformation and morphological change of polyacrylonitrile based preoxidized fibers[J]. European Polymer Journal, 2021, 159: 110742.

[10] 杨翔麟, 陈秋飞, 刘高君, 等. 预氧化温度对大丝束碳纤维性能的影响[J]. 高科技纤维与应用, 2023, 48(4): 29-32.

[11] 魏昆. 聚丙烯腈基碳纤维预氧化工艺研究[D]. 北京: 北京化工大学, 2010.

[12] Hao S Q, He L Z, Liu J Q, et al. Recovery of carbon fibre from waste prepreg via microwave pyrolysis[J]. Polymers, 2021, 13(8): 1231.

[13] Zabihi O, Ahmadi M, Liu C, et al. Development of a low cost and green microwave assisted approach towards the circular carbon fibre composites[J]. Composites Part B: Engineering, 2020, 184: 107750.

[14] Mazzocchetti L, Benelli T, D'Angelo E, et al. Validation of carbon fibers recycling by pyro-gasification: the influence of oxidation conditions to obtain clean fibers and promote fiber/matrix adhesion in epoxy composites[J]. Composites Part A: Applied Science and Manufacturing, 2018, 112: 504-514.

[15] Jeong J S, Kim K W, An K H, et al. Fast recovery process of carbon fibers from waste carbon fibers-reinforced thermoset plastics[J]. Journal of Environmental Management, 2019, 247: 816-821.

[16] Xu P L, Li J, Ding J P. Chemical recycling of carbon fibre/epoxy composites in a mixed solution of peroxide hydrogen and N, N-dimethylformamide[J]. Composites Science and Technology, 2013, 82: 54-59.

[17] Pakdel E, Kashi S M, Varley R, et al. Recent progress in recycling carbon fibre reinforced composites and dry carbon fibre wastes[J]. Resources, Conservation and Recycling, 2021, 166: 105340.

[18] 康少付, 李进, 瞿立, 等. 共聚酯无纺布定型-增韧碳纤维复合材料的制备及力学性能[J]. 复合材料科学与工程, 2020(4): 53-59.

[19] 张豫坤, 牛宏校, 邓晨兴. 碳纤维增强热塑性树脂基复合材料的力学性能研究[J]. 当代化工研究, 2017(6): 66-67.

第 8 章　微波制备膨胀石墨

膨胀石墨(expanded graphite，EG)是由鳞片石墨(flake graphite，FG)经插层、水洗、干燥、高温膨化得到的一种具有松散、多孔、蠕虫状结构的碳材料[1, 2]。由于其具有丰富的层状结构、可调的层间间距、稳定的化学性能、高吸附、高抗冲击、高散热等特性被广泛应用，可被应用在军事、机械、环保、医药、可充电电池、超级电容器、电磁波吸收及屏蔽、保温材料、隔音材料、阻燃和防火材料等领域[3, 4]。目前，EG 的制备方法可分为化学法和物理法两类，化学法主要包括化学氧化法和电化学法，物理法主要包括高/低温法、微波法。与传统的加热方法相比，微波辐射可以使石墨片层在短时间内被有效剥离，具有处理时间短、能耗低的优点，能够将处理时间从小时缩短到秒，并具有高效、环保和简便等特点。

8.1　微波闪速制备膨胀石墨

8.1.1　微波辅助氧化插层制备膨胀石墨

首先以 FG 为原料(石墨粒径 50 目)，以 $K_2S_2O_8$ 和 H_2SO_4 作为氧化插层剂，采用微波溶剂热法处理 300s 制备可膨胀石墨(graphite intercalation compounds，GICs)，然后在 800W 功率下微波照射 40s 快速制备 EG(图 8-1)。目前提出的微波辅助氧化插层法优于以往报道的方法，具有简单、快速、安全等特点，缩短了氧化插层工艺时间，可以快速高效制备 EG，便于规模化生产。

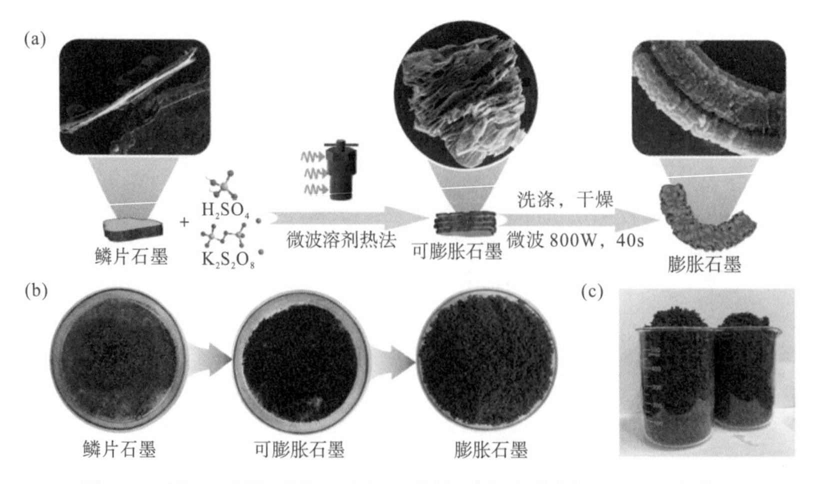

图 8-1　(a) EG 制备过程，(b) EG 制备过程实物图，(c) EG 实物图

8.1.2　氧化剂用量及微波功率对膨胀体积的影响

在微波辅助插层过程中，H_2SO_4 与 FG 片层间通过静电吸附形成 GICs。FG 与 H_2SO_4 质量比对膨胀体积(expanding volume，EV)值的影响如图 8-2(a)所示。结果表明：随着 H_2SO_4 含量的增加，EV 值先增大，达到最大值后又减小。在微波辅助插层过程中，当 H_2SO_4 含量过少时，插层剂用量不足，石墨层间含氧基团填充较少，EV 值较小。当 FG 与 H_2SO_4 的质量比为 1∶15 时，EV 值最大。进一步增加 H_2SO_4 的比例，再加上 $K_2S_2O_8$ 的氧化作用，FG 被过度氧化，导致 EV 值减小。此外，$K_2S_2O_8$ 诱导石墨片层氧化，增大石墨片层间距离，为插层剂的渗入提供通道。从图 8-2(b)可以看出，随着 $K_2S_2O_8$ 量的增加，膨胀体积先增大，然后又逐渐减小。当氧化剂含量较小时，FG 的氧化程度不够，氧化后石墨层之间的静电斥力不足以打开 FG 薄片层，EV 值较低。随着氧化剂 $K_2S_2O_8$ 含量的增加，FG 的形貌由薄片转变为微膨胀，体积增大。当 FG 与 $K_2S_2O_8$ 的质量比为 1∶1 时，微波膨胀后的 EV 值可达 455mL/g，膨胀效果显著提升。当氧化剂含量继续增加时，FG 薄片层被深度氧化，EV 值降低。此外，在微波辐照时间为 40s，FG、H_2SO_4 和 $K_2S_2O_8$ 的质量比为 1∶15∶1 时，微波辐照功率对 EV 值的影响如图 8-2(c)所示。当微波功率较低时，GICs 薄片层间的水和层间化合物的分解速度较慢，分解产生的膨胀力较低，GICs 的膨胀效果较差。随着微波功率的增加，GICs 的快速升温使层间化合物迅速分解，且水的快速汽化产生更大的膨胀力，从而导致 GICs 的快速膨胀。然而，当微波功率过高时，EG 片层结构可能发生断裂，导致 EV 值降低。结果表明，当 FG、H_2SO_4 和 $K_2S_2O_8$ 的质量比为 1∶15∶1，微波功率为 800W 时，EG 的膨胀效果最好。

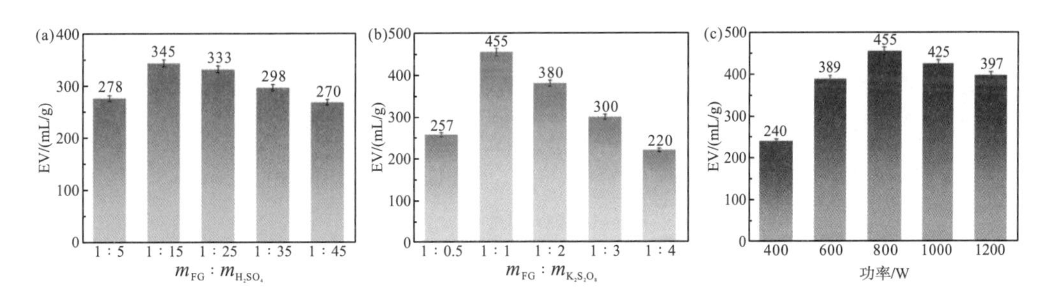

图 8-2　膨胀体积的影响因素

(a)FG 与 H_2SO_4 的质量比，(b)FG 与 $K_2S_2O_8$ 的质量比，(c)微波辐照功率

此外，我们对 EG 升温过程进行了热重分析，结果如图 8-3(a)和图 8-3(b)所示。从图中可以看出，FG 薄片从室温至 715℃没有明显的质量变化，表明 FG 在升温过程中相对稳定。在 715℃之后，FG 开始在空气中发生氧化反应，到达 1000℃时质量损失了 52.86%。GICs 的热失重过程可分为四个阶段：第 I 阶段是室温至 150℃，随着温度的升高，GICs 表面和层间的水蒸气蒸发，导致约 6.87%的轻微失重；第 II 阶段发生在 150～280℃，由于 GICs 的不稳定含氧官能团如羟基及羰基的分解，失重率约为 6.69%；第III阶段发生在 280～

580℃，由于 GICs 层间的插层化合物受热分解，失重率约为 7.85%；第Ⅳ阶段发生在 580～1000℃，随着温度的升高，GICs 发生氧化反应，质量损失可达 76.99%。而 EG 在加热至 1000℃后，质量损失了 90.91%，这表明 EG 的稳定性低于 FG，可能是 EG 的比表面积较大，更容易被氧化造成的。此外，通过 BET 检测，我们分析了 EG 的孔径分布，如图 8-3(c)和图 8-3(d)所示。EG 的曲线呈现 IV 型等温线，其比表面积为 30.26m^2/g，平均孔径为 11.72nm，具有 3～40nm 的孔径分布，表明 EG 的孔结构主要是介孔。

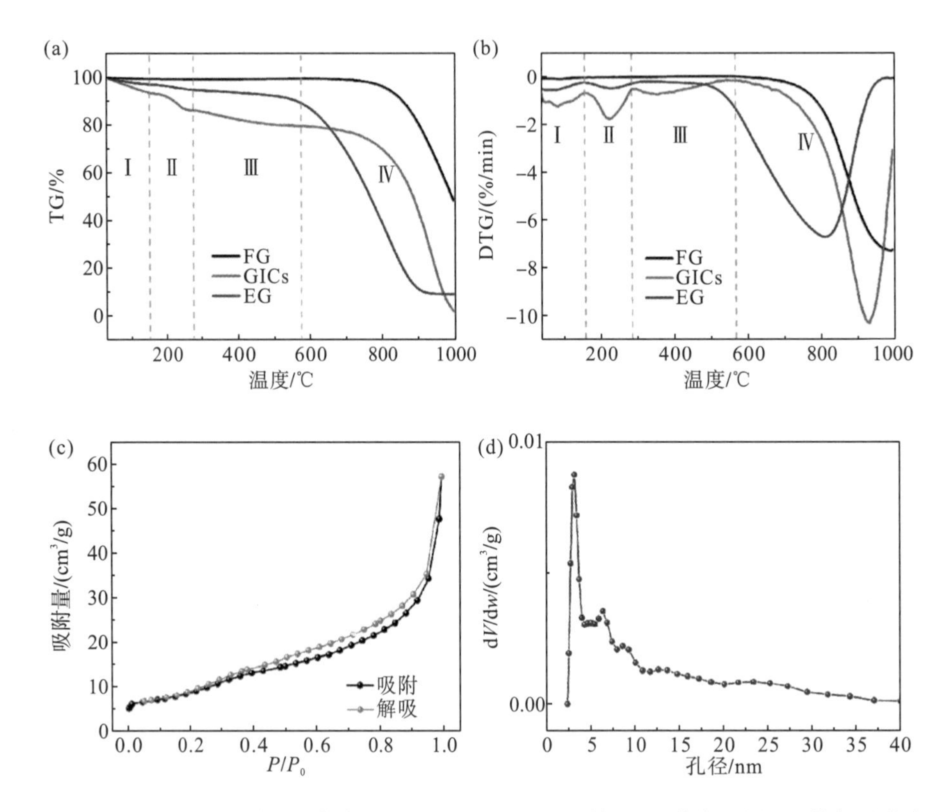

图 8-3 (a)FG、GICs 和 EG 的 TG 曲线，(b)FG、GICs 和 EG 的 DTG 曲线，(c)EG 的氮吸附/解吸等温线，(d)EG 的孔径分布

8.1.3 膨胀石墨的微观结构

利用 SEM 和 TEM 图像分析了 FG、GICs 和 EG 的微观结构，如图 8-4 所示。图 8-4(a)和图 8-4(b)显示了 FG 表面光滑，石墨片层之间排列整齐且紧密，无明显孔隙结构。由图 8-4(d)和图 8-4(e)可以看出，在微波辅助及氧化剂作用下，经插层处理后的 GICs 片层间距明显变大，呈手风琴状，具有较大缝隙。片层结构有利于插层剂的渗入，在经过后期微波快速辐照后，层间物迅速分解，石墨片层高效膨胀，形成蠕虫状多孔蓬松结构的 EG，如图 8-4(g)和图 8-4(h)所示。EG 具有十分丰富的微孔结构，这些孔结构具有四级结构：一级孔呈 V 形开放孔，尺寸在几十至几百微米；二级孔呈柳叶形，尺寸在几至几十微米；三级孔结构是一些较小的孔，位于二级孔的垂直面上，尺寸在 0.1μm 至几微米；四级孔尺寸属

于纳米级别。结果表明，采用微波辐照后成功制备了具有多级孔隙相互交织的膨胀石墨。此外，通过透射电镜分析 FG 的(100)晶面在膨胀过程中的晶面间距变化，如图 8-4(c)、图 8-4(f)和图 8-4(i)所示。FG、GICs 和 EG 的 d_{100} 分别为 0.2121nm、0.2125nm 和 0.2123nm，晶面间距数值没有发生明显变化，表明微波辐照对反应过程石墨的结晶行为没有显著影响。

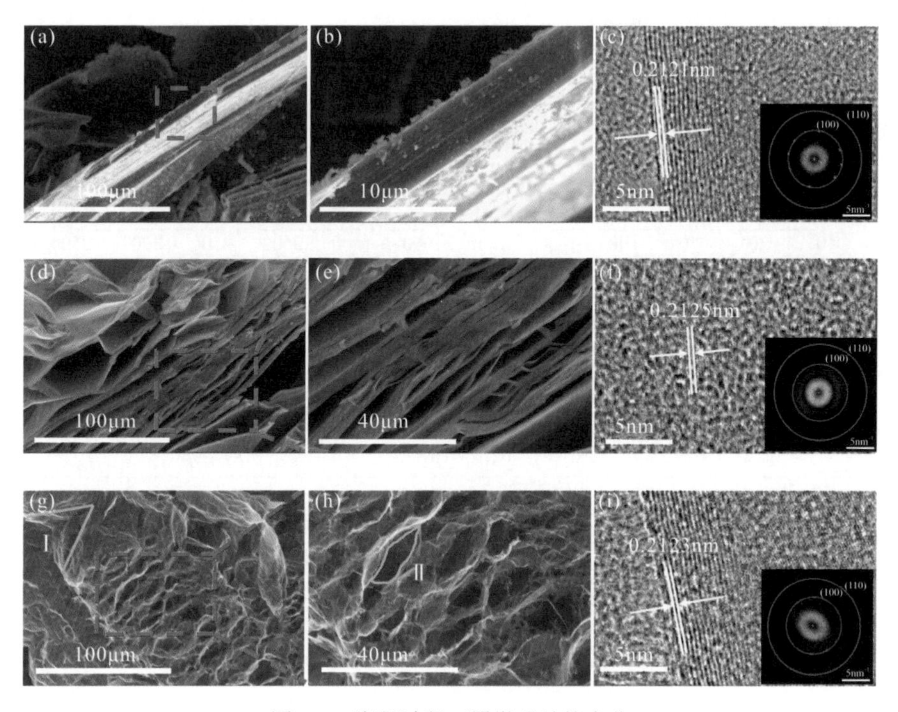

图 8-4 膨胀过程石墨微观结构变化

(a～c) FG，(d～f) GICs，(g～i) EG

图 8-5(a)显示了 FG、GICs 和 EG 样品的 XRD 变化。根据布拉格方程、谢乐(Scherrer)公式及梅林-梅尔(Mering-Maire)公式计算分别得出在膨胀过程中(002)晶面的晶面间距 d_{002}，(002)晶面的微晶尺寸 $L_{c(002)}$ 和石墨化度 G 数值的变化，如表 8-1 所示。与 FG 相比，GICs 的(002)衍射峰强度明显变弱，衍射峰半峰宽变宽，并向小角度方向偏移，这是由于石墨微晶被部分氧化，边缘和层间接枝了一些含氧基团，插层剂插入 FG 片层，导致层间距变大，GICs 的(002)晶面原子结晶有序度降低。GICs 的衍生峰经微波辐照膨化后消失，26.6°峰的强度增加，d_{002} 减小，这是由于微波辐照引起分子剧烈运动，层间插层化合物分解和水分子汽化逸出，部分石墨结构被破坏，剩余未被氧化的石墨微晶仍保留原有的石墨结构，因而 EG 的特征衍射峰与 FG 基本一致。L_c 为 c 轴方向的平面堆积厚度，通过氧化插层，石墨层间剥离，L_c 降低。而通过微波辐射膨胀后，L_c 值升高。由 Mering-Maire 公式可知，G 值先下降后上升，EG 的石墨化程度较高。

采用拉曼光谱分析反应过程石墨的结构变化，如图 8-5(b)所示。FG 与 GICs 样品在 1360cm^{-1} 处出现了弱 D 峰，与其无序性及边缘缺陷有关。EG 的 D 峰在光谱中很难观察到，表明 EG 的结构完整有序，结晶度较高。D 峰与 G 峰的相对强度之比(I_D/I_G)可用于表征结构无序的程度。FG、GICs 和 EG 的 I_D/I_G 分别为 0.069、0.073 和 0.049，表明微波辅助氧化插层过程中石墨有序度降低，通过微波辐照膨胀后 EG 晶体结构有序度增加，结晶性较好。

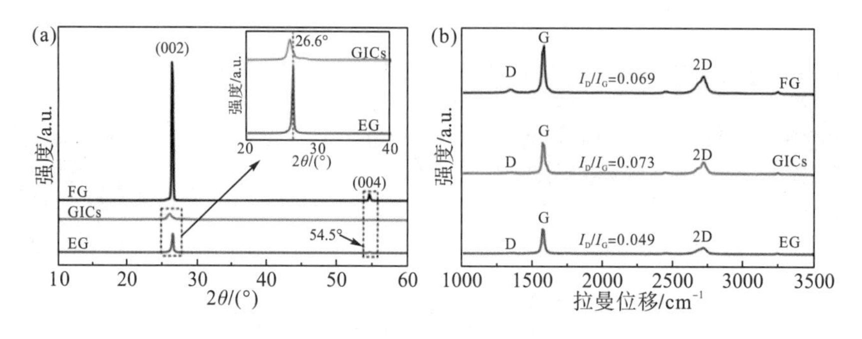

图 8-5 (a) XRD 图，(b) 拉曼谱图

表 8-1 FG、GICs 和 EG 的晶体学参数

样品	d_{002}/nm	(002) FWHM	$L_{c(002)}$/nm	G/%
FG	0.3379	0.29977	0.4750	70.93
GICs	0.3416	0.85332	0.1668	27.91
EG	0.3359	0.24121	0.5906	94.19

8.1.4 膨胀石墨的物化性能

选取 5 种不同 EV 值的 EG 样品进行了热性能测试。如表 8-2 所示，采用液压机在 5MPa 的压力下制备了厚度 0.8mm、直径 16.5mm 的柔性石墨箔纸。将 5 个样品放在同一平台，在室温下利用高斯激光热源加热，激光功率为 2.72W，激光功率密度为 1.263W/cm^2。采用红外热像仪观察柔性石墨箔纸的热性能，升温和降温过程中石墨箔纸表面的温度变化如图 8-6 (a) ～图 8-6 (d) 所示。从红外图像可以看出，加热 5s 后，EG-3 的表面温度为 83.7℃，加热性能高于其他样品。停止热源 2s 后，EG-3 的表面温度已经下降至 36.4℃，降温速率明显高于其他样品。加热和冷却过程都表明 EV 值较大的 EG 具有更好的热性能。

表 8-2 不同条件下制备的 5 种 EG 样品

样品	m_{FG}∶$m_{H_2SO_4}$∶$m_{K_2S_2O_8}$	微波辐射功率/W	EV/(mL/g)	厚度/mm
EG-1	1∶25∶1	800	333	0.8
EG-2	1∶45∶1	800	270	0.8
EG-3	1∶15∶1	800	455	0.8
EG-4	1∶15∶1	1000	425	0.8
EG-5	1∶15∶1	600	389	0.8

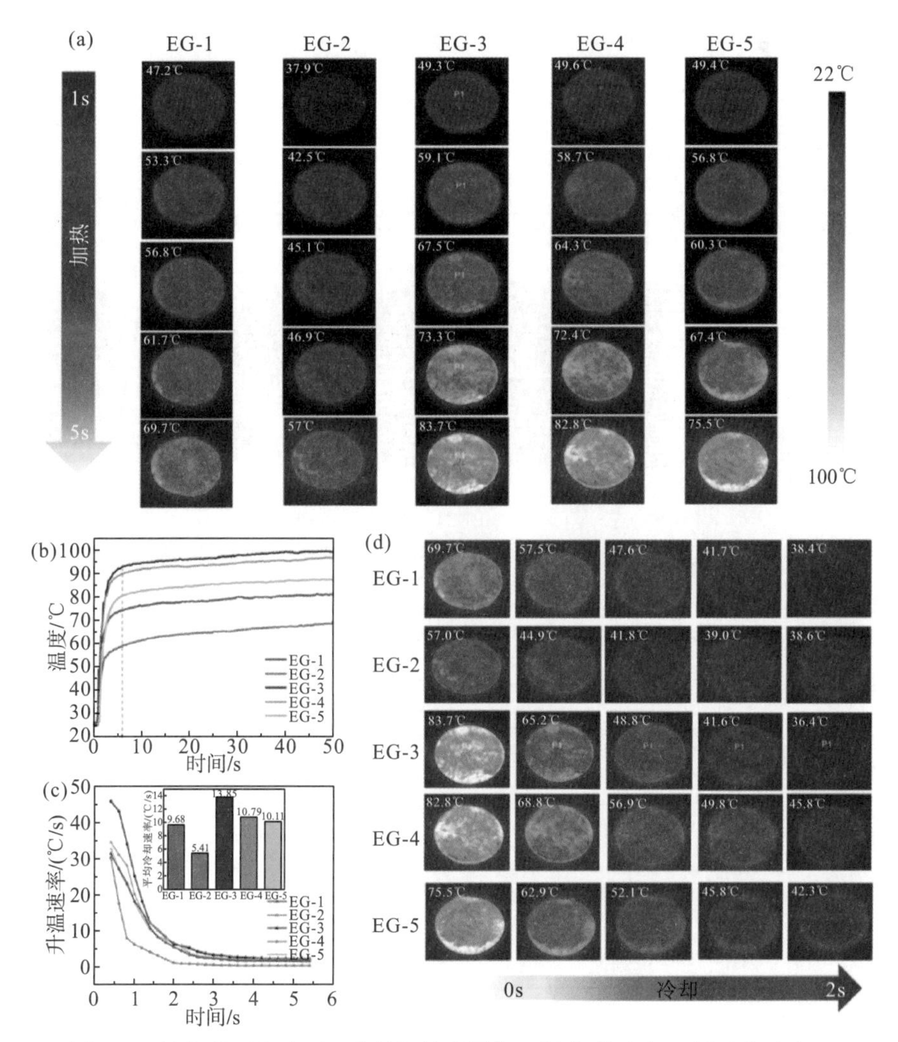

图 8-6　(a)加热过程表面温度的红外热图像，(b)加热速率，(c)冷却速率，(d)冷却过程表面温度的红外热图像

此外，利用四探针法测量了样品的电阻率并计算了电导率 K。从图 8-7(a)可以看出，电导率随体积膨胀的上升而降低，膨胀效果较好的 EG-3 导电能力较差，主要是由于一、二级孔隙率的增加，比表面积增大，石墨片层撕裂增加新的界面致使导电性能降低。

为了更好地了解 EG 的阻燃性能，我们进行了锥形量热法(cone calorimeter，CONE)测试。测试中的关键指标为点火时间(time to ignition，TTI)、放热速率(heat release rate，HRR)、总放热量(total heat release，THR)、总排烟量(total smoke release，TSR)和质量变化，结果如图 8-7(b)～图 8-7(g)和表 8-3 所示。从图和表中可以看出，EG 在整个试验过程中没有明火，表明在分解过程中产生的可燃气体浓度较低。THR 用于测量材料在燃烧过程中释放的总热量，在 1800s 后，EG 的总放热量只有 27.5MJ/m^2。同时，EG 产生的烟量小、稳定性好，燃烧反应后的剩余质量为原质量的 54.7%，主要是由氧化损失引起的。与其他研究相比，EG 具有较好的阻燃效果，可用于阻燃剂的生产。

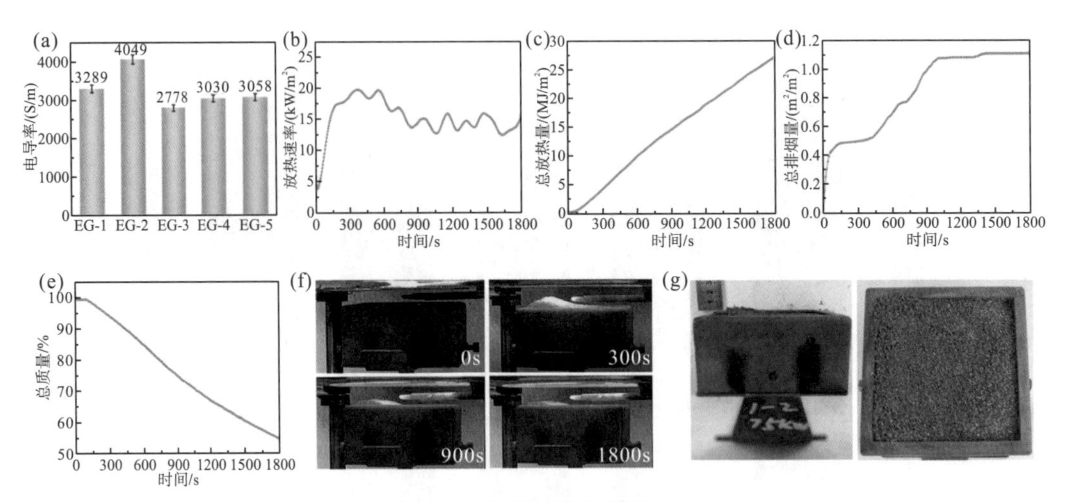

图 8-7　膨胀石墨性能测试

(a) 电导率，(b) HRR，(c) THR，(d) TSR，(e) 质量损失曲线，(f) 不同时间燃烧图，(g) 燃烧后残留物图

表 8-3　EG-3 的 CONE 数据

样品	总共实验时间/s	TTI/s	HRR/(kW/m²)	THR/(MJ/m²)	TSR/(m²/m²)	质量变化/%	文献
EPS-44%DG/EG	450	3	138.2	12.6	3.88	—	[5]
PCM5	350	38	430.36	81	—	20	[6]
S_{1500}	800	176	23.5	6.61	—	11.4	[7]
PE40C1	275	60	118.4	14.8	747.4	53.6	[8]
ZnS/GNS/EP	300	183	879	94.2	1145	—	[9]
EG-3	1800	无烟火	20	27.5	1.1	54.7	两步低温微波法

EG 在石油和化工工业中有着广泛的应用，针对膨胀石墨的吸附性能进行了分析，如图 8-8 (a) 和图 8-8 (b) 所示。EG-3 对泵油的最大吸附能力为 235g/g，对植物油的最大吸附能力为 86g/g。Sykam 等报道[10]微波法制备的 EG 对发动机油的吸附量为 102g/g，泵油为 94g/g，煤油为 87g/g。Pham 等报道[11]常规加热法制备的 EG 对柴油的吸附能力为 43.2g/g，微波法制备的 EG 对柴油的吸附能力为 74g/g。与报道相比，本课题组所制

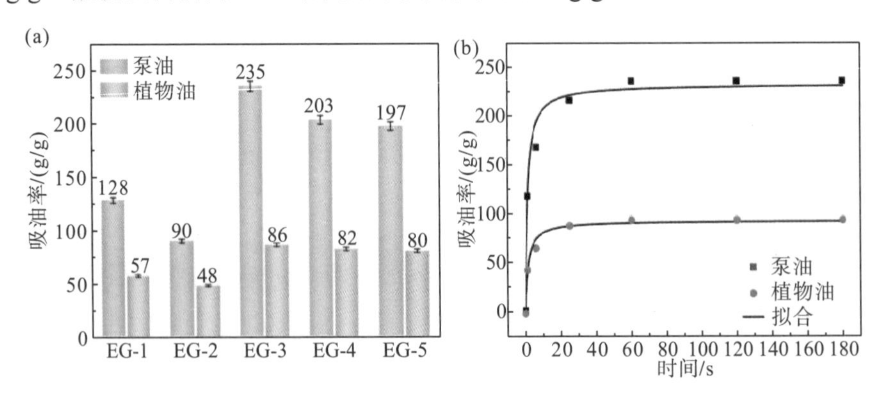

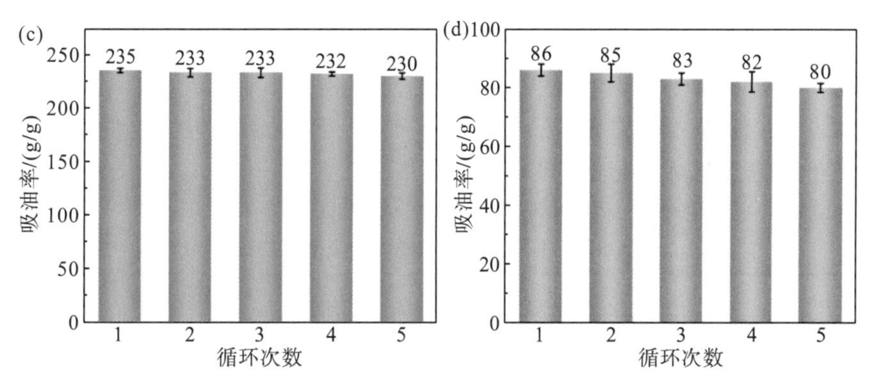

图 8-8　(a) EG-3 对泵油和植物油的吸附速率，(b) 泵油和植物油吸附动力学，(c) EG-3 对泵油的吸附可循环性，(d) EG-3 对植物油的吸附可循环性

备的 EG-3 具有良好的吸附性能。EG 的选择性吸附与膨胀孔隙的第三、第四级孔有关，孔隙体积越大，吸附效果越好，泵油比植物油黏性更强，因此 EG 的吸附量较大。EG 密度低、疏水性高，其成分稳定，且无毒无害，即使大量油被吸附成块，仍可漂浮在液体表面，便于回收。

从实验结果可以看出，EG-3 的吸附能力随着吸附时间的增加而增大，直到饱和。吸附动力学过程采用伪二阶吸附速率方程进行拟合：

$$\frac{1}{Q_m - Q_t} = \frac{1}{Q_m} + kt \tag{8-1}$$

式中，t 为吸附时间，s；Q_t 为 EG 在某一时间的吸附能力，g/g；Q_m 为吸附能力达到饱和时的值，g/g；k 为吸附常数，与 EG 的油黏度、表面张力和孔隙结构有关。

采用伪二阶吸附速率方程，得到了 R^2 为 0.98 的良好拟合。拟合结果列于表 8-4 中。泵油的吸附常数为 0.008s^{-1}，植物油的吸附常数为 0.003s^{-1}，由此表明泵油的吸附速率更快。

表 8-4　油类吸附模型的计算参数

油类	k/s^{-1}	R^2
泵油	0.008	0.98
植物油	0.003	0.98

利用加热和蒸发冷凝工艺来回收 EG 和油。将材料加热到泵油和植物油的沸点进行蒸发，并使用冷凝回收装置收集油。加热后，试管的剩余部分被回收。用再生 EG 吸附泵油和植物油，重复多次确定循环性能，如图 8-8(c) 和图 8-8(d) 所示。5 次重复后，EG 的吸附性能稳定，吸附能力没有明显降低。然而，EG 在回收过程中不可避免地会有一定质量的损失。因此，在不破坏 EG 微观结构的情况下回收 EG 和油，反映了重复使用后 EG 对油的良好吸附性能。

表 8-5 列出了微波法与其他相关工艺报道的 EG 制备方法在温度、时间和 EV 方面的

比较。结果表明，采用微波辅助插层及辐照膨胀制备的 EG 具有插层时间短、不含重金属、膨胀效果好、节能高效等优点。特别是 $K_2S_2O_8$ 与 H_2SO_4 协同渗透石墨片层内部，在膨胀过程中分解，从而提高 EG 的 EV。同时，$K_2S_2O_8$ 作为氧化剂可以有效避免氧化插层过程中对石墨结构的过度破坏，确保 EG 结晶的完整性。

表 8-5 不同工艺制备的 EG 及工艺对比

制备工艺	试剂	插层工艺	膨胀工艺	EV/(mL/g)	文献
一步室温法	$(NH_4)_2S_2O_8$，H_2SO_4	室温，12h	/	225	[12]
气相处理法	NO_2(g)	55℃，48h	1000℃	240	[13]
家用微波炉法	$HClO_4$	室温，10s	800W，50～60s	524	[14]
两步插层及水浴法	H_2O_2，$HClO_4$，$KMnO_4$，HAc	7h	300℃，1h	320	[15]
化学插层法	$KMnO_4$，NH_4NO_3，HCl	30℃，10min	900℃，300s	480	[16]
水浴法	H_2SO_4，$K_2S_2O_8$	80℃，300s	/	150	[17]
常温化学插层法	HNO_3，$C_3H_6O_2$，CH_3COOH	室温，20min	900℃，120s	378	[18]
加压氧化微波法	$KMnO_4$，H_2SO_4	75℃，30min	700W，10s	9.73	[19]
水浴化学插层法	$KMnO_4$，H_2SO_4	2h	950℃，8s	>400	[20]
化学插层法	$HClO_4$，HNO_3，H_3PO_4，$KMnO_4$，CTAB，KBr	4h	800W，20s	390	[21]
化学插层及臭氧水浴法	H_2SO_4，HNO_3	1.5h	臭氧热液，1h	149	[22]
室温化学膨胀法	$KMnO_4$，H_2SO_4，H_2O_2	室温，25.5h	/	250	[23]
两步低温微波法	$K_2S_2O_8$，H_2SO_4	50℃，300s	800W，40s	455	—

8.1.5 膨胀机制分析

石墨的碳原子层通过范德瓦耳斯力相互结合，而碳原子层很容易被插入。在制备 GICs 的反应过程中，通过微波辅助溶剂热法，促使 FG 边缘的碳原子被 $K_2S_2O_8$ 氧化[24]，边缘失去电子，形成带有正电荷的 FG 片层，碳原子具有共轭结构，正电荷转移到石墨片层间，片层间由于静电斥力相互排斥，导致层间距增大。由于 $K_2S_2O_8$ 的化学不稳定性，O—O 键断裂分解，O_2 释放，石墨层之间的压力增大，导致 GICs 膨胀[25]。随后，H_2SO_4 通过静电吸附进入 FG 片层形成层间化合物。此外，去离子水在洗涤过程中也会进入石墨片层，在微波辐射过程中迅速蒸发，进一步增强了 GICs 的膨胀[26]。当 GICs 在微波辐射下迅速上升到高温时，石墨层间含硫化合物和吸附水迅速分解汽化，释放水蒸气、CO_2、SO_2，产生较大膨胀力[27]，导致石墨原子层沿 c 轴方向拉伸，部分区域范德瓦耳斯键被破坏，碳原子层撕裂，形成蓬松多孔的 EG，如图 8-9 所示。

通过微波辅助溶剂热法氧化插层和微波辐照 FG，快速制备具有丰富孔隙结构的蠕虫状 EG。制备的 EG 结构损伤较小，石墨化程度高。使用 EG 制备的柔性石墨箔纸具有优良的导电性和热性能(表面温度从 19℃上升到 83.7℃只需要 5s)，此外，EG 具有高效的吸附性和优异的阻燃性能。该制备方法具有成本低、高效、节能、易于批量制备等优点，在石油吸附和阻燃方面具有潜在的应用前景。

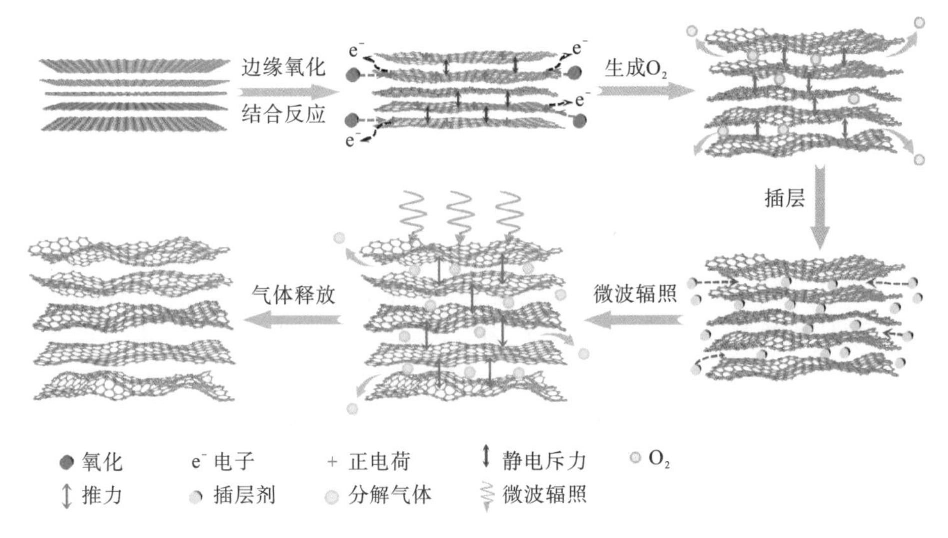

图 8-9　微波快速低温制备膨胀石墨机制

8.1.6　膨胀石墨制备石墨烯

以制备的膨胀石墨为原料，通过乙醇胺和 *N*, *N*-二甲基甲酰胺混合溶剂进一步插层分散剥离，再通过超声剪切处理促使石墨烯完全剥离，得到氧化程度低、结晶性能好的石墨烯产品(图 8-10)。

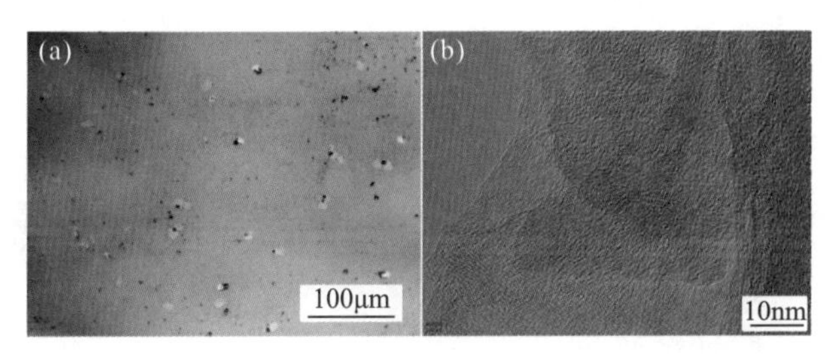

图 8-10　(a)制备的石墨烯，(b)石墨烯的透射图像

8.1.7　微波膨胀技术应用

针对生物质资源综合利用，利用微波快速内部加热技术优势，开发生物质膨化技术及装备，建立生物质颗粒(烟梗等)微波膨化生产线(图 8-11)，在二次资源高效利用的基础上，生产高附加值产品，提高生产效率，降低能耗及碳排放。

图 8-11　微波膨化生产线

8.2 微波溶剂热法制备膨胀石墨吸波材料

电子设备和无线通信技术的快速发展给人们的生活带来了极大的便利，但同时也产生了不可忽视的电磁辐射污染，如严重干扰周围电子元件的正常运行，降低信息安全和通信质量，危害人类健康等。开发先进的电磁波(electromagnetic wave，EMW)吸收材料是解决该问题的有效方法之一，这些材料通常表现出质量轻、吸收强、厚度小、频带宽等特点[28-32]。碳材料由于其低密度、丰富的官能团和可调节的电学性能，如膨胀石墨(EG)、石墨烯(GR)和碳纳米管(CNTs)[33-35]等，在EMW吸收方面具有较好的应用前景。

8.2.1 $CuCo_2S_4$@EG 复合材料的制备

采用微波溶剂热法制备 $CuCo_2S_4$@EG 异质结构，如图 8-12 所示。根据不同 Co/Cu 物质的量之比(2∶1，4∶1，6∶1，8∶1)，将一定量的 $CuSO_4·5H_2O$(0.3mmol)和 $CoCl_2·6H_2O$ 通过超声波搅拌完全溶解在 30mL 的乙二醇中。然后将一定量的硫脲(S∶Co=1∶1，物质的量之比)和 6g 十六烷甲基三甲基溴化铵(CTAB)溶解在混合溶液中，再加入 0.5g 的膨胀石墨，搅拌 5min。通过微波溶剂热法在特氟龙内衬反应釜中于 180℃下反应 60min，冷却后进行清洗和干燥处理，得到三维花状 $CuCo_2S_4$@EG 异质结构。

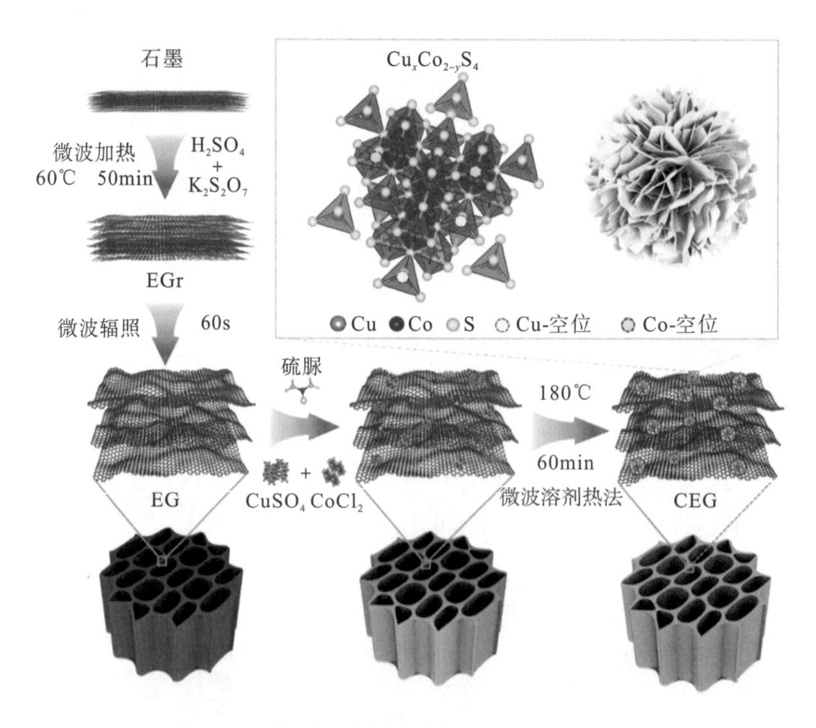

图 8-12 微波溶剂热法制备 $CuCo_2S_4$@EG 工艺

8.2.2　$CuCo_2S_4$@EG 复合材料的微观形貌及结构

通过扫描电镜观察 $CuCo_2S_4$@EG 复合材料的微观形貌，如图 8-13 所示。在 EG 表面形成了一个具有花状结构特征的 $CuCo_2S_4$，这种独特的三维花状结构有利于复合材料阻抗的良好匹配和电磁波的有效衰减。在此基础上，通过调节 Co 与 Cu 的原子数之比(2∶1，4∶1，6∶1 和 8∶1)，制备出具有不同花状形态的异质结构 $CuCo_2S_4$@EG，标记为 CEG-X(X=2，4，6，8)。在 Co/Cu 原子数之比为 2∶1 时，$CuCo_2S_4$ 呈现片状花瓣结构，如图 8-13(b)所示。随着 Co 原子数的增加，$CuCo_2S_4$ 的片层结构变得不明显，花瓣状结构发生显著变化。随着花瓣数量的逐渐增加，典型的花瓣状结构转变为花絮状结构，如图 8-13(c)和图 8-13(d)所示。

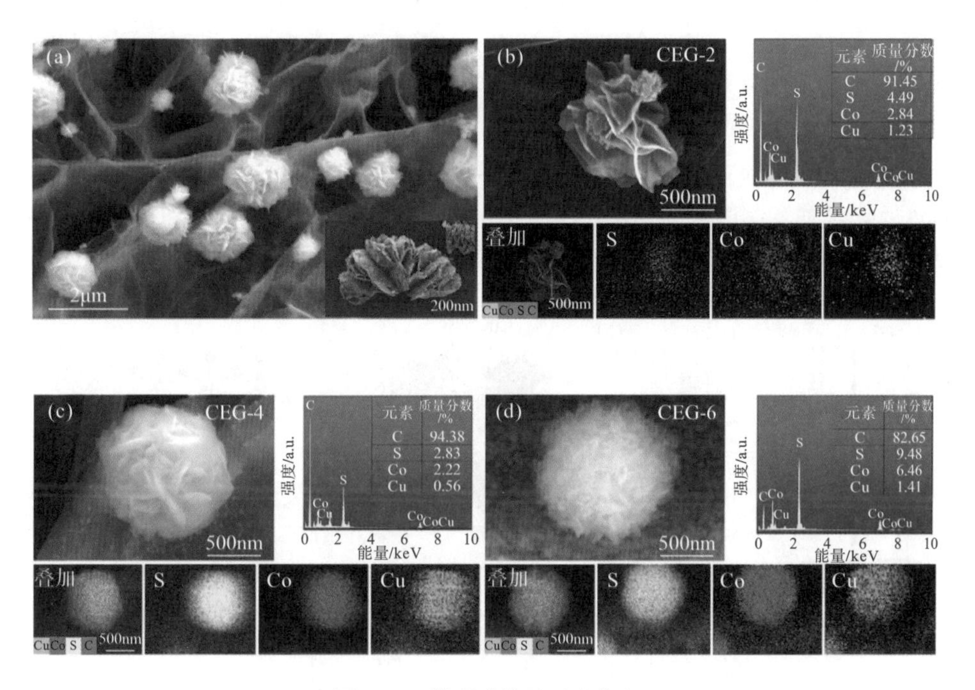

图 8-13　微观形貌及元素分布

(a) $CuCo_2S_4$@EG，(b) CEG-2，(c) CEG-4，(d) CEG-6，图中数据均有修约

CEG 复合材料的比表面积和孔径分布如图 8-14(a)～图 8-14(c)所示。在 CEG 复合材料中观察到微-中-大孔隙。EG 的比表面积和孔隙体积分别为 $34.817m^2·g^{-1}$ 和 $0.17cm^3·g^{-1}$。随着 $CuCo_2S_4$ 的引入，CEG-2 复合材料的比表面积和孔隙体积分别降低到 $1.0m^2·g^{-1}$ 和 $0.02cm^3·g^{-1}$。由于复合材料花瓣状结构的形成，Co/Cu 原子数之比的增加提高了比表面积和孔隙体积。CEG-6 的比表面积和孔隙体积分别为 $13.691m^2·g^{-1}$ 和 $0.03cm^3·g^{-1}$。复合材料的多级孔隙结构有利于提高阻抗匹配。

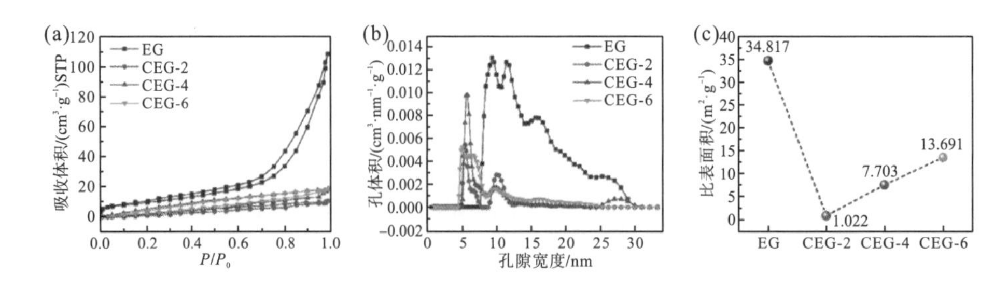

图 8-14 (a) N_2 吸附-解吸等温线，(b) 气孔分布，(c) 比表面积

通过 XRD 分析样品的物相组成，结果如图 8-15(a) 和图 8-15(b) 所示。不同 Co/Cu 原子比的样品，如 CEG-2、CEG-4 和 CEG-6 都显示出相似的峰位，均为 $CuCo_2S_4$ 相 (JCPDSNo.42-1450)。为了进一步明确 CEG 异质结构的具体物相和晶体学信息，对 XRD 图中的晶体结构和相含量进行分析，结果表明，所有样品中的 $CuCo_2S_4$ 相均呈现尖晶石结构 (Fd-3m)，随着 Co 原子浓度的提高，$CuCo_2S_4$ 相含量逐渐提高。同时，利用 XPS 分析 CEG 异质结构表面的分子结构和化学状态，结果如图 8-15(c) 所示。在 0～1200eV 的范围内，可以观察到 S、C、O、Co、Cu 的特征峰。在 S 2p 的 XPS 谱图中[图 8-15(d)]，观察到两个显著的峰(161.8eV 和 163.1eV)，在 164.1eV 处出现的峰是典型的金属硫键。然而，随着 Co/Cu 原子数之比的升高，$S2p_{3/2}$ 对应的峰向较低的结合能区域移动(≈0.3eV)，由此表明电子从 Co 和 Cu 位点转移到 S 位点，产生了强电子相互作用。

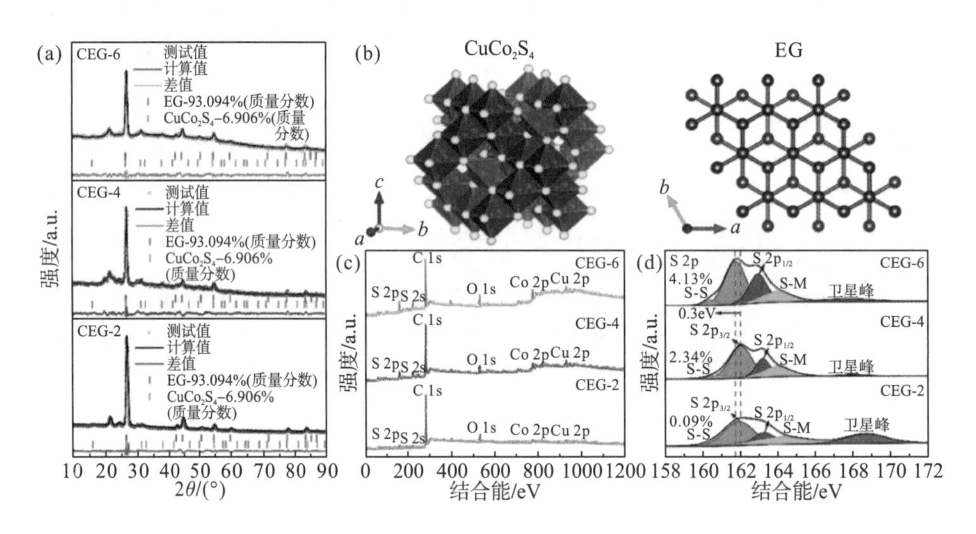

图 8-15 (a) XRD 图，(b) 晶体结构，(c) XPS 总谱，(d) S 2p 峰

3D 花状 $CuCo_2S_4$ 相的引入并没有引起 EG 导电网络表面碳、氧官能团的变化[图 8-16(a) 和图 8-16(b)]。在 284.8eV、285.1eV 和 286.6eV 处的峰分别归属于 C—C、C—O 和 C═O。在 931.9eV 和 951.6eV 处的两个显著的主峰[图 8-16(c)]分别对应于 Cu $2p_{3/2}$ 和 Cu $2p_{1/2}$ 的自旋轨道分裂，表明在+1 和+2 的混合价态中存在 Cu 离子。但随着 Co/Cu 原子数之比的增加，Cu $2p_{3/2}$ 对应的峰向更高的结合能区域移动(≈0.21eV)。此外，在 Co 2p 的高分辨

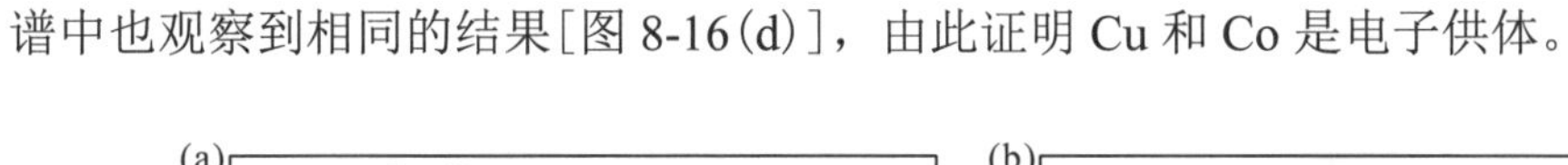

谱中也观察到相同的结果[图 8-16(d)]，由此证明 Cu 和 Co 是电子供体。

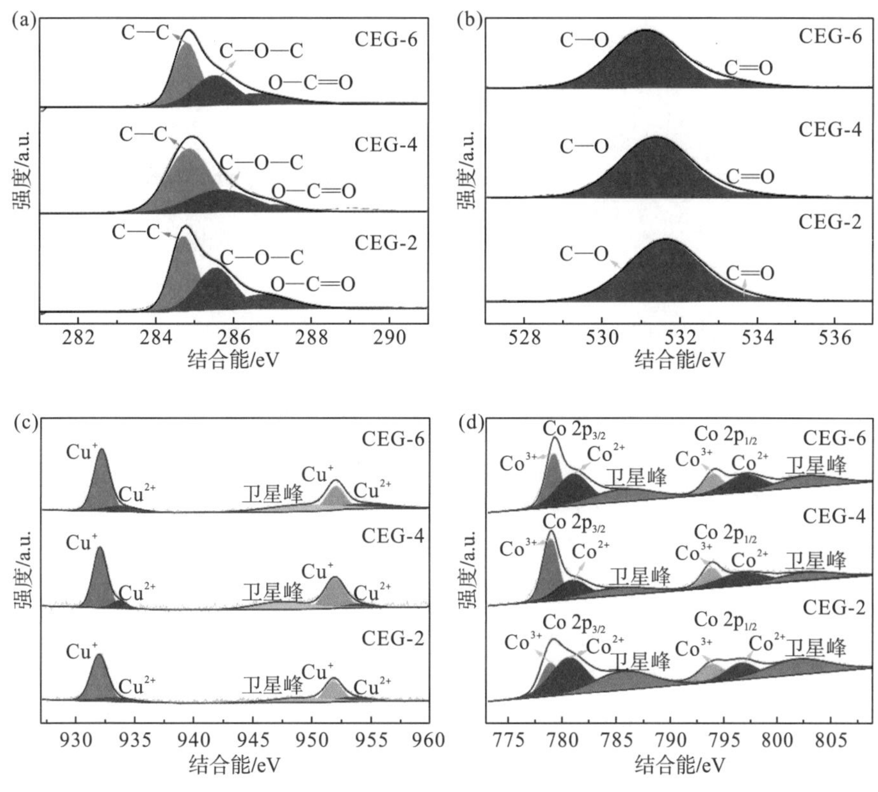

图 8-16 样品的 XPS 图

(a) C 1s 峰，(b) O 1s 峰，(c) Cu 2p 峰，(d) Co 2p 峰

8.2.3 $CuCo_2S_4$@EG 复合材料的吸波性能

采用矢量网络分析仪(vector network analyzer，VNA)在 1～18GHz 的频率范围内测量了填充质量分数为 7.0%的 $CuCo_2S_4$@EG 复合材料的电磁参数，如图 8-17(a)～图 8-17(d)所示。EG 显示出较高的介电常数[图 8-17(c)～图 8-17(d)]。在引入类似花状的 $CuCo_2S_4$ 后，介电常数显著降低。

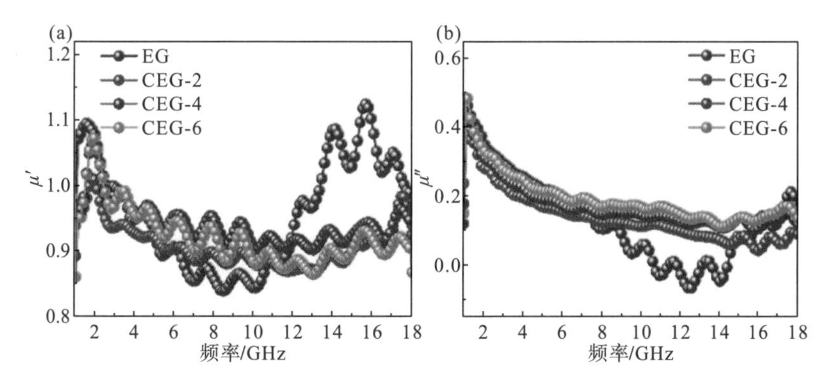

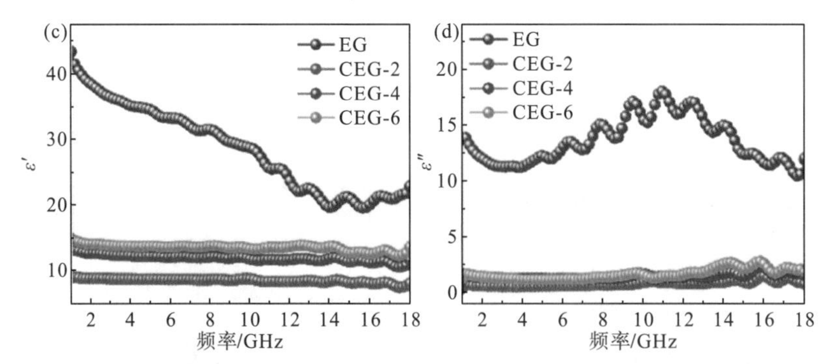

图 8-17 (a)复磁导率实部，(b)复磁导率虚部，(c)复介电常数实部，(d)复介电常数虚部

为了分析 CEG 的介电损耗机理，根据德拜(Debye)理论和公式(8-2)，计算科尔-科尔(Cole-Cole)曲线：

$$\left(\varepsilon' - \frac{\varepsilon_s + \varepsilon_\infty}{2}\right)^2 + \left(\varepsilon''\right)^2 = \left(\frac{\varepsilon_s - \varepsilon_\infty}{2}\right)^2 \tag{8-2}$$

式中，ε' 是介电常数；ε'' 是介电损耗因子；ε_s 是静态介电常数；ε_∞ 是无限频介电常数。

如图 8-18 所示，EG 的科尔-科尔曲线有长直线和 9 个小半圆。EG 的网格骨架具有良好的导电性，有利于产生传导损耗。EG 中的晶格缺陷有利于在电磁波的作用下触发偶极子极化，从而导致极化损耗。与 EG 相比，CEG 中呈畸变形状的半圆数增加，表现出多极化机制。这可能是因为 CEG 中的非均匀界面极大地阻碍了电荷流动，导致界面上的电子分布不均匀，促进了界面的极化。此外，$CuCo_2S_4$ 组分中的阳离子缺陷有利于偶极子极化。随着 Co/Cu 原子数之比的升高，CEG 中的阳离子空位浓度得到提高，进一步促进了极化损失。

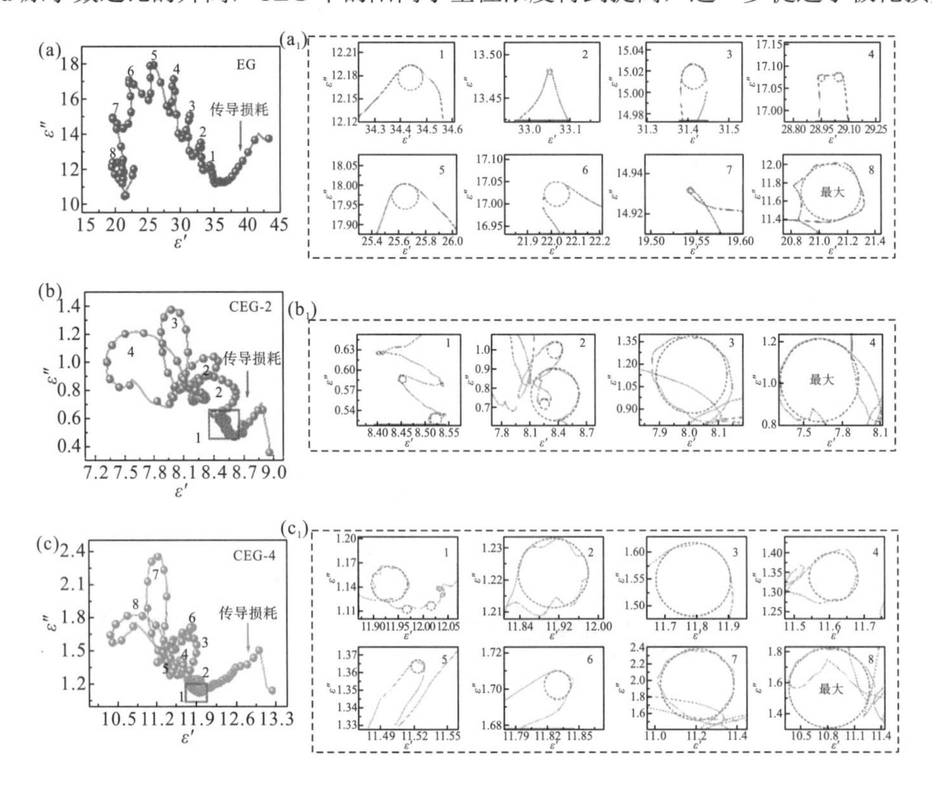

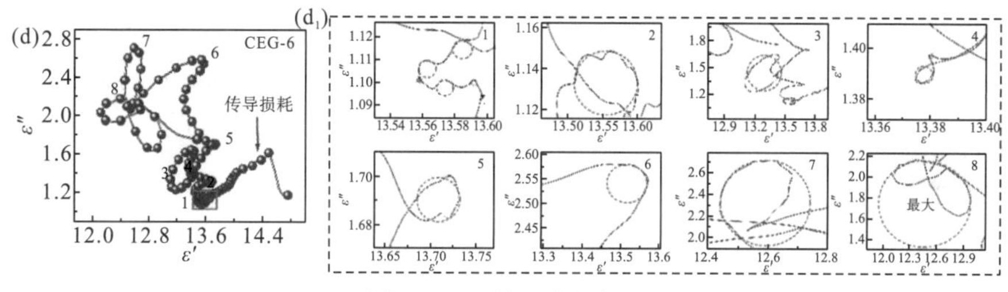

图 8-18　科尔-科尔曲线

（a，a_1）EG，（b，b_1）CEG-2，（c，c_1）CEG-4，（d，d_1）CEG-6

基于传输线理论对 CEG 样品的 EMW 吸收特性进行了评价。最佳吸收材料应能够使 90%以上的入射电磁波衰减，其反射损耗(return loss，RL)值低于−10dB，相应的频率范围视为有效吸收带宽(effective absorption bandwidth，EAB)。CEG-6 样品表现出最强的 EMW 吸收能力，具有超低的填料负载(质量分数 7.0%)，如图 8-19(a_1)～图 8-19(d_1)所示。CGE-6 在 Ku 波段的 RL_{min} 和 EAB 值分别为−72.28dB 和 4.14GHz，而厚度仅为 1.4mm。然而，当 CEG-4 样品的厚度为 1.4mm 时，复合材料在 Ku 波段的 RL_{min} 和 EAB 值分别为−19.29dB 和 3.12GHz。此外，EG 具有较差的 EMW 吸收特性，其最小反射损耗仅为−7.07dB。

通常情况下，只有当阻抗匹配(Z)和衰减常数(α)最佳时，有效的 EMW 吸收性能最好。对于阻抗匹配，通常选择归一化输入阻抗的模量($|Z_{in}/Z_0|$)来表征阻抗匹配条件，这可以用方程(8-3)来表示。

$$Z=\left|\frac{Z_{in}}{Z_0}\right|=\sqrt{\frac{\mu_r}{\varepsilon_r}}\tan h\left[\mathrm{j}\left(\frac{2\pi fd}{c}\right)\sqrt{\mu_r\varepsilon_r}\right] \tag{8-3}$$

式中，Z_{in} 是输入的特征阻抗；Z_0 是自由空间阻抗；d 是材料厚度；c 是真空中光速；f 是电磁波频率，μ_r 是复磁导率；ε_r 是复介电常数；j 是虚数单位，tan$h$ 是双曲正切函数。

一般来说，当 Z=0.8～1.2 时，阻抗匹配性能较理想，如图 8-19(a_2)～图 8-19(d_2)所示。图 8-19(a_3)～图 8-19(d_3)给出了样品的阻抗值 Z。EG 电导率高导致其阻抗匹配较差。在 EG 表面原位生长纳米花状 $CuCo_2S_4$ 形成了大量的非均相界面，降低了样品的电导率，提高了导电性能。而 CEG-2 和 CEG-4 的阻抗均高于 1.2，表明阻抗匹配不佳。当 Co/Cu 原子数之比为 6∶1 时，CEG 中阳离子空位浓度提高，传导损耗和极化损耗增大，复合材料表现出最佳的阻抗匹配。

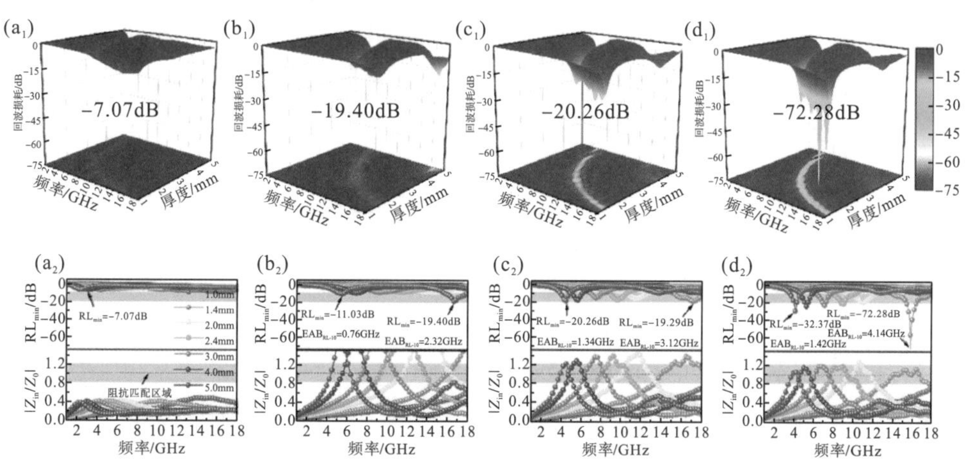

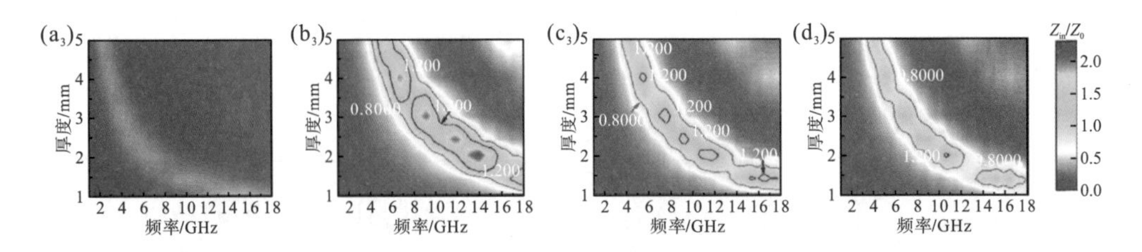

图 8-19 样品的反射损耗和阻抗匹配

(a_1～a_3) EG，(b_1～b_3) CEG-2，(c_1～c_3) CEG-4，(d_1～d_3) CEG-6

8.2.4 $CuCo_2S_4$@EG 复合材料的热性能

$CuCo_2S_4$@EG 复合材料继承了 EG 优异的导热性，如图 8-20(a)所示。为了评价 $CuCo_2S_4$@EG 异质结构的散热能力和环境适应性，采用红外热成像仪对 CEG-6 样品在 2.45GHz 微波功率下的散热能力进行了分析。在 2.45GHz 和 300W 下，复合材料的温度在 5s 内从室温上升到 199.7℃。然后，随着微波源的关闭，温度在 10s 内从 199.7℃同步下降到 35.8℃[图 8-20(b)和图 8-20(c)]。结果表明，CEG-6 复合材料具有较好的微波能吸收转化及散热能力。

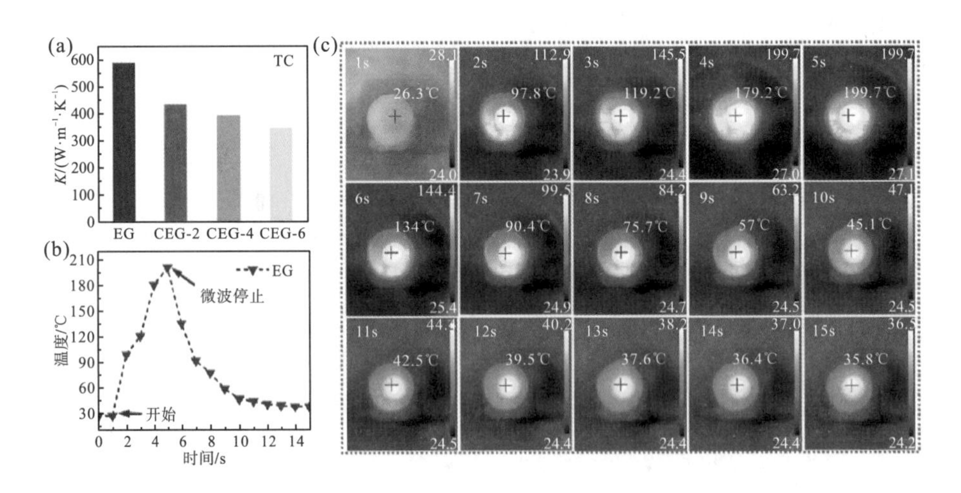

图 8-20 微波加热及散热性能分析

(a)复合材料热导率，(b) CEG-6 的加热和冷却曲线，(c)加热和冷却过程红外热像图

参 考 文 献

[1] Chung D D L. A review of exfoliated graphite[J]. Journal of Materials Science, 2016, 51: 554-568.

[2] Celzard A, Marêché J F, Furdin G. Modelling of exfoliated graphite[J]. Progress in Materials Science, 2005, 50(1): 93-179.

[3] Li L, Zhang W Z, Pan W J, et al. Application of expanded graphite-based materials for rechargeable batteries beyond lithium-ions[J]. Nanoscale, 2021, 13(46): 19291-19305.

[4] Zhang D, Tan C, Zhang W Z, et al. Expanded graphite-based materials for supercapacitors: a review[J]. Molecules, 2022, 27(3): 716.

[5] Zhao W, Zhao H B, Cheng J B, et al. A green, durable and effective flame-retardant coating for expandable polystyrene foams[J]. Chemical Engineering Journal, 2022, 440: 135807.

[6] Zhang P, Hu Y, Song L, et al. Effect of expanded graphite on properties of high-density polyethylene/paraffin composite with intumescent flame retardant as a shape-stabilized phase change material[J]. Solar Energy Materials and Solar Cells, 2010, 94(2): 360-365.

[7] Wang Y C, Tang G F, Zhao J P, et al. Effect of flaky graphite with different particle sizes on flame resistance of intumescent flame retardant coating[J]. Results in Materials, 2020, 5: 100061.

[8] Lee S, Kim H M, Seong D G, et al. Synergistic improvement of flame retardant properties of expandable graphite and multi-walled carbon nanotube reinforced intumescent polyketone nanocomposites[J]. Carbon, 2019, 143: 650-659.

[9] Jiang S D, Bai Z M, Tang G, et al. Synthesis of ZnS decorated graphene sheets for reducing fire hazards of epoxy composites[J]. Industrial & Engineering Chemistry Research, 2014, 53(16): 6708-6717.

[10] Sykam N, Kar K K. Rapid synthesis of exfoliated graphite by microwave irradiation and oil sorption studies[J]. Materials Letters, 2014, 117: 150-152.

[11] Pham T V, Nguyen T T, Nguyen D T, et al. The preparation and characterization of expanded graphite via microwave irradiation and conventional heating for the purification of oil contaminated water[J]. Journal of Nanoscience and Nanotechnology, 2019, 19(2): 1122-1125.

[12] Liu T, Zhang R J, Zhang X S, et al. One-step room-temperature preparation of expanded graphite[J]. Carbon, 2017, 119: 544-547.

[13] Lv X M, Wang X J, Huang Z Y, et al. Preparation of exfoliated graphite intercalated with nitrogen dioxide by direct gas-phase processing[J]. Materials Letters, 2014, 136: 48-51.

[14] Sykam N, Jayram N D, Rao G M. Highly efficient removal of toxic organic dyes, chemical solvents and oils by mesoporous exfoliated graphite: synthesis and mechanism[J]. Journal of Water Process Engineering, 2018, 25: 128-137.

[15] Dai C L, Gu C L, Liu B C, et al. Preparation of low-temperature expandable graphite as a novel steam plugging agent in heavy oil reservoirs[J]. Journal of Molecular Liquids, 2019, 293: 111535.

[16] Peng T F, Liu B, Gao X C, et al. Preparation, quantitative surface analysis, intercalation characteristics and industrial implications of low temperature expandable graphite[J]. Applied Surface Science, 2018, 444: 800-810.

[17] Hou B, Sun H J, Peng T J, et al. Rapid preparation of expanded graphite at low temperature[J]. New Carbon Materials, 2020, 35(3): 262-268.

[18] Berestneva Y V, Raksha E V, Voitash A A, et al. Thermally expanded graphite from graphite nitrate cointercalated with ethyl formate and acetic acid: morphology and physicochemical properties[J]. Journal of Physics: Conference Series, 2020, 1658(1): 012004.

[19] Ma C L, Hu Z H, Song N J, et al. Constructing mild expanded graphite microspheres by pressurized oxidation combined microwave treatment for enhanced lithium storage[J]. Rare Metals, 2021, 40(4): 837-847.

[20] Li J H, Hou S Y, Su J R, et al. Beneficiation of ultra-large flake graphite and the preparation of flexible graphite sheets from it[J]. New Carbon Materials, 2019, 34(2): 205-210.

[21] Xu C B, Wang H L, Yang W J, et al. Expanded graphite modified by CTAB-KBr/H_3PO_4 for highly efficient adsorption of dyes[J]. Journal of Polymers and the Environment, 2018, 26(3): 1206-1217.

[22] Shen M Y, Chen W J, Tsai K C, et al. Preparation of expandable graphite and its flame retardant properties in HDPE composites[J]. Polymer Composites, 2017, 38(11): 2378-2386.

[23] Ardestani M M, Mahpishanian S, Rad B F, et al. Preparation and characterization of room-temperature chemically expanded graphite: application for cationic dye removal[J]. Korean Journal of Chemical Engineering, 2022, 39(6): 1496-1506.

[24] Peng T F, Liu B, Gao X C, et al. Preparation, quantitative surface analysis, intercalation characteristics and industrial implications of low temperature expandable graphite[J]. Applied Surface Science, 2018, 444: 800-810.

[25] Hou B, Sun H J, Peng T J, et al. Rapid preparation of expanded graphite at low temperature[J]. New Carbon Materials, 2020, 35(3): 262-268.

[26] Ardestani M M, Mahpishanian S, Rad B F, et al. Preparation and characterization of room-temperature chemically expanded graphite: Application for cationic dye removal[J]. Korean Journal of Chemical Engineering, 2022, 39(6): 1496-1506.

[27] Carotenuto G, Longo A, Nicolais L, et al. Laser-induced thermal expansion of H_2SO_4-intercalated graphite lattice[J]. The Journal of Physical Chemistry C, 2015, 119(28): 15942-15947.

[28] 邢丽英, 等. 高性能微波辐射调控复合材料技术[M]. 北京: 科学出版社, 2020.

[29] Wang G H, Ong S J H, Zhao Y, et al. Integrated multifunctional macrostructures for electromagnetic wave absorption and shielding[J]. Journal of Materials Chemistry A, 2020, 8(46): 24368-24387.

[30] Wang X X, Cao W Q, Cao M S, et al. Assembling nano-microarchitecture for electromagnetic absorbers and smart devices[J]. Advanced Materials, 2020, 32(36): 2002112.

[31] Huang Y J, Luo J, Pu M B, et al. Catenary electromagnetics for ultra-broadband lightweight absorbers and large-scale flat antennas[J]. Advanced Science, 2019, 6(7): 1801691.

[32] Shu R W, Li X H, Ge C Q, et al. Synthesis of FeCoNi/C decorated graphene composites derived from trimetallic metal-organic framework as ultrathin and high-performance electromagnetic wave absorbers[J]. Journal of Colloid and Interface Science, 2023, 630(Pt A): 754-762.

[33] Zhang X, Liu Z C, Deng B W, et al. Honeycomb-like $NiCo_2O_4$@MnO_2 nanosheets array/3D porous expanded graphite hybrids for high-performance microwave absorber with hydrophobic and flame-retardant functions[J]. Chemical Engineering Journal, 2021, 419: 129547.

[34] Xie Y D, Liu S, Huang K W, et al. Ultra-broadband strong electromagnetic interference shielding with ferromagnetic graphene quartz fabric[J]. Advanced Materials, 2022, 34(30): 2202982.

[35] Sun H, Che R C, You X, et al. Cross-stacking aligned carbon-nanotube films to tune microwave absorption frequencies and increase absorption intensities[J]. Advanced Materials, 2014, 26(48): 8120-8125.

第9章 微波合成

纳米材料具有不同于宏观材料的力学、光学、热学和磁学等性能，在环境保护、能源转换、催化和生物医学等领域应用广泛。微波合成技术在纳米材料制备领域具有重要优势，反应物通过吸收微波能产生热量，可提高反应速率，降低反应活化能，缩小温度梯度差异，可实现纳米材料尺寸、形状和成分的有效调控，提升物理化学性能，且具有反应温度低、反应速度快、产物结晶度好、粒度分布均匀等优点[1, 2]。因此，微波合成技术在冶金、材料、化工和环境等领域具有广阔的应用前景。

9.1 微波熔盐制备卤化 Ti_3C_2 MXenes

MXenes 作为新型二维材料，包括二维过渡金属碳化物或碳氮化物等二维材料，被广泛应用于电容器、催化、电磁波吸波及屏蔽等领域[3-5]。目前 Ti_3C_2-T_x 是 MXenes 材料中最受关注的研究热点，Ti_3C_2 MXenes 表面的亲水性官能团，使其很容易与其他半导体形成异质结构[6]。目前，Ti_3C_2 MXenes 的主要制备方法是液体蚀刻[7-9]。然而，液体蚀刻不可避免会引入氟和含氧官能团，导致官能团的类型和含量不可控，从而限制其在催化领域的应用[10, 11]。采用熔盐法合成 Ti_3C_2 MXenes 是一种具有潜力的有效方法。在熔盐条件下，路易斯酸可以选择性地与 Ti_3AlC_2 中的 Al 反应，实现 Ti_3C_2 MXenes 的绿色和安全制备。

9.1.1 卤化 Ti_3C_2 MXenes 制备及形貌分析

以 Ti_3AlC_2 和卤素盐($CuCl_2$、$CuBr_2$、CuI)为原料，研磨混合后转移到石英坩埚并置于微波管式炉中，在 700℃下保温 60min，冷却至室温后用去离子水及 $NH_4Cl/NH_3 \cdot H_2O$ 溶液洗涤，过滤得到黑色沉淀，干燥后研磨得到 Ti_3C_2-X_2(X=Cl，Br，I)［图 9-1(a)］。采用常温液相 HF 腐蚀法制备 Ti_3C_2-T_x，并对样品的结构和光氧化性能进行研究。样品 XRD 图谱如图 9-1(b)所示，Ti_3AlC_2 在 9.5°、19.1°出现明显尖锐的特征衍射峰，分别对应其(002)、(004)晶面(JCPDS NO.52-0875)。采用常温液相 HF 刻蚀得到 Ti_3C_2-T_x 的(002)及(004)峰向左偏移，$d_{(004)}$=4.93Å，衍射峰较宽。(002)及(004)特征峰的左偏表明 MXenes 材料的成功制备。微波熔盐法刻蚀得到 Ti_3C_2-Cl_2 出现强烈的(002)及(004)峰，峰形尖锐，$d_{(004)}$=5.50Å，Ti_3C_2-Br_2 与 Ti_3C_2-I_2 的(004)峰明显，$d_{(004)}$分别为 5.83Å 和 6.29Å，但(002)峰强度较低。XRD 图谱表明，微波熔盐法成功制备出 MXenes 材料，样品的(002)及(004)峰表现出有规律的不同程度左偏，晶面间距逐渐增加，归因于 Cl→I 原子半径的增加。如图 9-1(c)所示，Ti_3C_2-I_2

是一种明显的二维层状结构。图 9-1(d)为 Ti_3C_2-I_2 的扫描透射电子显微镜高角环形暗场图像(high angle angular dark field-scanning transmission electron microscopy，HAADF-STEM)及其相应的元素分布。透射电镜下 Ti_3C_2-I_2 保持层状结构，I 元素均匀分布。Ti_3C_2-I_2 的 HR-TEM 图像如图 9-1(e)所示，d(004)=6.29Å，与 XRD 图谱结果一致。图 9-1(f)～图 9-1(g)显示 Ti_3C_2-I_2 的原子分辨 HAADF-STEM 图像及其相应的元素分布。根据 I 元素和 Ti 元素衬度的不同，I 元素较亮，而 Ti 元素相对较暗，未发现其他杂质相。XRD、SEM 和 TEM 结果表明，采用微波熔盐法成功制备 Ti_3C_2-I_2 MXene。Ti_3C_2-I_2 经 I 官能团修饰后保持了良好的层状结构，有利于光生载流子的转移，具有潜在的光氧化应用价值。

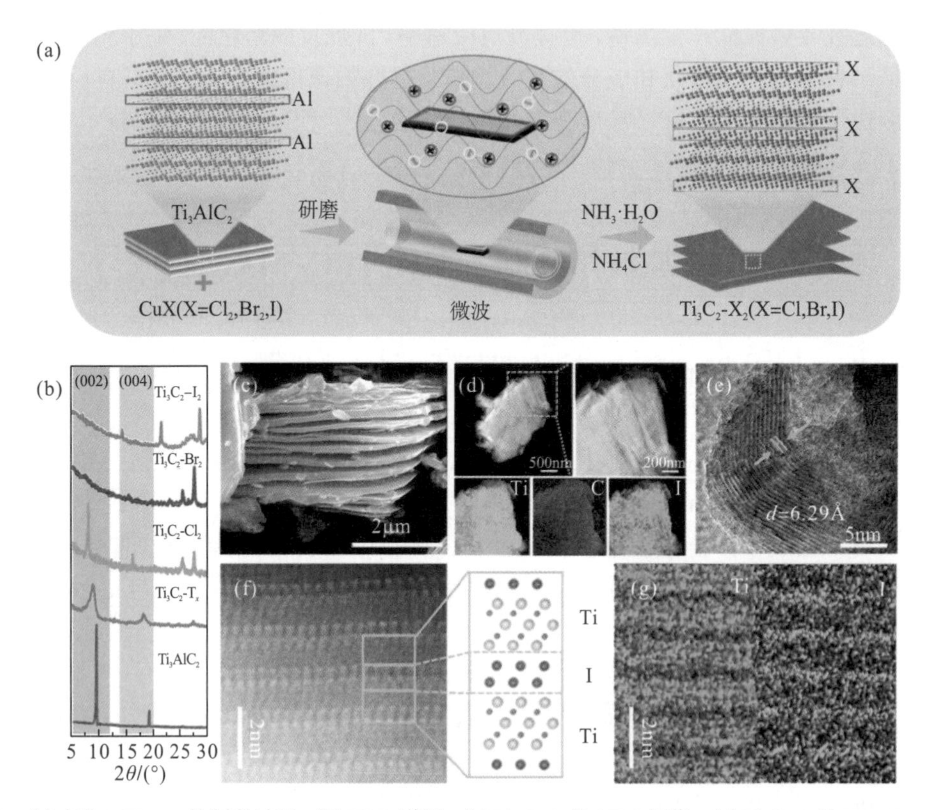

图 9-1 (a)卤化 MXenes 的制备过程，(b)XRD 谱图，(c)Ti_3C_2-I_2 的 SEM 图像，(d)Ti_3C_2-I_2 的 HAADF-STEM 图像及元素分布，(e)Ti_3C_2-I_2 的 HR-TEM 图像，(f～g)Ti_3C_2-I_2 的原子分辨 HAADF-STEM 图像及元素分布

9.1.2 卤化 Ti_3C_2 MXenes 光氧化脱除 Hg^0

笔者开展模拟冶金烟气中 Hg^0 光氧化去除研究。Hg^0 在暗反应阶段完全吸附，达到吸附-解吸平衡，光照阶段进行光氧化反应。测试 Ti_3C_2-X_2(X=Cl，Br，I)和 Ti_3C_2-T_x 等 MXenes 材料在紫外光下光氧化去除 Hg^0 的性能。光照 50min 后，Ti_3C_2-Br_2 的去除率最高可达 98.8%，Ti_3C_2-I_2、Ti_3C_2-Cl_2 和 Ti_3C_2-T_x 的去除率分别为 95.2%、92.7%和 93.9%，所有样品在紫外光下均表现出较高的氧化脱除效率。样品在可见光照射下，Hg^0 氧化去除性能如图 9-2(a)所示。可见光照射 30min 后，Ti_3C_2-I_2 的 Hg^0 去除率最高为 85.5%，Ti_3C_2-Cl_2 和 Ti_3C_2-Br_2 对 Hg^0

的氧化去除率分别为 73.4%和 77.4%，Ti_3C_2-T_x 仅为 13%。图 9-2(b)为样品光氧化反应的一阶动力学分析，Ti_3C_2-I_2 反应速率最快，最大反应速率常数可达 $0.247min^{-1}$。选择可见光下性能最好的 Ti_3C_2-I_2 进行循环实验，结果如图 9-2(c)所示。经过 3 次可见光循环后，其性能略有下降，但仍保持原来性能的 98%。可见光下反应 720min 后，Ti_3C_2-I_2 的性能略有下降，维持在初始值的 92%。Ti_3C_2-I_2 表现出优越的催化氧化效率，如图 9-2(d)所示。可见光下去除 Hg^0 后 Ti_3C_2-I_2 的 SEM 图及对应元素的分布如图 9-3 所示，反应后形貌没有明显变化，元素分布均匀。

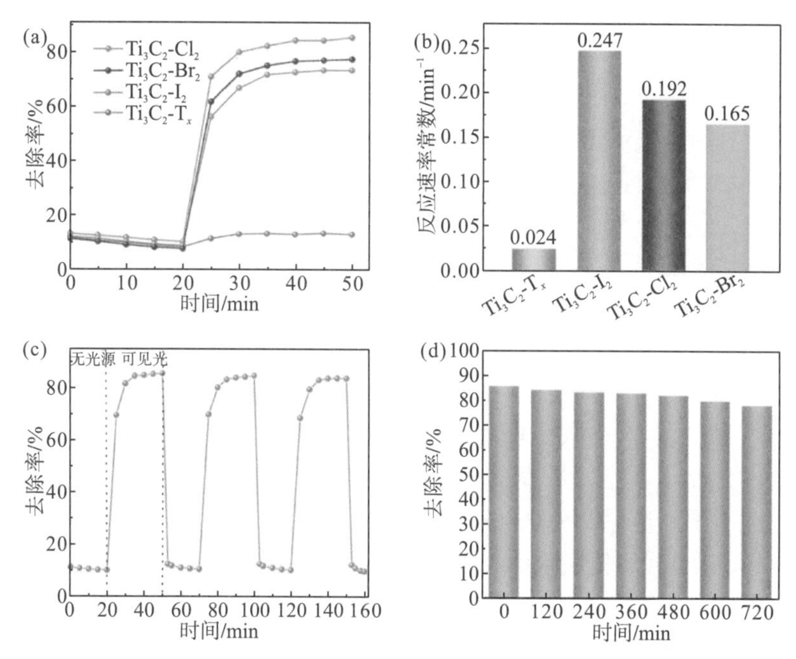

图 9-2　(a)可见光下 Hg^0 的去除率，(b)Hg^0 光催化氧化反应速率常数，(c)可见光下 Ti_3C_2-I_2 的循环性能，(d)可见光下 Ti_3C_2-I_2 的长时间性能

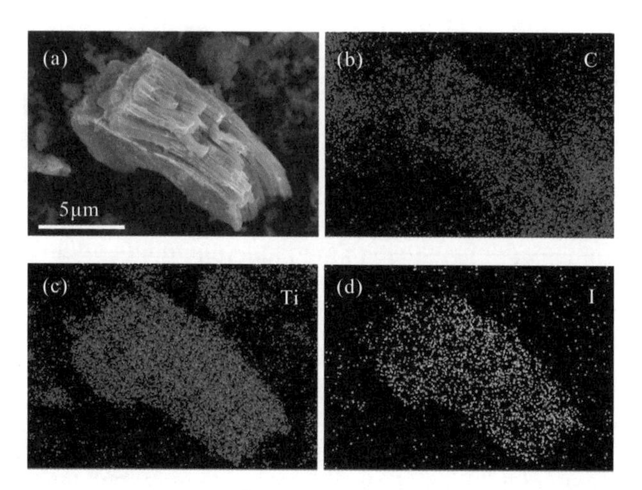

图 9-3　可见光下去除 Hg^0 后 Ti_3C_2-I_2 的 SEM 图及对应元素的分布

(a)SEM 图，(b)C 元素分布，(c)Ti 元素分布，(d)I 元素分布

9.1.3 Hg^0 光氧化脱除机制

制备的 Ti_3C_2-X_2 样品均表现出良好的 Hg^0 氧化效率。选取氧化性能最好的 Ti_3C_2-I_2，以及 Ti_3C_2-T_x 作为比较对象，探讨其光氧化机理。采用紫外光电子能谱（ultraviolet photoelectron spectroscopy，UPS）对样品的能带结构进行表征，如图 9-4（a）所示。与真空能级相比，Ti_3C_2-T_x 和 Ti_3C_2-I_2 的费米能级分别为−3.93eV 和−3.82eV。Ti_3C_2-I_2 的费米能级增加，更容易被可见光激发产生光生载流子，提高光氧化活性。利用 UV-vis DRS 计算样品的带隙，得到样品的带隙结构，如图 9-4（b）所示。Ti_3C_2-I_2 的费米能级升高，向导带（conduction band，CB）靠拢，表面功函数降低，电子约束能力减弱。光生载流子更容易迁移到样品表面，促进载流子分离。利用光致发光（photoluminescence，PL）光谱表征样品中光生载流子的重组程度，如图 9-4（c）所示。Ti_3C_2-I_2 和 Ti_3C_2-T_x 的荧光发射峰一致，而 Ti_3C_2-I_2 的 PL 峰强度较低。时间分辨光致发光光谱［图 9-4（d）］也证实 Ti_3C_2-I_2 样品的光生载流子寿命显著延长，从 1.61ns 延长到 2.09ns。光生载流子的有效分离和寿命的延长有利于提高光氧化性能。上述结果表明，Ti_3C_2-I_2 表面经 I 官能团修饰后，能带结构发生变化，费米能级增加，促进了光生载流子的生成和分离，延长了载流子寿命，提高了氧化能力。通过电子自旋共振（electron spin resonance，ESR）对光氧化反应中的活性物质进行检测，如图 9-4（e）～图 9-4（f）所示。可见光照射后，Ti_3C_2-I_2 和 Ti_3C_2-T_x 均表现出显著的超氧自由基特征峰［图 9-4（e）］。如图 9-4（f）所示，Ti_3C_2-I_2 的空穴浓度最高，这是由于 Ti_3C_2 表面 I 的修饰改变能带结构，产生更多的光生载流子，促进载流子的分离，延长了载流子的寿命。ESR 结果表明，光生空穴在 Ti_3C_2-I_2 光催化 Hg^0 氧化脱除中起主要作用，而超氧自由基的作用较小。

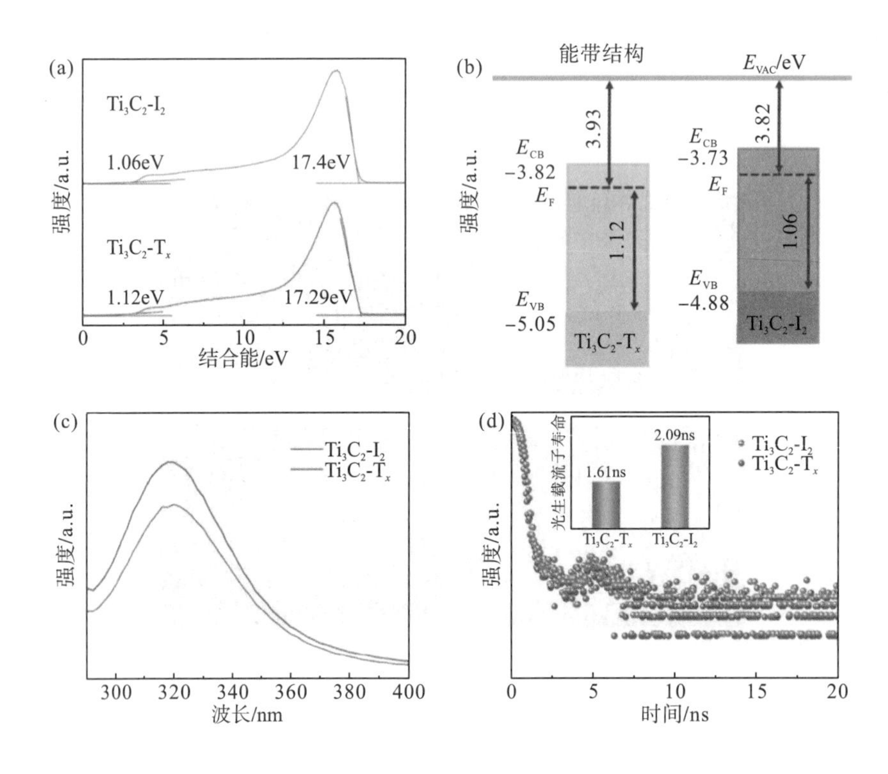

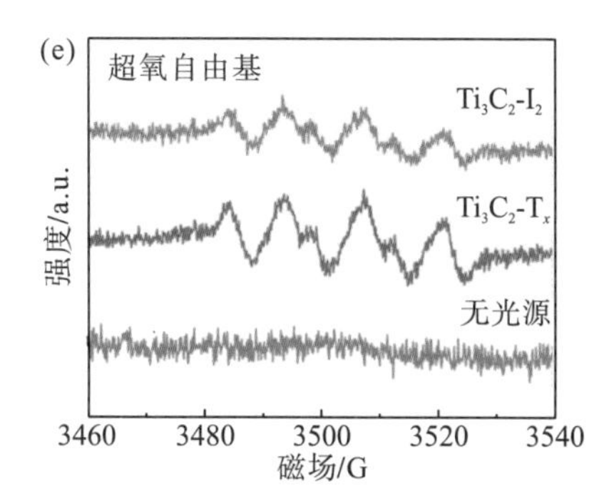

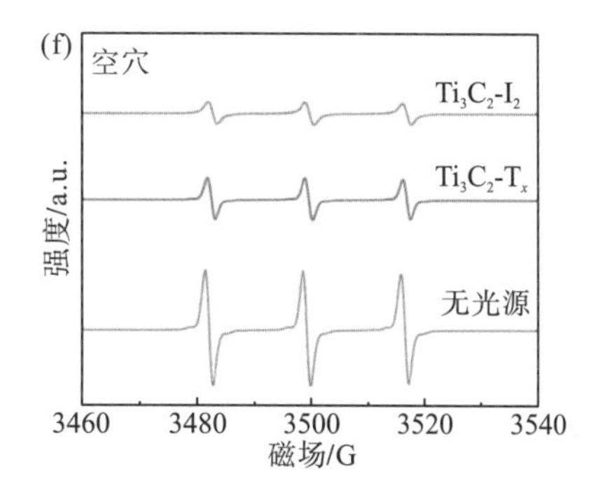

图 9-4　Ti_3C_2-I_2 和 Ti_3C_2-T_x 的(a)紫外光电子能谱，(b)能带结构，(c)PL 谱，(d)时间分辨 PL 谱，(e，f)ESR 光谱

9.1.4　Hg^0 光氧化脱除理论分析

通过量子力学密度泛函理论(density functional theory，DFT)计算分析 Hg^0 高效光氧化机理。根据原子分辨电镜结果和相关研究构建 Ti_3C_2-I_2 和 Ti_3C_2-T_x 模型，如图 9-5(a)所示。实验结果表明，光氧化脱除 Hg^0 反应的主要活性物质是价带(valence band，VB)上的光生空穴。因此，在 VB 中对反应进行模拟计算，结果如图 9-5(b)所示。自由能随 Hg^0 氧化过程的变化而变化。吸附是氧化反应的第一步，对 Hg^0 吸附能的计算结果显示 Ti_3C_2-T_x 为 0.39eV，而 Ti_3C_2-I_2 仅为−0.29eV。Ti_3C_2-I_2 表现出更好的吸附能力，这是由于碘在 MXene 表面的修饰，吸附能力的增强有利于进一步催化氧化反应。此外，速率控制步骤(rate-determining step，RDS)需要最大的自由能增加，其中相应的自由能变化(ΔG_{RDS})可以用来评价氧化活性。G_3 阶段 Ti_3C_2-I_2 和 Ti_3C_2-T_x 的 ΔG_{RDS}(RDS：*HgOH→*HgO)分别为 2.71eV 和 2.89eV。Ti_3C_2-I_2 在 G_4 阶段中的解吸能较低(*HgO→*+HgO)。结果表明，对 MXenes 进行表面碘改性后，氧化反应更容易进行，这与实验结果一致。此外，对材料的电子结构进行计算，电荷密度差如图 9-5(c)所示。Ti_3C_2-I_2 与 Hg^0 之间存在较强的电子相互作用，材料的氧化活性较高。Hg^0 在 Ti_3C_2-I_2 和 Ti_3C_2-T_x 上的巴德(Bader)电荷分别为 0.016 和−0.076|e|，表明电负性较低的 Ti_3C_2-I_2 能与 Hg^0 发生强相互作用，*Hg 吸附能为−0.29eV，而在 Ti_3C_2-T_x 上为 0.39eV。Hg^0 吸附能力的增强促进了 Hg—O 的作用，降低了 O—H 作用，从而有利于*HgOH 脱氢和 HgO 的形成和释放。此外，从图 9-5(d)的态密度可以看出，Ti_3C_2-I_2 在费米能级上的态比 Ti_3C_2-T_x 多，说明 Ti_3C_2-I_2 在 Hg^0 氧化去除过程中具有更快的电子转移速率，这与实验表征结果一致。DFT 结果表明，Ti_3C_2-I_2 具有更大的吸附容量、更快的电子动力学速度和更强的氧化能力。

基于实验结果和 DFT 分析表明，对 Ti_3C_2 MXenes 表面进行修饰后，能带结构发生变化，Ti_3C_2-I_2 更容易激发，产生更多的光生电子空穴。费米能级增加并靠近 CB，表面功函数减小，光生电子迅速向 Ti_3C_2-I_2 的 CB 转移并聚集，与吸附的 O_2 反应形成超氧自由基，空穴在 VB 中转移并聚集。超氧自由基和光生空穴具有较强的氧化能力，与吸附在 Ti_3C_2-I_2 表面的 Hg^0 反应生成 HgO，实现 Hg^0 的光氧化，如图 9-5(e)所示。

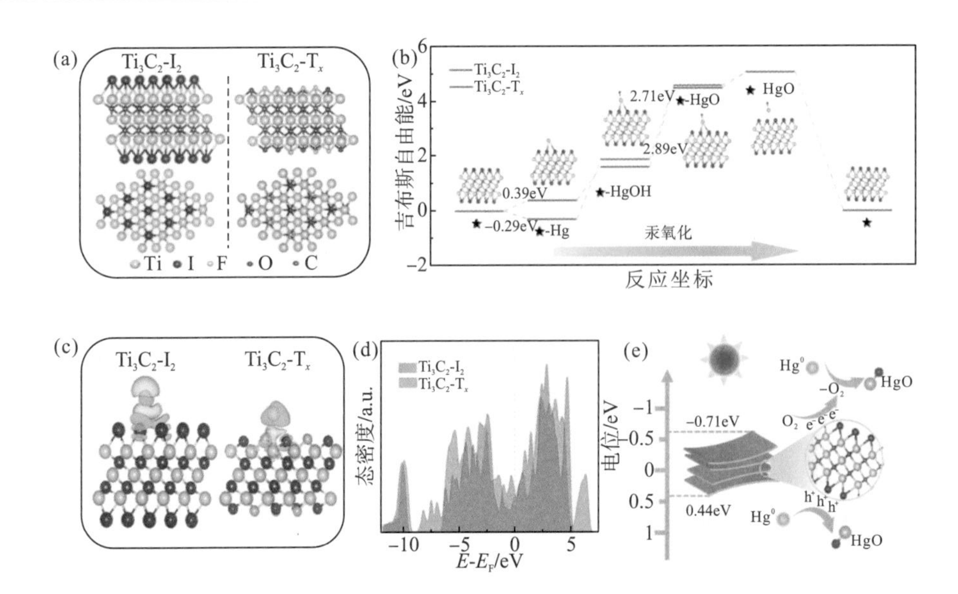

图 9-5 Ti_3C_2-I_2 和 Ti_3C_2-T_x 模型的(a)侧视图和俯视图，(b)沿 Hg 氧化方向的自由能分布图，(c)电荷密度差，(d)态密度，(e)Ti_3C_2-I_2 的光氧化机理图

9.2 微波溶剂热法制备 Mxenes 基吸波材料

$Ti_3C_2T_x$ 类 Mxenes 材料具有比表面积大、表面官能团丰富、独特的多层结构以及高导电性等特征，可作为制备优异 EMW 吸收材料的基体。但纯 $Ti_3C_2T_x$ 的导电性高，阻抗匹配较差，导致 EMW 在表面反射，吸收能力较差。而通过在 $Ti_3C_2T_x$ 表面沉积金属化合物构建复合材料，可有效调节材料的阻抗匹配，加强电磁波的吸收衰减[12, 13]。

9.2.1 Bi_2S_3/$Ti_3C_2T_x$ 吸波材料制备

采用微波溶剂热法制备多层结构的 Bi_2S_3/$Ti_3C_2T_x$ 复合材料，通过在 $Ti_3C_2T_x$ 表面与片层间原位生长棒状 Bi_2S_3，构建具有多谐振腔结构及复杂极化界面的吸波材料，从而获得具有优异 EMW 吸收性能的复合材料。Bi_2S_3/$Ti_3C_2T_x$ 复合材料的制备过程如图 9-6 所示。首先通过 HF 刻蚀钛碳化铝(Ti_3AlC_2)获得具有多层结构的碳化钛($Ti_3C_2T_x$)。称取 3gTi_3AlC_2 分散于 40mL 的 HF 溶液中，将混合溶液放在室温下搅拌 72h，用去离子水对样品进行多次洗涤，直到悬浮液的 pH 达到 5～6，干燥后收集，得到具有多层结构的 $Ti_3C_2T_x$ 样品。然后将 0.101mmol 五水硝酸铋和 0.303mmol 硫脲加入 40mL 乙二醇溶剂中，超声搅拌 20min，将刻蚀得到的多层结构 $Ti_3C_2T_x$ 加入上述混合溶液中，均匀搅拌 30min，将混合溶液转移到 100mL 聚四氟乙烯反应釜中，在 180℃下微波加热 1h。自然冷却至室温后，用无水乙醇和去离子水进行多次洗涤，然后将样品放在 60℃的烘箱中干燥 12h，将按上述五水硝酸铋和硫脲的比例所制备的复合材料标记为 TB-2；通过调整五水硝酸铋和硫脲的用量，获得不同含量的复合材料，如在 0.134mmol 五水硝酸铋和 0.402mmol 硫脲的添加量下制备的复合材料标记为 TB-1；在 0.081mmol 五水硝酸铋和 0.243mmol 硫脲的添加量下制备的复合材料标记为 TB-3，其他实验条件相同。此外，用相同的方法制备纯 Bi_2S_3，不添加多层 TiC，通过去离子水和乙醇进行洗涤，在 60℃的烘箱中干燥 12h 后收集样品。

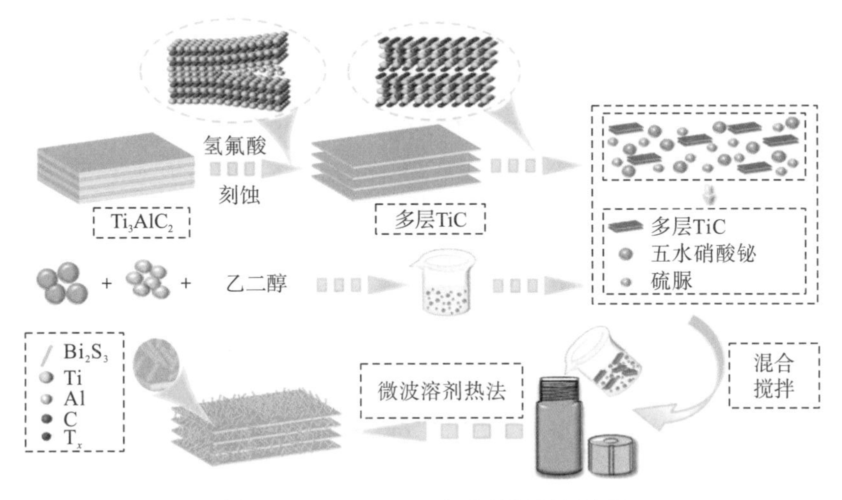

图 9-6　$Bi_2S_3/Ti_3C_2T_x$ 复合材料制备过程

9.2.2　$Bi_2S_3/Ti_3C_2T_x$ 物相和微观形貌

图 9-7 为纯 Bi_2S_3 材料和不同 Bi_2S_3 添加量的 $Bi_2S_3/Ti_3C_2T_x$ 复合材料的 XRD 图。图中显示 TB-1、TB-2 和 TB-3 三个复合材料在 2θ 值为 8.7°、17.91°、60.4°处分别出现三个多层碳化钛衍射峰，从而证实碳化钛的存在。TB-1、TB-2 和 TB-3 三个复合材料的其他衍射峰与 Bi_2S_3 的标准卡片(No.17-0320)相对应，表明在制备过程中成功合成 Bi_2S_3。由 XRD 图可以看出，复合材料均由 $Ti_3C_2T_x$ 和 Bi_2S_3 组成，并且随着五水硝酸铋和硫脲添加含量的减少，Bi_2S_3 峰值强度降低，即 TB-1 样品的 Bi_2S_3 的峰强度较强，TB-3 样品的 Bi_2S_3 的峰强度较弱。

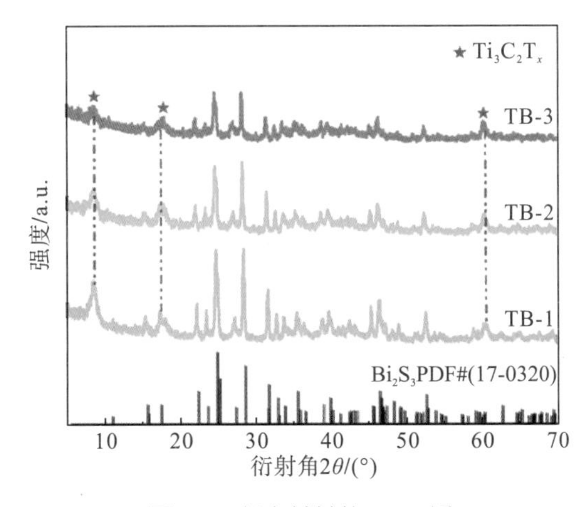

图 9-7　复合材料的 XRD 图

对样品进行 XPS 表征分析，确定样品的元素组成和价态。图 9-8(a)～图 9-8(d)中显示的是 TB-2 的全谱图及各元素价态图。从图中可以看出，TB-2 样品中含有 Bi、S、C、Ti 等元素。图 9-8(b)所示的 Bi 元素 XPS 谱图中出现 6 个峰值，分别对应于 Bi $4f_{5/2}$(163.59eV 和 164.2eV)和 Bi $4f_{7/2}$(158.34eV 和 159.1eV)，其次 162.4eV 和 161.0eV 峰值对应的是 S 2p(S $2p_{1/2}$，S $2p_{3/2}$)，分别证实 Bi_2S_3 中的 Bi^{3+}和 S^{2-}价态。由图 9-8(c)可知，C1s 高分辨 XPS 谱图中含有 4 个峰，分别对应于 C—C(284.48eV)、C—O(285.9eV)、C—Ti(281.6eV)、O—C═O(287.9eV)。由图 9-8(d)可知，Ti 的高分辨 XPS 谱图中显示 4 个双峰，454.9eV 和 461eV 的拟合峰对应于 Ti—C，456.1eV 和 462.5eV 的拟合峰对应于 Ti^{2+}，457.1eV 和 463.7eV 的拟合峰对应于 Ti^{3+}，458.7eV 和 465.3eV 的拟合峰对应于 Ti—O。

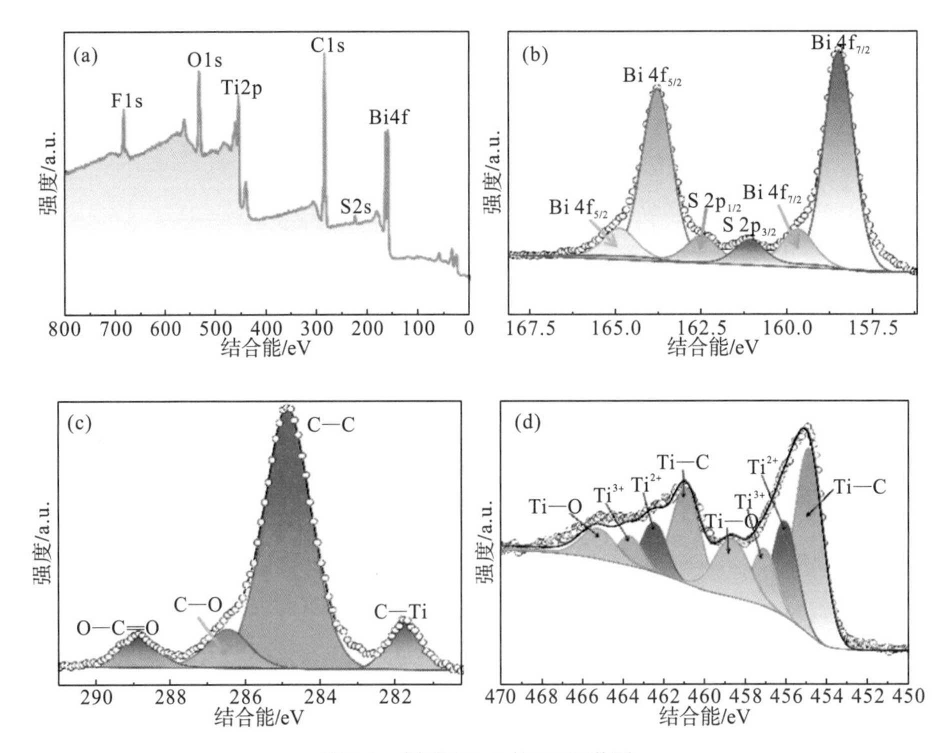

图 9-8 样品 TB-2 的 XPS 谱图

(a)XPS 全谱图，(b)Bi 和 S 元素，(c)C 元素，(d)Ti 元素

采用扫描电子显微镜观察并分析所有样品的微观形貌。图 9-9 为纯 Bi_2S_3、经刻蚀处理得到的 $Ti_3C_2T_x$、TB-1、TB-2 和 TB-3 样品在不同倍数下的 SEM 图。由图 9-9(a)可知，微波溶剂热法合成的纯 Bi_2S_3 呈现棒状，并且棒状之间会团簇在一起。由图 9-9(b1)～图 9-9(b2)可知，经 HF 刻蚀 Ti_3C_2Al 得到的 $Ti_3C_2T_x$ 呈现类似于手风琴形状，片层表面较为光滑，层与层之间的间距增大，表面积也增大，可为 Bi_2S_3 生长提供大量的活性位点。图 9-9(c1)～图 9-9(c3)、图 9-9(d1)～图 9-9(d3)和图 9-9(e1)～图 9-9(e3)分别是 TB-1、TB-2 和 TB-3 复合材料的微观形貌。从图中可以看出，较为光滑的多层 $Ti_3C_2T_x$ 表面以及层与层之间原位生长出棒状 Bi_2S_3。同时随着五水硝酸铋和硫脲添加量的降低，Bi_2S_3 形貌没有发生明显

变化，但在多层 $Ti_3C_2T_x$ 表面分布的含量呈现减少的趋势。为进一步了解 Bi_2S_3 和 $Ti_3C_2T_x$ 结合状态，采用透射电子显微镜分析 TB-2 样品的微观结构。图 9-10 为 TB-2 的 TEM 图、HRTEM 图和 EDS 元素分布图。图 9-10(a)显示 $Ti_3C_2T_x$ 表面原位生长 Bi_2S_3，且 $Ti_3C_2T_x$ 和 Bi_2S_3 紧密结合形成异质界面。由图 9-10(b)可观察到 TB-2 的晶格条纹，晶格间距分别为 0.273nm、0.325nm 和 0.26nm，分别对应于 Bi_2S_3 的(301)、(021)和(311)晶面，晶格间距 0.23nm 对应于 $Ti_3C_2T_x$ 的(103)晶面。EDS 元素分布图像显示 TB-2 材料中含有 Ti、C、Bi、S 四种元素，且 Ti 与 C 元素的分布趋势一致，Bi 和 S 元素的分布趋势一致，说明在材料合成过程中棒状 Bi_2S_3 成功负载在多层 $Ti_3C_2T_x$ 上。由于 $Ti_3C_2T_x$ 表面生长棒状 Bi_2S_3，增大了电磁波吸收面积，并对入射电磁波进行多次反射，有利于电磁波的吸收和衰减。

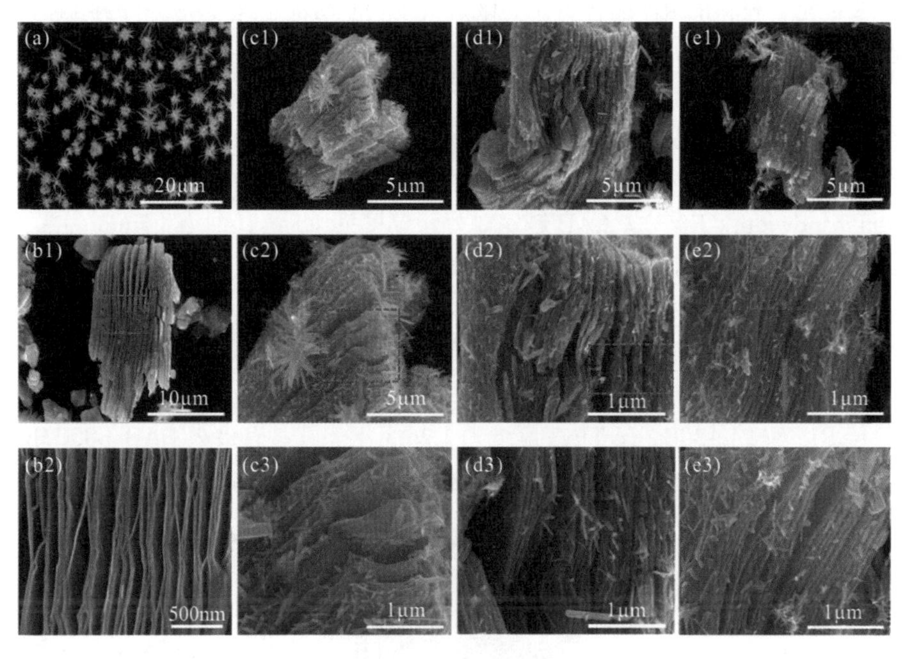

图 9-9　样品的 SEM 图

(a) Bi_2S_3，(b1～b2) $Ti_3C_2T_x$，(c1～c3) TB-1，(d1～d3) TB-2，(e1～e3) TB-3

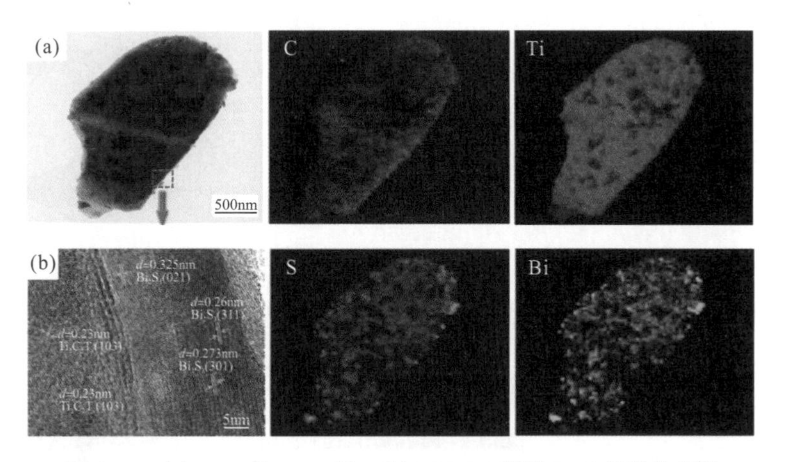

图 9-10　(a) TB-2 的 TEM 图，(b) HRTEM 图和 EDS 元素分布图

9.2.3 Bi_2S_3添加量对复合材料电磁波吸收性能的影响

图 9-11 代表纯 Bi_2S_3 和 TB-1、TB-2 和 TB-3 复合材料 RL 的折线图、2D 平面图和 3D 图。由图 9-11(a1)～图 9-11(a3)可以看出：纯 Bi_2S_3 在厚度 5mm 时出现的最小反射损耗值仅为−3.55dB，说明 Bi_2S_3 材料难以有效吸收入射 EMW。由图 9-11(b1)～图 9-11(b3)可以看出，纯 $Ti_3C_2T_x$ 材料在厚度为 1.11mm 时出现最小 RL 为−18.2dB，说明纯 Bi_2S_3 和纯 $Ti_3C_2T_x$ 材料的吸波性能相对较差。由图 9-11(b1)～图 9-11(b3)、图 9-11(c1)～图 9-11(c3)和图 9-11(d1)～图 9-11(d3)可以看出，Bi_2S_3 材料与多层 $Ti_3C_2T_x$ 结合形成复合材料后，3 个复合材料的 RL 都有明显变化，吸波性能均优于纯 Bi_2S_3 材料和纯 $Ti_3C_2T_x$ 材料。此外，制备过程中 Bi_2S_3 添加含量的不同可引起复合材料 RL 的变化不一致。图 9-11(b1)～图9-11(b3)表示的是TB-1 的反射损耗图，在厚度为1.5mm，频率为12.53GHz 时，RL 为−43.67dB；在厚度为 1.8mm，频率为 10.36GHz 时，RL 达到最佳−44.28dB，两个匹配厚度对应的 RL 相接近，吸收强度相近，此时应考虑有效吸收带宽(effective absorption bandwidth，EAB)，EAB 越宽越好，厚度为 1.5mm 对应的 EAB 为 3.37GHz，厚度为 1.8mm 对应的 EAB 为 2.7GHz。在厚度为 1.2mm 时，TB-1 具有最大 EAB 3.76GHz。图 9-11(c1)～图 9-11(c3)显示的是 TB-2 的反射损耗，在厚度为 1.11mm、频率为 16.77GHz 时最佳 RL 为−50.66dB，EAB 为 2.99GHz。在厚度为 1.2mm 时，具有最大 EAB 3.89GHz。图 9-11(d1)～图 9-11(d3)显示的是 TB-3 的反射损耗，在厚度为 1mm、频率为 15.27GHz 时，其最佳 RL 为−21.12dB。在 TB-3 厚度为 1.2mm 时，其具有最大 EAB 3.85GHz。因此，相较于 TB-1 和 TB-3 复合材料，TB-2 复合材料具有最佳的 RL，吸波性能较好。

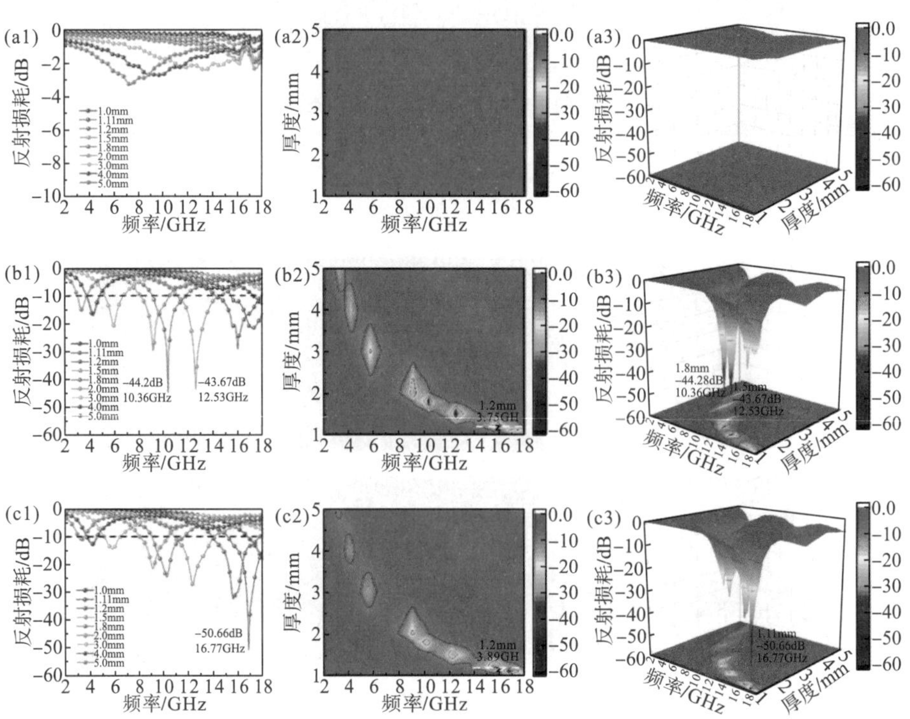

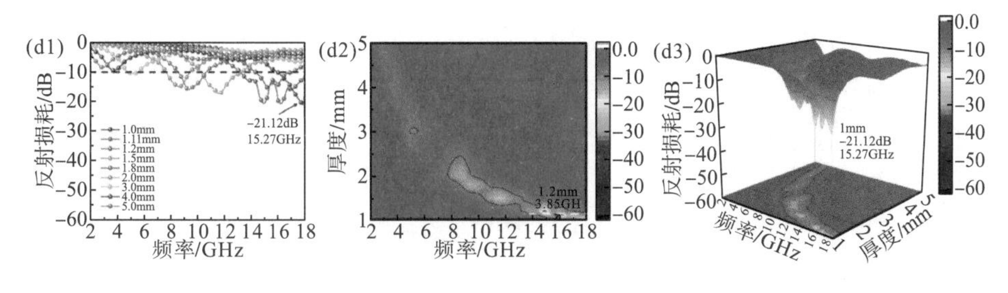

图 9-11　反射损耗

(a1～a3) 纯 Bi_2S_3，(b1～b3) TB-1，(c1～c3) TB-2，(d1～d3) TB-3

分析不同 Bi_2S_3 添加量对复合材料的吸波性能的影响，将 TB-1、TB-2 和 TB-3 复合材料与石蜡混合均匀。其中，$Bi_2S_3/Ti_3C_2T_x$ 复合材料以 50%的质量分数分散到石蜡中，将混合物压制成同轴环形样品，并且在 2～18GHz 频率范围内测试样品的电磁参数(磁导率和介电常数)，观察并分析样品电磁参数的变化规律。图 9-12 为纯 Bi_2S_3、TB-1、TB-2 和 TB-3 复合材料的电磁参数随频率的变化曲线，从图中可以看出，纯 Bi_2S_3 的介电实部、虚部、损耗角正切维持在 3～4、0～0.7、0～0.1。$Ti_3C_2T_x$ 和 Bi_2S_3 复合后，复合材料的介电实部、虚部、损耗角正切值都增加，且加入的 Bi 和 S 的含量也会影响复合材料的介电参数。由图 9-12(a) 可知，随频率增加，介电常数实部逐渐减小，TB-1 的介电实部从 23.62 减小 12.91，TB-2 的介电实部从 26.24 减小 13.91，TB-3 的介电实部从 31.21 减小 14.86。其中复合材料的介电虚部及介电损耗角正切值曲线上出现多个弛豫峰，这是由于在电磁场中经历多个弛豫过程造成的，由此证实极化损耗的存在[14]。图 9-12(d) 中显示所有样品在 2～18GHz 频率的磁导率实部值，纯 Bi_2S_3、TB-1、TB-2 和 TB-3 的磁导率实部值在 1.05～1.2 范围内波动，磁导率虚部[图 9-12(e)]曲线在 2～14GHz 频率范围内呈下降状态，在 14～18GHz 频率范围内，磁导率虚部在 0～0.15 范围内波动，所有样品的磁导率实部与虚部都

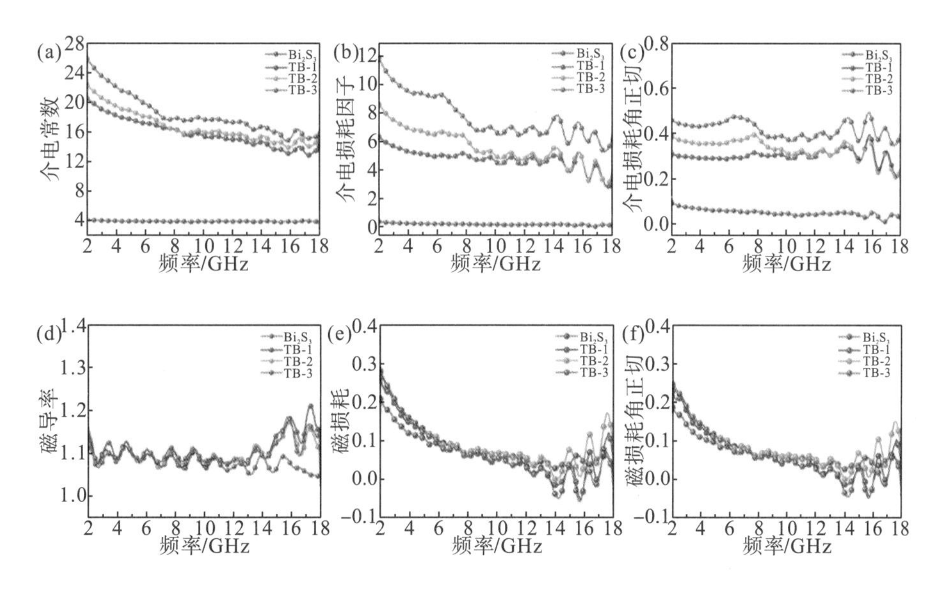

图 9-12　纯 Bi_2S_3、TB-1、TB-2 和 TB-3 的电磁参数

显示微小的变化，由此表示磁损耗对电磁波吸收能力较低。从图 9-12(f)中看出，磁损耗角正切与磁导率虚部曲线变化相一致，所有的磁损耗角正切值处于 0～0.24 范围内。从图 9-12(c)和图 9-12(f)可以看出，随着加入的 Bi 和 S 含量降低，介电损耗角正切值增大。且随着频率的增加，TB-1、TB-2、TB-3 的介电损耗角正切值均大于 TB-1、TB-2、TB-3 的磁损耗角正切值，说明 $Ti_3C_2T_x$ 与 Bi_2S_3 复合后，介电损耗是电磁波能量衰减的主要机制。

物料的吸波性能需达到适当的阻抗匹配和较好的衰减常数，这将使更多的入射电磁波被复合材料吸收。在阻抗匹配达到 1 时，说明材料的阻抗达到平衡状态，有利于电磁波的吸收。图 9-13(a1)～图 9-13(a4)描绘样品的阻抗系数，Bi_2S_3、TB-1 和 TB-2 的阻抗均可达到 1(图中白线位置)，随着 Bi_2S_3 的含量降低，TB-3 的导电性过大导致阻抗失配，从而影响材料的吸波性能。衰减常数表示材料对入射电磁波吸收衰减的能力(图 9-14)。TB-1、TB-2 和 TB-3 样品的衰减常数随频率的增加而增大，TB-1 的衰减常数从 54.8 增大到 233.6，TB-2 的衰减常数从 66.3 增大到 262.4，TB-3 的衰减常数从 79.4 增大到 313.7，Bi_2S_3 的衰减常数变化较小。从整体上看，衰减常数的排序为：TB-3＞TB-2＞TB-1＞Bi_2S_3，虽然 TB-3 样品对入射波的衰减能力最大，但其阻抗系数小于 1，阻抗没有达到平衡，导致最佳反射损耗值仅有−21.12dB。当 TB-1 样品和 TB-2 样品的阻抗值达到 1 时，两个复合材料达到最佳反射损耗值，分别为−44.28dB(10.36GHz 时)和−50.66dB(16.77GHz 时)，而 TB-1 样品对应的最佳衰减常数为 132，小于 TB-2 对应的最佳衰减常数 228，因而 TB-2 样品的吸波性能较好。因此，调控材料阻抗平衡是必要的，在阻抗达到平衡时，衰减常数较大的材料其吸波性能较好。

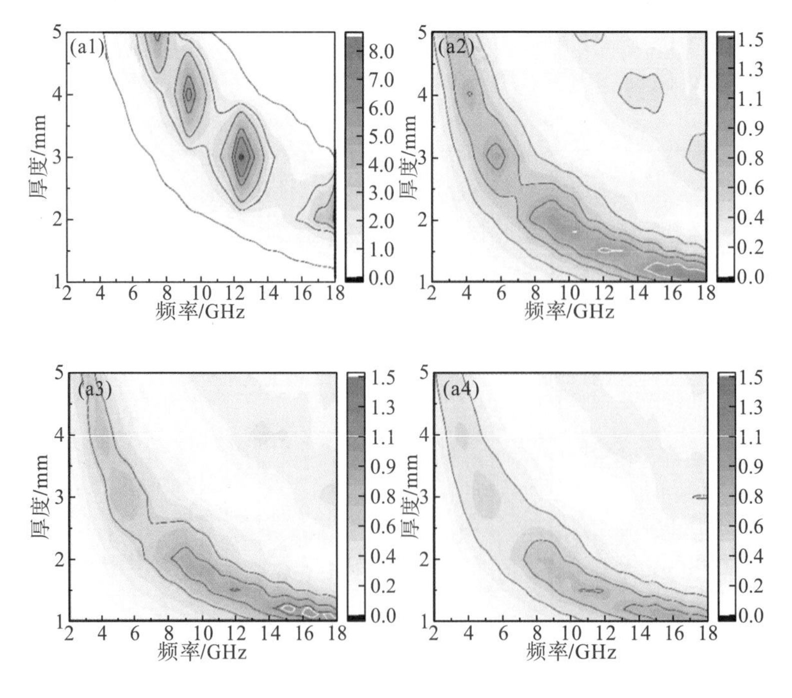

图 9-13 纯 Bi_2S_3、TB-1、TB-2 和 TB-3 样品的阻抗匹配

复合材料吸收损耗电磁波的机理主要包括介电损耗和磁损耗。为研究复合材料磁导率的变化，计算并绘制所有样品的 C_0 曲线图，从而分析磁导率曲线上共振峰的磁损耗机理。C_0 曲线主要描述复合材料的磁损耗随频率的变化，这主要是由涡流损耗和自然共振引起，若 C_0 曲线趋于恒定，则表示磁损耗主要是涡流损耗机制。如图 9-15 所示，在 2～7.8GHz 频率内，C_0 曲线变化较大，说明此频率范围内的复合材料磁损耗是由自然共振损耗引起的。在 7.8～18GHz 频率范围内，C_0 曲线趋于恒定，说明复合材料磁损耗主要是由涡流损耗引起。

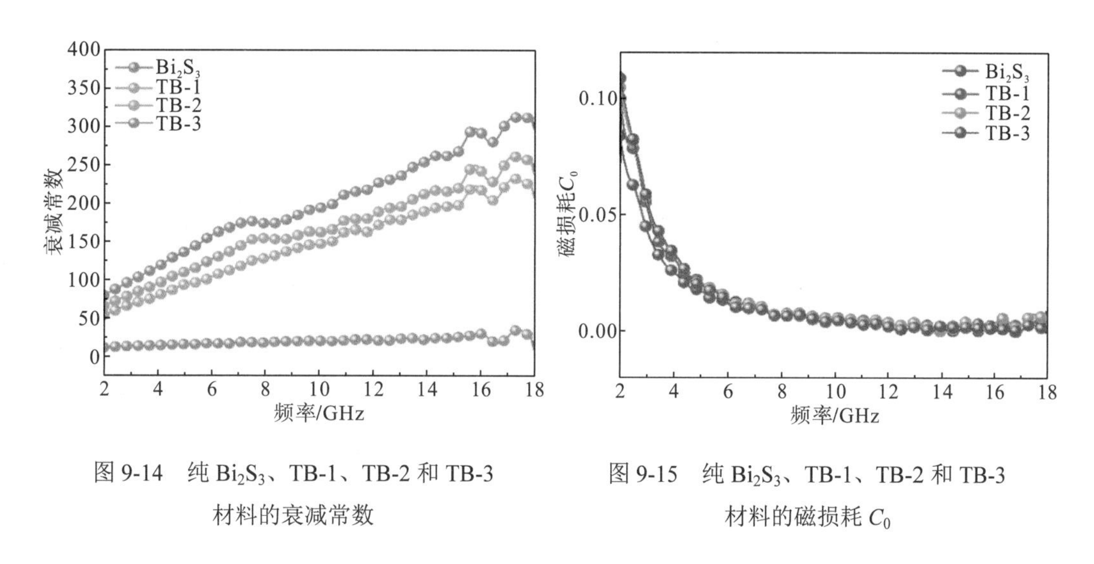

图 9-14 纯 Bi_2S_3、TB-1、TB-2 和 TB-3 材料的衰减常数

图 9-15 纯 Bi_2S_3、TB-1、TB-2 和 TB-3 材料的磁损耗 C_0

为了进一步分析复合材料的介电损耗机制对电磁波吸收性能的影响，分析 $Bi_2S_3/Ti_3C_2T_x$ 复合材料传导损耗和介电弛豫损耗两个影响因素。图 9-16(a1)～图 9-16(a4)、图 9-16(b1)～图 9-16(b4)和图 9-16(c1)～图 9-16(c4)是 TB-1、TB-2 和 TB-3 复合材料的科尔-科尔曲线图，由图中可以观察到多个半圆弧，揭示多重偶极极化弛豫过程。在给定频率范围内，弛豫过程主要有偶极子极化和界面极化[15]。偶极子极化是在电场作用下由电场引起的极化现象，在此过程中材料固有的偶极矩沿电场重新排列，宏观偶极矩不为零。界面极化是在外加电场作用下两相界面处出现自由电荷的积累而引起的。同时，从 TB-1、TB-2 和 TB-3 复合材料的科尔-科尔曲线观察到不规则的半圆，说明极化弛豫可能受到样品导电性的影响。因此对样品进行电化学阻抗测试(图 9-17)，结果表明，复合材料的导电性较纯 Bi_2S_3 显著提升，且随着 Bi_2S_3 含量的降低，复合材料的导电性越来越好。复合材料的导电性能有利于引起传导损耗，增强材料的吸波性能。但电导率过大将引起电磁波的反射，导致材料吸波性能变差。因此，Bi_2S_3 含量较少时，吸波能力反而变差。

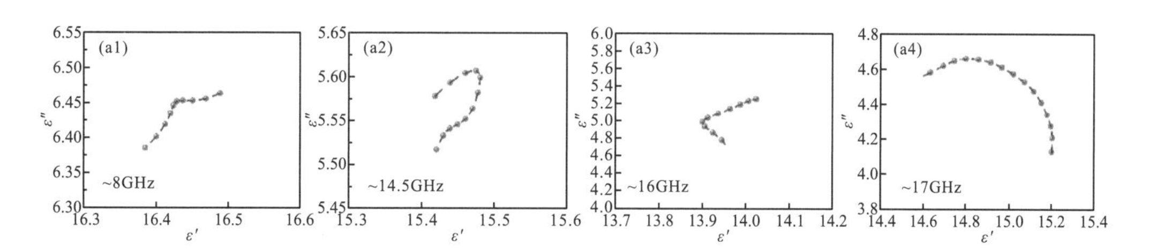

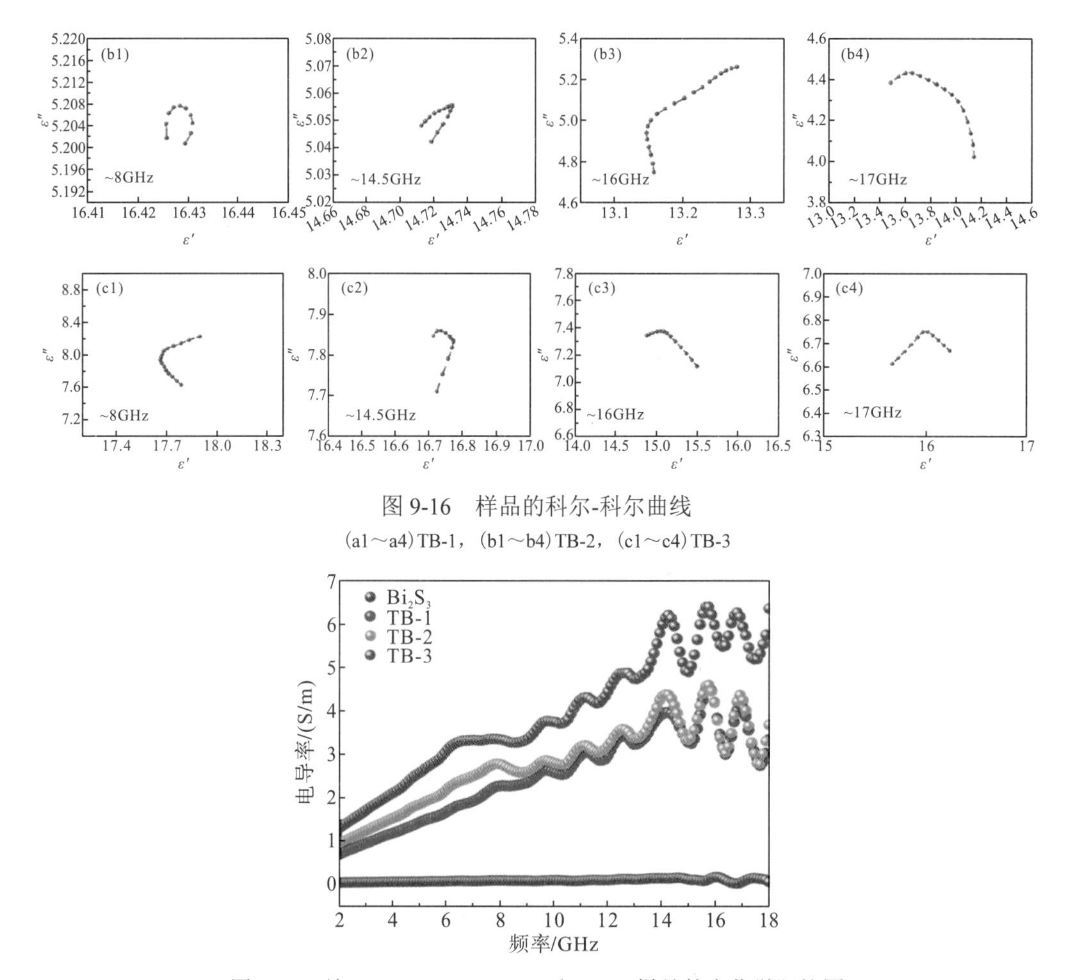

图 9-16 样品的科尔-科尔曲线

(a1～a4) TB-1，(b1～b4) TB-2，(c1～c4) TB-3

图 9-17 纯 Bi_2S_3、TB-1、TB-2 和 TB-3 样品的电化学阻抗图

9.2.4 填充含量对电磁波吸收性能的影响

为研究不同填充含量对电磁波吸收性能的影响，选择具有最佳吸波性能的 TB-2 复合材料，并将其以不同的填充质量分数(40%、50%和 60%)与石蜡混合制备成 TB-2/石蜡复合材料同轴环。在 2～18GHz 频率范围内，测试其电磁参数，并分析其变化规律。图 9-18 为 TB-2 复合材料不同填充质量分数(40%、50%和 60%)的电磁参数变化曲线，从图中可以看出，TB-2 复合材料的填充质量分数为 40%时，随着频率的改变，复合材料的介电实部、介电虚部和介电损耗角正切曲线没有发生明显变化。随着复合材料填充含量的增加，介电实部、介电虚部和介电损耗角正切值逐渐增大，但磁导率实部、磁导率虚部和磁损耗角正切值变化不大。值得注意是，当材料填充质量分数为 60%时，ε'、ε''和 $\tan\delta_\varepsilon$ 发生急剧增加。由于质量分数为 60%的 TB-2 材料与石蜡混合后比较容易形成较好的导电网络，从而在该填充含量下出现过高的介电参数。一般来说，材料具有较高的介电参数时，其具有较高的电磁波储存能力和消耗能力。但过高的介电参数也有可能会引起复合材料的阻抗匹配较差，导致入射电磁波在材料表面反射，这将在很大程度上影响材料的电磁波吸收性能。

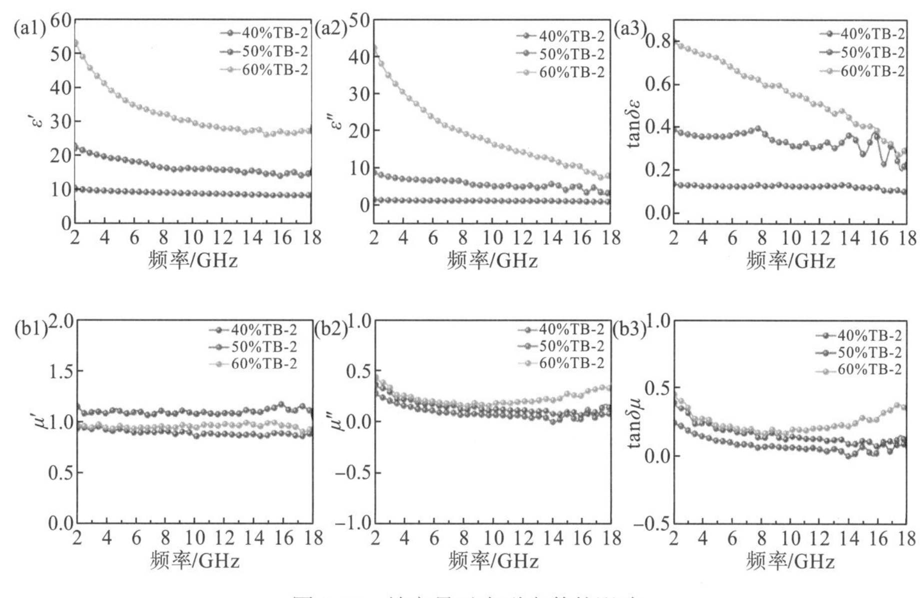

图 9-18　填充量对电磁参数的影响

(a1) ε'，(a2) ε''，(a3) $\tan\delta\varepsilon$，(b1) μ'，(b2) μ''，(b3) $\tan\delta\mu$

计算 2～18GHz 频率范围的反射损耗值，分析材料在不同填充含量下的吸波性能。图 9-19 是填充质量分数为 40% TB-2 和填充质量分数为 60% TB-2 的反射损耗值。TB-2 复合材料在填充质量分数为 50%时，其在厚度为 1.11mm 的反射损耗达到−50.66dB，具有优异的吸波性能。然而由图 9-19(a1)～图 9-19(a3)可知，当复合材料的填充质量分数为 40%时，在厚度为 5mm 时出现最佳反射损耗值−17.5dB。由图 9-19(b1)～图 9-19(b3)可知，随着复合材料的填充质量分数增加到 60%时，材料的反射损耗值仅为−6.8dB，电磁波吸收和衰减能力较差。

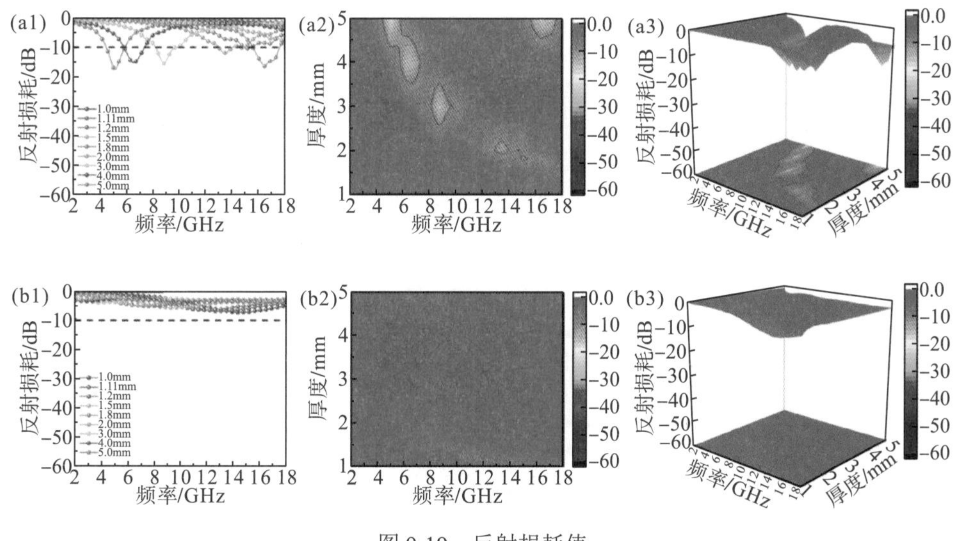

图 9-19　反射损耗值

(a1～a3) 40% TB-2，(b1～b3) 60% TB-2

图 9-20 和图 9-21 是材料在不同填充质量分数下的阻抗匹配和衰减常数。由图 9-20(a)～图 9-20(b)可知，填充质量分数为 40% TB-2 和填充质量分数为 50% TB-2 具有优异的阻抗匹配；图 9-20(c)显示，TB-2 复合材料填充质量分数为 60%时的阻抗匹配较差，从而使入射电磁波不能有效地进入材料内，影响材料的电磁波吸收性能。此外，由图 9-21 可知，随着 TB-2 复合材料填充含量的增加，衰减常数也逐渐增大，总体上表现为 60%TB-2＞50%TB-2＞40% TB-2。且随着频率的增大，40% TB-2 的衰减常数从 6.25 增加到 101.5，50% TB-2 的衰减常数最大达到 262.4，60% TB-2 的衰减常数呈现急剧增长现象，其最大值可以达到 612.8。一般衰减常数越大，其入射电磁波吸收衰减的能力越强。与 50% TB-2

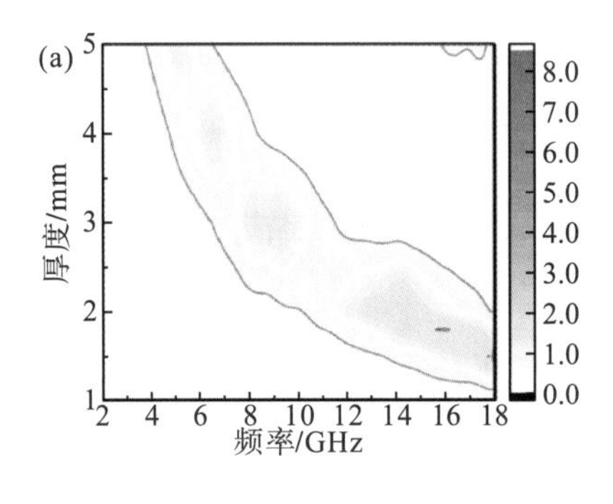

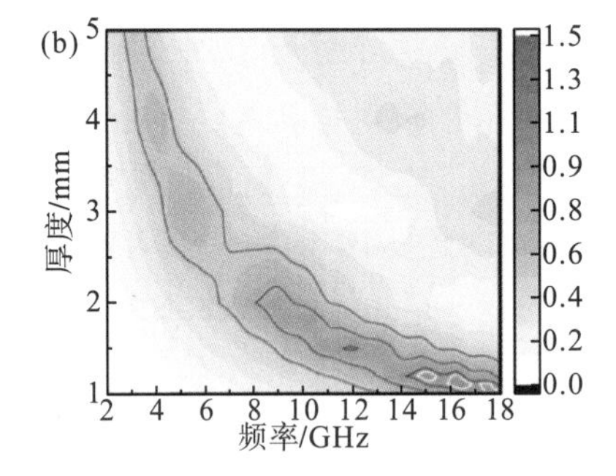

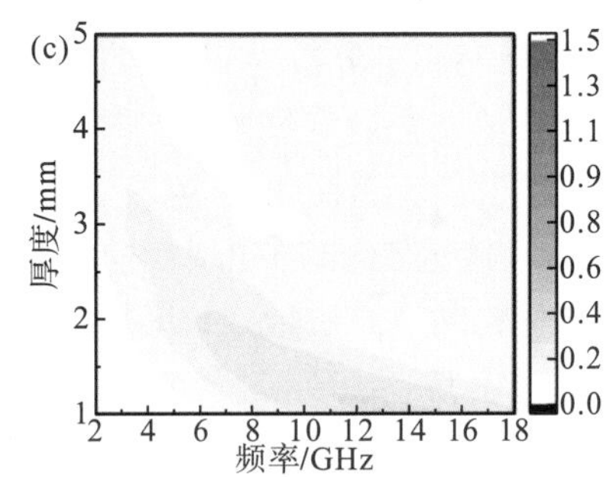

图 9-20 阻抗匹配

(a) 40% TB-2，(b) 50% TB-2，(c) 60% TB-2

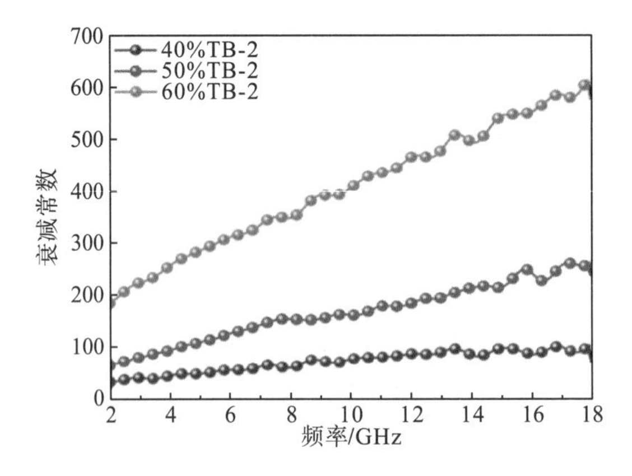

图 9-21 不同填充质量分数的衰减常数

和 40% TB-2 相比，60% TB-2 的阻抗匹配特性较差，不能有效地吸收电磁波。40% TB-2 的衰减常数低于 50% TB-2，因而其吸波性能较弱。因此，复合材料在合适的填充含量下才具有优异的阻抗匹配和较高的衰减常数，从而使得入射电磁波能够进入材料内部衰减和消耗，实现优异的电磁波吸收性能。

9.3　微波合成 MoS_2/ZnO 复合材料

9.3.1　ZnO 纳米片原位沉积 MoS_2 量子点

将 0.05g $(NH_4)_2MoS_4$ 粉末分散在 10mL 蒸馏水和 10mL 乙醇中并搅拌 1h，转移到特氟龙高压釜中，在 200℃下微波辅助反应 10min，冷却至室温后洗涤干燥，得到 MoS_2 量子点。将 1.245g ZnO 粉末溶解在 10mol·L^{-1}NaOH 溶液中，并添加到 490mL 水中。在 60℃下微波辐照加热 20min，冷却至室温后抽滤洗涤得到 ZnO 纳米片。将 0.5g ZnO 纳米片加到 300mL 乙醇中，并在上述溶液中加入不同质量分数(1%、5%、10%)的 MoS_2 量子点，搅拌 24h，抽滤洗涤干燥后获得 MoS_2/ZnO 纳米复合材料。将上述不同含量的 MoS_2/ZnO 样品依次名为 MoS_2/ZnO-1、MoS_2/ZnO-2 和 MoS_2/ZnO-3。

通过简单两步法构建 MoS_2 量子点/ZnO 纳米片的 0D/2D 异质结构。分析样品的物相组成，如图 9-22 所示。从图中可以看出，纯 ZnO 和 MoS_2/ZnO 复合材料具有相似的衍射峰形。MoS_2/ZnO-3 在 12.4°、29.0°处出现了两个弱衍射峰，分别对应 MoS_2 的(002)、(004)晶面(JCPDS 37-1492)，由于 MoS_2 的负载量较少，在 MoS_2/ZnO-1 和 MoS_2/ZnO-2 样品中未观察到 MoS_2 特征衍射峰。

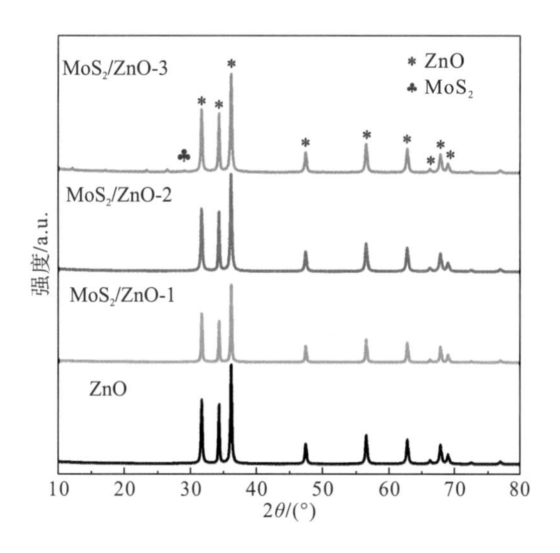

图 9-22　MoS_2/ZnO 样品和 ZnO 的 XRD 图

样品的微观形貌如图 9-23 所示，在微波辐照加热 60℃下反应 20min，成功制备厚度 30～50nm 的 ZnO 纳米片，并实现 ZnO 的克级制备，其晶格间距为 0.262nm，对应于纤锌矿 ZnO(001)晶面。

图 9-23 (a，b)ZnO 纳米片的 SEM 图，(c)TEM 图，(d)HRTEM 图

为构建基于 ZnO 纳米片的 0D/2D 异质结，通过微波水热法合成 MoS_2 量子点。从图 9-24 中可知，MoS_2 量子点直径约 2nm，晶面间距 0.204nm 与 MoS_2(006)晶面相对应。通过简单的自组装后，明显能够看到 MoS_2 量子点成功负载到 ZnO 纳米片的表面且没有影响 ZnO 纳米片的原始形貌。

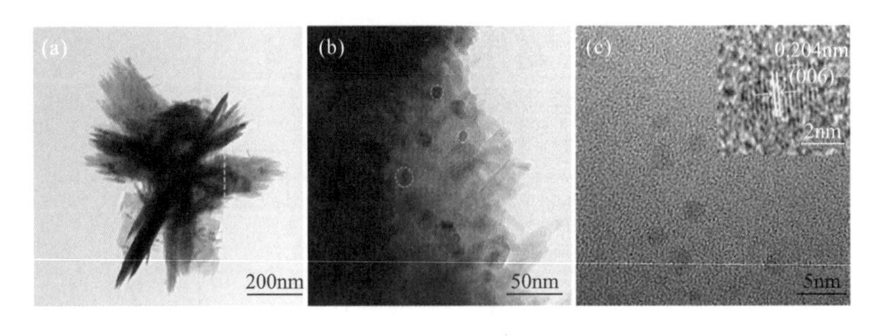

图9-24 (a)、(b)MoS_2/ZnO-2 样品的 TEM 图，(c)MoS_2 量子点的 HRTEM 图

通过 XPS 表征 MoS_2/ZnO 的元素组成和表面化学价态，如图 9-25 所示。样品主要包含 Zn、O 元素以及少量的 Mo 和 S。图 9-25(b)为 Zn 2p 的图谱，衍射峰在 1021.4eV 和 1044.5eV 处分别对应 Zn $2p_{3/2}$ 和 Zn $2p_{1/2}$。此外，O 元素以 531.3eV 的结合能形式存在，

对应 ZnO 的 O^{2-}，表明 ZnO 被成功合成[图 9-25(c)]。图 9-25(d)展示 Mo 3d 的高分辨图谱，衍射峰在 225.6eV、229.5eV、231.3eV 处分别对应 S 2s、Mo $3d_{5/2}$、Mo $3d_{3/2}$，表明存在 Mo^{4+}和 S^{2-}。图 9-25(e)在 160.8eV 和 163.1eV 处的衍射峰对应于 S $2p_{3/2}$、S $2p_{1/2}$，是 MoS_2 的 S^{2-}。

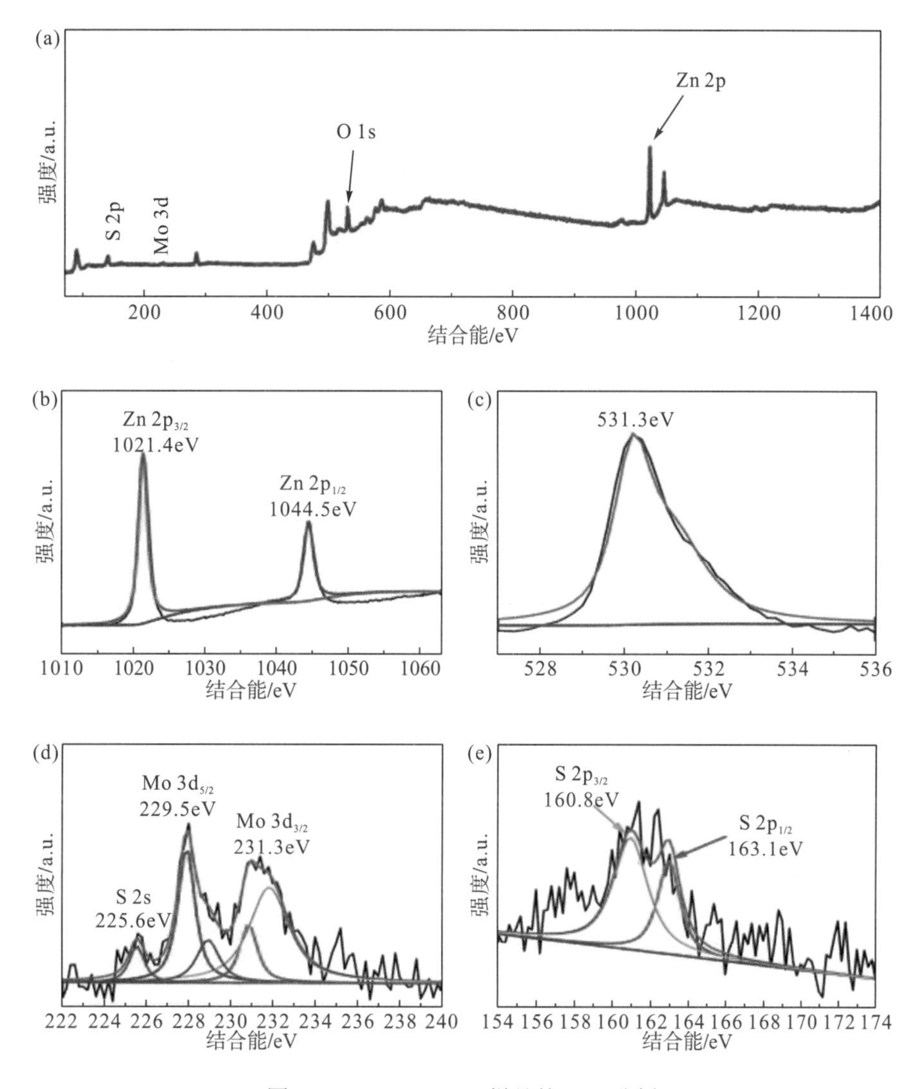

图 9-25　MoS_2/ZnO-2 样品的 XPS 分析

(a)全谱，(b)Zn 2p，(c)O 1s，(d)Mo 3d，(e)S 2p

光吸收能力和电荷分离效率对光氧化行为具有显著影响。图 9-26(a)和图 9-26(b)显示样品的 UV-vis 光谱，其中纯 ZnO 的吸收边约为 390nm。当与 MoS_2 QDs 耦合后吸收边保持不变，具有相同的带隙(E_g)值(3.18eV)。此外，通过 PL 光谱研究电荷分离效率，如图 9-26(c)所示，MoS_2/ZnO 异质结复合材料的 PL 强度较 ZnO 纳米片显著降低，这表明通过引入 MoS_2 QDs 可以有效地提高电子-空穴分离效率。

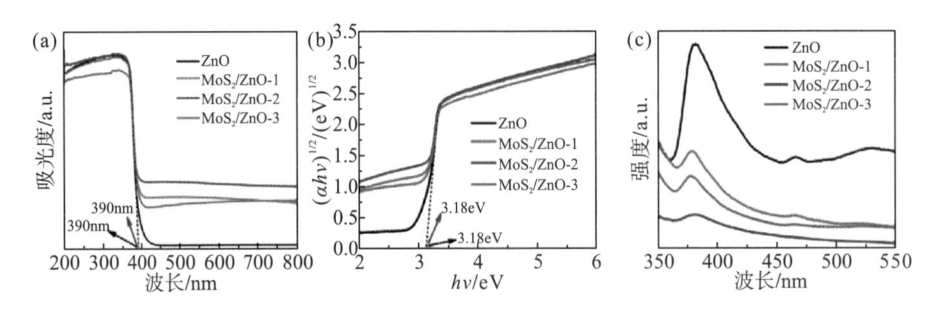

图 9-26 (a)室温下样品的 UV-vis 光谱，(b)带隙，(c)光致发光光谱

通过电化学阻抗谱(electrochemical impedance spectroscopy，EIS)和光电流测试电子迁移率和光电流响应。如图 9-27(a)所示，MoS_2/ZnO 纳米复合材料的弧半径小于 ZnO，这表明 MoS_2 QDs 的引入可以促进载流子的传输。MoS_2/ZnO-2 的弧半径最小，具有最快的电子传输速度。此外，MoS_2/ZnO 样品的光电流密度[图 9-27(b)]明显高于 ZnO，表明 MoS_2 量子点可以促进电子的释放和转移。结果表明，MoS_2 QDs 的引入可以有效提高电荷转移能力和光生电荷-空穴对的分离效率。

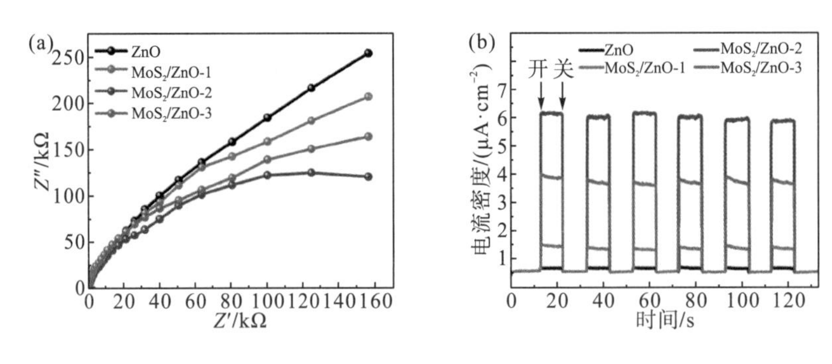

图 9-27 (a)交流阻抗，(b)光电流密度

9.3.2 MoS_2/ZnO 复合材料 Hg^0 氧化脱除

评估样品在紫外光下对气相汞的氧化脱除性能。光氧化实验包括在黑暗中 60min 和在紫外光下 60min，结果如图 9-28(a)所示。样品在黑暗中保持 60min 实现吸附-解吸平衡，ZnO、MoS_2/ZnO-1、MoS_2/ZnO-2 和 MoS_2/ZnO-3 对汞的去除率分别为 78.2%、90.1%、99.8%和 95.8%。所有 MoS_2/ZnO 样品对 Hg^0 的光氧化去除率都超过了 90%，表明 MoS_2 QDs 的引入可以有效加速载流子传输，抑制光生电子-空穴对重组，从而提高光氧化性能。对样品的循环稳定性进行测试，在每个循环实验中，关闭紫外灯 30min，确保 Hg^0 浓度达到稳定值。进行 6 次循环后，MoS_2/ZnO-2 的 Hg^0 去除率从 99.8%下降到 96%，表明样品具有较好的稳定性，如图 9-28(b)所示。

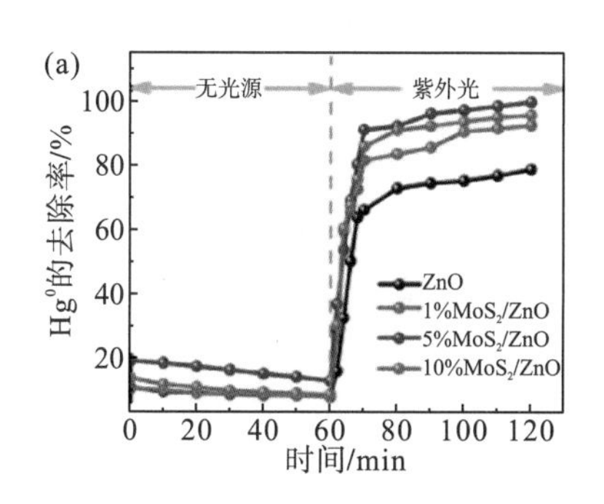

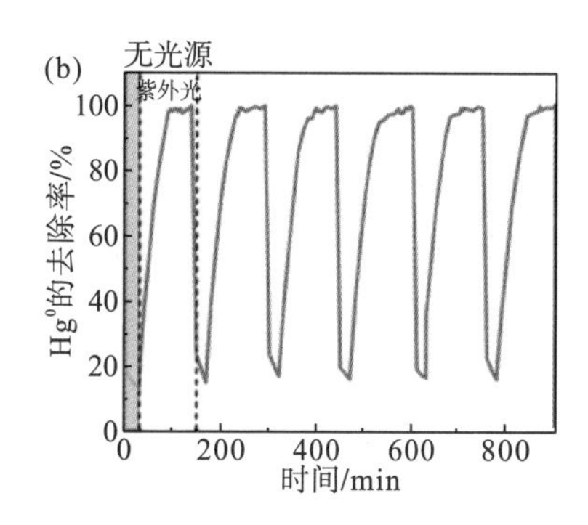

图 9-28　(a) 黑暗中和紫外光下 Hg^0 的去除率，(b) MoS_2/ZnO-2 的循环性能测试

使用 DMPO 作为捕获剂进行 EPR 分析，探究光氧化过程中活性物质，如图 9-29 所示。ZnO 样品在紫外光照射下可以得到 DMPO·OH 和 DMPO·O_2^- 信号，表明 ZnO 的 VB 和 CB 中产生光致空穴和电子，生成·OH 和·O_2^- 活性物质参与光氧化反应。此外，MoS_2/ZnO-2 纳米复合材料具有更高的信号强度，表明在异质结光催化剂表面产生了更多的羟基自由基和超氧自由基，提高了氧化活性，有效实现 Hg^0 氧化。

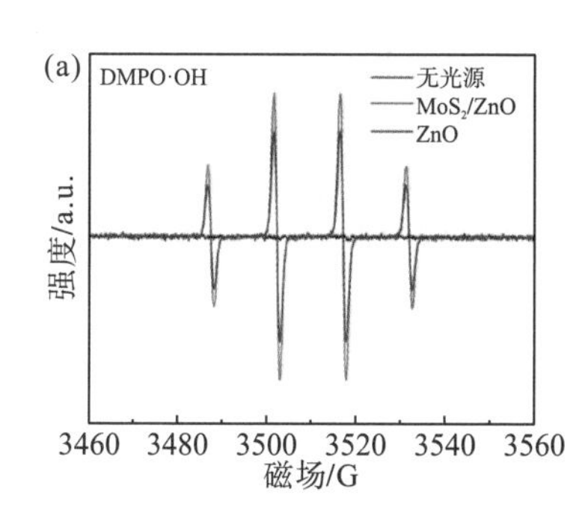

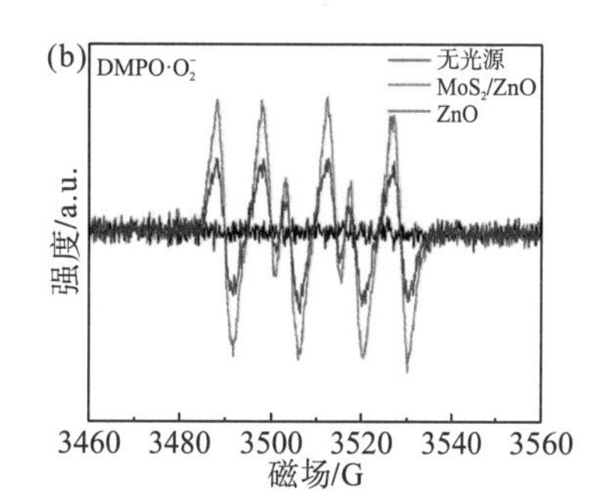

图 9-29　样品 EPR 分析

9.4　微波水热合成 MnO_2/TiO_2

9.4.1　MnO_2/TiO_2 制备及形貌分析

将 2.4g $Ti(SO_4)_2$ 与 4.8g $CO(NH_2)_2$ 溶解于去离子水中，搅拌 30min 后转移至聚四氟乙烯内衬的水热反应釜中，在微波辐照下加热至 180℃保温 30min，冷却至室温后抽滤洗涤得到白色沉淀物，干燥研磨得到球形 TiO_2。取一定量 $KMnO_4$ 溶于去离子水中，加入一定量所制备的球形 TiO_2，均匀搅拌 30min，将溶液转移至聚四氟乙烯内衬的水热反应釜中，在微波辐照下加热至 120℃保温 5h，冷却至室温后抽滤洗涤干燥得到 MnO_2/TiO_2 复合光氧化剂。通过改变 $KMnO_4$ 溶液浓度来调节 MnO_2 的掺杂量，$KMnO_4$ 与 TiO_2 质量比为 x：200（x=1、2、3），所得到复合材料记为 MnO_2/TiO_2-x（x=1、2、3）。

TiO_2微球平均直径为800nm，且表面光滑，如图9-30(a)所示。而MnO_2/TiO_2核壳结构仍然保持微球形态，但表面粗糙，如图 9-30(b)所示。该复合物为核壳结构，MnO_2纳米片均匀包裹在TiO_2周围，如图9-30(c)～图9-30(d)所示。图9-31(e)是MnO_2/TiO_2样品的高分辨率TEM图，晶面间距0.352nm对应TiO_2(JCPDS 21-1272)的(100)晶面，0.242nm和0.222nm分别对应MnO_2(JCPDS30-0820)的(100)和(002)晶面。EDS能谱中检测到Mn元素，如图9-30(f)所示。图9-31显示样品的STEM图和相应的元素分布，其中Ti、Mn和O元素均匀分布，表明MnO_2均匀负载在样品表面。

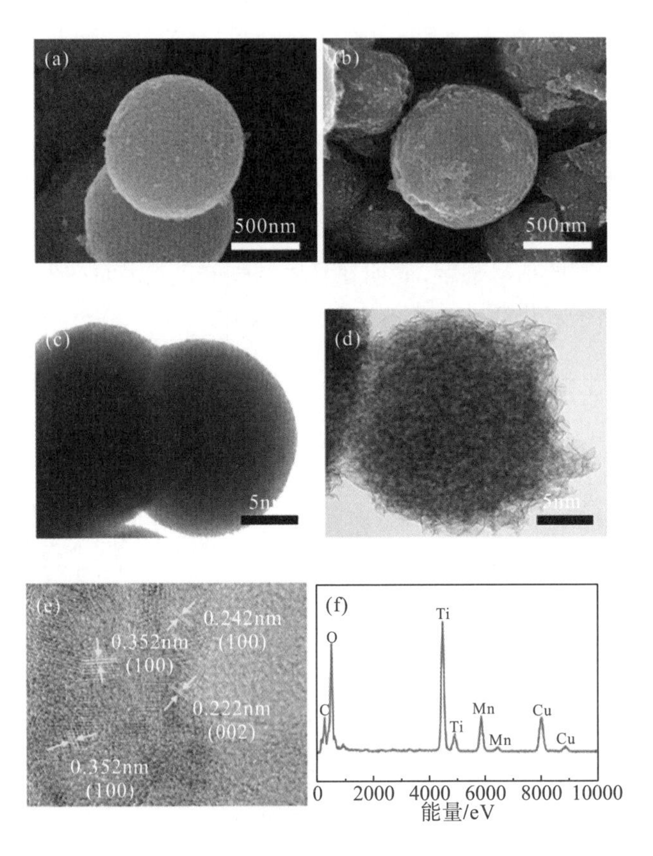

图9-30 (a)TiO_2的形貌，(b)MnO_2/TiO_2的形貌，(c)TiO_2的TEM图，(d)MnO_2/TiO_2的TEM图，(e)MnO_2/TiO_2的高分辨率TEM图，(f)MnO_2/TiO_2的EDS能谱图

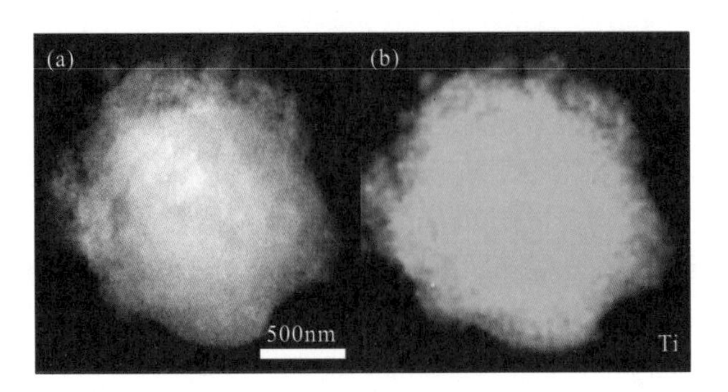

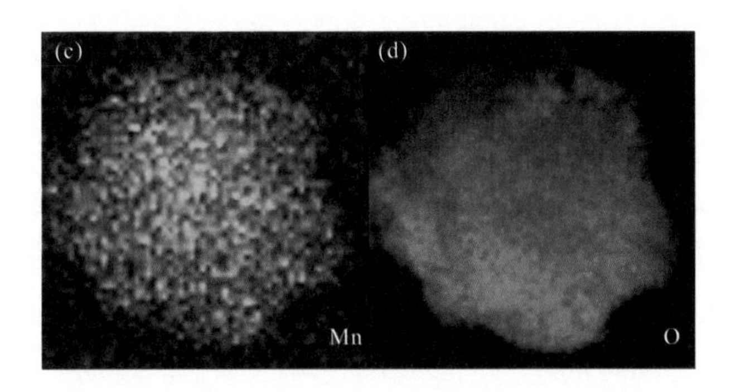

图 9-31　(a) STEM 图，(b～d) Ti、Mn 和 O 元素分布

9.4.2　MnO_2/TiO_2 光氧化剂 Hg^0 氧化脱除

纯 TiO_2 和 MnO_2/TiO_2-1、MnO_2/TiO_2-2 和 MnO_2/TiO_2-3 在紫外光照射下的 Hg^0 氧化效率分别可达 72.5%、85.8%、91.2%和 77.1%，如图 9-32(a) 所示。同样条件在可见光照射下的 Hg^0 去除效率分别为 62%、65.9%、78.0%和 69.4%，如图 9-32(b) 所示。可见光照射下的 Hg^0 去除效率有所下降，但仍达到 UV 照射下的 90%左右，具有较好的 Hg^0 氧化效果，有利于在含汞冶金烟气净化中应用。如图 9-32(c) 所示，在可见光照射下进行 3 次循环后，MnO_2/TiO_2-2 光催化剂的 Hg^0 去除效率从 78.0%降低到 76.5%，具有较好的稳定性。采用两步微波法制备 MnO_2/TiO_2 核壳结构光氧化剂，可以促进载流子的迁移和光生电子-空穴对的分离，增强可见光照射下气态汞去除的光氧化活性。

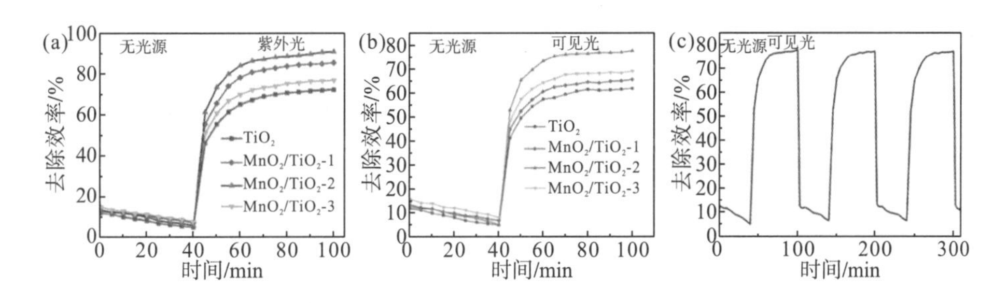

图 9-32　(a) 紫外照射下 Hg^0 的去除性能，(b，c) 可见光照射下 Hg^0 的去除性能

9.5　微波合成 ZSM-5 分子筛

9.5.1　ZSM-5 分子筛的合成

微波在分子筛制备领域具有明显优势，通过微波辅助水热法制备了 ZSM-5 分子筛。按照比例称取所需量的反应物，制备 ZSM-5 分子筛的前驱体凝胶，各组分物质的量之比为 Na_2O∶Al_2O_3∶SiO_2∶TPAOH∶H_2O=25∶X (X=0.5，1，2)∶300∶20∶2300。首先，取一定量的 NaOH、H_2O、TPAOH (有机结构导向剂) 混合配置碱液，将混合碱液平均分为

两份，采用 $Al_2Na_2O_4$ 和硅胶充当铝源和硅源，分别加入碱液中配制得到铝酸盐和硅酸盐溶液，将两种溶液混合后在一定陈化温度下搅拌 2h，得到透明的前驱体凝胶。将前驱体凝胶转移至压力容器中，微波照射下温度保持在 150～180℃，反应 3～6h。反应结束待冷却至室温后洗涤干燥，置于马弗炉中在 550℃温度下焙烧 5h，去除结构导向剂，冷却至室温回收得到 ZSM-5 分子筛样品。

9.5.2 硅铝比对 ZSM-5 合成的影响

在 ZSM-5 分子筛合成过程中，硅铝比是影响结晶的关键因素。图 9-33(a)中 XRD 分析显示，硅铝物质的量之比为 75、150 的样品中，XRD 图谱在 2θ=7.9°、8.8°、14.9°、23.0°、23.9°和 24.4°处都出现了较强的 ZSM-5 分子筛晶体衍射峰，如图 9-33(a)，当硅铝物质的量之比由 75 增大至 150 时，衍射峰逐渐增强。当硅铝物质的量之比为 300 时，并未出现 ZSM-5 典型的特征峰，表明未形成 ZSM-5 分子筛晶体。从 FTIR 图可以看出[图 9-33(b)]，当硅铝物质的量之比为 75、150 时，样品在 455cm^{-1}、551cm^{-1}、800cm^{-1}、1100cm^{-1} 和 1226cm^{-1} 处都出现与 ZSM-5 分子筛特征骨架对应振动吸收峰，表明样品具有 ZSM-5 分子筛骨架结构。从图 9-33(c)中可以看出，硅铝物质的量之比为 75、150 时，样品的 N_2 吸附-脱附等温曲线皆为 IV 型。相对压力 P/P_0>0.8 时，N_2 吸附量急剧增大，样品含有介孔结构，孔径主要集中在 3.7nm 和 27nm。当硅铝物质的量之比从 75 增大至 150 时，样品的比表面积由 273.423m^2/g 升高至 382.219m^2/g。硅铝物质的量之比为 150 的 ZSM-5 分子筛 XPS 谱图如图 9-33(d)～图 9-33(f)所示。图 9-33(e)表明 ZSM-5 样品中含 Al、Si、O 元素。图 9-33(d)为 Al2pXPS 图谱，结合能位于 75.1eV 的特征峰归属于 Al^{3+}。图 9-33(e)为 Si 2pXPS 图谱，结合能位于 103.9eV 的特征峰归属于 Si^{4+}。

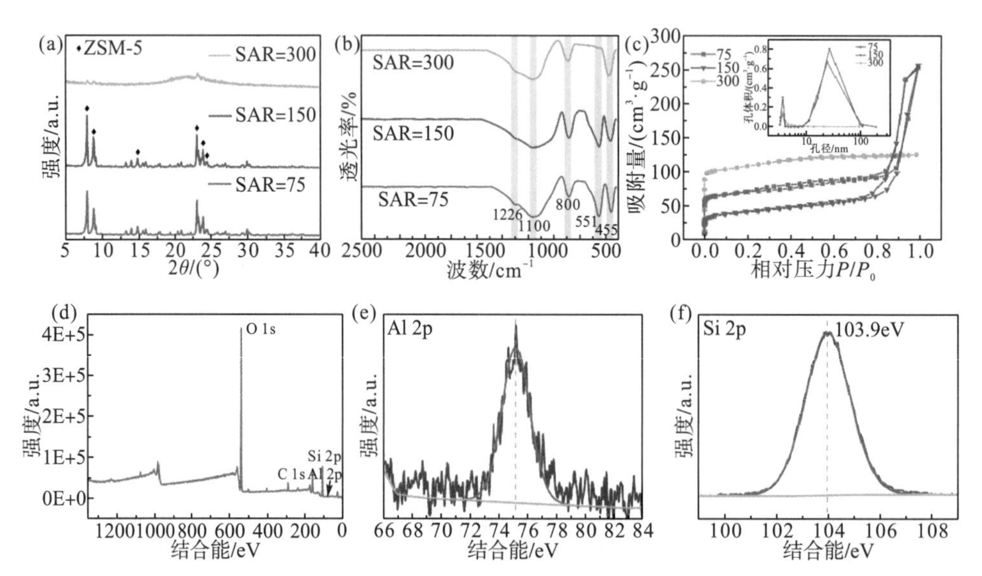

图 9-33 不同硅铝物质的量之比 ZSM-5 的(a)XRD 图谱，(b)FT-IR 图谱，(c)N_2 吸附-脱附等温线及孔径分布图，硅铝比 150 时 ZSM-5 分子筛的 XPS 谱图：(d)全谱，(e)Al 2p，(f)Si 2p

9.5.3　晶化温度与晶化时间对 ZSM-5 合成的影响

在分子筛合成过程中，晶化温度与时间是影响 ZSM-5 分子筛结晶的重要因素。在前驱体凝胶各组分物质的量之比固定的情况下，采用晶化温度 150～180℃，晶化时间 3～6h，陈化温度 40℃，研究了晶化温度与时间对 ZSM-5 分子筛结晶的影响。

图 9-34(a)、图 9-34(d)分别为不同晶化温度和时间下分子筛的 XRD 图谱，低温条件下不利于结晶和成核，此时分子筛处于开始生长阶段。适当升高晶化温度能够促进分子筛的成核和成晶，有利于体系中无定形硅铝前驱体凝胶向分子筛晶体转变，在 170℃条件下，分子筛的结晶较好。此外，在晶化时间为 3h 条件下，ZSM-5 生长不完全，当晶化时间延长至 4h 以上，ZSM-5 分子筛具有较好的结晶性，结构相对稳定。图 9-34(b)、图 9-34(e)为不同晶化温度和时间下 ZSM-5 分子筛样品的 FT-IR 图谱，可以看出合成温度为 150～180℃，晶化时间 3～6h 时，均能合成具有典型 MFI 型拓扑结构的 ZSM-5 分子筛样品。从图 9-34(c)与图 9-34(f)中显示，不同晶化温度和时间下，样品的 N_2 吸附-脱附等温曲线属于 IV 型，孔径分布主要集中于 3.7nm 和 27nm 区域，属于介孔型分子筛。通过以上工艺，在陈化和晶化温度分别为 40℃和 170℃，晶化时间 4h，硅铝比为 150 条件下，合成出的 ZSM-5 分子筛样品的比表面积为 382.219m²/g。

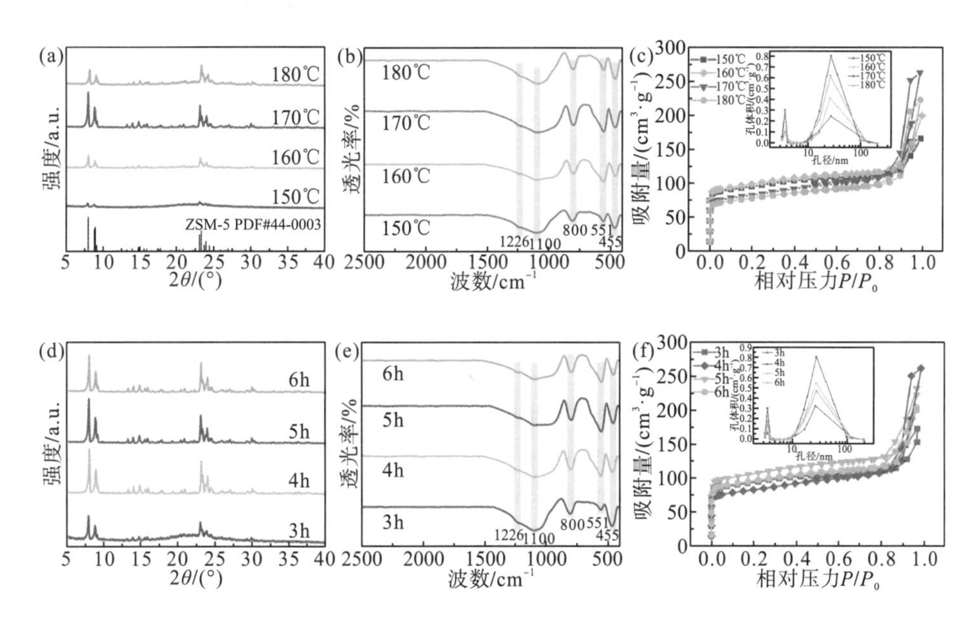

图 9-34　不同晶化温度下 ZSM-5 的(a)XRD 图，(b)FT-IR 图谱，(c)N_2 吸附-脱附等温线及孔径分布图，不同晶化时间下 ZSM-5 分子筛的(d)XRD 图，(e)FT-IR 图谱，(f)N_2 吸附-脱附等温线及孔径分布图

9.5.4　ZSM-5 微观形貌及元素分布

图 9-35 显示了 ZSM-5 陈化温度和晶化温度分别为 40℃和 170℃，晶化时间 4h，硅铝

物质的量之比为150条件下制备的ZSM-5分子筛样品的微观形貌。样品呈类椭圆柱状，平均粒径约为6μm，为典型ZSM-5分子筛结构，分散性和粒径均一性较好。从EDS图中可以看出，ZSM-5主要元素包括Si、Al、O和Na，元素分布均匀，表明各组元都均匀嵌入ZSM-5分子筛骨架中。

图9-35 (a～d)ZSM-5分子筛的SEM图，(e～i)ZSM-5分子筛的元素分布

参考文献

[1] 张兆镗. 磁控管与微波加热技术[M]. 成都: 电子科技大学出版社, 2018.

[2] 金钦汉. 微波化学[M]. 北京: 科学出版社, 1999.

[3] Liu W, Wang P, Ao Y, et al. Directing charge transfer in a chemical-bonded $BaTiO_3$@ReS_2 Schottky heterojunction for piezoelectric enhanced photocatalysis[J]. Advanced Materials, 2022, 34(29): 2202508.

[4] Xie X Q, Zhang N. Positioning MXenes in the photocatalysis landscape: competitiveness, challenges, and future perspectives[J]. Advanced Functional Materials, 2020, 30(36): 2002528.

[5] Song F, Li G H, Zhu Y S, et al. Rising from the horizon: three-dimensional functional architectures assembled with MXene nanosheets[J]. Journal of Materials Chemistry A, 2020, 8(36): 18538-18559.

[6] Hou S P, Xu C, Ju X K, et al. Interfacial assembly of $Ti_3C_2T_x$/$ZnIn_2S_4$ heterojunction for high-performance photodetectors[J]. Advanced Science, 2022, 9(35): 2204687.

[7] Luo Q, Wu Y, Chen J B, et al. Hydrothermal growth of ZnO nanoparticles on the surface of two kinds of Ti_3C_2 co-catalysts with different interlayer spacing towards enhanced photocatalytic activity[J]. Micro & Nano Letters, 2022, 17(13): 337-348.

[8] Cai T, Wang L L, Liu Y T, et al. Ag_3PO_4/Ti_3C_2 MXene interface materials as a Schottky catalyst with enhanced photocatalytic activities and anti-photocorrosion performance[J]. Applied Catalysis B: Environmental, 2018, 239: 545-554.

[9] Liu N, Lu N, Yu H T, et al. Efficient day-night photocatalysis performance of 2D/2D Ti_3C_2/Porous g-C_3N_4 nanolayers composite and its application in the degradation of organic pollutants[J]. Chemosphere, 2020, 246: 125760.

[10] Li G J, Amer N, Hafez H A, et al. Dynamical control over terahertz electromagnetic interference shielding with 2D $Ti_3C_2T_y$ MXene by ultrafast optical pulses[J]. Nano Letters, 2020, 20: 636-643.

[11] Wang J, Xie G S, Yu C Q, et al. Stabilizing $Ti_3C_2T_x$ in a water medium under multiple environmental conditions by scavenging oxidative free radicals[J]. Chemistry of Materials, 2022, 34(21): 9517-9526.

[12] Hou T Q, Jia Z R, Dong Y H, et al. Layered 3D structure derived from MXene/magnetic carbon nanotubes for ultra-broadband electromagnetic wave absorption[J]. Chemical Engineering Journal, 2022, 431: 133919.

[13] Wang Y, Gao X, Zhang L J, et al. Synthesis of Ti_3C_2/Fe_3O_4/PANI hierarchical architecture composite as an efficient wide-band electromagnetic absorber[J]. Applied Surface Science, 2019, 480: 830-838.

[14] Tian H Y, Qiao J, Yang Y F, et al. ZIF-67-derived Co/C embedded boron carbonitride nanotubes for efficient electromagnetic wave absorption[J]. Chemical Engineering Journal, 2022, 450: 138011.

[15] Qin M, Zhang L M, Wu H J. Dielectric loss mechanism in electromagnetic wave absorbing materials[J]. Advanced Science, 2022, 9(10): 2105553.